惑星・月探査計画

✳ 火星探査

地球から火星に到着するには約半年以上かかり，その〔…〕探査から約2年に1度訪れる。
2020年には，アメリカと中国，UAE（アラブ首長国連邦）の3か国が火星探査機を打ち上げた。

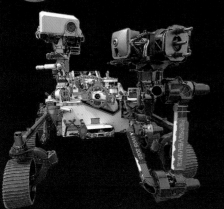

●パーサヴィアランス（アメリカ）

ESA（ヨーロッパ各国共同の宇宙開発機関）と協力し，初の火星サンプルリターンを目指す。2030年代初頭に地球にサンプルをもち帰る予定である。採取したサンプルは，ESAのローバーがアメリカのロケットに積み込み，火星から打ち上げる。

パーサヴィアランスが撮影した画像

今後ドローンによる探索が可能か検証するため，宇宙ヘリコプターのインジェニュイティの飛行が試みられた。2021年4月には，初飛行したようすがパーサヴィアランスによって撮影され，その後も72回の飛行試験が行われた。

宇宙ヘリコプター
インジェニュイティ

初飛行する
インジェニュイティ

●ホープ（UAE）

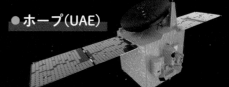

2020年7月に，日本の種子島宇宙センターから日本のH-ⅡAロケットによって打ち上げられ，2021年2月に火星へ到着した。火星を周回しながら大気成分や表面温度などを観測する。

●MMX（日本）

火星の衛星フォボスからサンプルをもち帰る世界初の火星衛星サンプルリターン計画である。2026年の打ち上げを目指し，現在開発が進められている。

✳ 水星探査

●みお MMO（日本）

日本とESA共同の宇宙計画ベピコロンボにおいて，日本が担当する探査機である。2018年10月に打ち上げられ，2026年11月に水星軌道に入る予定である。この探査機は水星の磁場を，ESA担当の探査機は水星の表面を詳しく調べる。この計画で得られた知見は，水星よりも内側にハビタブルゾーンをもつ系外惑星系の環境を推定することなどにもつながると期待される。

✳ 金星探査

●あかつき（日本）

2010年に打ち上げられ，2015年12月に金星周回軌道に入ることに成功した。金星の大気の謎を解明することを目的とし，現在も観測を続けている。
2020年，金星上空の100 m/sに達する暴風であるスーパーローテーションの原因に，熱潮汐波が関わっていることを解明した。

✳ 月探査

●アルテミス計画（アメリカ）

2026年までに有人月面着陸を成功させ，2028年までに月面基地の建設を開始するというNASAのプロジェクトである。

○ **2022年 アルテミス1**
SLS（スペース・ローンチ・システム）ロケットに，無人の宇宙船オリオンを搭載して打ち上げ，25日間のテスト飛行を行った。

○ **2025年 アルテミス2**
クルーが乗り込んだ宇宙船オリオンを打ち上げ，地球軌道上でさまざまなテストを行う。

○ **2026年 アルテミス3**
クルーが乗り込んだ宇宙船オリオンを月に送り，有人の月面探査を行う。着陸は，月の南極付近を予定しており，水資源について調査する。

SLS
ロケット

有人基地
ゲートウェイ

宇宙船
オリオン

有人基地ゲートウェイの軌道

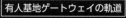

近日点
北極
月
平均 38万 km
南極
ゲートウェイ
遠日点

アルテミス計画で建設予定の有人基地ゲートウェイは，月の極軌道を周回し，月面と地球の通信に適した軌道を保つ。

月面探査を行うようす（イメージ）

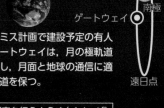

本書の構成と利用法

本書は，高校地学の基礎〜発展までの学習内容を網羅した図説資料集です。ダイナミックな写真，オリジナルの図やイラストを豊富に盛り込み，丁寧に，わかりやすく解説しています。

❶ 各学習テーマを見開き2ページで構成しました（全110テーマ）。
❷ 「地学基礎」に相当する学習内容を扱った項目にはマークを付し，学習しやすくしました。
❸ 大学入学共通テストの頻出内容をもれなく取り上げました。二次試験にも対応できます。
❹ 「Science Special」や「特集」といった特別なページで理解をさらに深めることができます。
❺ 「TOPIC」「人物」「+α」「PROGRESS」「整理」「SKILL」「実験」などの多彩な囲み記事が学習者をサポートします。

教科書の学習範囲

テーマ，項目ごとに，教科書のどの範囲の学習事項であるかわかるように示しました。

基礎 …「地学基礎」教科書の学習範囲を含む
地学 …「地学」教科書の学習範囲を含む

巻末資料　巻末 **1**

学習内容に関連する数表や資料を巻末に用意しました。

豆知識　豆知識

学習内容に関連した身近な現象や，興味深いエピソードなどを簡潔に紹介しました。

7種類の囲み記事

多彩な囲み記事を設けて，メリハリのある学習を可能にしました。

TOPIC 身近な話題や地学史・科学史に関するトピック。

人物 大きな貢献のあった人物や関連する人物の紹介。

+α もう一歩深めて，知っておきたい学習内容。

PROGRESS 関連した最先端の研究など，発展的な内容。

整理 テーマ内の学習事項を整理し，まとめたもの。

SKILL グラフや図版の読み取り方，実験や実習を行う上で必要な技能を解説。

実験 学習テーマに関連する実験の紹介。

Science Special　地球科学の新しい研究内容を紹介しました。

全6テーマ

① 2016年熊本地震 ……………………（▶p.64-65）
② ビッグバンとインフレーション ……（▶p.118-119）
③ デジタル技術と古生物学 …………（▶p.168-169）
④ 地質時代とチバニアン ……………（▶p.180-181）
⑤ 局地的大雨と集中豪雨の予測 ……（▶p.204-205）
⑥ 陸海統合地震津波火山観測網 ………（▶p.220-221）

特　集　数多くの興味深い写真を収録しました。

全7テーマ

① 宇宙探査 ……………………………（▶前見返し）
② 海洋探査 ……………………………（▶p.24-25）
③ 大気現象 ……………………………（▶p.86-87）
④ 望遠鏡と観測 ………………………（▶p.116-117）
⑤ ジオパーク …………………………（▶p.182-183）
⑥ 南極観測 ……………………………（▶p.192-193）
⑦ 天体写真の撮り方 …………………（▶p.222）

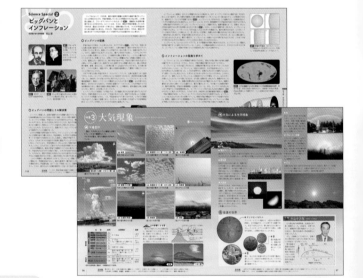

プラスウェブ+

以下のテーマに掲載している画像やグラフのうち，インターネット上で最新データを確認できるものについてまとめたリンク集を用意しました。

● p.38〔3 地震の分布と種類〕　　● p.84〔10 日本の天気③〕
● p.104〔4 太陽〕　　　　　　　● p.106〔5 太陽の活動〕
● p.184〔1 気候変動①〕　　　　● p.188〔3 世界の環境変化〕
● p.202〔9 気象災害②〕　　　　● p.218〔16 噴火予測と防災〕

下記のアドレスや右の二次元コードからアクセスできます。

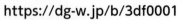
https://dg-w.jp/b/3df0001

注意 サイトは無料で閲覧できますが，通信料が必要となります。本書の発行終了とともに当サイトを閉鎖することがあります。

目次

 地学で学ぶもの	「地学基礎」や「地学」科目で学ぶ**地学**では，地球や地球をとり巻く環境について探究し，学んでいく。具体的には，地層や岩石，プレートの運動，火山の活動，大気や海水の動きなどである。また，地球以外の天体についても，その成り立ちや運動を学習する。すなわち，**地学**においては，自然界のすべてが学びの対象である。
地学のおもしろさと役割	**地学**では，この学びの対象を数万年，数億年といった長大な時間スケールや，数万km，数億光年といった広大な空間スケールで解き明かしていく。このスケールの幅広さこそが**地学**のおもしろさであり，このスケールで得られた知見であるからこそ，さまざまな自然災害の予測や対策に役立てることができる。**地学**は，わたしたちの生活や社会の基盤を支える学問なのである。
地学における科学の方法	**地学**の探究と学びの対象は，その範囲があまりにも広い。また，容易にはとらえどころを見出せないほどに多様である。しかし，わたしたちには，これに立ち向かうための「科学」がある。科学とは，観察や実験の結果から，自然界のさまざまな事象に潜む因果関係（原因と結果の関係）を解き明かしていく営みである。科学によって，自然に対する理解がさらに深まり，わたしたちは，安全で豊かな生活を送ることができている。ここでは，**地学**における，基本的な科学の方法を例とともにいくつか紹介しよう。

1 並べてみる

さまざまな火成岩を，いくつかの特徴に着目して並べ，その性質を最もよく表しているものはどれかを考える。

① 大きさの順 ⟶
② 形が丸に近い順 ⟶
③ 色の濃い順 ⟶

①や②で着目した岩石の大きさや形は，偶然に大きいものであったり，人の手で砕かれていたりする可能性がある。したがって，火成岩の性質を表しているとは考えにくい。この3つの中では，色の濃い順に並べた③が，火成岩の性質を調べるのに役立ちそうである。
火成岩の色が，その性質を調べるのに役立ちそうだとわかれば，火成岩の色を決める要因は何なのかを考え，文献で調べたり，観察や実験を行ったりして確認する。

2 拡大してみる

調べる対象をルーペや顕微鏡などで拡大してみると，肉眼ではわからなかった特徴が見えてくる。
黒っぽい火成岩と白っぽい火成岩を拡大して観察すると，岩石の色の違いは，岩石に含まれている有色鉱物の割合の違いだと気づく。

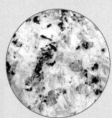

たとえば，海岸の砂粒を拡大して観察すると，1つ1つの砂粒は，岩石のような鉱物の集合体ではなく，それぞれ1種類の鉱物からできているように見える。なぜ，1つ1つの砂粒は，それぞれ1種類の鉱物からできているのだろうか。このような素朴な疑問が新しい探究のテーマになる。

3 比較してみる

黒っぽい砂と白っぽい砂に太陽光を当て，それぞれの表面温度の変化を測定する。両者を比較することによって，黒っぽい砂，白っぽい砂の，いずれか一方だけではわからなかった性質が見えてくる。

黒っぽい砂と白っぽい砂とで，温度変化の特徴に違いがあった場合は，これまでに学んだ知識や経験を活用して，その原因を推論する。
次に，その推論が正しいことを確認するには，どのような観察・実験を行えばよいのかを考える。

4 時間を追って観察してみる

木星を天体望遠鏡で観察すると，明るい4つの衛星（イオ，エウロパ，ガニメデ，カリスト）を確認できる。しばらく時間をおいて，もう一度観察すると，それぞれの位置関係が変化していることがわかる。これは，木星の衛星が，木星のまわりを公転しているためと考えられる。

木星の衛星の例のように，1回の観察ではわからなくても，時間の経過とともに，その性質が見えてくるものがある。
太陽系の誕生や，堆積岩の形成のように，長大な時間を要する変化は，それぞれの変化の途上にあるものをいくつか観察する。次に，それらを時間の経過順に並べ，変化の特徴やストーリーを考える。

1 地球の形と大きさ

Shape and size of the earth

基礎 / 地学

巻末7

1 地球のすがた 基礎

宇宙から見た地球は丸くて青い。地球が丸いことを最初に説明したのは，紀元前4世紀のギリシャのアリストテレス（前384〜322）と伝えられている。

地球の起伏

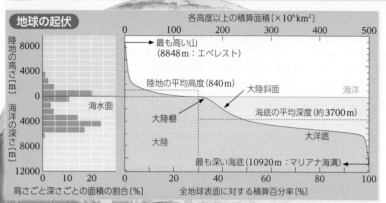

地球の表面に占める海と陸の割合は，約7：3である。また，地球の高度分布を見ると，陸地は高さ0〜1000m，海底は深さ4000〜5000mの占める割合が多く，2つのピークが存在する。これは，地球型惑星（≫p.121）の中でも，地球のみに見られる特徴であり，地球では，プレートの運動が起こり（≫p.20），大陸地殻と海洋地殻を構成する岩石の種類が異なることに由来する（≫p.14）。

丸い地球

アリストテレスは，月食時に月に映る地球の影が丸いことから，地球が球形であると考えた。古代の人々は，さまざまな現象を観察し，地球が丸いことに気づいていた。

①近づく陸は上の方から見えてくる。
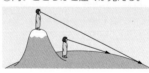
②高いところほど遠くが見える。

③月食時，月に映った地球の影が丸い。

④南へ旅をすると見なれない星座が見える。
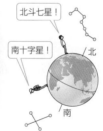
北斗七星！ 南十字星！ 北 南

+α プラス 金星と火星の高度分布

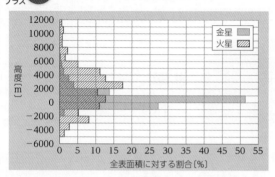

金星と火星の高度分布は，地球と異なり，ピークが中央付近に1つしかない。また，地球の衛星である月もピークは1つである。これは，現在の金星や火星，月では，プレートの運動が起きていないことが原因である。

TOPIC トピック 古代の世界観

古代バビロニア

古代バビロニアでは，大地の周囲を大洋が囲み，その大洋も高い絶壁で囲まれ，さらにその上に紡錘型の天井がかかっていると考えられていた。

古代エジプト

古代エジプトでは，地球は横たわる女神ゲブのすがたであり，天の神ヌトは，体を折り曲げて大気の神にもち上げられていると考えられていた。

2 地球を測る 基礎

紀元前3世紀のギリシャのエラトステネスは，エジプトのシエネ（現在のアスワン）にある深い井戸の底に，夏至の正午に太陽の光が届くことから，地球の大きさを測定した。

エラトステネスの測量

北回帰線上の都市シエネでは，夏至の日の正午，太陽が天頂に位置する。これを知ったエラトステネスは，アレクサンドリアにおける夏至の正午の太陽の高度を，垂直に立てた棒の影の長さによって測定し，2地点の緯度差が全周の$\frac{1}{50}$（7.2°）であることを見出した。

次に，アレクサンドリアとシエネの距離を，隊商の行程から5000スタジア*と求めた。地球が球体であり，2地点が同じ子午線上に位置するとすれば，地球の全周は25万スタジア（＝45000km）と計算される。

5000〔スタジア〕×180〔m〕＝900〔km〕，地球の全周をx〔km〕とすると，$\frac{7.2°}{360°} = \frac{900km}{x km}$ したがって，$x = 45000$〔km〕

実際の地球1周は約40000kmであり，その誤差は十数％にすぎなかった。 *スタジア ギリシャやエジプトで使われていた長さの単位。単数形はスタジオン。1〔スタジオン〕＝およそ180〔m〕

アレクサンドリア 地中海 （今のカイロ） ナイル川 5000スタジア 紅海 （今のアスワン） 北回帰線（北緯23.4°）シエネ
注）ナイル川の流れは現在のもの

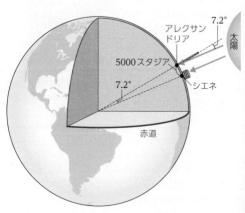
アレクサンドリア 7.2° 太陽 5000スタジア 7.2° シエネ 赤道

豆知識 地球の平均半径を6371kmとすると，富士山は理論上，約219.3km離れた標高0mの地点から望むことができる。標高が高ければ，さらに遠いところからも見ることができる。現在の最遠望地点は，和歌山県の色川富士見峠（富士山から322.9km）である。

3 地球楕円体 基礎

楕円を回転させてできる立体を回転楕円体という。ニュートン(1642～1727)は，地球の自転に注目し，地球の形は，遠心力によって赤道方向に膨らんだ回転楕円体と予想した。

地球楕円体

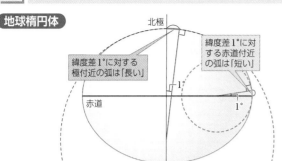

緯度差1°に対する極付近の弧は「長い」

緯度差1°に対する赤道付近の弧は「短い」

北極

赤道

1°
1°

地球が赤道方向に膨らんだ回転楕円体であれば，緯度差1°に相当する子午線弧の長さは，赤道付近よりも極付近のほうで長くなるはずである。これは，18世紀半ばのフランス学士院の測量によって確認され，ニュートンの予想が正しいことが証明された。地球の大きさや形に最も近い回転楕円体を**地球楕円体**とよぶ。

緯度差1°あたりの子午線弧の長さ

地域	長さ
ラップランド (66°20′N)	111.9km
フランス (45°N)	111.2km
エクアドル (1°31′S)	110.5km

地球楕円体の種類

現在，国土地理院では，測地基準として，GRS80楕円体を用いている。これによると，赤道半径は6378.137km，極半径は6356.752km，平均半径は6371.009kmである。

地球楕円体の名称	偏平率
ニュートンの予想 (17世紀)	$\dfrac{1}{231}$
ベッセル楕円体 (1841)	$\dfrac{1}{299.15}$
国際基準楕円体 (1924)	$\dfrac{1}{297.00}$
IAU(国際天文学連合) 楕円体(1964)	$\dfrac{1}{298.25}$
IAU(国際天文学連合) 楕円体(1976)	$\dfrac{1}{298.257}$
GRS80(測地基準系) 楕円体(1980)	$\dfrac{1}{298.257222101}$

偏平率

b：極半径
a：赤道半径

楕円の膨らみぐあいは**偏平率**で表される。偏平率は赤道半径をa，極半径をbとすると，次式で求められる。

$$偏平率 f = \frac{a-b}{a}$$

$0 \leqq f < 1$ であり，$f=0$のときが円，1に近いほどつぶれた楕円となる。

4 ジオイド

地球楕円体は，地表の凹凸を無視した便宜的なものである。標高や重力異常(» p.9)を考えるときは，ジオイドを用いる。

ジオイド

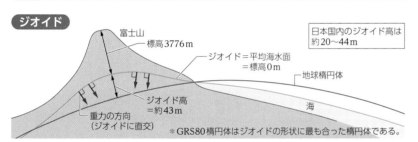

富士山
標高3776m
ジオイド=平均海水面=標高0m
地球楕円体
ジオイド高=約43m
海
重力の方向 (ジオイドに直交)

日本国内のジオイド高は約20～44m

＊GRS80楕円体はジオイドの形状に最も合った楕円体である。

海面は，波や潮の干満によって変動するが，平均を取れば，なめらかな面となる。これを**平均海水面**という。陸地に溝を掘って海水を入れた場合を考えると，平均海水面を陸地まで延長し，地球全体を覆う面を想定することができる。この面を**ジオイド**という。

山があると，その山体の質量による引力のため，重力の向きと大きさが変化し，一般に，高い山の下ではジオイドが高まる。一方，海域では，ジオイドが平均海水面と一致する。ジオイドから測った地形の高さを標高としており，ジオイドはどこも標高0mである。地球楕円体とジオイドの差を**ジオイド高**という。

日本付近のジオイド高

15 20 25 30 35 40 45 50 55 [m]

200km

世界のジオイド高

赤色部はジオイド高が大きく，青色部は小さい。この差を強調して全球モデルとすると，インド洋付近で凹，大西洋北部とニューギニア島周辺で凸を示す。その差は，±100m程度である。

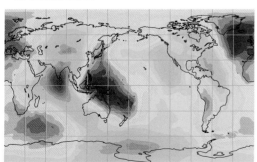

-100 -80 -60 -40 -20 0 20 40 60 80 [m]

実験 歩測による地球の大きさの求め方

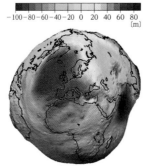

北緯 35.792°
東経 139.815°
スタート地点

北緯 35.791°
東経 139.815°
ゴール地点

❶歩測
①任意の距離(20～50m程度)を測定し，その距離を何歩で歩くか数え，自分の1歩あたりの距離を求める。
②学校のグラウンドなど，経度が同じになる南北の直線上にスタート地点とゴール地点を決める。
③スタート地点からゴール地点まで歩き，その歩数から距離を計算する。

❷地球の大きさを求める
スタート地点とゴール地点の緯度差と❶で求めた距離から，地球の大きさを計算する。

$$地球の円周〔km〕=距離〔km〕×\frac{360°}{緯度差〔°〕}$$

＊1°＝60′
1′＝60″

豆知識 1549年に日本を訪れた宣教師フランシスコ・ザビエルは，キリスト教以外にも，地球が丸いという考えを伝えたといわれている。その後も，宣教師ペドロ・ゴメスが天文学の講義をしたり，ルイス・フロイスが織田信長に地球儀を紹介したりした。

1 地球上の物体に働く力

地球は，半径約6400 kmの球体であり，その質量は$5.97×10^{24}$kgである。この質量が，地球上のあらゆる物体に影響を及ぼしている。

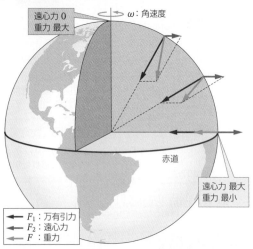

遠心力 0
重力 最大

ω：角速度

赤道

遠心力 最大
重力 最小

F_1：万有引力
F_2：遠心力
F：重力

重力

地球上の物体には，万有引力と地球の自転による遠心力が働いている。この2つの力の合力を**重力**という。

$$F = mg$$

F：重力〔N〕
m：物体の質量〔kg〕
g：重力加速度〔m/s²〕
（地表では約9.8 m/s²）

※地学では，重力加速度gの単位にGal（ガル）を用いることもある。
1 Gal $= 10^{-2}$ m/s²
1 Gal $= 10^3$ mGal（ミリガル）

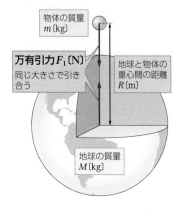

物体の質量
m〔kg〕

万有引力F_1〔N〕
同じ大きさで引き合う

地球と物体の重心間の距離
R〔m〕

地球の質量
M〔kg〕

万有引力

2つの物体の間には，それらの質量の積に比例し，距離の2乗に反比例する力が働く。この力を**万有引力**という。

$$F_1 = G\frac{Mm}{R^2}$$

F_1：万有引力〔N〕
G：万有引力定数（$6.67259×10^{-11}$N·m²/kg²）
M：地球の質量〔kg〕
m：物体の質量〔kg〕
R：地球と物体の重心間の距離〔m〕

遠心力

回転運動をする物体には，回転の中心に向かって働く**向心力**と，これと同じ大きさで反対方向に働く**遠心力**が生じる。地球は，地軸を中心に自転しているため，地球上の物体には，自転による遠心力が働いている。遠心力は，地軸から最も離れた赤道上で最大となり，極では働かない。

$$F_2 = mr\omega^2$$

F_2：遠心力〔N〕　　m：物体の質量〔kg〕
r：回転の半径〔m〕　ω：角速度〔rad/s〕
v：速度〔m/s〕　　　T：周期〔s〕

$$F_2 = m\frac{v^2}{r}　\left(= m\frac{\left(\frac{2\pi r}{T}\right)^2}{r} = mr\left(\frac{2\pi}{T}\right)^2 = mr\omega^2\right)$$

緯度と遠心力の関係は，グラフのように示される。日本付近（北緯35°付近）における，質量1 kgの物体に働く遠心力は0.0276 N（重力の0.28％程度）である。

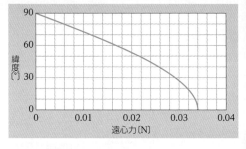

縦軸：緯度〔°〕　横軸：遠心力〔N〕

重力の測定

絶対重力測定

絶対重力計

相対重力測定

相対重力計

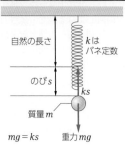

自然の長さ
kはバネ定数
のびs
ks
質量m
$mg = ks$
重力mg

測定のようす

絶対重力とは，その場所，その時間の重力（絶対値）である。かつては，振り子による方法で測定されていた。現在では，落下する物体の落下距離と経過時間を直接計測し，重力加速度を計算する方式が採用されており，誤差$1～2×10^{-3}$m/s²程度の高い測定精度が得られるようになっている。

相対重力は，基準値との差として，バネののびを利用する方法で測定される。誤差$1×10^{-7}$m/s²程度の測定精度が得られ，小型軽量で簡便なため，野外の重力探査などでは相対測定が用いられる。写真は，ラコスト重力計とよばれるもので，ダイヤルを調整して，目盛り（重力測定値）を読み取る。

PROGRESS　エトベス効果

地球は，西から東へと自転しているため，東に向かって移動すると，自転の速さに移動速度が加わる。つまり，それだけ遠心力が増すため，見かけ上，重力が小さくなる。西に動けばその逆である。

たとえば，赤道上を100 km/h（28 m/s）で東に動くと，体重は0.04％程度軽くなる（体重50 kgの人の場合，20 gほど軽くなる）。したがって，幅跳や，やり投げをするときでも，東に向かって跳んだり，投げたりする方が，わずかだが有利である。

このような効果は，ハンガリーの物理学者エトベスが発見したことから，エトベス効果とよばれている。

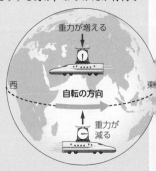

重力が増える
自転の方向
西　東
重力が減る

豆知識　エトベス効果を発見したエトベス・ロラーンドは，ブダペスト大学の教授で，1890年に重力偏差計を発明した。彼の功績を讃えて，ベルギーの天文学者エリック・ヴァルター・エルストは，発見した小惑星をエトベスと名付けた。

2 重力異常

地球楕円体(≫p.7)をもとに, 緯度ごとに定められた重力を標準重力(正規重力)という。
重力の実測値に各種の補正を行い, ジオイド上の値に換算して, これから標準重力の値を引いたものを重力異常という。

重力異常

重力異常を求める際は, 重力の実測値に対して, 地形や高度による影響を補正しなければならない。

地形補正

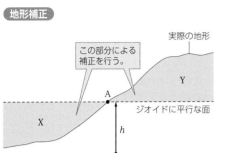

この部分による補正を行う。

実際の地形

ジオイドに平行な面

ジオイド

実際の地形は起伏があり, 精密な重力測定では, 地形の影響が現れる。斜面上の地点Aでは, Xの部分に物質がないこと, およびA点よりも上のYの部分に物質があることによって上に引かれるため, 重力の実測値が標準重力よりも小さくなる。この影響を取り除く補正を地形補正という。補正量は, $1×10^{-4}\,\mathrm{m/s^2}$以内である。

フリーエア補正

この部分を空間(質量がないもの)として補正を行う。

ジオイドに平行な面

実際の地形

ジオイド

高度が上がると, 地球の重心から遠くなるため, 重力の実測値は標準重力よりも小さくなる。この影響を取り除くため, ジオイドの高度で測定した値に換算する。この補正をフリーエア補正という。高度h[m]の地点Aでの補正量$\varDelta g_1$は, 次式で求められる(一般に約3mにつき$1×10^{-5}\,\mathrm{m/s^2}$の補正が必要)。

$$\varDelta g_1 = 3.1×10^{-6}\,h$$

実測値に補正量を加えたもの(補正値)から標準重力を引いた値をフリーエア異常という。

ブーゲー補正

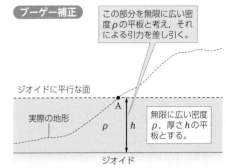

この部分を無限に広い密度ρの平板と考え, それによる引力を差し引く。

ジオイドに平行な面

実際の地形

無限に広い密度ρ, 厚さhの平板とする。

ジオイド

高度hの地点Aでは, ジオイドとの間に質量が存在する。この影響を取り除くため, 物質の平均密度を$2.67\,\mathrm{g/cm^3}$と仮定して, その分の引力を差し引く。この補正をブーゲー補正という。

補正量$\varDelta g_2$は, 次式で求められる。

$$\varDelta g_2 = 1.12×10^{-6}\,h$$

地形補正, フリーエア補正, およびブーゲー補正を行った後の値から標準重力を引いた値をブーゲー異常という。

重力異常と地下構造

地球表面は, 起伏に富む。また, 地下構造も複雑であり, さまざまな場合に重力異常(ブーゲー異常)が現れる。重力異常を知ることによって, 地下の鉱床や油田(≫p.195), 断層(≫p.26)の存在を推定することができる。

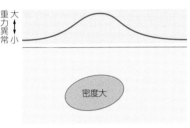

密度の大きい鉱床

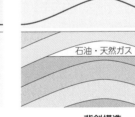

背斜構造

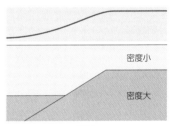

断層

日本列島と関東地方のブーゲー異常

関東地方, 中部山岳地帯, 琵琶湖周辺および九州東部の負の値は, 密度の小さい新第三紀や第四紀の地層が厚く堆積していることに起因する。

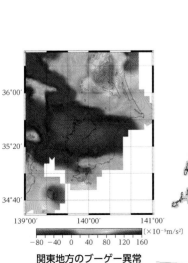

関東地方のブーゲー異常

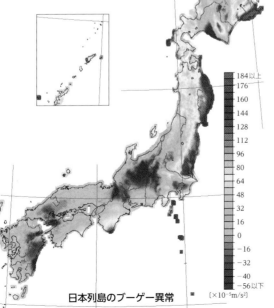

日本列島のブーゲー異常

TOPIC 月の重力異常

月の周回衛星「かぐや」は, リレー衛星(通信用の子衛星)を用いて, 月の重力を測定した。図は, 左が月の表側, 右が裏側の重力異常分布であり, 赤色は重力が強く, 青色は重力が弱いことを示している。

表側には, 海とよばれる広大なクレーターが分布し, 強い重力が測定されている。これは, 天体衝突によるクレーターの形成時に, マントルの隆起や密度の大きい溶岩の噴出が起こったことによるものである。

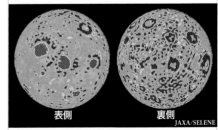

表側　　裏側
JAXA/SELENE

豆知識　NASAとドイツ航空宇宙センターによる, 2002～2017年のGRACE計画では, 高度500kmに一対のリレー衛星を打ち上げ, 両衛星間の距離の変化を測ることによって, 地球の重力異常分布を求めた。

1 地磁気の三要素

地球がもつ磁気や地球上に生じる磁場を地磁気といい，場所によって磁力線の向き（N極が力を受ける向き）や磁力の大きさが異なる。

地磁気の三要素

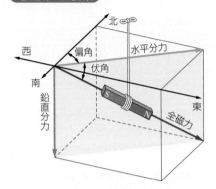

　ある地点の地磁気の状態を決定するには，3つの独立した成分が必要となる。棒磁石をその重心で支えると，北半球では，N極が水平よりも下がる。このとき，磁石の方向に向かう磁力を**全磁力**[*]，水平面に対する磁石の傾きを**伏角**，全磁力の水平成分を**水平分力**，全磁力の鉛直成分を**鉛直分力**という。さらに，水平方向の真北からのずれを**偏角**という。

　このうち，全磁力，伏角，偏角が，**地磁気の三要素**としてよく用いられる。

[*]全磁力の大きさの単位には，通常，nT（ナノテスラ）が用いられる。

双極子磁場

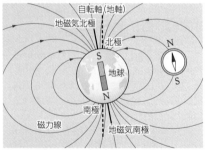

　地球の磁場の形は，棒磁石の磁場（双極子磁場）に近い。地球の中心に棒磁石があると考え，そこから出る磁力線が地磁気の磁力線に最も近いとき，N-Sの延長が地表と交わる点をそれぞれ**地磁気北極**，**地磁気南極**という。この両極を結ぶ直線（磁軸）は，地軸に対して**10.7°**傾いている。地磁気北極と北磁極，地磁気南極と南磁極は，一致しない。

地磁気の分布（2020.0年値[※]）

[※] 2020年1月1日（世界時）の値を2020.0年値という。

　伏角は，低緯度で0°，高緯度では±90°となる。伏角が±90°となる地点を**磁極**といい，南北両半球に1つずつある（＋90°が北磁極，−90°が南磁極）。磁極では全磁力の水平成分がゼロであり，等偏角線が集中している。

全磁力

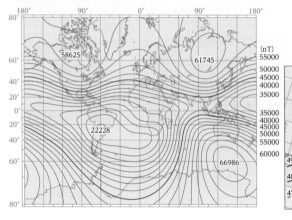

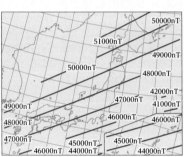

　世界の地磁気の分布は，国際標準地球磁場（IGRF）モデル，日本の地磁気の分布は，国土地理院による。

伏角

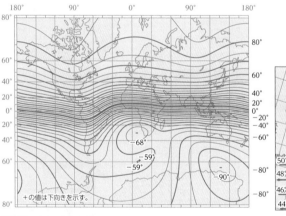

＋の値は下向きを示す。

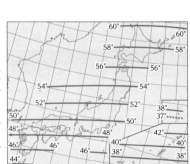

偏角

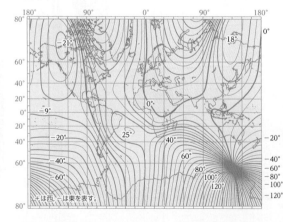

＋は西，−は東を表す。

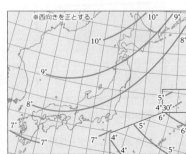

※西向きを正とする。

豆知識　磁性が生じたり失われたりする境界の温度をキュリー温度（キュリー点）といい，鉄では約770℃，磁鉄鉱では約580℃である。この名称は，発見したフランスの物理学者ピエール・キュリーに由来する。キュリーはのちに妻のマリーとともにノーベル物理学賞を受賞した。

2 残留磁気

磁性鉱物を含む火成岩や堆積岩には，形成当時の地磁気の向きや強さが記録されており，過去の磁場のようすを調べるのに役立つ。

熱残留磁気

マグマから晶出した磁鉄鉱などの強磁性鉱物が冷却すると，そのときの地磁気の向きに磁化される。このように火成岩中に保持された磁気を**熱残留磁気**といい，その強さは外部磁場の強さに比例する。

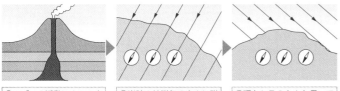

①マグマの活動によって火成岩ができる。　②当時の地磁気の向きに磁化される。　③現在もその向きを保っている。

堆積残留磁気

磁性鉱物を含む砕屑物が堆積してできた堆積岩には，堆積当時の磁場の向きが保存されている（**堆積残留磁気**）。堆積残留磁気は，熱残留磁気に比べると弱い。

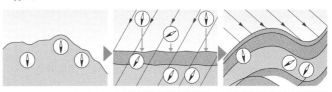

①磁性物質を含む岩石が，風化侵食される。　②堆積するときに地磁気の向きに配列する。　③褶曲しても当時の向きを保っている。

3 地磁気の変化

地磁気は絶えず変化している。

地磁気の日変化

1日を周期とする規則的な変化を**地磁気の日変化**という。日変化は，太陽の方向が変化することによって生じ，その現れ方は緯度によって異なる。

また，地磁気の日変化が著しく乱れることがある（右図の9月8日）。これは，太陽でフレアが発生することによって，地球に大量の荷電粒子が到達し，地磁気の乱れ（磁気あらし，≫p.106）が生じたためである。

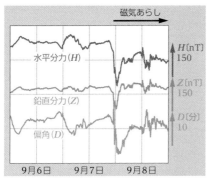

柿岡（茨城県）で観測された地磁気の変化
（2017年9月6〜8日）

地磁気の永年変化（偏角）

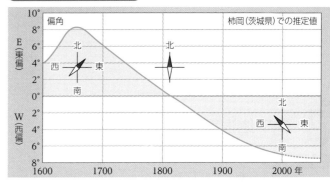

永年変化は，数十〜数百年，数千〜数万年というゆっくりとした変化であり，地球内部にその原因があると考えられる。

地磁気の逆転

黒塗りの部分は，現在の地磁気と同じ方向（正磁極）を示す。

地磁気極性					
358		258	年代〔万年前〕	77	0
	ガウス正磁極期		松山逆磁極期		ブルン正磁極期
ギルバート逆磁極期					

地質時代				
新第三紀		第四紀		
鮮新世		更新世		完新世

磁極が入れ替わる地磁気の逆転は，最近360万年の間に11回もあったことがわかっており，最も新しい逆転は77万年前である。逆転のメカニズムは，まだ解明されていない。

人物　松山基範 1884〜1958

大分県出身の地球物理学者。玄武洞（兵庫県，≫p.53）をはじめとした東アジア各地の岩石の残留磁気を測定し，1929年，地磁気の逆転説を世界で初めて唱えた。その功績を讃えて，地質時代で最後の逆磁極期は，松山逆磁極期と名付けられている。松山逆磁極期の始まりをもって，地質時代の第四紀の始まりとすることが国際的に定義されている（≫p.158）。

PROGRESS 地球磁場と地磁気の成因

かつて，地球は大きな永久磁石と考えられていた。しかし，地球内部は高温であり，磁性体は磁気を保てない。また，過去に地磁気の逆転が起きていたことなどから，この説は否定された。現在は，地球は巨大な発電機（ダイナモ）であり，その電流によって地磁気が生じているとするダイナモ理論が広く受け入れられている。地球の外核は，主に溶融した鉄からなり，対流や地球の自転による転向力（≫p.74）などによって，複雑に流動している。ここにわずかな磁場が存在すると，電磁誘導によって外核内部に電流が生じ，この電流によって強められた磁場はさらに強い電流を生じる。地球は，このサイクルによって磁場を保っていると考えられている。

ダイナモ理論にもとづくシミュレーションによる地球の磁力線

地球磁場は，太陽から吹き付ける太陽風（≫p.106）によって，太陽側は圧縮され，反対側は引きのばされた，磁気圏とよばれる領域を形成している。これが有害な太陽風から地球を守っている。地球磁場は，地球の誕生からしばらくの間は，存在しないか，かなり弱いものであった。約27億年前，マントルや核の動きが活発化して強い地球磁場が形成され，太陽風がさえぎられるようになった。これによって，生命は深海から浅海へと進出することが可能になったと考えられている（≫p.160）。

豆知識　オーロラは，南極と北極においてほぼ同様の形状で観察される。地磁気極近傍ではあまり見られず，地磁気緯度がおよそ65°から70°の，ドーナツ状のオーロラ帯（≫p.192）とよばれる領域で多く発生する。

4 地球内部の熱
Heat from the earth interior

1 地球内部の熱源

地球内部のエネルギー

地球内部の熱源は，主に，地球形成時の微惑星などの衝突や地球内部の分化によって蓄積されたエネルギーと（▶p.122），地殻やマントルに含まれる放射性同位体の壊変（▶p.159）に伴って発生する熱である。これらの熱が，伝導や対流によって地表へ伝わっている。

短期的にみると，火山は地球内部から地表に多くの熱を運んでいるように見えるが，局所的なものである。地球内部から放出される熱の大半は，広範囲にゆっくりと伝っている。

地球内部の熱源

地球内部の熱源		エネルギー〔J〕	温度上昇*〔K〕
地球形成時に解放される位置エネルギー	微惑星の集積エネルギー	2.5×10^{32}	42000
	分化のエネルギー	2.5×10^{31}	4200
放射性同位体の壊変に伴い発生するエネルギー		$\sim 1 \times 10^{31}$	~ 1700
地球内部物質の重力的収縮に伴い発生するエネルギー		$\sim 1 \times 10^{31}$	~ 1700
核を構成する物質の相変化・化学変化に関するエネルギー		$\sim 1 \times 10^{31}$	~ 1700

＊物質の比熱を1.0J/(g·K)とし，エネルギーがすべて熱に変わったとして見積もられている。実際には，多くの熱が地表から宇宙へ放出され，温度上昇はその10〜数十％と考えられる。

地球内部の熱源から放出されるエネルギー

	エネルギー流量〔mW/m²〕	総量〔10^{20}J/年〕
地殻熱流量（▶p.13）	91.6	14.7
火 山	1.87	0.3
温泉・地熱	0.12	0.02
地 震	$2.5 \times 10^{-2} \sim 4.4 \times 10^{-2}$	0.004〜0.007

主な岩石中の放射性元素量および岩石の発熱量

主な岩石（地球内部の場所）	U〔ppm〕	Th〔ppm〕	K〔％〕	発熱量〔10^{-3}mW/m³〕
花こう岩（大陸地殻を構成）	4.7	20	4.2	2.8
玄武岩（海洋地殻を構成）	0.9	2.7	0.83	0.2〜0.9
かんらん岩（マントルを構成）	0.031	0.12	0.031	0.1〜0.2

熱源となる主な放射性元素は，ウラン（^{238}U），トリウム（^{232}Th），カリウム（^{40}K）などである。地球をつくる岩石別では，花こう岩の発熱量が多い。花こう岩質の岩石からなる大陸地殻の発熱量は，玄武岩質の岩石からなる海洋地殻の発熱量よりも大きい。

2 地下増温率（地温勾配）

地下増温率

地球は内部ほど温度が高い。地表付近を除けば，地下数十kmまで，100m深くなるごとに，平均して3℃の割合で温度が高くなる（火山地域は除く）。この割合を地下増温率（地温勾配）という。地下深部や地球の中心の温度は，直接測定することができないため，実験や計算によって推定されている。

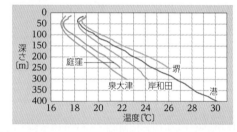

大阪平野における地下温度の測定例

日本の地下増温率

地下増温率〔℃/100m〕
0　4 5 6 7 8 9 10　12　14　　　　20

上図は，日本列島の各地点で測定された地下増温率の分布である。東北や九州などの火山地帯で地下増温率が大きいことがわかる。

地下温度の測定

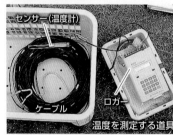

センサー（温度計）

ケーブル　ロガー
温度を測定する道具

陸上での測定のようす

陸上では，井戸や，地熱・温泉開発などの目的で掘られた掘削孔などに，ケーブルの長い温度計をおろし，測定する。

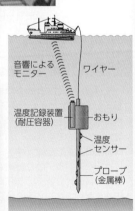

海洋では，温度センサーが複数ついたプローブ（金属棒）を，海洋観測船から吊りおろして海底に打ち込み，測定する。

音響によるモニター　ワイヤー
温度記録装置（耐圧容器）　おもり
温度センサー
プローブ（金属棒）

豆知識　花こう岩などの岩石には，もともと放射性元素が含まれており，私たちの身の回りの岩石からも放射線が放出されている。これは，自然放射線の一種であり，人為的なものではない。

3 地殻熱流量

一般に，温度に勾配があれば，熱は高い方から低い方へ流れる。地球でも，地球内部から地表へ向かって熱が絶えず流れ出している。その熱の量を地殻熱流量という。

熱伝導率

熱の伝わりやすさは物質によって異なり，熱伝導率がその指標となる。地表付近における岩石の熱伝導率は，ボーリングなどによって得られたコアから，写真のような装置で測定される。

熱伝導率の値は，海洋では海底表層の堆積物から決定され，0.8〜1.1W/(m・℃)である。また，陸（数百mの深さまで）では，採取された岩石から得られ，約2〜4 W/(m・℃)である。

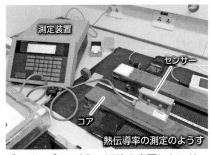

熱伝導率の測定のようす

ボーリングコア（》p.173）の表面にセンサーを押しあて，測定装置で熱伝導率を調べる。

地殻熱流量の求め方

地殻熱流量は，地下増温率と岩石の熱伝導率の積として求められる。

深さ Z_1〔m〕の温度を T_1〔℃〕，深さ Z_2〔m〕の温度を T_2〔℃〕，熱伝導率* を k〔W/(m・℃)〕として，地殻熱流量 Q〔W/m²〕は，次のように示される。

$$Q = k\frac{T_2 - T_1}{Z_2 - Z_1} \quad (Z_1 < Z_2)$$

*熱伝導率 k は，厚さ1mの板の両端で1℃の温度差があるとき，1秒間に流れる熱量を単位として示される。

地殻熱流量は，地下増温率と岩石の熱伝導率に比例する。そのため，熱伝導率が同じ程度であれば，地殻熱流量が大きい地域では，地下増温率も高くなる。

世界の地殻熱流量と頻度分布

海洋では，プレートが生成される海嶺で地殻熱流量が大きく，プレートが沈み込む海溝では小さい。これは，海嶺から海溝に向かって熱を失っていくためであり，プレートが形成されてからの時間は，地殻熱流量と相関がある。

この相関は，大陸でも見られ，たとえば，古い岩石からなる盾状地や安定大陸（》p.33）で小さく，新しい岩石からなる造山帯（変動帯）や火山地帯では大きい傾向にある。しかし，海洋ほど明瞭な相関ではなく，複雑な分布を示す。これは，大陸地殻の構造や形成過程が海洋に比べて複雑であり，また，放射性元素の含有量が海洋よりも多いためである。

測定値をもとに推定した値を示している。

23　45　55　65　75　85　95　150　450
地殻熱流量〔mW/m²〕

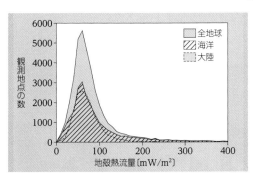

海洋と大陸の地殻熱流量の頻度分布は似ているように見えるが，これは，海洋地域で堆積物に覆われた観測点が系統的に数値を引き下げていることや，観測点の不均一な分布が影響しているものであり，注意が必要である。

平均した地殻熱流量は，大陸で70.9mW/m²，海洋で105.4mW/m²，地球全体で91.6mW/m²と見積もられている。

整理　地殻熱流量

地殻熱流量＝地下増温率×岩石の熱伝導率

	場所	地殻熱流量		場所	地殻熱流量
大陸	新しい変動帯	大	海洋	海嶺	大
	古い安定大陸	小		海溝	小

日本付近の地殻熱流量

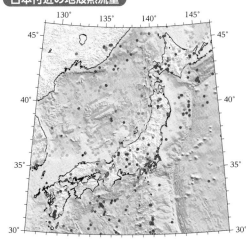

0　40　50　60　70　80　90　100　120　140　200
地殻熱流量〔mW/m²〕

日本付近の地殻熱流量は，海溝に近い太平洋側や西日本の火山が少ない地域で値が小さい。一方，日本海側や火山が分布する北海道，東北，九州地方では値が大きくなっている。このように，地殻熱流量の分布は，日本列島付近の地球科学的な特徴を反映している。

PROGRESS 地下温度に残された地表面温度の履歴

地表面の温度変化は，ゆっくりと地下に伝わっていく。このとき，温度変化の振幅は徐々に減衰し，長周期の変動ほど，深部にまで影響を及ぼすことが知られている。たとえば，1日の変動はごく浅い部分にしか影響を及ぼさないが，季節変動はより深い部分に影響を与え，温暖化や寒冷化といったさらに大きい周期の変動は，地下数百mにまで伝わる。そのため，地表面の温度変化は，地下の温度分布に残されており，そこから，過去の地表面の温度分布を復元することができる。北半球を中心に，世界各地で地表面温度変化の復元が行われている。

復元がなされている地点

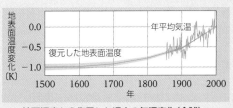

地下温度から復元した過去の気温変化（全球）

豆知識　岩手県葛根田地域において，地熱開発研究の目的で掘削が行われ（》p.196），深度3729mで500℃以上の温度を記録した。これは，掘削における地下温度の世界最高記録となった。

1 地球の層構造 基礎

20世紀には，地震波（》p.36）の伝わり方にもとづいて，地球の内部構造の研究が進んだ。
地球の内部は一様ではなく，物理的特性や化学的特性に注目して，いくつかの層に区分することができる。

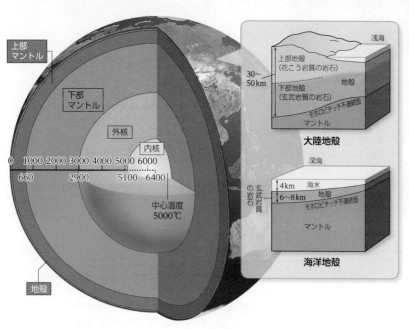

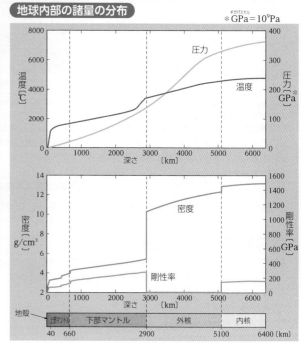

地球内部の諸量の分布

*GPa＝10^9Pa

地球内部の性質

　地殻〜マントルの平均密度が3〜5g/cm³であるのに対して，地球の平均密度は5.52g/cm³であり，外核と内核は密度の大きい物質からなることが予想される。

　圧力は，上に積み重なっている構成物質の単位面積あたりの重さに相当し，深部ほど大きくなる。

	層の名称	深度	厚さ	状態	密度 (g/cm³)	構成物質	地震波速度[km/s] P波	地震波速度[km/s] S波	上層との境界
地殻	海洋地殻 (厚さ 6〜8 km)	地表 (0km)〜40km	40km	固体	3.0	岩石 (玄武岩主体)	5.8	3.4	
地殻	大陸地殻 (厚さ30〜50km)			固体	2.7	岩石 上部 花こう岩質 下部 玄武岩質	6.5	3.7	——モホロビチッチ不連続面——
マントル	上部マントル (厚さ620km)	40km〜 2900km	2860km	ほぼ固体	3.7	岩石 (かんらん岩質)	12.2	6.6	
マントル	下部マントル (厚さ2240km)				4.8				——核−マントル境界——
核	外核	2900km 〜5100km	2200km	液体	10.9	金属 (鉄主体および ニッケル)	9.5	−	——レーマン不連続面——
核	内核	5100km 〜6400km	1300km	固体	12.8		11.1	−	

TOPIC 地球内部の境界面の解明

　地球内部が均質ではないという考えは，古くはニュートンにまでさかのぼることができる。彼は，すでに地球内部が表層と中心部に分かれると考えていた。その後，いくつかの推測がなされたが，地球内部の球殻構造モデルを根拠づけたのは，地震波観測の進進であった。

　地殻とマントルの境界　セルビアのモホロビチッチは，1909年，バルカン半島で起きた地震の地震計記録の分析から，地表から約50kmの深さに，地震波の伝わる速度が急激に速くなる境界面が存在することを発見した。これが地殻とマントルの境界（モホロビチッチ不連続面，》p.16）である。

　核とマントルの境界　イギリスのオールダムは，1906年，地震波の分析から核が存在することを発見した。さらに，ドイツのグーテンベルクは，1913年，核とマントルの境界の深さを2900kmと算出した。彼は，この境界では，P波の速度が急激に小さくなり，S波が伝わらないことから，核は液体であると考えた。

モホロビチッチ

グーテンベルク

レーマン

　外核と内核の境界　デンマークのレーマンは，1936年，地震波の高精度解析によって，シャドーゾーン（》p.16）内の震源からの角距離110°あたりに，核の内部で反射したとしか考えられない微弱なP波が記録されていることに気づいた。これによって，核の内部に，半径約1300kmの固体層（内核）が存在することを明らかにした。

　豆知識　グーテンベルクは，カリフォルニア工科大学で同僚だったリヒター（》p.35）とともに，地震のエネルギーの大きさを表す指標として考案されたリヒター・スケールや，大規模な地震ほど発生頻度は少ないとするグーテンベルク・リヒター則も発見した。

2 地球内部の組成 基礎

地殻を構成する物質

地殻は岩石を主体として構成されており，岩石はその成り立ちによって，火成岩，堆積岩，変成岩に分類される（» p.30, 52, 148）。これらはいずれも造岩鉱物などの集合体である（» p.58）。

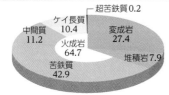

岩石の体積比（地殻の平均）〔%〕

- 変成岩 27.4
- 火成岩 64.7
- 堆積岩 7.9
- 中間質 11.2
- ケイ長質 10.4
- 超苦鉄質 0.2
- 苦鉄質 42.9

地殻を構成する岩石中の造岩鉱物の体積比〔%〕

- 斜長石 39
- カリ長石 12
- 石英 12
- 輝石 11
- 角閃石 5
- 雲母 5
- 粘土鉱物 5
- その他ケイ酸塩 3
- 非ケイ酸塩 8

地球を構成する物質

O 酸素	Mg マグネシウム	Ni ニッケル
Si ケイ素	Ca カルシウム	S 硫黄
Al アルミニウム	Na ナトリウム	
Fe 鉄	K カリウム	

地球全体	O 29.7	Si 17.9	Al 1.4 / Fe 30.7	Mg 15.9	Ca 1.8 / Na 0.9 / Ni 1.7
地殻（大陸地殻）	O 46.3	Si 28.3	Al 8.4 / Fe 5.2	Mg 2.8 / Ca 4.6 / Na 2.3 / K 1.5 / その他 0.6	
マントル	O 44.0	Si 21.0	Al 2.4 / Fe 6.3	Mg 22.8	Ca 2.5 / Na 0.3 / Ni 0.2 / その他 0.5
核	Fe 86.0		Ni 5.0 / 9.0	その他 (O,Si,S)	

0　20　40　60　80　100 〔%〕

地殻／マントル／核

3 リソスフェアとアセノスフェア 基礎

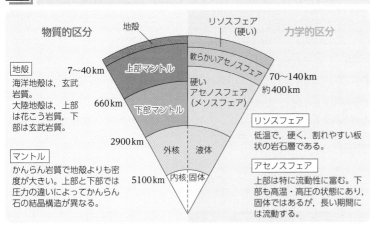

物質的区分 / 力学的区分

- 地殻　7〜40 km
- 上部マントル
- 下部マントル　660 km
- 2900 km
- 外核　液体
- 5100 km　内核 固体
- リソスフェア（硬い）
- 軟らかいアセノスフェア　70〜140 km
- 硬いアセノスフェア（メソスフェア）約400 km

地殻
海洋地殻は，玄武岩質。
大陸地殻は，上部は花こう岩質，下部は玄武岩質。

マントル
かんらん岩質で地殻よりも密度が大きい。上部と下部では圧力の違いによってかんらん石の結晶構造が異なる。

リソスフェア
低温で，硬く，割れやすい板状の岩石層である。

アセノスフェア
上部は特に流動性に富む。下部も高温・高圧の状態にあり，固体ではあるが，長い期間には流動する。

地殻とマントル上部の硬い部分を**リソスフェア**といい，その下の流動性の高い部分を**アセノスフェア**という。地殻，マントル，核の区分が**物質的区分**であるのに対して，リソスフェアやアセノスフェアは，**力学的区分**（硬さによる区分）である。

PROGRESS 超高圧実験から地球深部を探る

地下深部の鉱物を直接採集し，調べることは難しい。しかし，ダイヤモンド・アンビルとよばれる装置を用いると，マントル内の超高圧・高温下における鉱物の結晶構造を調べることができる。この装置は，ダイヤモンド2個で試料を挟んで加圧し，レーザー光で加熱するもので，マントル内部と同様の環境下を再現できる。

この実験から，深さ660 km以深の下部マントルでは，非常に密な構造（ペロブスカイト構造）に変化することが確認された。最近では，核ーマントル境界付近と同じ環境までも再現されている。

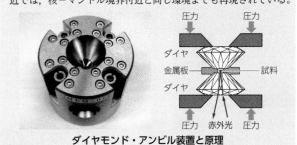

圧力 / ダイヤ / 金属板 / ダイヤ / 圧力 / 試料 / 赤外光

ダイヤモンド・アンビル装置と原理

4 アイソスタシー 巻末8

アイソスタシー

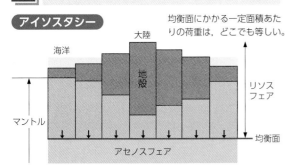

均衡面にかかる一定面積あたりの荷重は，どこでも等しい。

海洋 / 大陸 / 地殻 / リソスフェア / マントル / 均衡面 / アセノスフェア

硬く軽いリソスフェアは，流動性のあるアセノスフェアの上に浮いている。アセノスフェア上面では，一定面積にかかる荷重が等しくなっている場合が多い。このつり合いの状態を**アイソスタシー**という。

地殻の密度はマントルよりも小さいため，大陸のリソスフェアは厚くなり，高く盛り上がる。逆に，海洋のリソスフェアは薄くなり，低く海底下に沈む。陸地や海底に起伏が生じることもアイソスタシーで説明できる。

スカンジナビア半島の隆起運動

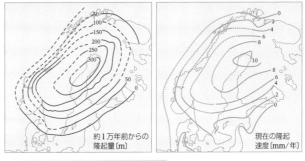

約1万年前からの隆起量〔m〕　／　現在の隆起速度〔mm/年〕

スカンジナビア半島は，約2万年前，約3000 mの厚さの氷床で覆われていた。それが，ほぼすべて溶けてしまったため，アイソスタシーが成り立っておらず，基盤岩が隆起を続けている。

グリーンランドの氷床と基盤岩

氷の重みのため，基盤岩は海面よりも下に押し下げられている。

〔m〕 3000 / 2000 / 1000 / 海面
高さを40倍に拡大　100 km
氷床の高さ
氷がないときの基盤岩の平衡の位置
70°　60°　40°　30°　20°
現在の基盤岩の高さ

豆知識　スカンジナビア半島は，現在でも年間1 cmほどの割合で隆起している。日本列島の隆起速度は，ほとんどの地域で年間1 mm以下であることからも，スカンジナビア半島の隆起が急激なものものであることがわかる。

1 走時曲線

震央から観測地点までの距離を震央距離，地震波が観測地点に到達するまでの時間を走時といい，これらの関係を示したグラフを走時曲線という。

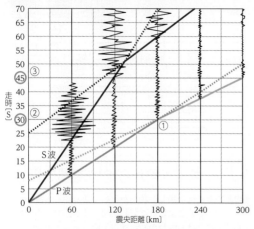

一般に，震源の浅い地震についてP波の走時曲線を描くと，震央距離100～200kmあたりで折れ曲がる。この折れ曲がりは，地下で地震波の速度が変化していることを意味し，地殻とマントルの境界に対応している。この境界は，**モホロビチッチ不連続面(モホ面)**とよばれ，地殻内を直接伝わってきた地震波を**直接波**，モホ面直下(マントル最上部)を通ってきた地震波を**屈折波**という。

モホ面までの深さ d [km]は，地殻内でのP波の速度とモホ面直下でのP波の速度をそれぞれ V_1 [km/s]，V_2 [km/s]（$V_1 < V_2$），走時曲線が折れ曲がる震央距離を L [km]として，次式で与えられる。

$$d = \frac{L}{2}\sqrt{\frac{V_2 - V_1}{V_2 + V_1}} \quad \cdots\cdots (1)$$

波の屈折

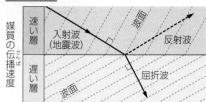

波は，媒質(伝える物質)の性質によって，速度が変化する。ある媒質から別の媒質へと波が進むとき，速度が変化することで，進む方向が変わる。また，媒質が同じでも，密度が変われば，同様に波の進む方向が変わる。

SKILL スキル 走時曲線の読み取り方

P波の走時曲線(左図)から，直接波と屈折波の速度，地殻の厚さを求める。

❶**走時曲線が折れ曲がる震央距離** 走時曲線が折れ曲がる点(図中①，震央距離180kmの地点)で直接波と屈折波が同時に到達する。これ以遠では，直接波よりも早く屈折波が到達する。

❷**直接波の速度** ①よりも左の直線上の点の震央距離と走時を読み取る。①には，地震発生30秒後(図中②)にP波が到達しており，直接波の速度は，$\frac{180\,[\text{km}]}{30\,[\text{s}]} = 6.0\,[\text{km/s}]$ となる。

❸**屈折波の速度** ①よりも右の直線に注目する。この直線は原点付近を通らないため，直線上の2点の値を読み取る必要がある※。ここでは，震央距離300kmの地点に，地震発生45秒後(図中③)にP波が到達しており，❷で読み取った点とあわせて，屈折波の速度は，$\frac{300-180\,[\text{km}]}{45-30\,[\text{s}]} = 8.0\,[\text{km/s}]$ となる。

※❷でも，震源が深ければ原点からのずれが大きくなるため，2点を読み取る必要がある。

❹**地殻の厚さ** ❶～❸で求めた値を左の(1)式に代入すると，地殻の厚さは，34[km]となる。

シャドーゾーン

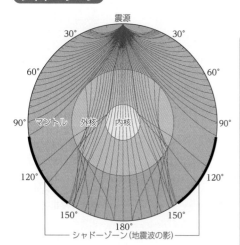

シャドーゾーン(地震波の影)

角距離(震央距離)

震源，地球の中心，観測点がなす角度で表した距離を**角距離**という。たとえば，東京－ニューヨークの角距離は110°である。

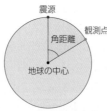

震源からの角距離103°～143°には，P波とS波がいずれも到達しない領域がありシャドーゾーン(地震波の影)とよばれる。シャドーゾーンは，P波がマントルと外核の境界で屈折して内向きに曲げられることと，S波が外核を伝わることができないことで生じる。外核は，P波の速度が大きくなり，S波が伝わらないことから液体と考えられる。

シャドーゾーンをさらに詳しく観測すると，わずかながらP波が到達している。これは，外核と内核の境界で屈折した波である。内核は，P波の速度が急増することから，固体と考えられている。

地震波の走時曲線

P波とS波は，震央から遠距離に達するものほど，地球深部を通る。マントルでは，深くなるほど地震波の速度が大きくなるため，走時曲線は上に凸となる。

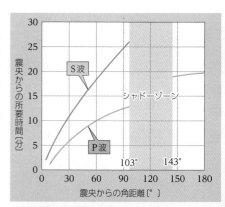

地震波の速度分布

P波とS波の速度分布の研究から，地球内部は，構成物質を異にする成層構造をなすことが明らかにされた。成層構造の境界が，核－マントル境界とレーマン不連続面である(≫p.14)。

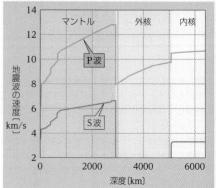

豆知識 マグニチュード(*M*)9.0の東北地方太平洋沖地震(2011年)では，表面波が4.3km/s程度の速さで伝わり，太平洋回りとユーラシア大陸回りで約2時間半かけ，地球を1周した。周を重ねるうちに弱まったが，発生から半日ほどの間に，地球を5周したことが確認された。

2 地震波トモグラフィー

地震波トモグラフィーは，地球の内部構造を知る上での有力な技術の1つで，1980年代以降急速に発達した。

地震波トモグラフィーとは，大量の地震波観測データを用いて，地球の内部構造を画像化する技術である。その原理は，医療用CTスキャンに似ている。特に，マントルを対象としたものは，**マントルトモグラフィー**とよばれる。

左図では，地震波が高速で伝わる領域（低温で硬い）を青色，地震波が低速で伝わる領域（高温で軟らかい）を赤色で示している。図から，南アフリカや南太平洋の地下に，熱いマントル物質の巨大な塊が存在することがわかる。また，東アジアの地下には，日本海溝から沈み込んだ冷たいプレート（スラブ）を確認できる。

太平洋プレートが上部マントルと下部マントルの境界付近まで沈み込んでいる。

アフリカ大陸

南太平洋

トモグラフィーの原理

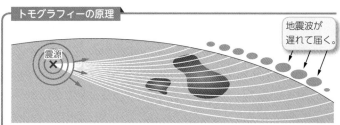

震源

地震波が遅れて届く。

地下に性質の異なる物質が存在すると，地震波の伝播速度が変わるため，地表到達時刻にずれがでる。到達時刻を観測することで，それらの物質の位置や強度を割り出す。

日本列島付近の地震波トモグラフィー

下図は，日本列島の地下構造を地震波トモグラフィーによって図化したものであり，沈み込むプレートを確認できる（上面を黒線で示す）。

関東から近畿地方にかけては，太平洋プレートが低角度で沈み込んでおり，紀伊半島付近では，フィリピン海プレートの沈み込みが見られる。

九州では急角度でフィリピン海プレートが沈み込んでいる。

関東から近畿地方

A—B、深さ[km]、100km、S波速度の平均値からのずれ[%]、-10 0 10

紀伊半島付近

C—D、深さ[km]、70km、S波速度の平均値からのずれ[%]、-10 0 10

九州

E—F、深さ[km]、60km、S波速度の平均値からのずれ[%]、-10 0 10

3 マントルの対流 （基礎）

マントルは，固体の岩石からできているが，極めて長い時間で見ると流動する。核から放出される熱や，マントル内部に存在する放射性の熱源によって加熱され（»p.12），温度が上がって軽くなった物質は上昇し，地表付近で冷やされると，重くなって下降する。このようなマントルの対流運動を**マントル対流**とよぶ。

マントル対流によって，マントルは，地下深部の熱を地表に向けて移動させていると考えられている。

プルーム

地震波トモグラフィーによって，マントル内部には，高温で密度の小さい柱状の上昇流である**プルーム**（マントルプルーム）や，スラブのような低温で密度の大きい物質の沈み込みが確認されている。

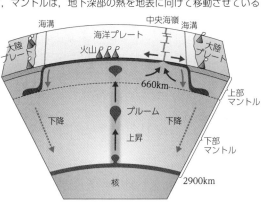

海溝、中央海嶺、海溝、海洋プレート、火山、大陸プレート、大陸プレート、660km、プルーム、下降、下降、上昇、上部マントル、下部マントル、核、2900km

＋α 巨大火成岩岩石区

シャツキー海台、コロンビア台地、ハワイホットスポット、オントンジャワ海台、アイスランド北大西洋岩石区、カリブ海岩石区、シベリアトラップ、デカントラップ、ケルゲレン海台

地球上には，過去に大量の玄武岩が噴出した地域があり，**巨大火成岩岩石区**とよばれている。これらは，プルームが上昇した痕跡と考えられている。たとえば，中央シベリア高原には，面積200万km²のシベリアトラップ（シベリア洪水玄武岩）が分布する。これは，2億5000万年前に，100万年以上続いたとされる火山活動の痕跡である。また，デカン高原には，6700万〜6500万年前の白亜紀の終わりに形成されたデカントラップが分布しており，富士山100個分以上に相当する体積の玄武岩が50万km²に広がっている。

豆知識 1990年代，日本の研究チームによる地震波トモグラフィー解析によって，地殻からマントル全体を含めたエネルギーモデルとしてプルームテクトニクスが提唱された。下降するプルームと上昇するプルームによる対流がマントルの動きを支配するという理論である。

1 世界のプレート分布 基礎

分割されたリソスフェアの1つ1つをプレートといい，それぞれに名前が付けられている。プレートは，1枚の板のようにアセノスフェアの上を運動する。

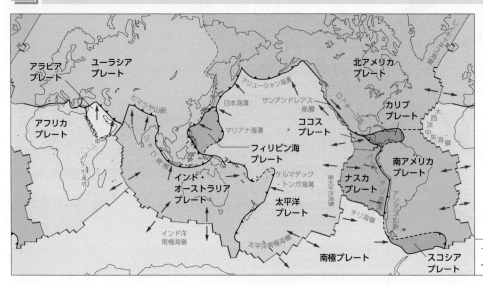

地球表面は十数枚のプレートで構成されており，海洋地域を含む海洋プレートと，大陸地域を含む大陸プレートとに大別される。

一般に，プレートは数cm/年の速さで移動するが，太平洋プレートやインド・オーストラリアプレートのように，10cm/年を超える速さで移動するものもある。

また，現在のプレートの境界の位置が，明確に特定されていない部分も存在する。

—— 発散境界	—— すれ違い境界
↟ 収束境界	--- 不明瞭な境界

2 プレート境界 基礎

地球の表層を覆うプレートどうしの境界には，互いに離れる境界（発散境界），互いに近づく境界（収束境界），互いにすれ違う境界（すれ違い境界）の3種類がある。

収束境界（沈み込み帯）

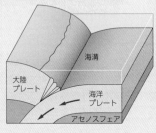

ポポロートヌイ地域（ロシア）
海溝の陸側斜面に充填された付加体

中央海嶺で生産された海洋プレートは，大洋底を移動するにつれて厚みを増し，重くなる。大陸プレートとの境界部に達すると，地球内部に沈み込み消滅するが，その一部は付加体となり（» p.170），大陸プレート内に大山脈を形成する。沈み込みによって形成された溝は海溝とよばれ，プレートの収束境界（沈み込み帯）にあたる。

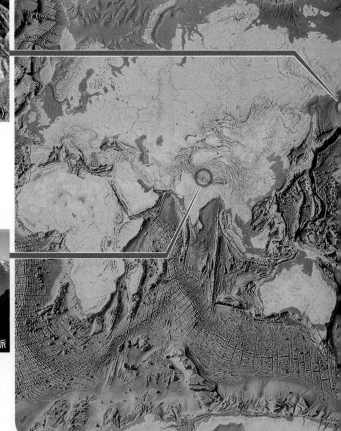

収束境界（衝突帯）

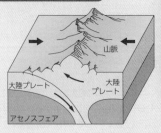

ヒマラヤ山脈
インド・オーストラリアプレートとユーラシアプレートの衝突によって形成された山脈

海洋プレートの沈み込みが終わり，大陸プレートどうしが接すると，大陸プレートは沈み込むことなく互いが衝突し，重なり合って盛り上がり，大山脈を形成する。この部分を衝突帯といい，プレートの収束境界にあたる。

豆知識 プレートは，その内部や縁辺部が小片に割れており，これをマイクロプレートという。ユーラシアプレートに付随するアムールプレート（東日本やカムチャツカを含む）や，北アメリカプレートに付随するオホーツクプレート（バイカル湖，朝鮮半島を含む）などがある。

3 日本周辺のプレート分布 基礎

4つのプレートが接する数少ない地域である。

せめぎ合うプレート

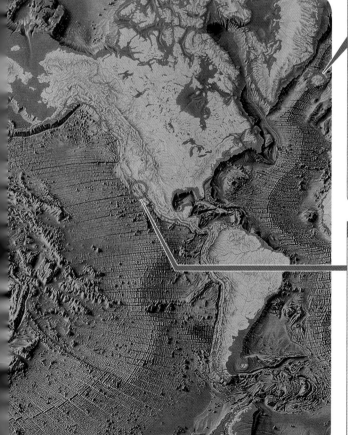

北アメリカプレート

ユーラシアプレート

千島海溝

10.0cm/年

日本海溝

10.5cm/年

相模トラフ

駿河トラフ

南海トラフ

太平洋プレート

伊豆・小笠原海溝

4.0cm/年

6.0cm/年

フィリピン海プレート

破線は不明瞭な境界を示す。

日本列島は4つのプレートの会合部に位置している。太平洋プレートは、年間約10cmの速さで西北西へ移動し、北アメリカプレートとフィリピン海プレートの下に沈み込んでいる。また、フィリピン海プレートは、年間4〜6cmの速さで北北西〜西方へ移動し、ユーラシアプレートと北アメリカプレートの下に沈み込んでいる。

伊豆半島周辺の衝突帯

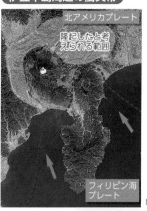

北アメリカプレート

隆起したと考えられる範囲

フィリピン海プレート

陸域観測技術衛星「だいち」の観測画像

今から2000万年ほど前、北上するフィリピン海プレートの北部先端には、島だった伊豆半島と、これを取り巻く海底火山が分布していた。これらの地塊（古伊豆一小笠原弧）が700万年前ころから日本列島に衝突し、その反動で現在の丹沢周辺が隆起した。現在も、この隆起は続いている。

＋α プラス 糸魚川—静岡構造線 いといがわ

糸魚川市（新潟県）と静岡市を結び、日本列島中央部を横断する断層を糸魚川—静岡構造線という。250kmにも及ぶ大断層であり、フォッサマグナの西縁でもある（» p.170）。

糸魚川—静岡構造線を北アメリカプレートとユーラシアプレートの境界とする説もあるが、結論は出ていない。

糸魚川（新潟県）

糸魚川—静岡構造線の露頭

収束境界に沿う地帯は、造山帯を形成し（» p.33）、発散境界とすれ違い境界を含む地帯とともに、**変動帯**とも総称される。

発散境界

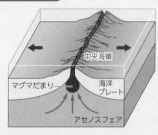

中央海嶺

マグマだまり

海洋プレート

アセノスフェア

ギャオ（アイスランド）

陸上に現れた大西洋の中央海嶺

アセノスフェアから上昇してきたマグマは、大洋底中央部の盛り上がった割れ目を埋めて岩石となり、海洋プレートを生成する。生成されたプレートは、中央部で引き裂かれ、両側に離れていく。プレートが離れた割れ目に、再びマグマが供給され、新しい海洋プレートが生成される。この割れ目は、**中央海嶺**とよばれ、**プレートの発散境界**にあたる。陸上で見られるものは、**地溝帯**とよばれる。

すれ違い境界

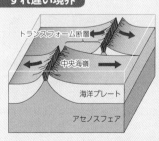

トランスフォーム断層

中央海嶺

海洋プレート

アセノスフェア

サンアンドレアス断層（アメリカ）

陸上に現れたすれ違い境界

2つのプレートが横にずれると、中央海嶺の軸に直交する断層が形成される。ここではプレートの生産も消滅もない。この断層を**トランスフォーム断層**といい、**プレートのすれ違い境界**にあたる。トランスフォーム断層は、中央海嶺と中央海嶺をつなぐ場合のほか、海溝と海溝、中央海嶺と海溝をつなぐ場合もある。

豆知識 東北日本と西南日本を分ける断層は、これまで糸魚川一静岡構造線とされてきたが、最近は、棚倉構造線とされている（» p.170）。

1 プレートテクトニクス 基礎

プレートの動きによって，地球表層で起こる大陸移動，地震，火山活動などの現象を統合的に説明する理論をプレートテクトニクスといい，1968年以降に発達してきた。

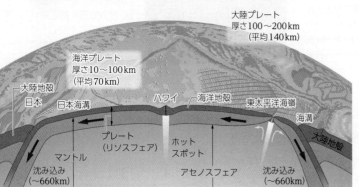

大陸プレート 厚さ100～200km（平均140km）
海洋プレート 厚さ10～100km（平均70km）
大陸地殻 日本
日本海溝　ハワイ　海洋地殻　東太平洋海嶺　海溝
プレート（リソスフェア）　ホットスポット
マントル
沈み込み（～660km）　アセノスフェア　沈み込み（～660km）
大陸地殻

海洋プレートは中央海嶺で生まれ，成長しつつ，軟らかい層（アセノスフェア）の上を年に数cmの速度で移動し，海溝で大陸プレートの下に沈み込む。これがプレートテクトニクスの基本である。

大陸移動や大山脈の形成，地震や火山の発生など，ほとんどの地学現象は，プレートどうしの相対的な運動によって引き起こされると考えられている。

TOPIC 滑るプレート

スキーがよく滑るのは，スキー板の底の，氷が溶けてできた薄い水の層が，潤滑油の働きをするためである。これと同様に，アセノスフェアの上層には，岩石が少し溶けて流動しやすくなった薄い層が多く重なっており，これによって，上位置のプレートが水平に動きやすくなっていると考えられる。この層は**ミルフィーユ・アセノスフェア**とよばれ，プレートの運動を説明する重要な仮説となっている。

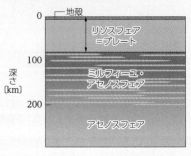

地殻
リソスフェア＝プレート
深さ〔km〕
ミルフィーユ・アセノスフェア
アセノスフェア

プレートの移動速度

プレートの運動は，VLBI（≫p.29）による観測で調べることができる。

日本（つくば・石岡）とハワイ（コキー）との距離は，1年間に6cmほど近づいている。また，2011年には，東北地方太平洋沖地震に伴う地殻変動によって，観測地点間の距離が急激に変化した。

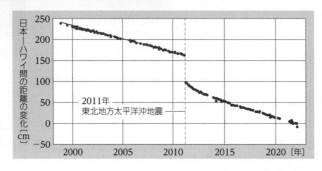

日本―ハワイ間の距離の変化〔cm〕

2011年 東北地方太平洋沖地震

2 海洋プレートの年代 基礎

海洋プレートの年代とは，海洋プレートが中央海嶺で形成されてからの経過時間を意味する。この年代の決定には，地磁気異常の縞模様（≫p.23）が大きな役割を果たした。

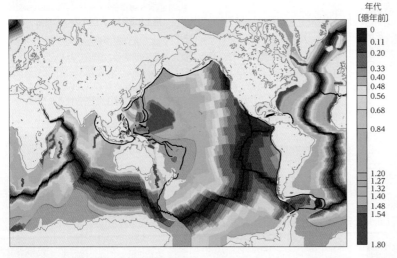

年代〔億年前〕
0
0.11
0.20
0.33
0.40
0.48
0.56
0.68
0.84
1.20
1.27
1.32
1.40
1.48
1.54
1.80

海洋プレートの年代と水深の関係

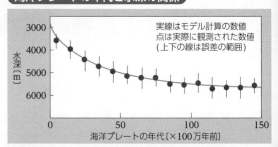

実線はモデル計算の数値
点は実際に観測された数値
（上下の線は誤差の範囲）

水深〔m〕
海洋プレートの年代〔×100万年前〕

海洋プレートの年代とプレートの厚さの関係

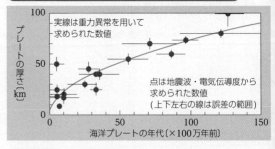

実線は重力異常を用いて求められた数値

点は地震波・電気伝導度から求められた数値
（上下左右の線は誤差の範囲）

プレートの厚さ〔km〕
海洋プレートの年代〔×100万年前〕

海洋プレートの年代は，中央海嶺の中軸谷に対して線対称となっており，海嶺から離れるほど古い。このことから，海洋プレートは中央海嶺で形成され，海嶺の両側に向かって拡大していることがわかる。海洋プレートは最終的に海溝から地球内部へと沈み込むため，大陸プレートには数十億年前に形成されたものが存在する一方で，海洋プレートは，最古のものでも1億8000万年前（ジュラ紀）である。

また，海洋プレートの年代やGPSの観測データなどからは，海洋プレートの移動方向と移動速度を求めることができる。海洋プレートの移動速度は，大西洋よりも太平洋の方が大きく，太平洋では10cm/年を超える部分もある。

海洋プレートは，時間の経過とともに厚く重くなり，それにしたがって，水深も増す。水深と海洋プレートの厚さは，いずれも海洋プレートの年代の平方根に比例する。

豆知識　天皇海山列は，海底拡大説の提唱者ロバート・ディーツによって，各海山に天皇の名前がつけられ，その後，海山群を総称してこの名称となった。すべての海山に天皇の名前がついているわけではなく，また，天皇の即位順と海山の並び順は無関係である。

3 ホットスポット 基礎

ハワイ島の地下には，ホットスポットとよばれるマグマの湧き出し部が存在する。これは，プルームの上昇が地表に現れたものである（● p.47）。現在，世界中に20数か所のホットスポットが確認されている。

ハワイ諸島と天皇海山列

ハワイ島の西北西には，火山島と，かつて火山島であった海山が直線的に並んでいる。これらは，ハワイ島直下にあるホットスポットの活動で生成したものである。ホットスポットは，アセノスフェアにほぼ固定されているが，上部のプレート（リソスフェア）が運動するため，このような火山列が形成される（右図）。火山列の折れ曲がりは，プレート運動の向きが変化したためと考えられている。

火山列をなす火山の生成年代と，ホットスポットからの距離がわかれば，過去のプレート運動の速さを推定することができる。

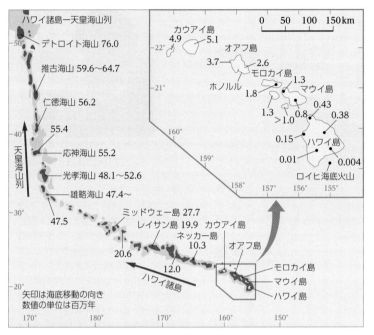

ハワイ諸島―天皇海山列

- デトロイト海山 76.0
- 推古海山 59.6〜64.7
- 仁徳海山 56.2
- 55.4
- 応神海山 55.2
- 光孝海山 48.1〜52.6
- 雄略海山 47.4〜
- 47.5
- ミッドウェー島 27.7
- レイサン島 19.9　カウアイ島
- ネッカー島 10.3　オアフ島
- 20.6
- 12.0
- モロカイ島
- マウイ島
- ハワイ島

ハワイ諸島

矢印は海底移動の向き
数値の単位は百万年

カウアイ島 4.9　5.1
オアフ島
3.7　2.6
モロカイ島
ホノルル　1.3
1.8　マウイ島
1.3　0.43
>1.0　0.8　0.38
0.15　ハワイ島
0.01　0.004
ロイヒ海底火山

プレートの動きとホットスポット

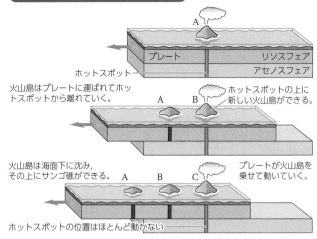

A
プレート　リソスフェア
ホットスポット　アセノスフェア

火山島はプレートに運ばれてホットスポットから離れていく。
A　B　ホットスポットの上に新しい火山島ができる。

火山島は海面下に沈み，その上にサンゴ礁ができる。
A　B　C　プレートが火山島を乗せて動いていく。

ホットスポットの位置はほとんど動かない

ホットスポットの分布

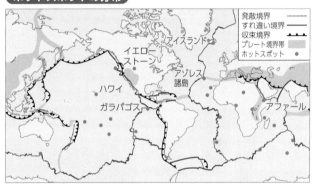

発散境界
すれ違い境界
収束境界
プレート境界帯
ホットスポット

アイスランド
イエローストーン
アゾレス諸島
ハワイ
ガラパゴス
アファール

PROGRESS　測深技術の進歩

海面から海底までの深さを測ることを測深といい，これによって海底地形を知ることができる。当初は，先端におもりをつけたワイヤーを海に投下し，おもりが着底したときのワイヤーの長さから水深を求める手法（錘測）がとられた。19世紀後半には，電信技術の実用化に伴う海底ケーブル敷設のため，深海底の深さが錘測によって盛んに調べられた。

その後，第一次世界大戦などを契機に音響測深が進展し，海底地形の調査が進められた。音響測深は，船底から海底に向けて音波を発射し，反射して戻ってくるまでの時間を測定するもので，航跡に沿って線状にデータが得られる。

さらに1960年代には，多数の音響ビームを用いることで，広範囲の海底の面的データが得られるようになった。現在では，分解能の高い音響ビームを複数合成するマルチナロービーム音響測深が用いられ，人工衛星のデータとも合わせて，非常に精細な海底地形がわかるようになっている。

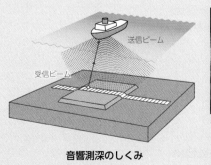

送信ビーム
受信ビーム

音響測深のしくみ

マルチナロービーム音響測深機で得られたデータをもとに作成された海底地形図

人物　マリー・サープ　1920〜2006

アメリカの地質学者，海洋地図製作者。

大西洋中央海嶺の軸上に地溝帯（● p.19）が連続して存在していることを初めて明らかにした。この観測結果は，プレートテクトニクスの理論が受け入れられる上で重要な役割を果たした。さらに，ヒーゼンとともに，音響測深による海底断面をつなぎ合わせて，全世界の海底地形を表した地図（大洋水深図）を1977年に刊行した。

TOPIC　金星の地殻運動

金星の低地には，地殻がブロック状に分割されているとみられる領域が複数存在している。ブロック状の地殻の運動は，地球のプレートテクトニクスとは大きく異なるものの，プレートの運動と同様に，マントル対流によって引き起こされた可能性があることが示唆されている。

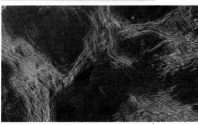

探査機マゼランのレーダー観測による画像。ブロック状の地殻の内側（暗い色の部分）は変動の影響が少ないが，外側（明るい色の部分）は複雑な地形に囲まれている。

豆知識　近年，ハワイのホットスポットが約8000万年前から5000万年前の間に，南へ1700km移動したことがわかった。マントルの流動によってホットスポットが個別に移動するというモデルを構築し，それにもとづいてプレート運動を理解することが課題となっている。

1 大陸移動説 基礎

ウェゲナーは，南アメリカ大陸とアフリカ大陸の海岸線の形などから，1915年，大陸移動説を唱えた。その後の研究によって，1960年代には，プレートテクトニクスへと発展した。

プレートの概念が存在しなかった1910年代，ウェゲナーは，大陸がかつて1つにつながっていたとする仮説を立て，その大陸を超大陸パンゲアと名付けた。さらに，それぞれの大陸の古環境や化石に着目し，約2億5000万年前にパンゲアが分裂を始め，現在の6大陸が形成されたとする大陸移動説を提唱した。しかし，大陸を動かす原動力を説明できず，当時，この学説は受け入れられなかった。

ウェゲナーの考えた大陸移動のようす

石炭紀後期
パンゲア

古第三紀始新世

第四紀前期

古生物の分布と大陸

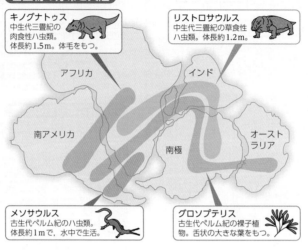

キノグナトゥス
中生代三畳紀の肉食性ハ虫類。体長約1.5m。体毛をもつ。

リストロサウルス
中生代三畳紀の草食性ハ虫類。体長約1.2m。

アフリカ
インド
南アメリカ
南極
オーストラリア

メソサウルス
古生代ペルム紀のハ虫類。体長約1m。水中で生活。

グロソプテリス
古生代ペルム紀の裸子植物。舌状の大きな葉をもつ。

現在，海洋をはさんだ複数の大陸で見つかる古生代ペルム紀・中生代三畳紀の動植物化石は，かつて大陸がつながっていたと考えると，連続的に分布していることがわかる。図中の5つの大陸・亜大陸が合わさる形で存在していた大陸をゴンドワナ大陸という。

人物 アルフレッド・ウェゲナー 1880〜1930

ドイツの気象・地球物理学者。ベルリン大学などで天文学や気象学を学び，1911年に『大気圏の熱力学』を出版した。

1915年，『大陸と海洋の起源』を著して，大陸移動説を唱えた。『大陸と海洋の起源』は，その後，改良を重ね，1929年には第4版が出版されている。

ドイツ海洋気象台気象部長やオーストリア・グラーツ大学の教授を歴任したが，1930年，大陸移動説の根拠を探して行っていた，4度目のグリーンランド調査中に遭難死した。

極の移動

1950年代の古地磁気学の発展によって，地磁気北極が長い期間で地球上を移動することが明らかにされた。

ヨーロッパと北アメリカの調査からは，2つの異なる極移動の曲線が得られている。同一であるはずの曲線に違いがあるのは，それぞれの大陸が移動したためと考えられ，右図のように，ある軸のまわりに回転させると，両者はほぼ一致する。こうして，1950年代後半には，大陸移動説が復活した。

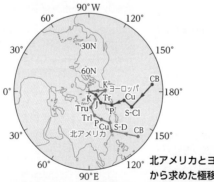

北アメリカとヨーロッパから求めた極移動の曲線

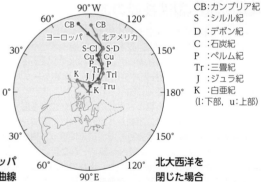

北大西洋を閉じた場合

CB：カンブリア紀
S ：シルル紀
D ：デボン紀
C ：石炭紀
P ：ペルム紀
Tr：三畳紀
J ：ジュラ紀
K ：白亜紀
(l：下部, u：上部)

2 海洋底拡大説

異なる分野の研究成果が合わさり，固定的地球観を動的地球観へと変換させた。

1950年代には，海洋底に中央海嶺や海溝が発見され，大陸と性質が異なることもわかっていた。1960年代初め，アメリカの地質学者ヘスとディーツは，海洋底の地形や地質と，1930年代に提唱されていたホームズのマントル対流説とを組み合わせ，海洋底拡大説を提唱した。

この説は，中央海嶺でマントル対流（◎ p.17）が湧き上がり，新しいリソスフェアが形成されるとともに，マントル対流にのって両側に移動し，海溝で消失するというものである。マントル対流の速度は年に数cmであり，海洋底は2〜3億年で更新され，大陸に比べて非常に新しいものであることが主張された。

海洋底拡大説は，中央海嶺付近のテープレコーダーモデルの提唱や，海洋底のボーリング調査によって証明された。

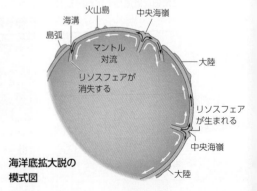

火山島
中央海嶺
島弧
海溝
マントル対流
大陸
リソスフェアが消失する
リソスフェアが生まれる
中央海嶺
大陸

海洋底拡大説の模式図

豆知識 ウェゲナーは，1908年にドイツのマルブルク大学の講師として採用され，主に気象学を研究した。その際，「ケッペンの気候区分」で有名な気象学者ケッペン(1846〜1940)と親しくなり，その娘のエルゼと結婚した。

3　地磁気異常の縞模様

海底の岩石には，マグマが中央海嶺で冷えて固まったときの地球の磁場が記録されており，海底での地磁気は，相対的に強いところと弱いところが交互に縞状に現れる。これを地磁気異常の縞模様という。

1960年代初め，海底の岩石の古地磁気が調べられ，中央海嶺の両側で，ほぼ対称の地磁気異常の縞模様が確認された（右図）。この縞模様は，地球磁場の逆転が時代とともにくり返し起こり，かつ海底が中央海嶺を挟んで両側に拡大することによって形成されると考えられる。このしくみは，テープレコーダー*に見立てられ，1963年，テープレコーダーモデルが提唱された（中図）。

これによって，海洋底拡大説が立証され，さらに，海底の拡大速度が計算されるようになった。また，トランスフォーム断層も見出された。

*磁気テープなどに，音声や映像などの信号を記録する装置。

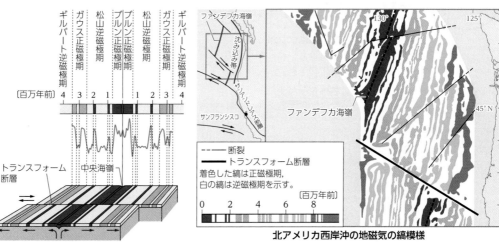

北アメリカ西岸沖の地磁気の縞模様

4　プレートの集散と未来の地球　基礎

大陸は，プレートの運動によって，数億年周期で分散と集合をくり返すと考えられている。

約19億年前の地球には，超大陸ヌーナが，約10億年前にはロディニアとよばれる超大陸が存在した。ロディニアは約7億年前から分裂し始め，約5億4000万年前にゴンドワナとなった。その後，再び大陸の集合がおこり，約3億年前に超大陸パンゲアが誕生した。パンゲアは再び分裂し，ローラシアとゴンドワナとなった。現在分散している大陸も，2〜2億5000万年後には，再び超大陸を形成すると考えられている。

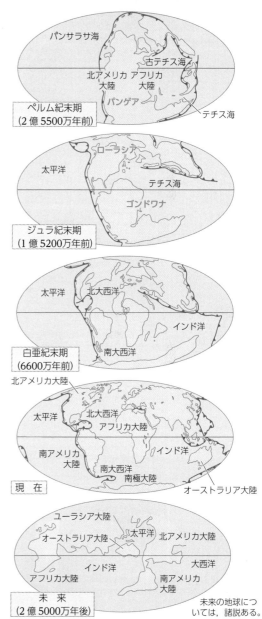

＋α プラス ウィルソンサイクル

海洋底がくり返す，生成・拡大・縮小・消滅のサイクルをウィルソンサイクルとよぶ。カナダの地球物理学者ウィルソンが1968年に提唱したことから名付けられた。

大陸を主体にしてこのサイクルをとらえると，大陸の離合集散を説明することにもなる。具体的には，以下の6つのステージからなる。

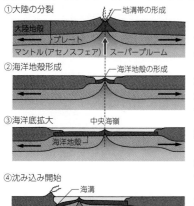

①大陸の分裂

マントル対流の上昇流によって，その上部に位置する大陸の一部が隆起し，分裂を開始する。
例：現在の東アフリカ大地溝帯

②海洋地殻形成

分裂した大陸の間に海洋地殻が形成され，海洋底が拡大する。
例：現在の紅海

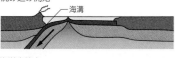

③海洋底拡大

海洋底の拡大が続く。当初，大陸が分裂を開始した場所は，中央海嶺として引き続き海洋底を生産する。
例：現在の大西洋

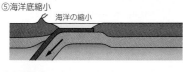

④沈み込み開始

大陸と海洋の境界付近に海溝が形成される。海洋底は拡大から縮小に転じる。
例：現在の太平洋

⑤海洋底縮小

海洋底の縮小が進行し，一部で大陸の衝突が始まって山脈が形成され始める。
例：現在の地中海

⑥大陸衝突

大陸間の海洋はすべて閉じ，衝突が進行して大山脈が形成される。
例：現在のヒマラヤ山脈

豆知識　パンゲアは，ギリシャ語で「すべての大陸」を意味し，ヌーナは North Europe and North American の頭文字をとった造語である。また，ロディニアは「母なる大地」を意味し，ゴンドワナは，サンスクリット語で「ゴンド族の森」を意味するインド中央北部の地域名である。

地表の約 $\frac{2}{3}$ を占める海洋には，地球の内部構造や活動を知るための重要な手がかりがある。近年，国際協力による探査が進み，生物・資源・環境・エネルギーに関する学術的に貴重な情報が数多くもたらされている。

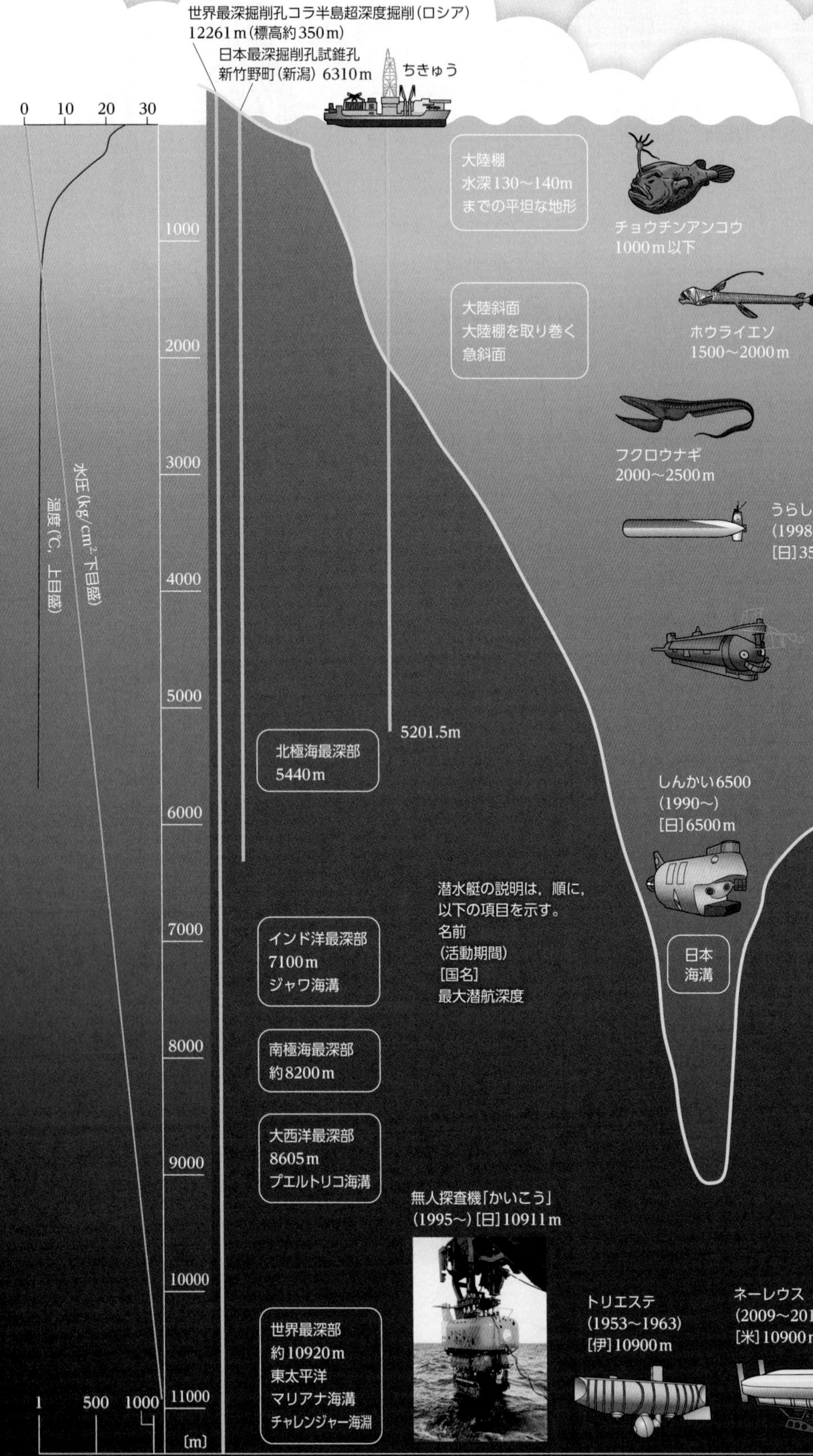

世界最深掘削孔コラ半島超深度掘削(ロシア)
12261 m(標高約350 m)

日本最深掘削孔試錐孔
新竹野町(新潟) 6310 m　ちきゅう

水圧 (kg/cm² 下目盛)
温度 (℃, 上目盛)

0　10　20　30

1000
2000
3000
4000
5000
6000
7000
8000
9000
10000
11000
[m]

大陸棚
水深130〜140m
までの平坦な地形

大陸斜面
大陸棚を取り巻く
急斜面

北極海最深部
5440 m

5201.5m

インド洋最深部
7100 m
ジャワ海溝

南極海最深部
約8200 m

大西洋最深部
8605 m
プエルトリコ海溝

世界最深部
約10920 m
東太平洋
マリアナ海溝
チャレンジャー海淵

1　500　1000

チョウチンアンコウ
1000 m以下

ホウライエソ
1500〜2000 m

フクロウナギ
2000〜2500 m

ハオリムシ
100〜3000 m

マッコウクジラと
ダイオウイカ
1000〜1500 m

しんかい2000
(1981〜2002)
[日] 2000 m

トカゲギス 2500〜3000 m

うらしま
(1998〜)
[日] 3500 m

平均水深
約3700 m

アルミノート
(1964〜1970)
[米] 4500 m

ハイパードルフィン
(1999〜)
[加] 4500 m

しんかい6500
(1990〜)
[日] 6500 m

海底地形は，日本の太平洋側
を示している。

日本
海溝

潜水艇の説明は，順に，
以下の項目を示す。
名前
(活動期間)
[国名]
最大潜航深度

無人探査機「かいこう」
(1995〜) [日] 10911 m

トリエステ
(1953〜1963)
[伊] 10900 m

ネーレウス
(2009〜2014)
[米] 10900 m

🇯🇵 日本の有人潜水調査船

「しんかい2000」は，人が乗船して深海を調査するためにつくられた，日本初の本格的な潜水調査船である。現在は，その後継機である「しんかい6500」が活躍している。

有人潜水調査船「しんかい2000」

有人潜水調査船「しんかい6500」

豆知識　一般に，水深200mよりも深いところを深海という。水深200mは，植物プランクトンが光合成に必要とする太陽光が届かなくな

地球深部探査船「ちきゅう」

2005年7月に完成した開発費600億円の「ちきゅう」は，DPS（自動船位保持システム）によって位置を調整する設備や，高さ121mの掘削やぐらを装備し，世界最高の掘削能力（海底下7000m）をもつ探査船である。人類が到達できなかったマントルや巨大地震発生帯への掘削を目的として建造された。「ちきゅう」には，統合国際深海掘削計画（IODP）の主力船として，巨大地震発生のしくみや生命の起源，将来の地球規模の環境変動，新しい海底資源の解明など，人類の未来を開く成果が期待されている。

ちきゅう掘削最深実績（2019年）
水　深　約1939m
掘削深度　約3262.5m
計5201.5m
（海底調査掘削世界最深記録）

「ちきゅう」の科学掘削技術

海洋石油掘削に使われているライザー掘削技術を科学研究用に初めて導入した。ライザーパイプの内側には，掘削用ドリルパイプが挿入されており，孔内圧力保持のための泥水が圧送されている。泥水は，ドリルビットから噴出したあと，岩石の掘りくずとともに戻ってくる。

ライザーパイプ

噴出防止装置

ドリルビット

デリック（掘削やぐら）
高さは，海面から121m。約1200トンの重さのものまでつり下げることができる。

全　長	210m
幅	38.0m
深　さ	16.2m
喫　水	9.2m
国際総トン数	56752トン
航海速力	12ノット
航続距離	14800マイル
定　員	200名
推　進システム	ディーゼル電気推進

ドリルビット
硬い岩盤を削り抜くための道具。人工ダイヤモンドを焼結した刃が埋め込まれている。

ライザーパイプ
船と海底面をつなぐパイプ。内径は約50cm，長さ27m，外径1.2m，重さは約27トンである。

コアラボ
コア試料の観察を行ったり，密度やP波伝達速度などのコア試料の物性を測定したりする。

JAMSTEC/IODP

アジマススラスタ
プロペラの方向を360°自在に変えられる推進器。船底に6基備えられており，推進力を担っている。

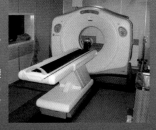

X線CTスキャナーラボ
X線を使用した非破壊計測器で，コアを切る前に，内部をビジュアル化できる。

画像提供：JAMSTEC

深海の生態系

●深海底の世界

マリアナ海溝のチャレンジャー海淵には，水温2℃，水圧1100気圧の環境が広がっている。このような極限環境で真核生物が発見された。無人探査機「かいこう」は，1998年，カイコウオオソコエビの採集にも成功した。2013年，日本海溝の水深7822m地点で，シンカイクサウオのなかまとされる魚が撮影された。2017年には，マリアナ海溝の水深8178m地点でも撮影されており，現在，魚類の生息限界深度は水深8200mと考えられている。

カイコウオオソコエビ

シンカイクサウオのなかま

JAMSTEC/江戸っ子1号

●ブラックスモーカー（熱水噴出孔の一種》p.160）

海底から噴出する熱水に含まれる金属などが沈殿してできる煙突状の地形。突端から金属や硫化水素などを多く含む熱水を噴出する。周辺では，硫化水素やメタンから有機物を合成する熱水生物群集や，鎧のような硫化鉄の皮膚をもつウロコフネタマガイ（スケーリーフット）などが発見されている。まさに鉱脈がつくられている場所であり，有用金属を採取できる場所としても注目されている。

ウロコフネタマガイ
深海に生息する巻貝。硫化鉄の鱗をもつ。

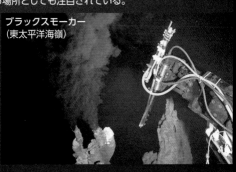

ブラックスモーカー
（東太平洋海嶺）

豆知識　統合国際深海掘削計画（IODP）は，日本とアメリカが主導する地球環境変動や地球内部構造および地殻内生物圏の解明を目的とした国際的な海洋科学掘削計画である。2003年10月に発足した。

1 断層 基礎

地球内部の活動によって，地殻に生じた変形・変位を地殻変動とよぶ。
特に，地層や岩石が，ある面を境に破壊し，その面に沿って両側がずれたものを断層という。

断層の形式

断層は，上下のずれと横のずれを基準にして分類されている。しかし，実際の断層では，正断層で右横ずれ断層というように，2つの動きが同時に起きている場合が多い。

→ 伸張する方向　← 動く向き
→ 短縮する方向

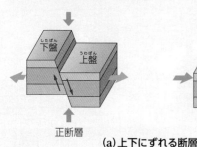

下盤　上盤

正断層　　　　逆断層

(a)上下にずれる断層

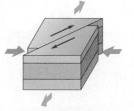 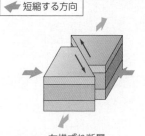

右横ずれ断層　　　左横ずれ断層

(b)横にずれる断層

正断層 相対的に上盤*が下がったもの。主に水平方向に伸張する状況でできる。
逆断層 相対的に上盤が上がったもの。主に水平方向に短縮する状況でできる。
*傾いた断層面に対して，上側の岩盤を上盤，下側の岩盤を下盤という。

横ずれ断層 ある方向に短縮し，それと直交する方向に伸張する状況でできる。断層をはさんだ向こう側が，右側にずれていれば右横ずれ断層で，左側にずれていれば左横ずれ断層である。

正断層　　　　勝浦(千葉県)

上盤が断層面に沿って下に動くことで，岩盤が水平方向に伸張する。

上盤が下に動いている。

下盤　　上盤

地層の連続していた部分が，水平方向では，離れるように動いている。

逆断層　　　　城ヶ島(神奈川県)

上盤が断層面に沿って上に動くことで，岩盤が水平方向に短縮する。

上盤が上に動いている。

下盤　　上盤

地層の連続していた部分が，水平方向では，重なるように動いている。

横ずれ断層　　　丹那断層(静岡県)

左横ずれ断層の活動によって，水路の石組みがずれている。

野島断層(兵庫県)

写真右側の上盤が上がる逆断層運動をしたことがわかる。野島断層は，兵庫県南部地震(1995年)を引き起こした右横ずれの逆断層である。北淡震災記念公園の野島断層保存館では，地震断層がそのまま保存されている(» p.43)。

PROGRESS 岩石の破壊と断層

岩石に外から力が加わると，それに対応して岩石中に**応力**が生じる。応力は，単位面積に作用する力として定義され，直交する3方向の力で表すことができる。このとき，最も強く働く力を最大主応力という。ほかの2方向の力は，相対的に弱くなり，それぞれ中間主応力，最小主応力とよばれる。岩石は，最大主応力の方向に縮み，最小主応力の方向に膨らむように破壊する。最大主応力が水平方向の場合，最小主応力が鉛直方向だと逆断層，最小主応力も水平方向だと横ずれ断層となる。また，最大主応力が鉛直方向で，最小主応力が水平方向の場合は，正断層となる。正断層では，相対的に水平方向に引っ張られる状況となり，水平方向に岩石が伸張する。

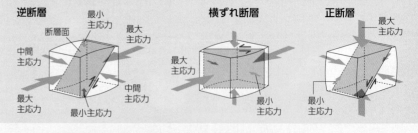

逆断層　　　　横ずれ断層　　　　正断層

豆知識 本州と淡路島を結ぶ明石海峡大橋(1998年完成)は，兵庫県南部地震(1995年)が発生したとき，まだ建設中であった。この地震によって，橋脚や橋台が断層のずれとともに移動したため，橋の全長は地震前の設計時よりも約1m長くなった。

2 断層に見られる構造 基礎

断層面　断層がずれた面を断層面という（≫p.34）。

条線

断層が動く際，断層面に線状の擦り跡がつくことがある。これを条線という。断層面が見られると，条線から断層の運動方向を知ることができる。

鏡肌

断層面が，断層運動によってこすられ，磨かれたような光沢をもつと，鏡肌とよばれる。

破砕帯

断層運動に伴って，断層面周辺の岩石まで破壊されると，破砕された岩片からなり，割れ目が発達する帯状の領域が，断層に沿って形成される。この領域を**破砕帯**という。

断層運動によって岩石が破壊され，粘土程度の細粒になったものは，断層粘土（断層ガウジ）とよばれる。

野島断層（兵庫県）

条線から，写真奥側の岩盤が，手前側の岩盤に対して右斜め上に動いたことがわかる。

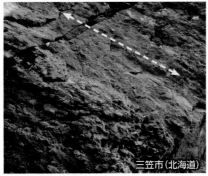

三笠市（北海道）

風化によって光沢は失われているが，鏡肌上に条線が観察できる。

大鹿村（長野県）

中央構造線の露頭であり，破砕帯が広く発達している。大きな地質区分の境界となっている断層は構造線とよばれ，中央構造線や糸魚川−静岡構造線などがある（≫p.170）。

3 褶曲 基礎　地層が波状に変形したものを褶曲という。

褶曲の形成

ニューファウンドランド（アメリカ）

背斜　波の山にあたる部分。背斜の最高点を結んだ線を背斜軸という。
向斜　波の谷にあたる部分。向斜の最低点を結んだ線を向斜軸という。
翼　背斜軸や向斜軸をはさむ曲率のゆるい部分を翼という。

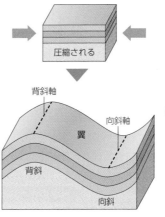

圧縮される

背斜軸

向斜軸

翼

背斜

向斜

名護市（沖縄県）

＋α プラス 衝上断層とナップ

グラールス地方（スイス・アルプス）

アルプス山脈のように激しい褶曲の作用を受けたところでは，地層が折りたたまれ，低角度の逆断層ができる場合がある。これを**衝上断層**といい，その上部の地層を**ナップ**という。写真では，古い時代（ペルム紀）の地層が新しい時代（古第三紀）の地層の上部にのり上げた構造になっている。

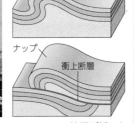

ナップ

衝上断層

PROGRESS 活褶曲

褶曲のうち，現在も活動が続いており，今後も続く可能性があるものを活褶曲とよぶ。新第三紀や第四紀の地層が厚く堆積している地域に形成されやすい。これは，新しい地層は軟らかく，変形しやすいためである。日本の活褶曲は，プレートの動きによって，東西方向から少しずつ圧縮されることによって形成されている。

活褶曲が進むと，地下の地層や岩石にひずみがたまる。そのひずみに岩石が耐えられなくなると，逆断層型の地震が発生する。2004年に発生した新潟県中越地震とその余震は，活褶曲の進行によって，引き起こされたものと考えられている。

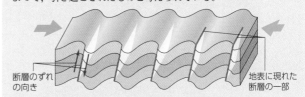

断層のずれの向き

地表に現れた断層の一部

豆知識　ナップの語源は，フランス語でテーブルクロスを意味するnappeである。付加体で特徴的に見られるメランジュ（≫p.170）も，フランス語で混合を意味するmélangeが由来である。これらは，料理用語（ナッペ，メレンゲ）としても用いられている。

1 水平方向の地殻変動と測定

水平方向の地殻変動

地殻変動には，緩やかな地殻変動と，急激な地殻変動がある。

緩やかな地殻変動は，プレートの動きによって常に起こっている。これらは，太平洋プレートやフィリピン海プレートの影響を受けたもので，年間数mm程度のわずかな動きである。日本は全体として圧縮されるように動いている。

急激な地殻変動は，地震などによって起こる。2011年3月に発生した東北地方太平洋沖地震（M9.0）では，宮城県の牡鹿半島が東南東方向へ約5.3m動き，約1.2m沈降した。

2022年現在，東北地方の広い範囲は，東北地方太平洋沖地震の影響によって，東へ動いている。これは地震前と異なる動きである。なお，この東への動きは収束しつつある。

緩やかな地殻変動

変動量を誇張して描いてある。矢印は，この期間に圧縮を受けた向きを示す。

1996〜1999年の水平方向の地殻変動

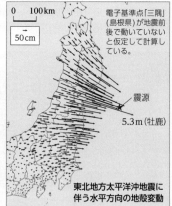

急激な地殻変動　（国土地理院による）

電子基準点「三隅」（島根県）が地震前後で動いていないと仮定して計算している。

震源

5.3m（牡鹿）

東北地方太平洋沖地震に伴う水平方向の地殻変動

三角点と三角測量

位置（緯度・経度）を測定する基準になる点が**三角点**である。三角点には一等から四等まであり，一等三角点は全国で約1000か所定められている。三角点を基準に測量を行うと，水平方向の地殻変動を測定できる。

中央の石が三角点である。　地図記号

一等三角点の位置

三角測量の方法

三角形の性質を利用して，離れた地点との距離を測る方法を**三角測量**という。ある2地点間の距離が正確に測定されている場合，その2地点のそれぞれから，ある1地点への角度を測れば，3地点すべての距離と角度を決定することができる。このとき，三角形の内角はトランシット（経緯儀）とよばれる機械で測定する。

地上に設置された三角点は三角形をつくり，一連の三角形は三角網を構成する。これを利用して，距離を測定することができる。

トランシット

2 垂直方向の地殻変動と測定

垂直方向の地殻変動

過去170万年間では，日本アルプスなどの山地は隆起し，関東平野や大阪平野をはじめとする低地は沈降する傾向にある。

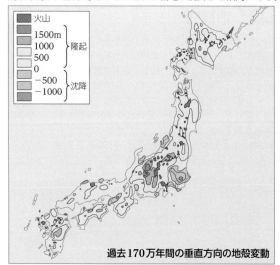

火山
1500m
1000
500
0
−500
−1000

隆起

沈降

過去170万年間の垂直方向の地殻変動

水準点と水準測量

標高を測定する基準となる点が**水準点**である。一等水準点は，主要国道などに沿って，2km間隔で15000点近く設置されている。水準点を基準に測量を行うと，標高が求められ，このデータの変化から，垂直方向の地殻変動を測定できる。

写真の4つの石に挟まれた中央の石が水準点で，その頭部にある真ん中の膨らみが測量の基準である。

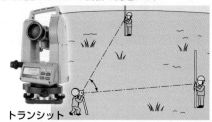

一等水準点（東京都）　地図記号

水準測量の方法

地表の各地点の高さを求める測量を**水準測量**という。2地点に標尺を垂直に立て，その中間にレベル（水準儀）を置いて目盛りを読み，その差から高さを求める。

高山などの場合には，既知の点から高度角と距離を測り，高さの差を計算して求める。

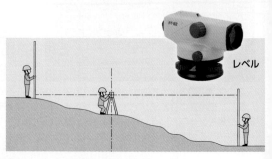

レベル

豆知識 水準点の基準は，東京都千代田区永田町にある日本水準原点である。当初は24.5000mとされたが，1923年の関東地震による地殻変動で24.4110mに改定され，さらに2011年に起きた東北地方太平洋沖地震で変動したため，24.3900mになった。

3 宇宙からの測量

地殻変動の測定は，人工衛星や天体からの電波を利用して行われている。

GNSS（Global Navigation Satellite System）

地殻変動の測定には，GNSS（全球測位衛星システム）が利用されている。その基準となる場所が電子基準点である。上部のアンテナで人工衛星からの電波を受信して，正確な位置を決定し，相対的な位置の変動などが求められる。人工衛星には，GPS（アメリカ）やQZSS（日本）などがあり，これらを併用することで，精度の高い測量が可能となっている。

電子基準点（東京都足立区）
全国に約1300か所ある。

GNSSは，カーナビゲーションシステムや携帯電話などにも利用されている。

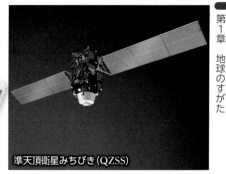
準天頂衛星みちびき（QZSS）
QZSSの軌道は，日本のほぼ真上（準天頂）を通り，GPSを補完，補強している。

VLBI（Very Long Baseline Interferometry）

VLBI（超長基線電波干渉法）とは，地球から数億光年以上離れたクエーサー（>>p.101）から放射される，微弱な電波を利用した測量技術である。クエーサーからの電波を，2地点以上のアンテナが受信するとき，位置によって，到達時刻に差（0〜0.02秒）が生まれる。この到達時刻の差と電波の速度から，2地点間の距離を求めることができる。微弱な電波を受信するため，アンテナの口径は，数m〜数十mと大きい。VLBIの精度は非常に高く，数mm程度の誤差で測定ができる。VLBIによって，プレートの動きが初めて実測されるようになった（>>p.20）。

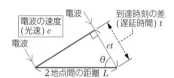

電波の到達時刻の差tと光速cから，2地点の距離Lは次式で表される。

$$L = \frac{ct}{\cos\theta}$$

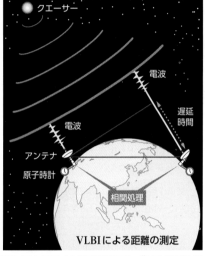
VLBIによる距離の測定
アンテナに届く電波の時刻にわずかな差が生じる。これを利用して距離を求める。

VLBIのアンテナ
（茨城県石岡市）

干渉SAR（Synthetic Aperture Radar）

人工衛星や飛行機から地表に向けて電波を発射し，その反射波から地表を観測する。これを同じ場所に対してくり返し，観測される波のずれから地表の変動を調べる技術を干渉SAR（干渉合成開口レーダー）といい，地震や火山活動による地殻変動が観測されている（>>p.219）。

人物 伊能忠敬 1745〜1818

伊能忠敬は，下総国香取郡佐原村（現在の千葉県香取市佐原）の名主であったが，50歳で隠居し，江戸へ出た。その翌年，幕府天文方の高橋至時に弟子入りし，暦学を学んだ。56歳で東北〜蝦夷地（現在の北海道）の測量を行い，その後の測量は全国に及んだ。「大日本沿海輿地全図」が完成したのは，彼の死後3年を経てからであった。

忠敬の関心は，当時の暦学上の大問題であった，緯度1度に相当する子午線長を実測することだったといわれている。忠敬が求めた値は28里2分（約111km）であり，実際の値との誤差は，わずか0.1％程度であった。忠敬の測量が驚異的な精度であったことがうかがえる。

伊能忠敬の描いた日本列島（赤線）と実際の日本列島

PROGRESS 世界測地系

明治時代，政府は，近代国家に不可欠な全国の正確な地形図をつくるために，基準点網を整備した。これをもとにした測地系（地球上の位置を経度・緯度で表すための基準）を日本測地系という。全国に設置された三角点の経度・緯度は，日本経緯度原点（東京都港区）を基準として求められた。

近年，GNSS衛星による高精度の位置測定が可能になったのを機に，2002年4月から世界測地系に移行した。世界測地系は，旧グリニッジ天文台（イギリス）を基準としている。この移行に伴って，東京付近では経度が＋12秒，緯度が−12秒変化した（南東方向に450mずれることに相当）。

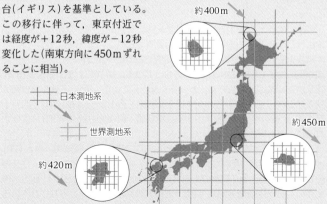

日本測地系
世界測地系
約400m
約450m
約420m

豆知識　GNSSによる測量は水平方向の測量を容易にした。しかし，垂直方向の測量は，GNSSで地球の重心からの高さを測定し，重力測定を行ってジオイド面からの高さに補正する必要があり，高精度の測定は難しい。

1 変成作用 基礎

岩石は，形成されたときと異なる温度や圧力などの条件下に長い期間おかれると，固体の状態を保ったまま，構成する鉱物の種類や組織などが変化する。このような作用を**変成作用**といい，変成作用を受けた岩石を**変成岩**という。変成作用は，次の2つに大別される。

広域変成作用　範囲：数百〜数千km

造山運動によって造山帯(≫p.19, 33)の中央部で，広い範囲にわたって温度と圧力が上昇することによって起こる変成作用である。高温低圧型(低圧型)と低温高圧型(高圧型)に分けられる。広域変成岩では，鉱物が一定方向に配列する。

接触変成作用　範囲：数十m〜数km

岩石にマグマが貫入し，周囲の温度が上昇して起こる変成作用である。接触変成岩では，鉱物が方向性をもたない(モザイク組織)。

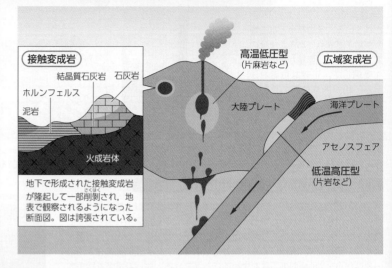

地下で形成された接触変成岩が隆起して一部削剥され，地表で観察されるようになった断面図。図は誇張されている。

2 日本列島の主な広域変成帯 　広域変成岩は地表の細長い帯状の地域に分布しており，これを広域変成帯という。

　プレートが沈み込んでいるところは，温度は低いが圧力が高いため，高圧型の変成作用を受け片岩などが形成される。一方，それよりも大陸側の地域では，マグマの貫入を受けるため，温度が高く圧力の低い，低圧型の変成作用で片麻岩などが形成される。このように，広域変成帯では，高圧型の変成帯と低圧型の変成帯が対をなすことがある。

変成帯	変成条件	変成作用を受けたおおよその時期	主な変成岩の種類
飛騨	低圧型	古生代〜中生代(約4.5〜1.8億年前)？	片麻岩
蓮華*	高圧型	古生代末(約3億年前)	片岩
周防*	高圧型	中生代初頭(約2億年前)	片岩
領家**	低圧型	中生代末(約1億年前)	片麻岩
三波川***	高圧型		片岩
日高	低圧型	新生代古第三紀(約0.5〜0.3億年前)	片麻岩
神居古潭	高圧型	中生代末(約1億年前)	片岩

＊蓮華変成帯と周防変成帯を合わせて，三郡変成帯とすることもある。
＊＊領家変成帯の北東部(阿武隈地域)を阿武隈変成帯，あるいは御斉所変成帯ともいう。
＊＊＊狭義の三波川変成帯と四万十変成帯に区分されることがある(≫+α)。

+α 四国の変成帯

四国には，高温低圧型の領家変成帯と低温高圧型の三波川変成帯が中央構造線を境にして分布している。

　領家変成帯と三波川変成帯は，白亜紀の沈み込み型(太平洋型)の造山運動によって形成され，「対をなす変成帯」と考えられている(≫右上図)。

　三波川変成帯は，世界で最もよく研究されている変成帯の1つであり，変成作用の性質や形成史などがよくわかっている。かつては，銅が別子鉱山(愛媛県)や白滝鉱山(高知県)などから多く産出していた。近年，三波川変成帯は，狭義の三波川変成帯(変成年代：白亜紀前期，約1.2〜1.1億年前)と四万十変成帯(変成年代：白亜紀末〜古第三紀初頭；約0.7〜0.6億年前)に区分されることが指摘されている。

　三波川変成帯の南には，付加体からなる秩父帯(美濃−丹波帯，≫p.170)と四万十帯が帯状に配列し，これらはさらに細分されることもある。秩父帯の岩石(ジュラ紀)は，狭義の三波川変成岩の原岩(もとの岩石)に，四万十帯北帯の岩石(白亜紀後期)は，四万十変成岩の原岩にあたるとみなされている。

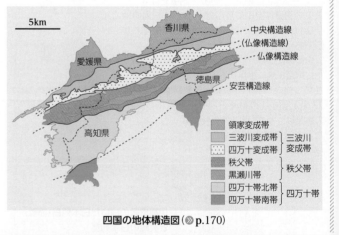

四国の地体構造図(≫p.170)

領家変成帯	
三波川変成帯	三波川変成帯
四万十変成帯	
秩父帯	秩父帯
黒瀬川帯	
四万十帯北帯	四万十帯
四万十帯南帯	

豆知識　変成作用には，大洋底変成作用もある。プレート発散境界の中央海嶺で生まれた玄武岩や斑れい岩が，そこの高い温度などのために受ける変成作用である。形成された大洋底変成岩は，海洋プレートの移動に伴い，大洋底に広く分布することになる。

3 変成岩の種類 基礎

変成岩は，変成作用の種類によって，広域変成岩と接触変成岩とに大別される。
広域変成岩は片岩や片麻岩などからなり，接触変成岩はホルンフェルスや結晶質石灰岩などからなる。

偏光顕微鏡写真は，すべて直交ニコル（≫ p.61）。

広域変成岩

●片岩

長瀞（埼玉県）

もとの岩石
泥岩，砂岩，チャート，緑色岩など

主な変成鉱物
白雲母，緑泥石，緑れん石，曹長石，石英

1cm

鉱物が一定方向に配列する片理という組織を示し，特定の方向に薄く割れやすい。

●片麻岩

高遠（長野県）

もとの岩石
泥岩，砂岩，チャートなど

主な変成鉱物
黒雲母，珪線石，カリ長石，斜長石，石英

1 cm

花こう岩に似た鉱物組成で，粗粒の鉱物が縞状に配列する（片麻状組織）。

接触変成岩

●ホルンフェルス

黄金道路（北海道）

もとの岩石
泥岩，砂岩，など

主な変成鉱物
紅柱石，菫青石，黒雲母，ザクロ石，斜長石

1 cm

細粒の鉱物が方向性のないモザイク組織を示し，硬くて緻密な組織をもつ。

●結晶質石灰岩（大理石）

広域変成作用でも形成される。

阿武隈（福島県）

もとの岩石
石灰岩

主な変成鉱物
方解石

1 cm

方解石の粗粒な結晶が集まっている。

豆知識　東京・上野駅にあるパンダ橋の名を刻んだモニュメントは，白い花こう岩に接する黒いホルンフェルスが使われている。この石は白と黒のコントラストからパンダ石とよばれている。

1 多形(同質異像)

化学組成が同じであっても，温度や圧力の条件によって，結晶構造の異なる鉱物がある。このような鉱物どうしを互いに多形(同質異像)という。

ダイヤモンドと石墨(グラファイト)：C鉱物

ダイヤモンドと石墨(グラファイト)*は，いずれも炭素からなる多形の鉱物であり，結晶構造が大きく異なる。

*ダイヤモンドと石墨は，互いに同素体(1種類の同じ元素からできており，性質や構造の異なる物質)でもある。

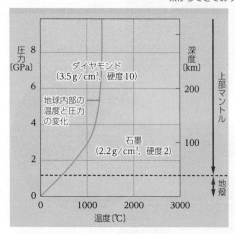

天然ダイヤモンドの結晶
(正八面体)

石墨(グラファイト)

藍晶石，珪線石，紅柱石：Al_2SiO_5鉱物

Al_2SiO_5鉱物には，結晶構造の異なる3種類の多形の鉱物，藍晶石，珪線石，紅柱石がある。これらは，それぞれが安定に存在できる温度と圧力の領域をもっている(下図)。これら3種類の鉱物がすべて共存する場合(3重点)は，温度・圧力条件が1点に決まっている。

藍晶石

珪線石

紅柱石

2 変成条件

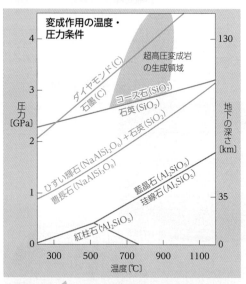

変成作用の温度・圧力条件

多形の鉱物だけでなく，「ひすい輝石＋石英＝曹長石」などの反応でも，それぞれが安定して存在できる温度と圧力の領域が決まっている。このような温度・圧力領域や，変成岩に含まれる鉱物の組み合わせから，変成作用の温度や圧力などの**変成条件**を推定することができる。

圧力は地下深くなるほど高くなり，その値が推定されているため(》p.14)，左図では，圧力の大きさ(左縦軸)を地下の深さ(右縦軸)に換算して示している。

化学組成	低圧 ←		→ 高圧
C	石墨		ダイヤモンド
SiO_2	石英		コース石
Al_2SiO_5	紅柱石	珪線石	藍晶石
$NaAlSi_3O_8$	曹長石*		ひすい輝石＋石英

*曹長石はNaに富む斜長石(》p.58)である。

PROGRESS 変成相(へんせいそう)

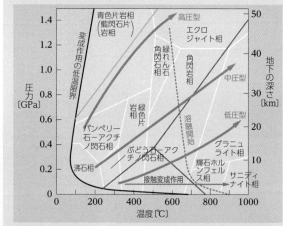

変成作用の性質を，温度と圧力が一定の範囲によって区分したものを**変成相**という(図中の紫色の線はAl_2SiO_5組成の紅柱石・珪線石・藍晶石の安定条件を，水色の線は$NaAlSi_3O_8$組成の曹長石とひすい輝石＋石英の安定条件を，それぞれ示している)。

変成帯では，地域によって変成相が次第に変化する場合があり，これを**変成相系列**という。変成相系列は，圧力によって**高圧型**，**中圧型**，**低圧型**に区分される。

SKILL 変成条件の読み取り方

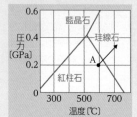

左図において，横軸は温度〔℃〕を，縦軸は圧力〔GPa〕を表している。図中のA点は，温度が600℃，圧力が0.2GPaと読み取ることができる。したがって，A点の温度・圧力条件においては，変成岩中に紅柱石を含むことがわかる。

図中の矢印のように，A点の温度・圧力条件が変化し，温度と圧力がともに上昇した場合，変成岩に含まれていた紅柱石が珪線石に変わる。

豆知識 近年，コース石(SiO_2鉱物の多形で，超高圧の条件下で形成される)やダイヤモンドを含む変成岩が，アルプス山脈やカザフスタンなど世界各地で発見されている。このような変成岩は，超高圧変成岩とよばれ，造山帯の形成を知る上で重要な情報源になっている。

3 造山帯と変成作用 基礎

プレートの運動によって，大山脈や島弧を形成する地殻変動を**造山運動**といい，それによって形成された帯状の地域を**造山帯**という。

造山帯は，プレートの収束境界（沈み込み帯と衝突帯，>> p.18）で形成され，その地下深部では，広域変成岩が生じる（>> p.30）。地下でできた広域変成岩は上昇し，さらに地表が侵食されるため，造山帯の伸長方向に細長くのびた帯状の地域（広域変成帯）に露出するようになる。

造山帯では，変成作用だけでなくマグマの活動も起こり，褶曲や逆断層などを生じて複雑な地質構造が形成される。その後，造山帯は全体として隆起し，大山脈や島弧を形成する。

造山帯は，形成年代に基づいて，右図のように，大きくまとめられる。

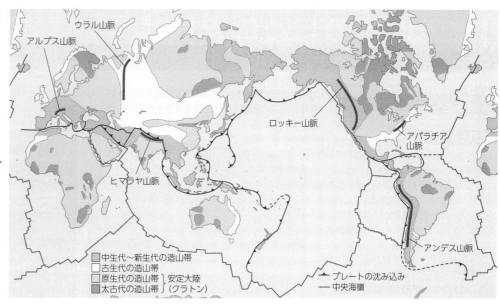

- 中生代～新生代の造山帯
- 古生代の造山帯
- 原生代の造山帯　安定大陸
- 太古代の造山帯　（クラトン）
- → プレートの沈み込み
- — 中央海嶺

（ウラル山脈，アルプス山脈，ロッキー山脈，アパラチア山脈，ヒマラヤ山脈，アンデス山脈）

太古代と原生代の造山帯	古生代の造山帯
長期にわたる侵食のため，緩やかな地形をなし，安定大陸（クラトン，>> p.160）の一部を構成。	なだらかな山脈をなすウラル山脈やアパラチア山脈などがある。

中生代～新生代の造山帯　プレートの収束境界に対応し，成因によって2種類に大別される（>> p.18）。

成因	造山帯の例	形成される地形
大陸プレートの衝突	アルプス・ヒマラヤ造山帯	アルプスやヒマラヤなどの大山脈
海洋プレートの沈み込み	環太平洋造山帯	ロッキーやアンデスなどの大山脈（陸弧）日本やニュージーランドなどの島弧

TOPIC 変成岩の利用

粘板岩と千枚岩　広域変成岩

泥岩や頁岩（>> p.150）が弱い変成作用を受けると，はがれやすくなり，**粘板岩**や**千枚岩**が形成される。粘板岩や千枚岩は，片岩よりも変成度が低く，軟らかいため，加工しやすい。粘板岩は，英語でスレート（slate）といい，かつては屋根瓦に広く利用されていた。

片岩　広域変成岩

片岩は，特有の薄くはがれやすい性質が顕著であり，板状にはがれた表面は，光沢があり美しい。また，軟らかく加工しやすいため，石碑（特に板碑）によく用いられる。右の写真は，埼玉県長瀞町にある石碑で，三波川変成帯の片岩が使われている。

ひすい輝石　広域変成岩

高圧型変成帯の変成岩に伴って，変成鉱物のひすい輝石がまれに産出する。純粋なものは $NaAlSi_2O_6$ の化学組成を示し，白色であるが，CrやFeなどの微量元素を含むことによって，緑色や青色などに変化する。硬度（>> p.61）は6.5～7を示す。1つの大きな結晶（単結晶）としてではなく，小さな結晶の集合体として産出するため，ひすい輝石岩とよばれる。ひすい輝石岩は，硬く緻密で，磨くと美しい光沢を発するため，古くから装身具や宝石として利用されている。日本では，主に新潟県糸魚川地域から産出する。世界最大の産出地はミャンマーである。

右の写真は，糸魚川地域産のひすい輝石岩でつくられた弥生時代中期（B.C.200年ころ）の勾玉である。これと同じようなひすい輝石岩の製品が，縄文時代前期末（B.C.3000年）～弥生時代を経て，古墳時代後期（A.C.600年ころ）にかけての日本各地の遺跡から発見されている。

大理石　接触変成岩

結晶質石灰岩は大理石ともよばれる。大理石は石材名である。純粋な大理石は白いが（>> p.31），石墨や透輝石などの不純物を含むと，特徴的な模様と多様な色彩を生じる。また，硬度が約3で，均質・緻密で大きな塊が得やすく，美しく加工しやすいため，古くから建築石材や彫刻の材料に用いられてきた。

粘板岩　粘板岩の屋根（東京都）

片岩の石碑（埼玉県）

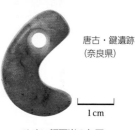

唐古・鍵遺跡（奈良県）

1 cm

ひすい輝石岩の勾玉

パルテノン神殿（ギリシャ）

国会議事堂大臣室の暖炉

茨城県常陸太田市真弓山産の大理石（寒水石）が使われている。

豆知識　造山運動は，その文字から「山を造る運動」と解釈されやすいが，地学的にはもっと広い意味があり，上記の諸作用を含み，大陸地殻を形成する運動と考えられている。その広がりは，ふつう，長さ数千km，幅数百kmに及ぶ長大なものである。

1 地震の発生 基礎

地下の岩石に力が加わると，ひずみが蓄積し，ある限界に達すると，急激に岩石が破壊される。地震は，この破壊に伴って発生する大地の揺れである。

震源と震央

岩石の破壊が始まった点を**震源**といい，震源の真上の地表の点を**震央**という。

岩石の破壊は面状に広がり，その面を境にずれを生じる。これを**断層**(》p.26)といい，ずれた面を**断層面**という。また，ある地震でずれを起こした断層を**震源断層**という。

内陸部で震源の浅い地震が起こった際には，震源断層の一部が地表に現れることがある。これを**地震断層(地表地震断層)**とよぶ。

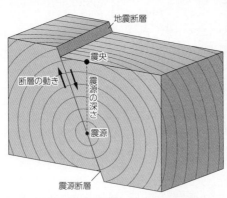

兵庫県南部地震(1995年)の地震断層(野島断層)

地震が起こるしくみ

プレートの運動やマグマの動きによる力が岩石に加わると，岩石にひずみが蓄積されていく。やがて限界に達すると，断層が生じ地震が発生する。断層が生じると，ひずみはいったん解消され，断層面が固着する。しかし，その後も同様な力が加わり続けると，再びひずみが蓄積され，同じ断層がずれて地震が起こる場合が多い。

本震と余震

一般に，大きな地震(**本震**)が起こると，その震源の近くでは中小の地震(**余震**)が頻発する。本震でずれの発生した領域を**震源域**といい，余震の分布する領域を**余震域**という。余震域は，本震のあと，しばらくは震源域と重なり，しだいに広がっていく。余震の数は，本震発生後，時間の経過とともに減少する。

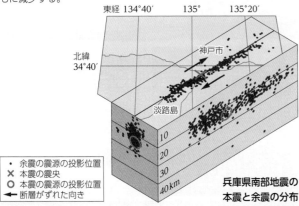

兵庫県南部地震の本震と余震の分布

- ・余震の震源の投影位置
- ✕ 本震の震央
- ○ 本震の震源の投影位置
- ← 断層がずれた向き

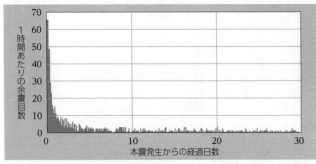
兵庫県南部地震の余震(M2以上)の回数

TOPIC 地震の原因

地震の原因については，古代ギリシャ時代からさまざまな推測がされてきた。地中雷，地下の火山爆発，可燃性物質(石油・石炭・硫黄など)の爆発的燃焼，地下空洞の陥落，地下水が熱せられて生じた蒸気圧による岩石の破壊，マグマの急激な運動による衝撃など，多くの説が唱えられた。

江戸時代の日本では，鯰が地震を起こすと考えられ，特に，1855年の安政の大地震の後には，鯰絵とよばれる錦絵(多色刷りの木版画)が多く出回った。

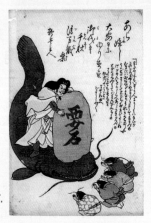

常陸の国(現在の茨城県)の鹿島大明神が，要石で大鯰を押さえつけているようす。

PROGRESS 圧縮応力試験と断層

加圧方向

圧縮試験機

加圧方向

加圧で生じた断層

地下の岩石の破壊の特性を知る手段として，岩石の圧縮試験が行われている。左の写真では，加圧によって1つの断層面が生じている。また，図のように，一方向の加圧によって複数の断層面が同時に生じる場合もあり，この2つの断層の関係を互いに共役という。共役断層の交角は直角にはならない。

豆知識 濃尾地震(1891年)を調べた小藤文次郎(》p.40)は，断層を地震の原因と考えた。その後，志田順(》p.41)によって，P波初動の押し引き分布(4象限分布，》p.37)の発見がなされ，地震の断層説が定着した。

2 震度 基礎

地震の揺れ（地震動）の強さを表す指標を震度という。日本では，気象庁が設定しており，震度0〜7までの10階級（震度5および6はそれぞれ震度5弱と震度5強，震度6弱と震度6強に分割）に分けられている。

気象庁震度階級

0
人は揺れを感じない。

1
揺れを感じる人がいる。

2
屋内で静かにしている人の多くが揺れを感じる。

3
屋内にいる大半の人が揺れを感じる。

6弱
・立っていることが困難になる。
・固定していない家具の大半が移動する。
・耐震性の低い木造建物に被害を生じることがある。

耐震性が高い　耐震性が低い

6強
・はわないと動けない。
・固定していない家具の大半が移動か転倒。
・耐震性の低い木造建物の倒壊が増える。
・地すべり，山体崩壊が発生することがある。

耐震性が高い　耐震性が低い

7
・耐震性の高い木造建物でもまれに傾く。
・耐震性の低い鉄筋コンクリート造の建物に倒壊するものが多くなる。

耐震性が高い　耐震性が低い

4
・大半の人が驚く。
・つり下げられた電灯などが大きく揺れる。
・座りの悪い置物は倒れることがある。

5弱
・大半が恐怖を感じる。
・棚の食器や本が落ちることがある。
・不安定な家具は倒れることがある。

5強
・歩行が難しくなる。
・棚の食器や本が多く落ちる。
・固定していない家具は倒れることがある。

3 マグニチュード 基礎

地震の規模（1回の地震によって放出されるエネルギーの大きさ）を表す指標をマグニチュード（M）という。Mが1大きいとエネルギーは約32倍（$\sqrt{1000}$倍），2大きいと1000倍になる。

マグニチュード

マグニチュードMとエネルギーE〔J〕の関係は，次式で表される。

$$\log_{10}E = 1.5M + 4.8$$

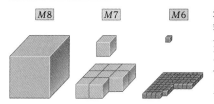

地震のエネルギーと発生回数
上の式から，マグニチュードが1大きくなると，エネルギーは$10^{1.5}$倍（$10^{\frac{3}{2}}$倍＝$\sqrt{1000}$倍）になる。大きな地震は，1回あたりのエネルギーが大きいが，発生回数は少ない。

マグニチュードとエネルギー

M	エネルギー〔J〕
1.0	2.0×10^6
2.0	6.3×10^7
3.0	2.0×10^9
4.0	6.3×10^{10}
5.0	2.0×10^{12}
6.0	6.3×10^{13}
7.0	2.0×10^{15}
8.0	6.3×10^{16}
9.0	2.0×10^{18}

世界の地震発生頻度と総エネルギー（年間）

M	平均頻度	エネルギー〔J〕
8以上	1	$10^{17.3}$
7〜7.9	15	$10^{17.0}$
6〜6.9	134	$10^{16.1}$
5〜5.9	1319	$10^{15.9}$
4〜4.9	13000（推定）	$10^{15.3}$
3〜3.9	130000（推定）	$10^{14.7}$
2〜2.9	1300000（推定）	$10^{14.0}$

日本では，$M7$以上を大地震，$M8$以上を巨大地震とよんでいる。

マグニチュードの種類

マグニチュードは，地震計に記録された地震波の最大振幅，震源距離などから算出される。マグニチュードには，算出方法などの違いによっていくつかの種類があり，日本では，一般に，気象庁マグニチュードが用いられている。しかし，マグニチュードが8を超える大規模な地震では，エネルギーの算出が困難になるため，**モーメントマグニチュード（M_w）**が用いられる。

モーメントマグニチュードの求め方

地震計の記録の解析によって求めた，震源断層の面積S，平均のずれD，その場所の剛性率（岩盤の硬さを表す数値）μの積を地震モーメントM_0という（$M_0 = \mu DS$）。

このとき，モーメントマグニチュード（M_w）は次式で表される。

$$M_\mathrm{w} = \frac{\log_{10}M_0 - 9.1}{1.5}$$

震源断層の規模

震源断層の広がりは，マグニチュードの大きい地震ほど大きくなる。マグニチュードが1大きくなると，断層の長さや幅，すべり量は，いずれも3倍程度大きくなることがわかっている。

M	断層の長さ〔km〕	すべり量〔m〕
6.0	10	1
7.0	30	3
8.0	100〜150	10
9.0	300	30

表中の値は，おおよそのものである。

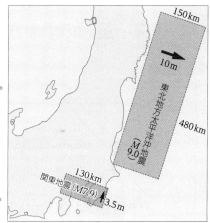

150km
10m
480km
東北地方太平洋沖地震（M9.0）
130km
関東地震（M7.9）
3.5m

人物 チャールズ・リヒター 1900〜1985

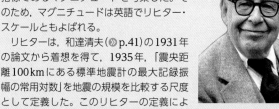

アメリカの地震学者。地震の規模を示す指標であるマグニチュードを考案した。そのため，マグニチュードは英語でリヒター・スケールともよばれる。

リヒターは，和達清夫（◎p.41）の1931年の論文から着想を得て，1935年，「震央距離100kmにある標準地震計の最大記録振幅の常用対数」を地震の規模を比較する尺度として定義した。このリヒターの定義によるマグニチュードは，限られた地域にしか適用できないため，ローカル・マグニチュードともよばれる。

過去の巨大地震の震源断層の規模

	長さ〔km〕	幅〔km〕	ずれ〔m〕	M	M_w
関東地震（1923）	130	70	3.5	7.9	7.8
チリ地震（1960）	800	200	24.1	8.5	9.5
兵庫県南部地震（1995）	40	15	1〜2	7.3	6.9
スマトラ島沖地震（2004）	1300	150	15	−	9.1
東北地方太平洋沖地震（2011）	480	150	10	−	9.0

震源断層の規模を推定するためには，まず，地震後の余震の分布から断層の広がりを決定する。次に，想定した断層を小さな領域に分け，地震波の観測データから地下構造を仮定し，各小断層ですべりが起きたときの地震波を計算する。さらに，観測データと，計算によって求められたデータが最も一致するように，断層面の長さや幅，動いた方向などを決定し，規模を推定する。

豆知識 気象庁は，1884（明治17）年に観測を開始して以来，体感および周囲の状況によって震度を決定していた。しかし，1996（平成8）年4月以降は，計測震度計によって観測した加速度から震度を決定している。

1 地震波 基礎

地震のエネルギーは，波として伝播する。この波を地震波という。
地震波には，地球の内部を伝わる実体波と表面に沿って伝わる表面波がある。

実体波

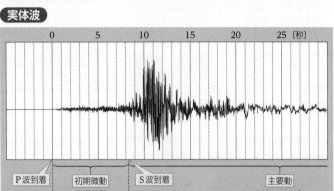

P波到着｜初期微動｜S波到着｜主要動
初期微動継続時間
P波・S波が重なっている

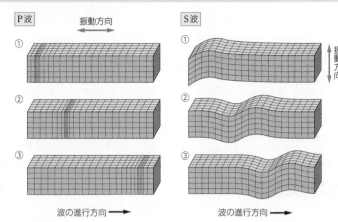

P波 振動方向
S波 振動方向

① ② ③

波の進行方向 ➡

種　類	性　質	地表付近での速度	特　徴
P波 primary wave	縦波 (疎密波)	約5〜7km/s	・振動方向が波の進行方向と平行である。 ・固体，液体，気体のいずれも伝わる。 ・地震時に初期微動をもたらす。
S波 secondary wave	横波 (ねじれ波)	約2〜4km/s	・振動方向が波の進行方向と垂直である。 ・固体だけを伝わる。 ・地震時に主要動をもたらす。

表面波

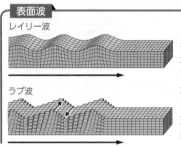

レイリー波

ラブ波

　表面波は，地球の表面だけを伝わり，振幅が大きく，周期も長い。地表付近での速度は，約3km/sである。上下動と水平動からなり，地表が上下方向に楕円を描くように振動するレイリー波と，地表に対して平行に，進行方向に対して垂直に振動するラブ波がある。

2 震央・震源の求め方 基礎

P波が到達してからS波が到達するまでの時間を初期微動継続時間(P-S時間)という。
初期微動継続時間をもとに，震央や震源の位置を求めることができる。

大森公式

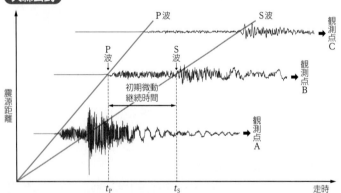

震源距離

P波　S波
観測点C

P波　S波
観測点B

初期微動継続時間
観測点A

t_P　t_S　走時

　震源の浅い地震では，初期微動継続時間は震源からの距離に比例する。震源距離をd[km]，初期微動継続時間をt[秒]とすると，次式が成り立つ。

$$d=kt$$ kは場所によってほぼ決まる数値で，およそ6〜8km/sである。

この式は，1899年，大森房吉(▶p.41)によって発表され，**大森公式**とよばれる。
　P波の走時(▶p.16)をt_p[秒]，S波の走時をt_s[秒]，P波の速度をV_p[km/s]，S波の速度をV_s[km/s]とすると，$t=t_s-t_p=d\left(\dfrac{1}{V_s}-\dfrac{1}{V_p}\right)$

したがって，次式が成り立つ。　$d=\dfrac{V_pV_s}{V_p-V_s}t$　$k=\dfrac{V_pV_s}{V_p-V_s}$

震央・震源の求め方

　震央と震源は，3地点(図では，A, B, Cで示した)における地震計の記録(初期微動継続時間)から，大森公式を用いて求めることができる。

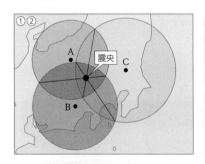

①② 震央

③ 震央O
震央からの距離ℓ
震源P

震央O ℓ C
震源P d

①各地点を中心に，震源までの距離を半径とする円を描く。
②2つの円の交点をそれぞれ結ぶと，それら3つの直線が一点で交わる。この点が震央である。
③A, B, Cいずれかの観測点から震央Oを結び，これと直角な線をOから引き，円周と交差する点Pが，震源である。

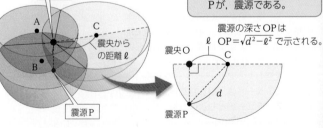

震源の深さOPは
$OP=\sqrt{d^2-\ell^2}$ で示される。

豆知識　地震波には，海中に伝わり，長距離を伝播するものもある。この波は，しばしば海岸の近くや島に設置された地震計で観測され，P波，S波のあとに現れることから，第3番目の波という意味で，T波(tertiary wave)とよばれている。

3 P波の初動と押し引き分布

地震波の3成分の記録から，震源の方向を推定できる。

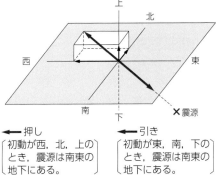

P波の初動

観測地点における，P波による地面の最初の動きを**初動**という。P波は疎密波であり，初動によって，地面は上向き（**押し：**震源とは逆向きの動き）または下向き（**引き：**震源方向への動き）に揺れ動く。

右図の場合，東西計，南北計，上下計の3台の地震計の記録から，P波の初動はそれぞれ西，北，上に動いた押しであり，震源の方向は南東とわかる。

← 押し
初動が西，北，上のとき，震源は南東の地下にある。

← 引き
初動が東，南，下のとき，震源は南東の地下にある。

押し引き分布

P波の初動の押し（→）と引き（→）の分布は，直交する直線で4分割することができ，その直線の交点が震央になる。また，この直線を断層として，地震の際の断層のずれと整合する。

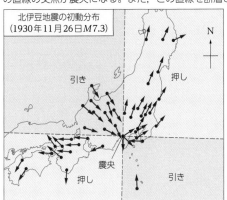

北伊豆地震の初動分布
（1930年11月26日M7.3）

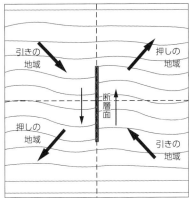

上図は北伊豆地震の記録である。押し引き分布から，この地震は，南北方向の左横ずれ断層か，東西方向の右横ずれ断層のいずれかによって引き起こされたことが推定できる。しかし，押し引き分布からだけでは，どちらが実際の断層かを判断することができない。北伊豆地震の場合，地震断層として丹那断層（⇒p.42）が現れたため，南北方向の左横ずれ断層とわかった。断層の方向は，地震断層のような地殻変動のほか，余震の震源分布によっても推定することができる。

⇒p.42

＋α 地震計
プラス

地震計は，振り子のおもりを不動点とし，これに対する地面の相対的な動きを記録する。地震計には，水平運動を記録するもの（東西計，南北計）と，上下運動を記録するもの（上下計）とがある。東西動・南北動は，特定の水平方向にだけ振動する振り子をもつ地震計2台（東西計と南北計）を直交させ観測される。上下動は，ばねでつるした形の振り子をもつ地震計（上下計）が用いられる。

現在は，振り子の部分に電線を巻いてコイルを形成し，これを永久磁石のつくる磁場の中で動かすことで，地面の動きを電気信号に変換し，観測している。

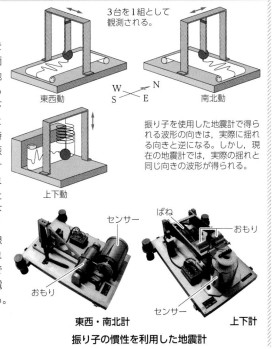

3台を1組として観測される。

東西動　南北動

振り子を使用した地震計で得られる波形の向きは，実際に揺れる向きと逆になる。しかし，現在の地震計では，実際の揺れと同じ向きの波形が得られる。

上下動

センサー　ばね　おもり　おもり　センサー

東西・南北計　　**上下計**

振り子の慣性を利用した地震計

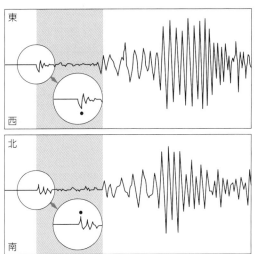

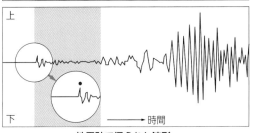

地震計で得られた波形

PROGRESS 震源球

補助面　断層面

青：P波が押し
白：P波が引き

震源断層は地下深くに存在するため，直接見ることができない。そこで，地震波の解析を元に，震源での力の働く向きや断層の傾きなどを，震源を中心とした仮想の球（震源球）で表している。地震が発生すると，震源では，球を4分割したように押しと引きが四方へ広がる。震源球は，これを鉛直方向（上）から見たものとして示される。地震が起こる時，震源では圧縮応力と引張応力の2つの応力が働いている。

震源球の押し引き分布の代表的な3つのパターン

P軸は主圧力軸，T軸は主張力軸を表す。

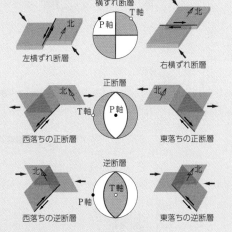

横ずれ断層
左横ずれ断層　右横ずれ断層

正断層
西落ちの正断層　東落ちの正断層

逆断層
西落ちの逆断層　東落ちの逆断層

断層は，押しと引きの2つの境界のいずれかで生じる。

豆知識 初期の実用的な地震計は，1880年代にユーイングが作製した水平振り子式地震計であるが，地震動を感知してからでないと観測できないという欠点があった。大森房吉はこれを改良し，連続的に記録ができる地震計（大森式地震計）を作製した。

» 地震災害 p.208-209　» ScienceSpecial① p.64-65

1 世界の地震の分布 基礎

　プレートの境界では，プレートどうしがぶつかりあったり，引っ張られたり，押されながらすれ違ったりしている。地震の多くは，このようなプレートの境界付近で発生している。

　プレートの境界以外の地域でも地震は発生するが，そのような地震を引き起こす力も，プレートの活動がプレート内部に伝わったものと考えられる。また，火山のマグマの活動も，地震を引き起こす原因になっている。

世界の震源分布

プレート境界	場　所	震源の深さ
発散境界	中央海嶺	浅い
すれ違い境界	トランスフォーム断層	浅い
収束境界	海　溝	浅い～深い
	衝突帯	浅い

　100kmよりも浅い地震の震源は，プレートの境界（» p.18）とほぼ一致している。100kmよりも深い地震は，環太平洋地域のような，海洋プレートがほかのプレートの下に沈み込んでいる海溝付近で起きている。

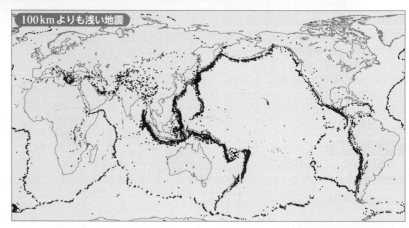

100kmよりも浅い地震

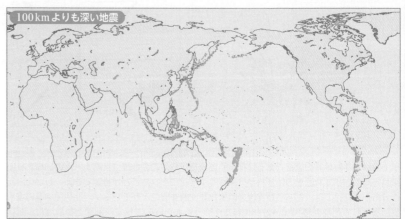

100kmよりも深い地震

2 日本周辺の地震の分布 基礎

　日本列島付近では，海洋プレートと大陸プレートの境界，すなわち，海溝やトラフ付近から陸側の方で多くの地震が発生している。このうち，約100kmよりも深いところで発生する地震は，**深発地震**とよばれるが，660kmよりも深いところで発生する地震はまれである。

　下のA－B断面，C－D断面の図からは，プレートの境界で発生する地震が明瞭に読み取れる。海溝やトラフに沿って規模の大きな地震が発生しており，震源は海溝から大陸側へ向かうにつれて徐々に深くなっている。地下において深発地震が発生する地帯は，緩やかな曲線を描いて面状に分布しており，これを**深発地震帯**(和達－ベニオフ帯)という。

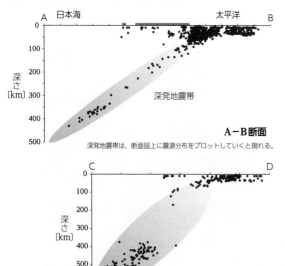

A－B断面

深発地震帯は，断面図上に震源分布をプロットしていくと現れる。

C－D断面

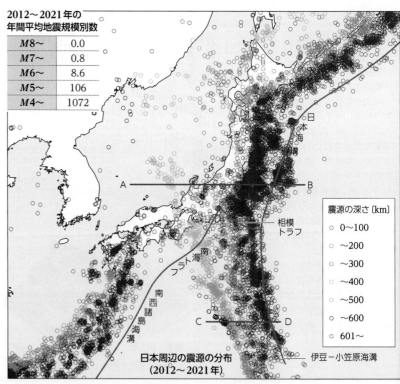

2012～2021年の年間平均地震規模別数

*M*8～	0.0
*M*7～	0.8
*M*6～	8.6
*M*5～	106
*M*4～	1072

震源の深さ〔km〕
- ○ 0～100
- ○ ～200
- ○ ～300
- ○ ～400
- ○ ～500
- ○ ～600
- ○ 601～

日本周辺の震源の分布
(2012～2021年)

日本海溝
相模トラフ
南海トラフ
南西諸島海溝
伊豆－小笠原海溝

豆知識 海洋学者のブルース・ヘーゼンとマリー・サープ(» p.21)によって，1950年，海底地震の分布などから，海底の大山脈(中央海嶺)を描いた海底地形図が制作された。この図は，海洋底拡大説(» p.22)につながっていった。

3 日本付近の地震の種類 基礎

日本は，プレートの収束境界に位置する。
日本列島付近で起こる主な地震は，海洋プレートの沈み込みに伴って発生する。

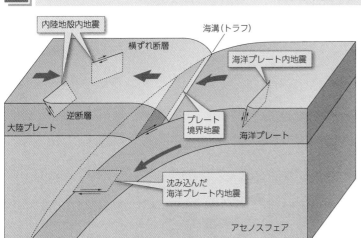

プレート境界地震の発生（海溝付近）

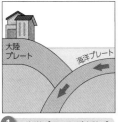  

❶ 海洋プレートが大陸プレートの下へ沈み込む。

❷ 大陸プレートの先端部が引きずり込まれ，ひずみが蓄積する。

❸ ひずみがその限界に達したとき，地震が発生し大陸プレートが跳ね上がる。津波が発生する場合もある。

　海洋プレートの沈み込みに伴って，大陸プレートの端が引きずり込まれる。やがて限界に達すると断層運動が起こり，地震が発生して，大陸プレートが跳ね上がる。
＊海溝沿いで発生する地震は，海溝型地震とよばれることがある。

プレート境界地震（プレート間地震）

発生場所：主に海洋プレートが大陸プレートの下に沈み込む場所。
震源の深さ：浅い～深い。
規模：浅いところでは，$M8$クラスの巨大地震が発生する。
特徴：くり返して発生する（» p.212）。大きな津波を伴うことがある。
震源断層のタイプ：逆断層が多い。
地震の例：関東地震（1923年9月1日），東南海地震（1944年12月7日），南海地震（1946年12月21日），東北地方太平洋沖地震（2011年3月11日）

内陸地殻内地震（大陸プレート内地震）

発生場所：大陸プレート内部の上部地殻。
震源の深さ：比較的浅い。
規模：プレート境界地震に比べると小さい。
特徴：活断層に沿って発生する。都市の直下で発生すると被害が大きくなることがある。陸域では，地下の温度の関係で，地震を発生させるような岩石の破壊が生じるのは，地下約15～20km程度の深さまでである。
震源断層のタイプ：横ずれ断層・逆断層が多い。
地震の例：兵庫県南部地震（1995年1月17日），新潟県中越地震（2004年10月23日），熊本地震（2016年4月16日），能登半島地震（2024年1月1日）

海洋プレート内地震

発生場所：沈み込む海洋プレート内および沈み込んだ海洋プレート内。
震源の深さ：沈み込む海洋プレート内で発生すると浅く，沈み込んだ海洋プレート内で発生する（スラブ内地震）と深い。
規模：プレート境界地震に比べると小さい。
特徴：海溝やトラフなどから沈み込んでいく海洋プレート内部で大規模な破壊が起こり，大地震が発生することもある。地下の比較的浅い場所で大地震が発生したとき，多くの場合は津波を伴う。
震源断層のタイプ：逆断層が多く，ときに正断層。
地震の例：昭和三陸地震（1933年3月3日，» p.41）

第2章　地球の活動

4 異常震域の地震 基礎

　震源が深い地震では，震央から離れた場所で震度が大きくなることがある。このような地域を**異常震域**という。

　異常震域は，地球の内部構造に関係している。地震波は，震源の真上にあるアセノスフェアよりも，冷たくて硬い海洋プレート内の方が減衰しにくく，遠くまで伝わりやすい。そのため，震源から遠くても，海洋プレートに近いところで震度が大きくなる。

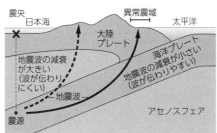

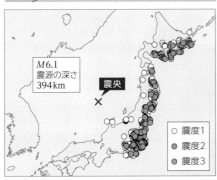

日本海中部の地震（2021年9月29日）の震度分布

＋α アスペリティ・モデルとスロー地震
プラス

　プレート境界には，プレートどうしが強く固着している領域や，安定になめらかに滑る領域が存在する。プレート境界の広い範囲がプレートの動きに伴って滑っていても，固着している領域にはひずみが蓄積され，やがて限界に達すると，急激にずれて地震を引き起こす。このような，通常は強く固着しており，地震時に大きくずれる領域は，**アスペリティ**とよばれる。アスペリティによる地震の発生モデルを**アスペリティ・モデル**といい，大きなアスペリティは，巨大地震を引き起こす可能性が高いと考えられている。

　近年，アスペリティのような固着している領域と，安定に滑る領域との間で，通常の地震とは異なり，断層面がゆっくりと滑る変動が観測されている。この変動は**スロー地震**とよばれ，固着している領域に隣接する領域で発生していることから，大地震の発生に関係していると考えられ，研究が進められている。

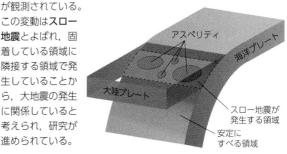

豆知識　アメリカでは深発地震帯をベニオフ帯とよぶことが多い。これは，1950年代にベニオフによってその分布が詳しく調べられたためである。しかし，それよりも前の1920～30年代に深発地震を発見し，深発地震帯の存在を初めて確かめたのは和達清夫（» p.41）である。

日本で発生した主な地震とその震源

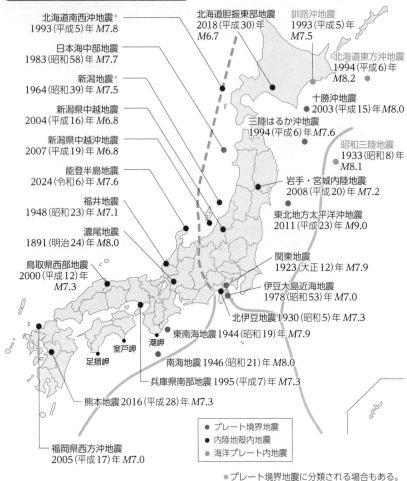

北海道南西沖地震*
1993（平成5）年 M7.8

日本海中部地震
1983（昭和58）年 M7.7

新潟地震*
1964（昭和39）年 M7.5

新潟県中越地震
2004（平成16）年 M6.8

新潟県中越沖地震
2007（平成19）年 M6.8

能登半島地震
2024（令和6）年 M7.6

福井地震
1948（昭和23）年 M7.1

濃尾地震
1891（明治24）年 M8.0

鳥取県西部地震
2000（平成12）年
M7.3

熊本地震 2016（平成28）年 M7.3

福岡県西方沖地震
2005（平成17）年 M7.0

北海道胆振東部地震
2018（平成30）年
M6.7

釧路沖地震
1993（平成5）年
M7.5

北海道東方沖地震
1994（平成6）年
M8.2

十勝沖地震
2003（平成15）年 M8.0

三陸はるか沖地震
1994（平成6）年 M7.6

昭和三陸地震
1933（昭和8）年
M8.1

岩手・宮城内陸地震
2008（平成20）年 M7.2

東北地方太平洋沖地震
2011（平成23）年 M9.0

関東地震
1923（大正12）年 M7.9

伊豆大島近海地震
1978（昭和53）年 M7.0

北伊豆地震 1930（昭和5）年 M7.3

東南海地震 1944（昭和19）年 M7.9

南海地震 1946（昭和21）年 M8.0

兵庫県南部地震 1995（平成7）年 M7.3

室戸岬　潮岬　足摺岬

● プレート境界地震
● 内陸地殻内地震
● 海洋プレート内地震

*プレート境界地震に分類される場合もある。

濃尾地震

1891年に発生した濃尾地震では、大断層（根尾谷断層）が生じた。岐阜県水鳥では、写真のように上下に6m、水平に2mずれた（» p.42）。根尾谷断層は、地震断層として世界的に有名である。

根尾谷断層系および周辺の断層群
10km

小藤文次郎（» 豆知識）が論文に掲載した写真（1891年）

現在の同じ場所（2012年）

南海地震

和歌山県潮岬〜高知県足摺岬までの、紀伊水道沖から土佐沖の領域に震源域がある巨大地震を南海地震という（» p.212）。南海地震は、西南日本の陸のプレートとフィリピン海プレートの境界で周期的に発生する。

この地震の発生に伴い、一般に、潮岬、室戸岬、足摺岬などが隆起し、高知平野などが沈降する。海底も広範囲で大きく隆起・沈降するため、津波が発生したり、温泉の湧出が止まったりする。

室戸岬の形成

室戸岬の海岸段丘（» p.144）は、十数万年前（第四紀更新世）からくり返し発生した隆起によって形成された。

段丘面は、室戸岬の先端に近くなるほど標高が高くなっている。これは、岬の先端の方の地殻変動量が大きいためであると考えられている。

室戸岬の先端

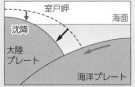

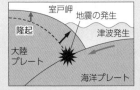

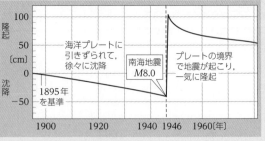

普段は徐々に沈降しているが、1946年の南海地震に伴って急激に隆起した。

豆知識 根尾谷断層の断層崖の写真は、小藤文次郎（1856〜1935）の論文によって公表され、世界に広く知られることとなった。小藤は、東京帝国大学（現東京大学）のナウマン（» p.171）のもとで地質学を学び、長く日本地質学界の指導的立場にあった。

PROGRESS　アウターライズ地震

　海溝の沈み込み口の手前には，海洋プレートが地形的に隆起した領域が存在する。この領域をアウターライズ（海溝外縁隆起帯）といい，ここで生じる地震をアウターライズ地震という。アウターライズでは，海洋プレートが沈み込みに伴って押し曲げられることによって，プレートの上部に引っ張る力が働く。そのため，アウターライズ地震では正断層型が多く見られる。また，地震の規模は小さくても，海底で発生するため，津波を引き起こす可能性が高い。

　アウターライズ地震は，プレート境界地震の影響で発生しやすいとされ，明治三陸地震（1896年）の後に発生した昭和三陸地震（1933年）は，アウターライズ地震だったと考えられている。そのため，東北地方太平洋沖地震の影響で，今後，大きな津波をもたらすアウターライズ地震が発生する可能性があると懸念されている。

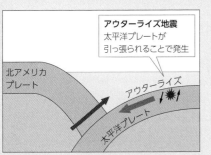

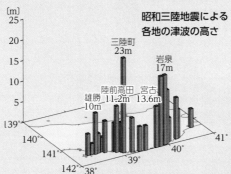

昭和三陸地震による
各地の津波の高さ

三陸町 23m
岩泉 17m
陸前高田 11.2m
宮古 13.6m
雄勝 10m

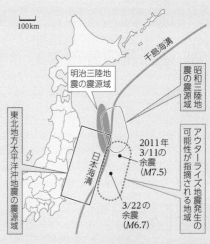

　昭和三陸地震（最大震度5，M8.1）では，地震の規模のわりに直接の被害は少なかったが，津波による被害が甚大となった。

人物　日本の地震学に貢献した人々

日本は，世界有数の地震国であり，他国に比べて地震学が発展した。

ジョン・ミルン 1850〜1913

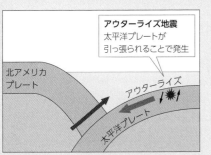

　イギリス出身の地震学者。1876（明治9）年の来日直後に，生まれて初めて地震を体験する。工部省工学寮（のちの東京大学）で地質学と鉱山学を教えた。1880（明治13）年の横浜地震後に，彼の提唱によって，世界初の地震学を専門とする地震学会が，日本で発足した。その後，地震研究に私費を投じ，水平動と上下動，方位を同時に測定・記録できるミルン式地震計を開発するなど，大森房吉をはじめとする日本の地震学者に多大な影響を与えた。

関谷清景 1855〜1896

　岐阜県出身の地震学者。1880年の東京大学助教授時代に，機械工学教授ユーイングのもと，地震計の開発を行い，地震観測に尽力した。1886年には，世界初の地震学教授となった。ミルンの助言のもと，地震観測網の展開を進め，さらに4段階の震度階級を提唱するなど，今日へ続く地震学の基礎をつくり上げた。

大森房吉 1868〜1923

　福井県出身の地震学者。ミルン，ユーイング，関谷の後を継ぎ，東京大学の地震学講座の教授となる。1891年の濃尾地震をきっかけに創設された震災予防調査会を足場に，日本の地震学を国際的にも高い評価を得るまでに成長させた。

　主な功績として，「地震帯の発見」，「余震の減少についての大森公式」，「初期微動と震源距離との関係についての大森公式」などがある。

今村明恒 1870〜1948

　鹿児島県出身の地震学者。1899年，明治三陸津波の原因として，現在の定説である海底地殻変動説を提唱したが，当時は受け入れられなかった。また，1905年，地震による火災被害を警告する論文を発表し，その後，実際に関東大震災（1923年）が発生した。測地や測量による地殻変動調査，過去の地震の統計学的な研究を積極的に行い，地震の予知や震災予防に貢献した。

志田順 1876〜1936

　千葉県出身の地球物理学者。京都大学の教授であった1921年に，日本で初めての地球物理学科を創設した。地震のP波初動の押し引き分布に規則性があることを発見し（»p.37），地震の発震機構の解明への糸口を見出した。さらに，和達清夫よりも早く，深発地震の存在を指摘している。

和達清夫 1902〜1995

　愛知県出身の地球物理学者。気象庁の初代長官を務めた。1920〜30年代に深発地震を発見し，傾いた面上に分布していることを確かめた。この功績によって，和達―ベニオフ帯にその名を残している。

　また，マグニチュードは，和達の研究をヒントに，アメリカの地震学者リヒターが考案したものである（»p.35）。

金森博雄 1936〜

　東京都出身の地球物理学者。1960年代，環太平洋の巨大地震の発生機構を解明した。1977年，モーメントマグニチュードを考案し，1980年代にアスペリティ・モデル（»p.39）を提唱するなど，現代的な地震学の基礎を築いた。近年は，リアルタイム地震学（地震直後に，震源などの情報を迅速に把握・伝達し，災害を軽減する研究）に関心をもち，緊急地震速報（»p.213）の普及に尽力した。

豆知識　今村明恒が1905年に発表した地震による火災被害を警告する論文は，人々の不安をあおり，社会問題化した。大森房吉は，これを鎮静化するために今村の説を厳しく批判したが，皮肉なことに，出張中のシドニーの地震計で関東地震の揺れを見ることとなった。

5 活断層を探る
Active fault research

» 地震災害 p.208-213

1 活断層の分布 基礎　最近の地質時代（過去数十万年間）に活動をくり返し，将来も活動すると推定される断層を活断層という。

日本列島の地下には，一般に，東西方向ないし北西-南東方向の強い圧縮の力がかかっているため，全体的には，逆断層型や横ずれ断層型の活断層が多い。しかし，地域的な特徴も見られる。西南日本では，横ずれ断層型の活断層が顕著であり，九州中部には正断層型の活断層が存在する。

この図では，陸域の主な活断層を示している。実際には，さらに多くの活断層が存在しており*，海域の活断層を含め，確認されていないものも多い。

*活断層の位置は，産業総合研究所「活断層データベース」や国土地理院発行の2万5千分の1「都市圏活断層図」で調べることができる。

根尾谷断層のトレンチ断面

根尾谷断層のトレンチ断面（» p.40）。河川堆積物の礫層と暗灰色の基盤岩類（美濃－丹波帯のジュラ紀付加体，» p.170）が，ほぼ垂直な断層面で接している。

凡例
~~ 正断層
~~ 逆断層
~~ 横ずれ断層

0　　　200 km

陸域の主な活断層

東北日本
逆断層が多い。

跡津川断層
根尾谷断層
山崎断層
糸魚川－静岡構造線
丹那断層
阿寺断層
野島断層
中央構造線

西南日本
逆断層に加えて，横ずれ断層が多い。九州には，正断層も存在する。

活断層の活動度
過去における活断層の活動の程度を活動度といい，1000年あたりの平均的なずれの量によって，以下のように区分される（AA級は内陸部に見られない）。

AA級：10 m以上100 m未満
例：日本海溝沿いの断層，南海トラフ断層，相模湾断層

A級：1 m以上10 m未満
例：中央構造線，阿寺断層，丹那断層，糸魚川－静岡構造線中央部，跡津川断層

B級：10 cm以上100 cm未満
例：立川断層，深谷断層，長町－利府断層

C級：1 cm以上10 cm未満
例：深溝断層，郷村断層，吉岡断層

海域の活断層（一部）

中央構造線

（徳山ほか，2001 海洋調査技術 13巻の図をもとに作成）

豆知識　海域の活断層調査は，陸域よりもさらに難しい。その理由には，音波探査に頼らざるを得ないこと，船舶を使用するため大きな費用がかかること，天候，波浪，海潮流のような自然の制約を受けることなどがあげられる。

2 活断層の見つけ方 基礎

空中写真判読，地表踏査，ボーリング調査，物理探査などのさまざまな手法（≫ p.172-173）を用いて活断層を見つけ出す。

左横ずれ断層の例
A　三角末端面
B　低断層崖
C　断層池
D　ふくらみ
E　断層鞍部
F　地溝
G　横ずれ谷
H　閉塞丘
I　風隙
J-J'　山麓線の食い違い
K-K'　段丘崖の食い違い

安富町（兵庫県）

写真の範囲の地形図

　地震が発生すると，断層運動によって地表面が変形する。これがくり返されると，累積された変位は活断層に特有の地形（断層変位地形）を形成する。活断層沿いには直線的なリニアメント（線状模様）が連なり，また，尾根や谷筋，河川の流路などに食い違いが生じる。一般に，活断層の存在は，地表踏査，空中写真，地形図などを用いて，断層変位地形を識別することで確認される。

　山崎断層系・安富断層による河谷と尾根の左ずれ地形。赤矢印の断層に沿って，尾根と谷筋（点線）が左へずれている。

空中写真判読（≫ p.172）

(1963年 国土地理院撮影)

野島断層付近の空中写真と地形図（兵庫県淡路市梨本）

　空中写真や地形図から読み取れる断層変位地形には，侵食作用などで形成された類似の地形が含まれている場合がある。そのため，最近の地質時代に活動をくり返しているか，今後も活動する可能性があるかなどが検討された上で，活断層と判断される。過去の活動履歴の確認には，トレンチ調査や物理探査が用いられることが多い。地形図左下の北淡震災記念公園では，野島断層が保存されている（≫ p.26）。

地形図

北淡震災記念公園

野島断層

小倉

(国土地理院発行 25000分の1地図「仮屋」)

トレンチ調査

地表面の変位量

　トレンチ調査は，活断層を横切るように溝（トレンチ）を掘り，地層に残された活動履歴や断層構造などを読み取る方法である。写真は，兵庫県南部地震後に撮影された野島断層のトレンチ断面である。左下に向かって断層がのび，黒色の層を切っている。黒色の層の変位量が，地表面の変位量よりも多いことから，以前にも活動していたことがわかる。

衛星画像

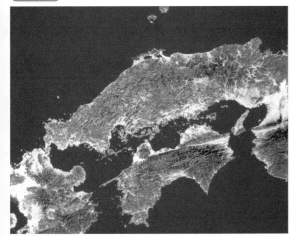

　衛星画像からリニアメントを見つけることができる。上図では，紀伊半島や四国付近の中央構造線が確認できる。

+α プラス シュードタキライト

　断層運動の高速すべりによって摩擦熱が発生すると，局所的に1000℃を超える温度となり，岩石が溶融することがある。この溶融した岩石が急冷してできたガラス質あるいは極細粒の暗色の岩石を，シュードタキライト（PST）という。シュード（pseudo）は「偽の」，タキライト（tachylyte）は「玄武岩質ガラス」を意味している。

　シュードタキライトは，地震発生時の断層運動（地震性すべり）に伴って形成されるため，"地震の化石"とよばれることもある。地すべり時の摩擦熱や，隕石衝突時の熱によって形成されたものも見つかっている。高知県では，付加体中に形成されたシュードタキライトが見つかっており，沈み込み帯における大地震発生の証拠として注目されている。

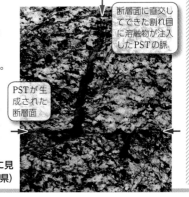

断層面に直交してできた割れ目に溶融物が注入したPSTの脈

PSTが生成された断層面

断層運動で変形した花こう岩中に見られるシュードタキライト（愛知県）

豆知識 ●●● 丹那断層は，北伊豆地震（1930年）の際に活動し，当時建設中だった丹那トンネルの坑道に2m以上のずれを与えた。このため，本来直線になるはずだった丹那トンネルは，わずかにS字状になっている。

43

1 世界の活火山分布 基礎

過去およそ1万年以内に噴火した火山，および現在活発な噴気活動のある火山を活火山という。世界では，およそ1500の活火山が知られている。活火山が分布している場所は，マグマが発生する場所であり，大きく以下の3つのグループに分けられる。

プレートの発散境界〔中央海嶺の中軸〕
アイスランド，東アフリカ（大地溝帯）など

プレートの収束境界〔弧-海溝系〕
日本（島弧）や南米西部（環太平洋火山帯を形成している陸弧）など

プレートの内部〔ホットスポット〕
ハワイ，ガラパゴス諸島，イエローストーン（アメリカ）など

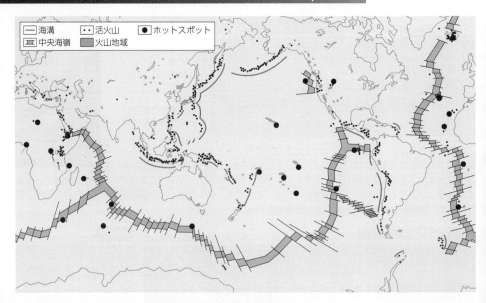

凡例：海溝，中央海嶺，活火山，ホットスポット，火山地域

ラキ火山（アイスランド）
プレートの発散境界と同じ向きに，割れ目のような噴火口が列をなしている。

ニーラゴンゴ火山の溶岩湖（コンゴ）
大地溝帯内にある成層火山である。山頂火口に溶岩湖がある。

ストロンボリ火山の噴火

ストロンボリ火山（イタリア）
標高926m，海底からは約3000mの高さがある成層火山である。活発になると，数十分間隔で爆発的な噴火をくり返し，その噴火様式は，ストロンボリ式と名付けられている。約2000年間，噴火し続けており，「地中海の灯台」とよばれる。

イエローストーン（アメリカ）
熱水活動による間欠泉が有名。48km×72km，深さ数百mの巨大カルデラをもつ超巨大火山である。

噴火するキラウエア火山（アメリカ）
ハワイ諸島の中で，現在，最も活動的な火山である。海底からは，約5000mの高さがある盾状火山で，地球上で最も大きな活火山の1つである。

ピナツボ火山（フィリピン）
爆発的で大規模な噴火を起こす成層火山である。1991年の噴火は，20世紀最大級の規模であった（≫p.216）。

豆知識 近年，プレート直下のアセノスフェアからマグマが供給されてできた火山が，世界各地で続々と発見されている。これらは，プチスポットとよばれる。活火山分布は3グループに大別されるが，いずれにも属さないプチスポットを4つめのグループとする考えがある。

② 日本の火山分布 基礎

日本の活火山分布

日本列島は，島が大陸の縁に沿って，弧を描くように連なる**島弧**であり，多くの火山*が分布している。そのうち，111の火山が活火山とされており，50の活火山が「火山防災のために監視・観測体制の充実等が必要な火山」として火山噴火予知連絡会によって選定され，24時間体制で常時観測・監視が行われている。さらに，そのうちの49火山（2022年3月現在）で，噴火災害軽減のための防災対応として噴火警戒レベルが運用されている（▶p.218）。

日本の活火山は，太平洋プレートの沈み込みに関係した**東日本火山帯**と，フィリピン海プレートの沈み込みに関係した**西日本火山帯**に分けられる。これらは，海溝やトラフから島弧側に200〜300kmの距離，すなわち，沈み込んだプレートが100km程度の深さになる位置を東端として，帯状に配列する。それより海溝側に活火山は存在しない。この火山帯における海溝側の火山分布の限界を，**火山前線**（火山フロント）という。

*活火山ではなくても，第四紀に形成され，火山特有の地形や火山噴出物が残っているものは火山とよばれる。日本にはおよそ440の火山（活火山を含む）がある。

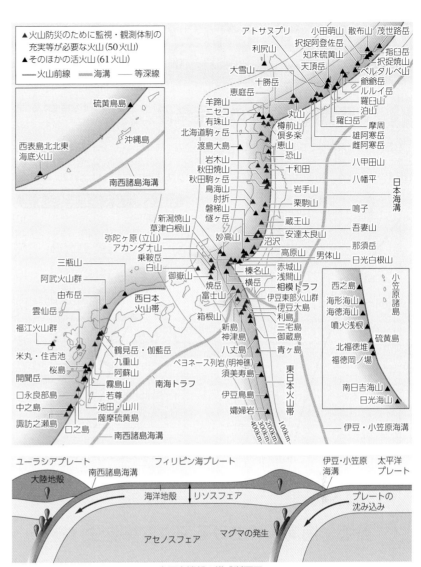

▲火山防災のために監視・観測体制の充実等が必要な火山（50火山）
▲そのほかの活火山（61火山）
─── 火山前線　━━ 海溝　─── 等深線

上図南端部の模式断面図

ユーラシアプレート　フィリピン海プレート　伊豆・小笠原海溝　太平洋プレート
大陸地殻　南西諸島海溝　海洋地殻　リソスフェア　プレートの沈み込み
アセノスフェア　マグマの発生

桜島（鹿児島県）

安山岩〜デイサイトからなる成層火山である。1914年の大噴火で山腹から流出した溶岩によって，大隅半島と陸続きになった。長期間にわたって，活発な噴火活動を続けている。

阿蘇山の火口（熊本県）

阿蘇山の中央火口丘（▶p.49）の中岳は，現在も噴火をくり返す成層火山である。阿蘇山は大きなカルデラと外輪山が特徴で，その周囲には広大な火砕流台地が発達している。

TOPIC 四国には火山がない？

現在，近畿地方から四国にかけての地域に活火山は存在しない。しかし，約1600万〜1000万年前（新第三紀中新世）には，現在の瀬戸内海に沿った地域を中心に，火山活動が起きていた。この火山活動による火山岩は，瀬戸内火山岩類とよばれ，九州北部から愛知県あたりまで，帯状に分布している。たとえば，西日本最高峰の石鎚山（愛媛県）は，1500万年前ころには活火山であったことがわかっている。

□ 瀬戸内中新世堆積岩　□ 鮮新世火山岩
□ 瀬戸内火山岩　□ 第四紀火山岩
□ ほかの中新世火山岩
□ 中新世花こう岩

そのほか，紀伊半島南部には，巨大なカルデラの縁だったと考えられる弧状岩脈が見られるなど，現在，活火山がない地域にも，かつて活動していた多くの火山やその名残がある。

石鎚山

豆知識　かつては，「休火山」や「死火山」という分類が使われていたが，現在は，「活火山」と「活火山ではない火山」の2つに分類されている。分類が変わった理由のひとつに，「死火山」とされていた御嶽山が，1979年10月に大噴火を起こしたことがあげられる。

7 マグマの発生

Generation of magma

1 玄武岩質マグマの発生条件

上部マントルを構成するかんらん岩の一部が溶融することによって，玄武岩質マグマが発生する。

岩石が高温で溶融したものを**マグマ**といい，結晶や溶け残った岩石，水 H_2O や二酸化炭素 CO_2 を主体とする揮発性成分の気泡を含む。マグマが発生するとき，かんらん岩は均一に溶けるのではなく，溶けやすい成分から選択的に溶けるため，最初に発生するマグマは，かんらん岩よりも SiO_2 成分の多い玄武岩質マグマとなる。最初に発生するマグマは，**本源マグマ（初生マグマ）**とよばれる。マグマが地表に現れたものを**溶岩**という。

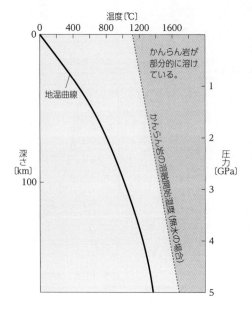

玄武岩質マグマが発生する条件

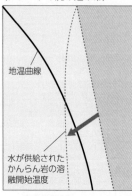

a) 融点降下
（プレートの沈み込み帯）

かんらん岩に水が供給されると，溶融開始温度が降下し，地温曲線を下回るため，溶けてマグマが発生する。

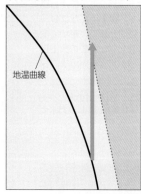

b) 圧力低下
（中央海嶺・ホットスポット）

かんらん岩が，温度を保ったまま地下浅部に上昇し，圧力が低下すると，溶けてマグマが発生する（減圧溶融）。

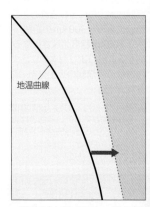

c) 温度上昇

温度が上昇すると，深さ（圧力）が同じでも，かんらん岩が溶けてマグマが発生しうる。しかし，これは自然界では考えにくい。

2 島弧－海溝系におけるマグマの発生 基礎

海洋プレートが大陸プレートの下に沈み込む海溝では，海洋プレートの沈み込みに伴う温度・圧力の上昇によって，含まれていた水（海底でしみ込んだ水や鉱物に含まれていた水）が絞り出されたり，脱水反応を起こしたりして，プレートに接する部分のマントルのかんらん岩に供給される。水を含んだマントルの一部（含水マントル層）は，沈み込むプレートによって100km程度の深さに引きずり込まれると，再び水を放出する。プレート内や含水マントル層から放出された水が高温部分のマントルのかんらん岩に供給されると，かんらん岩を構成する鉱物の融点が下がり，**部分溶融**によって玄武岩質マグマが発生する。このような現象が，海溝の沈み込んだ先で起きており，海溝から一定の距離に火山が配列することになる（▶ p.45）。

PROGRESS 部分溶融のしくみ

地下で溶融開始温度以上にさらされた岩石は，部分的に溶融し，液体と溶け残りの結晶とが共存する状態となる。これを**部分溶融（部分融解）**という。生じた液体（マグマ）の化学組成は，部分溶融の程度によって異なり，より高温の液体ほど岩石の化学組成に近く，すべてが溶融すると，岩石と同じになる。

岩石の部分溶融は，鉱物の結晶境界で起こり始める。溶融が進むと，鉱物の間の液体が互いに網目のようにつながり，溶け残りの鉱物が囲まれる状態となる。

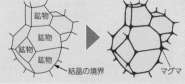

鉱物と鉱物の間に生じる液体マグマのようす
（左）溶ける前の鉱物の詰まった状態
（右）溶け始めて鉱物の間の液体が互いにつながり始めたようす

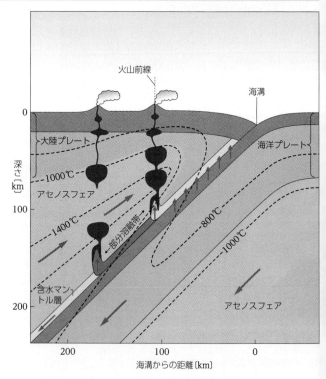

豆知識 マントルの部分溶融によって生じる液体と固体が合わさった塊は，周囲の岩石と比較して密度が小さくなり，マントル中を上昇すると考えられている。この塊をマントルダイアピルという。

3 中央海嶺におけるマグマの発生 基礎

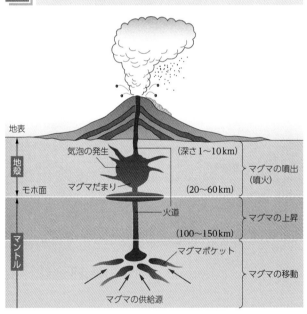

中央海嶺の地下では，プレート運動に伴って，高温で流動性のあるマントル物質(かんらん岩)が上昇している。上昇したかんらん岩は，圧力の低下によって部分溶融し，多量の玄武岩質マグマを生じる。マグマが海底に噴出すると，枕状溶岩(»p.51)のような火山岩となる。

中央海嶺の噴火による噴出物は，地球全体の年間噴出量の6割近くを占めている。アイスランドの火山は，中央海嶺の火山が陸上に現れたものである。

4 ホットスポット 基礎

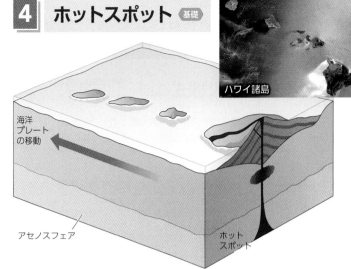

ハワイ諸島

ホットスポットの地下深部では，プルームによって，かんらん岩が上昇している。上昇したかんらん岩は，圧力が低下するため部分溶融し，玄武岩質マグマを生じている。マグマの供給源に対して，プレートが相対的に移動するため，火山島が線上に配列している(»p.21)。

ハワイでは，ハワイ島の南東側に新しく海底火山が形成されており，数万年後には，新しい島ができると考えられている。

5 マグマの上昇 基礎

上部マントルで発生したマグマは，マントル中のかんらん岩の鉱物粒子間に，細かい液滴として存在する。やがて，それらが集まり，やや大きなマグマの液滴(マグマポケット)をつくる。マグマは，周囲の岩石よりも密度が小さいため，浮力によって上昇し，さらに集まりながら肥大化する。モホロビチッチ不連続面(モホ面)では，地殻とマントルの密度差によって，上昇速度が低下し，一部は停滞する。さらに上昇すると，周囲と密度がつり合うところで**マグマだまり**が形成される。マグマだまりで気泡が発生すると，内部の圧力が高まり，噴火が起こる。

マグマは，上昇過程で周囲の岩石を溶かし込んだり，異なる組成のマグマと混合したり，内部で結晶化を起こしたりする(»p.55)ことで成分が変化する。

TOPIC ダイヤモンドを地表にもたらしたマグマ

ダイヤモンドは，キンバーライトとよばれる特殊な火成岩に含まれて産出する。この岩石は，地下150〜250kmの上部マントルから，高速で一気に地表まで上昇したキンバーライトマグマが固結したものである。ダイヤモンドは，この上昇時に捕獲される。マグマがゆっくりと上昇すると，ダイヤモンドをつくる炭素原子の結びつきが変化し，石墨(グラファイト)に変化してしまう。

キンバーライトの主な産地は，アフリカ南部や北米など，10億年前を超える古い大陸地塊である。その名は，最初のダイヤモンド鉱山である，キンバリー鉱山に由来する。

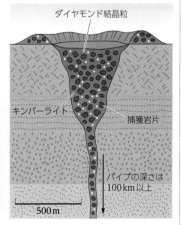

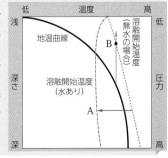

キンバーライトとダイヤモンド

整理 玄武岩質マグマの発生

- 玄武岩質マグマは，主にマントル物質であるかんらん岩の部分溶融で発生する。
- かんらん岩の部分溶融で発生した最初のマグマを本源マグマという。
- かんらん岩の部分溶融は，水の供給に伴う融点降下(A)と，マントル物質の上昇に伴う圧力低下(B)によって起こる。

豆知識 日本でも，2007年，名古屋大学の研究者によって，火成岩中から天然ダイヤモンドが発見された。大きさは，1000分の1mm程度であるが，日本のようなプレート収束境界でダイヤモンドが発見されたのは，世界初である。

1 火山の噴火様式 基礎

噴火のようすは火山によって異なり，その様式は，主にマグマの粘性で決まる。
1つの火山であっても，地下の状況によって噴火様式が変化する場合がある。

マグマの粘性は，二酸化ケイ素 SiO_2 の含有量と温度で決まる。SiO_2 量が少なく，温度が高いほど，粘性は低い傾向がある。粘性の違いによって気体成分の抜け具合が異なり，噴火の様式や火山体の形に影響を及ぼす。

噴火の様式は，最初に観測された火山名や，よく起こる地域名を用いて分類される。近年では，火山噴出物の拡散面積や，火口から一定距離における堆積物の大きさから，噴出物の総量や噴煙柱の高さを反映した，より定量的な分類も行われている。

噴火の様式	アイスランド式	ハワイ式	ストロンボリ式	ブルカノ式	プリニー式
噴火の特徴（噴煙柱*の高さ）	非常に長い割れ目状の火口から，粘性の低い玄武岩質マグマが大量に噴出する。	玄武岩質マグマが連続的に噴出する。直線状の火口列から同時に噴出する割れ目噴火を起こすこともある。（<3km）	比較的粘性の低いマグマが間欠的に爆発噴火し，マグマの破片や火山弾などを放出する。（<10km）	中程度の粘性のマグマで，高圧の火山ガスによって火山弾，火山岩塊，火山灰などを爆発的に放出する。（<20km）	揮発性成分に富む粘性の高いマグマで，火口から大量の軽石や火山灰を空高く噴出する。（<55km）
マグマの粘性	低い ←――――――――――――――――――――――――→ 高い				
マグマのSiO_2量	少ない ←――――――――――――――――――――――→ 多い				
マグマの温度	高い ←―― 1200℃ ―――― 1100℃ ―――― 1000℃ ―――― 900℃ ――→				
マグマの性質	玄武岩質 ←―――― 安山岩質 ―――→ デイサイト質～流紋岩質 ――――→				
噴火のようす	穏やかに噴火し，溶岩流が多い ←――――→ 爆発的に噴火し，火山弾や軽石，火山灰が多い ――→				
主な噴出物	パホイホイ溶岩，アア溶岩 ←―――― 紡錘状火山弾 ――――→ 塊状溶岩 ―― パン皮状火山弾 軽石・スコリア				
噴出物の色	黒・暗灰色 ←――――――――――――――――――――→ 灰・淡灰色				
火山体の例	溶岩台地，盾状火山	盾状火山	成層火山	成層火山	成層火山，カルデラ火山
火山の例	ラキ（1783，アイスランド）	キラウエア，マウナロア（ハワイ）	ストロンボリ（イタリア），三原山（1986～1987），阿蘇山	ブルカノ（イタリア），桜島，浅間山	セントヘレンズ（1980，アメリカ），ピナツボ（1991，フィリピン）

＊大量の火山灰や火山ガスからなる噴煙が，火口から柱状に噴き上がったもの。

噴火の種類

噴火の種類は，そのしくみから，マグマ噴火，水蒸気爆発，マグマ水蒸気爆発の3つに大別される。マグマ水蒸気爆発では，噴出物に急冷・破砕されたマグマの破片が含まれ，一般に，水蒸気爆発よりも規模が大きくなる。

マグマ噴火

火口からマグマを放出する噴火を**マグマ噴火**という。火山砕屑物の噴出，溶岩流，火砕流などを伴い，大きな被害をもたらすことがある。
噴火の例：新燃岳（2011）

新燃岳の噴火（鹿児島県）

水蒸気爆発（水蒸気噴火）

マグマの熱で生じた高温・高圧の水蒸気が，爆発的な噴火を引き起こすものを**水蒸気爆発**という。
噴火の例：磐梯山（1888），御嶽山（2014）

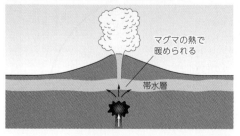
マグマの熱で暖められる
帯水層

マグマ水蒸気爆発（マグマ水蒸気噴火）

地下水や海水とマグマが直接接触・混合することで，大量の水蒸気が発生し，爆発的な噴火を引き起こすものを，**マグマ水蒸気爆発**（スルツェイ式噴火）という。
噴火の例：スルツェイ（1963，アイスランド），三宅島（1983），有珠山（2000）

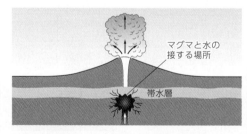
マグマと水の接する場所
帯水層

スルツェイ島の噴火（アイスランド）

＋α プラス 火砕流を伴う噴火

安山岩質～流紋岩質のマグマでは，爆発的な噴火に伴い火砕流が噴出することがある。山頂火口に溶岩ドームが形成された場合，爆発を伴う溶岩ドームの崩壊で，火砕流が噴出されることもある。また，プリニー式噴火の噴出物が上昇できなくなり，噴煙柱が崩壊し，火砕流となる場合もある。
火山体の例：成層火山，カルデラ火山，溶岩ドーム
噴火の例：モンプレー（1902，西インド諸島），雲仙普賢岳（1990～）

雲仙普賢岳の崩落前の溶岩ドーム（長崎県）

豆知識 プリニー式は，西暦79年，イタリアのベスビオ山の噴火に遭遇し，そのようすを記録として残したプリニウスにちなんだ名称である。この噴火では，古代都市ポンペイが火砕流によって埋没した（》p.215）。

2 火山地形 基礎 　火山活動によって生じた特徴的な地形を火山地形という。火山体のような地形の高まりだけでなく，爆発や陥没による凹地も含まれる。火山には，噴火の様式の違いによって，さまざまな形や大きさ，内部構造のものがある。

単成火山

　1連の噴火活動だけで形成された火山。複成火山に比べて，単成火山は小さく，形も単純である。

溶岩ドーム（溶岩円頂丘）　　火砕丘（スコリア丘）

1km

マール　　タフリング

アイスランド型盾状火山

溶岩ドーム
昭和新山（北海道）

火砕丘（スコリア丘）
米塚（熊本県）

盾状火山
トロットラデインキャ山（アイスランド）

　マグマ水蒸気爆発に特徴的な火山地形として，マール（水がたまっている地形）のほかに，タフリング（火口底が地下水面よりも高く，乾いている地形）や，タフコーン（噴出物による火口縁がタフリングよりも高い地形）がある。

タフリング

ダイヤモンドヘッド（ハワイ）

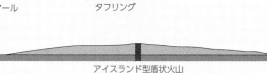
マール
一ノ目潟
二ノ目潟
三ノ目潟
男鹿目潟火山群（秋田県）

男鹿目潟火山群は，3つの淡水湖がほぼ直線状に並んだ単成火山群である。

TOPIC トピック ミマツダイヤグラム

　有珠山山麓では，1943年から2年間に及ぶ噴火活動によって，溶岩ドーム（昭和新山）が形成された。地元の郵便局長であった三松正夫が，その形成過程を毎日記録した図はミマツダイヤグラムと称され，世界でも例を見ない貴重な資料である。

海抜
400m
300m
200m
100m
0m
9/10 6/15 2/16 10/10 6/5 元の地面
(1945)
8/27 4/2 12/20 8/3 5/12
(1944)

複成火山

　何回もの噴火活動をくり返して形成された火山。

成層火山　　カルデラを生じた成層火山　　10km

ハワイ型盾状火山

中央火口丘　火砕流台地

カルデラ火山

溶岩台地

成層火山
富士山（静岡県・山梨県）

盾状火山
マウナロア山（ハワイ）

カルデラ
箱根カルデラ（神奈川県）

　カルデラは，一般の火口よりも巨大な凹地である。多くは，大量のマグマの噴出でマグマだまりの天井が崩壊し，地表が陥没したものであるが，大爆発や侵食によるものもある。

溶岩台地
デカン高原（インド）

デカン高原は，白亜紀の終わりに大量の玄武岩質マグマの噴出によってできた（»p.17）。

カルデラの形成

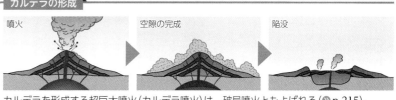

噴火　　空隙の完成　　陥没

カルデラを形成する超巨大噴火（カルデラ噴火）は，破局噴火ともよばれる（»p.215）。

豆知識 富士山は1回の噴火で形成された火山ではなく，噴火をくり返して現在の形になった成層火山である。ボーリング調査から，先小御岳火山，小御岳火山，古富士火山，新富士火山の順に形成された4階建て構造であることがわかっている。

第2章　地球の活動

1 火山噴出物 基礎 　火山活動で地表に噴出したものを火山噴出物という。

火山ガス
　水蒸気
　二酸化炭素
　二酸化硫黄など
火山灰
火山礫
火山岩塊
溶岩
火山噴出物
火山砕屑物

火山噴出物には，**火山砕屑物**，**溶岩**，**火山ガス**がある。

火山砕屑物(火砕物)	溶岩や火口付近の岩石が，噴火によって砕かれ，噴き飛ばされた固体のもの。
溶岩	マグマが液体の状態で噴出したものや，それが固結したもの。
火山ガス	マグマ中に含まれていた揮発性成分が気体となって噴出したもの。

2 火山砕屑物 基礎 　火山砕屑物は粒子の直径で分類されるほか，形状などの特徴によっても分類される。

特定の外形をもたない

粒子の直径	種類
64mm以上	火山岩塊
2〜64mm	火山礫
2mm以下	火山灰

火山灰を構成する粒子は，鉱物や火山ガラス，岩片である。

火山灰

多孔質

　マグマの発泡で火山ガスが抜け，多孔質になっている火山砕屑物のうち，主に玄武岩質マグマから生じる暗色のものを**スコリア**，主に安山岩質〜流紋岩質のマグマから生じる淡色のものを**軽石**という。

1cm　スコリア　　　1cm　軽石

特定の外形をもつ

1cm　紡錘状火山弾

噴出した溶岩が，空中で紡錘状に固まり，落下したものである。粘性の低い溶岩で形成される。

パン皮状火山弾

火山弾の外側が冷えて固まったあと，まだ熱い内部のガスが膨張し，外側がひび割れて形成される。

溶岩餅

噴出した溶岩が固結する前に地表に衝突し，つぶれた形になったもの。

1cm　ペレーの毛

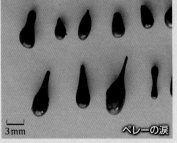
3mm　ペレーの涙

粘性の低い溶岩が飛散する際に急冷され，ガラス質になっているもので，長く引き伸ばされて糸状になっているものをペレーの毛，滴状の粒になっているものをペレーの涙という。

火山砕屑物は**テフラ**ともいう。広域に堆積したテフラは，かぎ層として利用される(≫p.154)。

　火山砕屑物が固結してできた火山砕屑岩(火砕岩)は，一般的には堆積岩に分類される(≫p.148)。

SKILL スキル 火山灰の観察

①蒸発皿に試料*をとり，試料全体が浸るくらいまで水を入れる。

②蒸発皿の壁をこするように，指の腹を使ってつぶす。

③水を加えてかき混ぜ，数秒置いて粒子を沈ませ，濁った水を捨てる。濁りが無くなるまで②と③をくり返す。

④蒸発皿に残った試料を乾燥させ，実体顕微鏡で観察する。

顕微鏡写真

試料によって，観察できる粒子はさまざまである。鉱物のほか，火山ガラスや岩片などが含まれる。

*実験用火山灰では量を少なく，鹿沼土や赤玉土では多くするとよい。

豆知識　「ペレーの毛」や「ペレーの涙」は，ハワイ神話の火山の女神ペレが名前の由来となっている。なお，火山volcanoの由来は，ローマ神話の火と鍛冶の神ウルカヌス(Vulcanus)である。

3 溶岩 ^{基礎} マグマの性質によって、溶岩の流れ方や表面のようすが異なる。

パホイホイ溶岩
ハワイ(アメリカ)

アア溶岩
ハワイ(アメリカ)

塊状溶岩
浅間山(群馬県)

粘性の低い玄武岩質溶岩で、流れやすいため、表面がなめらかになっているもの。縄のような模様がつくこともある。

溶融部分　1 m

パホイホイ溶岩よりも温度が低く、流れにくくなったもの。表面は多孔質で、トゲトゲしている。

1 m

アア溶岩よりも粘性が高い。周囲の固結後に内部が流動して固結部が割れ、大きな岩塊ができたもの。岩塊は平滑な面をもつ多面体となる。

5 m

第2章　地球の活動

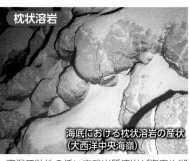
枕状溶岩
海底における枕状溶岩の産状
(大西洋中央海嶺)

枕状溶岩の露頭(千葉県)

枕状溶岩の断面露頭(北海道)
枕を積み重ねたような形態で、下方へ垂れるようすも見られる。

ハイアロクラスタイト
ハイアロクラスタイト(神奈川県)

高温で粘性の低い玄武岩質溶岩が海底や湖沼(水中)に噴出すると、急激に冷やされながら、丸みを帯びた直径数cm〜数mの枕状(チューブ状)になる。これを**枕状溶岩**という。急冷によって表面はガラス質の殻となる。

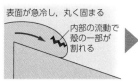
表面が急冷し、丸く固まる
内部の流動で殻の一部が割れる

上にも重なる
内部の溶岩が外に流れ出すこれをくり返す

溶岩が水中に噴出すると急冷され、破砕してガラス質岩片の集合体となる。この集合体を**ハイアロクラスタイト**という。

4 火山ガス ^{基礎}

火山ガスは、マグマ中の揮発性成分が圧力の低下などに伴って発泡したものである。その主な成分は、水蒸気H_2Oであり、二酸化炭素CO_2や二酸化硫黄SO_2なども含まれる。

恵山(北海道)

個々の火山や噴出場所、温度によって成分や濃度は異なるが、一般に、火山ガスの主成分は**水蒸気**H_2Oであり、90%程度を占める。

高温(>600℃)の火山ガス：HF、HCl、SO_2、H_2、COなどが多く含まれる。
低温(<600℃)の火山ガス：H_2S、CO_2、N_2などが多く含まれる。

スルツェイ火山の例

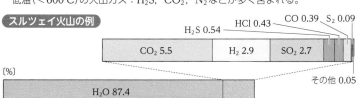

| | | | | HCl 0.43 | CO 0.39 | S_2 0.09 |
| CO_2 5.5 | H_2 2.9 | SO_2 2.7 | | | | |

H_2S 0.54

[%]

| H_2O 87.4 | |

その他 0.05

TOPIC ^{トピック} 火山の恩恵

火山活動はさまざまな被害をもたらす一方で、美しい景色をつくりだし、農業に適した良質な土壌や、鉱物資源(鉱床、▶ p.198)をもたらす。また、火山周辺の温泉や地熱発電(▶ p.196)は、火山体の地下にあるマグマの熱によるものである。火山は豊かな恵みをもたらしている。

温泉は、地下水が循環しながら地熱に熱せられ、岩盤の成分を溶かし込んでいるものがほとんどである。マグマ中の水に由来するものや、それらが混じっているものもある。水温が低い場合であっても、溶解している成分によっては、法律上、温泉とされる。

浅間山(上)と、その麓にある天狗温泉の鉄分を含んでいる湯(左)

豆知識 アア溶岩の「アア(aa)」はハワイ語で「でこぼこした」という意味である。また、「パホイホイ(パホエホエ、pahoehoe)」は、同じくハワイ語で、「なめらか」を意味する。これらは、溶岩の名前として国際的に通用する言葉となっている。

1 火成岩の形成と産状 基礎

マグマが冷却し，固結してできた岩石を火成岩という。急速に冷えて固まった火山岩と，ゆっくり冷えて固まった深成岩とに区分される。その産状や形成過程はさまざまである。

火成岩の分類

火成岩
- **火山岩**
  マグマが地表や地下浅部で急速に冷却されてできた岩石
  玄武岩，安山岩，流紋岩など
- **深成岩**
  マグマが地下深部でゆっくりと冷却されてできた岩石
  斑れい岩，閃緑岩，花こう岩など

○地下浅部に貫入した岩脈や岩床を構成する火山岩を半深成岩と区分することもある。半深成岩には，苦鉄質のドレライト，中間質のひん岩，ケイ長質の石英斑岩などがある。

○黒曜岩（黒曜石）は，火山岩の一種である。流紋岩質溶岩が噴出し，急冷したもので，ほぼガラス（非結晶）からなる。

黒曜石

地表

火山活動によって，さまざまな火山地形が形成される（» p.49）。火山の噴火様式や火山地形，火山を構成する火山岩の種類は，マグマの性質によって決まる（» p.54）。水中に噴出した溶岩は枕状溶岩やハイアロクラスタイト（» p.51）となる。

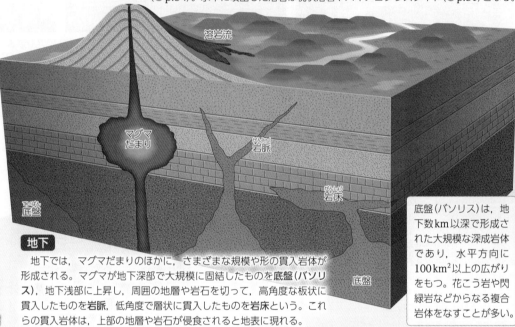

溶岩流
マグマだまり
岩脈
岩床
底盤
底盤

地下

地下では，マグマだまりのほかに，さまざまな規模や形の貫入岩体が形成される。マグマが地下深部で大規模に固結したものを**底盤（バソリス）**，地下浅部に上昇し，周囲の地層や岩石を切って，高角度な板状に貫入したものを**岩脈**，低角度で層状に貫入したものを**岩床**という。これらの貫入岩体は，上部の地層や岩石が侵食されると地表に現れる。

底盤（バソリス）は，地下数km以深で形成された大規模な深成岩体であり，水平方向に$100km^2$以上の広がりをもつ。花こう岩や閃緑岩などからなる複合岩体をなすことが多い。

岩脈

橋杭岩（和歌山県）

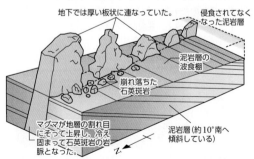
地下では厚い板状に連なっていた。
侵食されてなくなった泥岩層
泥岩層の波食棚
崩れ落ちた石英斑岩
マグマが地層の割れ目にそって上昇し，冷え固まって石英斑岩の岩脈となった。
泥岩層（約10°南へ傾斜している）

泥岩層に石英斑岩の岩脈が板状に貫入し，硬い岩脈部が侵食をまぬがれて残り，地面から突き出している。所々が崩れることで，橋の杭のような状態になっている。

佐渡島（新潟県）

岩床

新城市（愛知県）

写真上部の砂岩泥岩互層の層理面と平行に安山岩（写真下半分）が貫入し，貫入面に垂直な向きに柱状節理が発達している。

捕獲岩

火成岩が周囲の岩石を取り込んだものを，**捕獲岩**（ゼノリス）という。写真の標本では，玄武岩中に，マントル構成物質のかんらん岩が捕獲されている。

玄武岩
かんらん岩

豆知識 マグマの貫入で岩脈や岩床が形成される際，周囲と接する貫入岩体の縁の部分は，内部よりも急冷されることによって，細粒やガラス質になることがある。この部分を，急冷周縁相という。

節理

　火成岩が，冷却・固結時に体積が収縮するためにできる割れ目を**節理**という。貫入岩体の場合，節理は貫入面（最初に固化し始める冷却面）に対して垂直方向に形成されることが多い。割れ方には，柱状，板状，方状，放射状があり，断層のようなずれは見られない。

　節理は地殻変動によっても形成される。

放射状節理

枕状溶岩では，水中で冷やされた表面に対して垂直な放射状の節理ができる。

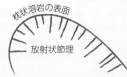
枕状溶岩の表面
放射状節理

柱状節理
玄武岩の柱状節理（兵庫県：玄武洞）

柱状節理の断面（兵庫県：白虎洞）

枕状溶岩の放射状節理（千葉県鴨川市）

板状節理
安山岩の板状節理（長野県乗鞍岳）

方状節理
花こう岩の方状節理（長野県：寝覚めの床）

2　火成岩の組織 [基礎]

火成岩の組織は冷え方によって変わる。地下深部ではゆっくりと冷やされて粗粒に，地表では急激に冷やされて全体的に細粒になる。

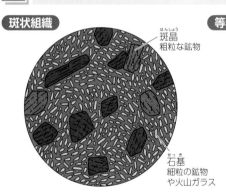
斑状組織
斑晶
粗粒な鉱物
石基
細粒の鉱物
や火山ガラス

　火山岩に多く見られる組織。マグマが地表や地表近くの地下浅部で急速に冷却されてできる。**斑晶**は，地下深部ですでに晶出していた鉱物。**石基**は，急冷によって成長できなかった部分で，細粒の鉱物や火山ガラスからなる。

等粒状組織

　深成岩に多く見られる組織。マグマが地下深部でゆっくりと冷却されてできる。早い段階で晶出したものは自形を示し，あとから結晶化したものが周りを埋める。全体がほぼ同じような大きさの鉱物からなる。

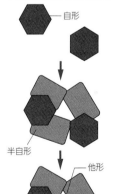
鉱物の晶出順序の推定
自形
半自形
他形

早期に晶出したものは自由に成長し，**自形**（鉱物本来の結晶の形）となる。

あとから晶出したものは，すでに晶出している鉱物の隙間を埋める形となる。
自形と他形の中間を半自形といい，結晶本来の面が一部だけ発達した形となる。

晩期に晶出したものは，**他形**（本来の結晶の形とは異なる不規則な形）となる。

TOPIC　火成岩の形成条件を測定する

▶花こう岩中の石英粒子に含まれている流体包有物

　火成岩を構成する鉱物中には，結晶が形成される際に取り込んだ液体や気体（H_2Oなど）が泡のように入っていることがあり，これを流体包有物という。岩石を温めたり，冷やしたりして，この流体包有物が何℃で状態変化するのかを調べると，その流体が取り込まれた温度，すなわち，その鉱物が形成された温度を測定することができる。

　また，流体包有物は，火成岩体の形成時に，周りからかかっている力（応力）によって規則的に配列することもあり，その向きを調べると，過去の応力の向き（プレートの運動方向など）を復元し，推定することもできる。

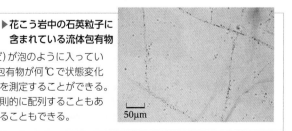
50μm

豆知識　火成岩は，マグマの冷却速度によって組織が異なる。冷却速度は状況によってさまざまであるが，深成岩形成時は，100℃冷えるのに，およそ100万年単位の時間がかかるとされている。

1 火成岩の分類 基礎

西村・松里(1991)とLe Maitre(1976)をもとに編図。

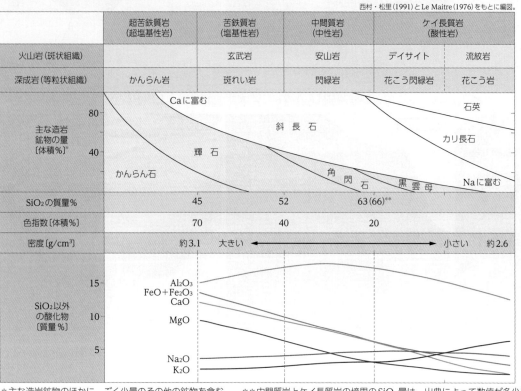

	超苦鉄質岩 (超塩基性岩)	苦鉄質岩 (塩基性岩)	中間質岩 (中性岩)	ケイ長質岩 (酸性岩)	
火山岩 (斑状組織)		玄武岩	安山岩	デイサイト	流紋岩
深成岩 (等粒状組織)	かんらん岩	斑れい岩	閃緑岩	花こう閃緑岩	花こう岩
主な造岩鉱物の量 [体積%]*					
SiO₂の質量%	45	52	63 (66)**		
色指数 [体積%]	70	40	20		
密度 [g/cm³]	約3.1 大きい ← → 小さい 約2.6				
SiO₂以外の酸化物 [質量%]					

（図中）Caに富む／石英／斜長石／カリ長石／輝石／かんらん石／角閃石／黒雲母／Naに富む

（下部グラフ）Al_2O_3　$FeO+Fe_2O_3$　CaO　MgO　Na_2O　K_2O

＊主な造岩鉱物のほかに，ごく少量のその他の鉱物を含む。　＊＊中間質岩とケイ長質岩の境界のSiO₂量は，出典によって数値が多少異なる。

火成岩の化学組成や組織は，連続的に変化するため，同じ岩石であっても，その組成や組織には幅がある。また，含有鉱物の種類や割合も，マグマの化学組成や火成岩形成時の条件によってさまざまである。そのため，左図に示されていない鉱物が，共存している火成岩も見られる。

超苦鉄質・苦鉄質・中間質・ケイ長質は，火成岩に含まれる鉱物に苦鉄質鉱物（有色鉱物）が多いか，ケイ長質鉱物（無色鉱物）が多いかにもとづく分類である。

一方，超塩基性・塩基性・中性・酸性は，SiO₂の質量％にもとづく分類である。いずれも火成岩の化学組成に関係する分類であり，ほぼ同じものとされている。ただし，現在は，あまり用いられていない。

TOPIC **炭酸塩マグマの火山**

地球上のほとんどの火山は，ケイ酸塩を主成分とするマグマに由来するが，SiO₂をほとんど含まず，炭酸塩を主成分とする特殊なマグマも存在する。

タンザニアにあるオルドイニョ・レンガイ火山は，炭酸塩マグマ（カーボナタイトマグマ）を噴出する世界で唯一の活火山である。この炭酸塩マグマも，マントルを起源として発生すると考えられている。

3cm カーボナタイト

オルドイニョ・レンガイ火山（タンザニア）

色指数

岩石に含まれる有色鉱物の量を，体積％で表したものを色指数（いろしすう）という。実際には，岩石の薄片を偏光顕微鏡で観察して求められる。

超苦鉄質岩 (75%)	苦鉄質岩 (50%)	中間質岩 (30%)	ケイ長質岩 (10%)

＜色指数の測定（簡便法）＞
①研磨した火成岩の表面に，方眼を書いたトレーシングペーパーを重ねる（右図）。
②交点の下にある有色鉱物を数える。
③全交点に対する有色鉱物の割合を求める。

$$色指数 = \frac{有色鉱物の交点数}{全交点数} \times 100$$

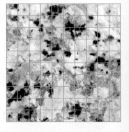

火成岩の分類と色指数

色指数にもとづく火成岩の分類は，造岩鉱物の種類や割合にもとづく分類や，化学組成にもとづく分類と対応する場合が多い。しかし，火山ガラスに富む火山岩や色指数の小さい斑れい岩のように，色指数や岩石の色調が化学組成を反映しない例も知られている。大学などの研究機関における火成岩の分類は，XRF（◎p.55）などを用いて全岩化学組成を測定し，SiO₂の質量％にもとづいて行われる。

豆知識 月の高地を構成する斜長岩（◎p.128）は，ほとんど斜長石からなり色指数は小さいが，含まれる斜長石の成分から，斑れい岩の仲間に分類される。月の斜長岩は，月形成時のマグマオーシャンの状態で，密度が小さいために浮かび上がった斜長石が集まってできたと考えられている。

2 火成岩の化学組成 [基礎]

火成岩中の鉱物は，主にケイ酸塩鉱物である。その主な構成元素は，Si・Ti・Al・Fe・Mn・Mg・Ca・Na・K・Pである。火成岩の化学組成は，通常，これらの各元素を酸化物の形で表す。最も多いのはSiO_2で，そのほかの成分は，SiO_2の量の変化に応じて変わる。同じ名称の火成岩であっても，化学組成には幅がある。

下表は，火成岩の平均化学組成である(単位は質量%)。

(Le Maitre, 1976)

	玄武岩	斑れい岩	安山岩	閃緑岩	デイサイト	花こう閃緑岩	流紋岩	花こう岩
SiO_2	49.20	50.14	57.94	57.48	65.01	66.09	72.82	71.30
TiO_2	1.84	1.12	0.87	0.95	0.58	0.54	0.28	0.31
Al_2O_3	15.74	15.48	17.02	16.67	15.91	15.73	13.27	14.32
Fe_2O_3	3.79	3.01	3.27	2.50	2.43	1.38	1.48	1.21
FeO	7.13	7.62	4.04	4.92	2.30	2.73	1.11	1.64
MnO	0.20	0.12	0.14	0.12	0.09	0.08	0.06	0.05
MgO	6.73	7.59	3.33	3.71	1.78	1.74	0.39	0.71
CaO	9.47	9.58	6.79	6.58	4.32	3.83	1.14	1.84
Na_2O	2.91	2.39	3.48	3.54	3.79	3.75	3.55	3.68
K_2O	1.10	0.93	1.62	1.76	2.17	2.73	4.30	4.07
P_2O_5	0.35	0.24	0.21	0.29	0.15	0.18	0.07	0.12

PROGRESS 岩石の化学組成を測定する

岩石を溶かしてつくったガラス試料にX線を照射すると，試料に含まれる原子の内殻電子が励起される。この電子が，エネルギーの低い電子殻に遷移すると，そのエネルギー差が蛍光X線として放射される。放射される蛍光X線は，それぞれの元素に固有の波長を示し，それらを検出することで岩石の化学組成を測定することができる。これを，蛍光X線分析(X-ray Fluorescence Analysis：通称XRF)という。

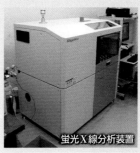

▲左：かんらん岩試料
右：花こう岩試料
(直径3cm程度)

蛍光X線分析装置

3 マグマの組成変化

さまざまな種類の火成岩が形成されるのは，マグマの化学組成に違いができるためである。化学組成を変化させる作用には，いくつかの種類がある。

結晶分化作用

かんらん岩
部分溶融 →

玄武岩質マグマ
→ 安山岩質マグマ
→ デイサイト質マグマ
→ 流紋岩質マグマ

玄武岩 斑れい岩
安山岩 閃緑岩
デイサイト 花こう閃緑岩
流紋岩 花こう岩

残ったマグマ
結晶が晶出した部分

高温(1200℃前後) ← マグマの温度 → 低温(600℃前後)

*マグマの量比は実際とは異なる。

それぞれの結晶ができる温度範囲

有色鉱物
かんらん石
輝石
角閃石
黒雲母

無色鉱物
(Caに富む) 斜長石 (Naに富む)
石英
カリ長石

マグマは，冷却に伴って，融点の高い鉱物から順に晶出し，マグマだまりの底に沈積していく。FeやMg，Caの割合は，晶出する結晶中の方が，残ったマグマ中よりも多くなるため，結晶ができるにつれて，残ったマグマの化学組成が変化する(Fe，Mg，Caに乏しくなる)。

このように，あるマグマから，化学組成がさまざまに異なるマグマができることを**マグマの分化**という。また，結晶の晶出によって，本源マグマから化学組成の異なるさまざまなマグマができることを，**結晶分化作用**という。結晶分化作用の進行によって，マグマはSi，Na，Kに富むようになる。

同化作用

マグマが上昇時に周囲の岩石を取り込んで吸収し，化学組成が変化する作用。たとえば，玄武岩質マグマが地殻の物質を取り込みながら上昇し，安山岩質マグマや流紋岩質マグマができる。

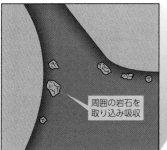

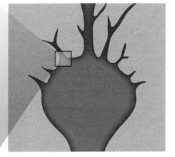
周囲の岩石を取り込み吸収

マグマ混合

化学組成の異なる2種類のマグマが混合し，中間的な化学組成のマグマを生成する作用。たとえば，玄武岩質マグマと流紋岩質マグマが混合して，安山岩質マグマなどができる。

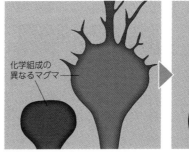

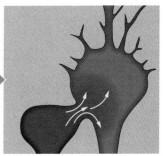
化学組成の異なるマグマ

豆知識 花こう岩の分布量から見て，すべての花こう岩が玄武岩質マグマの結晶分化作用からできたとは考えにくい。水の供給によって融点の下がった下部地殻の部分溶融によっても，花こう岩質マグマができると考えられる。花こう岩は，水惑星である地球に特徴的な岩石といえる。

超苦鉄質岩(超塩基性岩, SiO₂の質量%:～45%)

苦鉄質岩(塩基性岩, SiO₂の質量%:45～52%)

火山岩(斑状組織)

+α 超苦鉄質の火山岩

現在の地球で,上部マントルの部分溶融によって発生するのは,玄武岩質(苦鉄質)マグマであり,超苦鉄質の火山岩は形成されない。しかし,太古代には,コマチアイトという,化学組成がかんらん岩に近い,超苦鉄質の火山岩が形成されていた。コマチアイト質マグマの発生温度は,玄武岩質マグマよりも高い。これは,かつてのマントルが,今よりも高温であったことの証拠である。

高温のマグマの急冷時に,かんらん石の結晶が細長く成長した組織が特徴である。

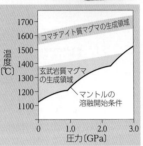

玄武岩 basalt

和名は,兵庫県の玄武洞(≫p.53)に由来する。

主に斜長石と輝石からなり,細粒で緻密。斑晶として,かんらん石,輝石,斜長石が見られる。火山岩の中で最も多く,広く世界的に分布する。

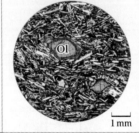

三原山(東京都)

深成岩(等粒状組織)

かんらん岩 peridotite

和名は,カンランという植物の実の色に似ていることに由来する。

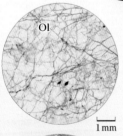

主にかんらん石と輝石からなり,斜長石を含むこともある。上部マントルの構成岩石である。

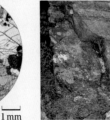

アポイ岳(北海道)

斑れい岩 gabbro

和名の糲は,黒米(玄米)を意味する。

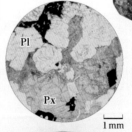

主にCaに富む斜長石と輝石からなり,かんらん石や角閃石を含むこともある。苦鉄質鉱物の割合が10%以下のものは斜長岩という。

室戸岬(高知県)

豆知識 かんらん岩が水と反応して変化すると,蛇に似た模様の蛇紋岩という岩石になる。蛇紋岩は,特徴的な外観から石材としても利用されている。また,植物の生理現象に悪影響を及ぼすマグネシウムが多量に含まれるため,蛇紋岩地帯は固有の植物相となっている。

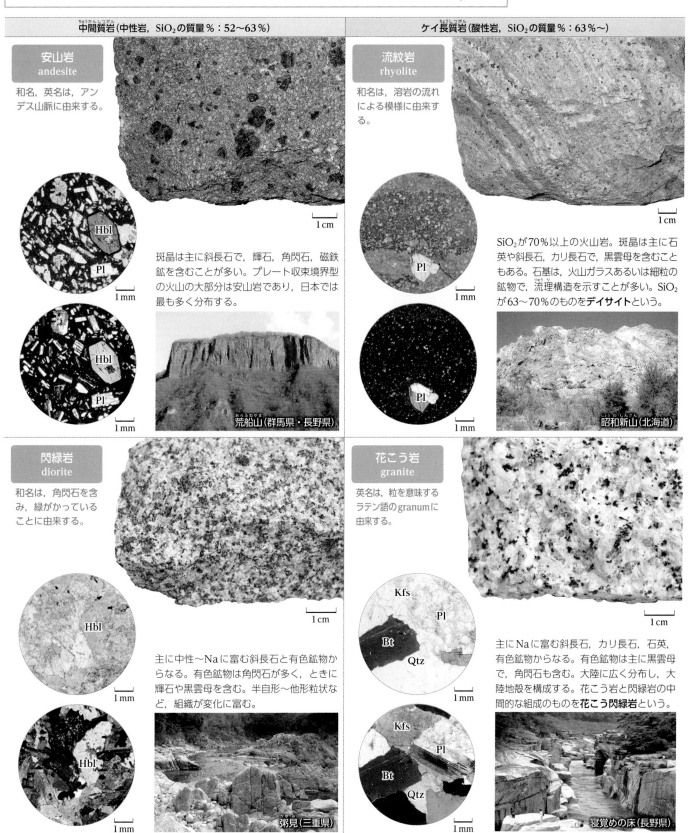

中間質岩（中性岩，SiO₂の質量%：52～63%）

安山岩 andesite

和名，英名は，アンデス山脈に由来する。

Hbl
Pl
1 mm

Hbl
Pl
1 mm

斑晶は主に斜長石で，輝石，角閃石，磁鉄鉱を含むことが多い。プレート収束境界型の火山の大部分は安山岩であり，日本では最も多く分布する。

荒船山（群馬県・長野県）

1 cm

閃緑岩 diorite

和名は，角閃石を含み，緑がかっていることに由来する。

Hbl
1 mm

Hbl
1 mm

主に中性～Naに富む斜長石と有色鉱物からなる。有色鉱物は角閃石が多く，ときに輝石や黒雲母を含む。半自形～他形粒状など，組織が変化に富む。

粥見（三重県）

1 cm

ケイ長質岩（酸性岩，SiO₂の質量%：63%～）

流紋岩 rhyolite

和名は，溶岩の流れによる模様に由来する。

Pl
1 mm

Pl
1 mm

SiO_2が70%以上の火山岩。斑晶は主に石英や斜長石，カリ長石で，黒雲母を含むこともある。石基は，火山ガラスあるいは細粒の鉱物で，流理構造を示すことが多い。SiO_2が63～70%のものを**デイサイト**という。

昭和新山（北海道）

1 cm

花こう岩 granite

英名は，粒を意味するラテン語のgranumに由来する。

Kfs
Pl
Bt
Qtz
1 mm

Kfs
Pl
Bt
Qtz
1 mm

主にNaに富む斜長石，カリ長石，石英，有色鉱物からなる。有色鉱物は主に黒雲母で，角閃石も含む。大陸に広く分布し，大陸地殻を構成する。花こう岩と閃緑岩の中間的な組成のものを**花こう閃緑岩**という。

寝覚めの床（長野県）

1 cm

豆知識 花こう岩という和名は，中国の地名に由来するという説や，美麗な模様からつけられたという説がある。花は「模様」，崗は「おか，陸地」という意味がある。

1 主要な造岩鉱物 基礎　多くの鉱物が知られているが，大半の岩石は，ごく一部の鉱物によって構成されている。 巻末9

岩石を構成する鉱物を**造岩鉱物**という。火成岩の主要な造岩鉱物は，石英，カリ長石，斜長石，黒雲母，角閃石，輝石，かんらん石であり，地殻の約80％を占める。これら7種の造岩鉱物は，いずれも**ケイ酸塩鉱物**とよばれるグループに属し，ケイ素原子の周りに酸素原子が四面体状に配列した構造(正四面体*構造)をもつ。

かんらん石，輝石，角閃石，黒雲母は，鉄やマグネシウムを含むため濃い色(黒っぽい色)をしており，**有色鉱物**もしくは**苦鉄質鉱物**とよばれる。斜長石，カリ長石，石英は鉄やマグネシウムを含まず，薄い色(無色や白っぽい色)をしており，**無色鉱物**もしくは**ケイ長質鉱物**とよばれる。

*SiO₄四面体ともいう。

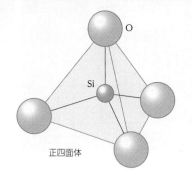
正四面体

四面体の略図

上から見た図

下から見た図

主要なケイ酸塩鉱物

有色鉱物(苦鉄質鉱物)

かんらん石 olivine

5mm

●特徴
Mg_2SiO_4とFe_2SiO_4の固溶体。ガラス光沢のある粒状の結晶として産する。Mgに富むかんらん石は，苦鉄質および超苦鉄質火成岩の典型的な構成鉱物である。

●結晶構造
正四面体が独立して存在し，その間に$[SiO_4]^{4-}$の負の電荷を電気的に中和できるだけのMgやFeの陽イオンが入り込んでいる。

化学組成：$(Mg,Fe)_2SiO_4$
色：オリーブ色(Mgに富むもの)
　　褐色～黒色(Feに富むもの)
密度：3.2～4.4
結晶の形：粒状

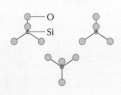
結晶の理想形

輝石 pyroxene

5mm

●特徴
$MgSiO_3$，$FeSiO_3$，$CaSiO_3$の3成分の固溶体で，種類が多く，Na，Al，Tiを含む場合もある。短柱状結晶。普通輝石は火成岩中で最も一般的な有色鉱物で，特に苦鉄質岩中に多い。

●結晶構造
正四面体の2個のOが隣の四面体と共有され，一重の鎖状に連結した骨組みをもつ。この鎖が互いに金属原子によって結合されている。

化学組成：$(Ca,Mg,Fe)_2Si_2O_6$
色：淡緑色～黒色
密度：3.0～4.0
結晶の形：短い柱状

結晶の理想形

無色鉱物(ケイ長質鉱物)

斜長石 plagioclase

1cm

化学組成：$NaAlSi_3O_8$(曹長石)
　　　　　$CaAl_2Si_2O_8$(灰長石)
色：白色，灰色
密度：2.6～2.8
結晶の形：柱状

結晶の理想形

●特徴
$NaAlSi_3O_8$(曹長石)と$CaAl_2Si_2O_8$(灰長石)の固溶体。火成岩，変成岩，堆積岩の中に広く産する。Naに富むものはケイ長質の火成岩や低温型変成岩に，Caに富むものは苦鉄質の火成岩や高温型変成岩に含まれることが多い。

●結晶構造
正四面体の4個のOがすべて隣接の正四面体によって共有され，立体的な網目構造となっている。

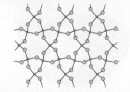

カリ長石 potassium feldspar

1cm

化学組成：$KAlSi_3O_8$
色：白色，クリーム色，桃色
密度：2.6
結晶の形：四角柱状

結晶の理想形

●特徴
$KAlSi_3O_8$と$NaAlSi_3O_8$の固溶体(天然のカリ長石では，Kの一部がふつうNaに置き換えられている)。一般に，火成岩中のカリ長石は大部分が正長石や微斜長石からなり，主に花こう岩やペグマタイト中から産する。

●結晶構造
正四面体の4個のOがすべて隣接の正四面体によって共有され，立体的な網目構造となっている。

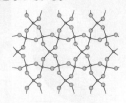

豆知識　アスベスト(石綿)は，蛇紋石や角閃石が繊維状になったものの総称である。耐火性に優れていることから建造物などにも使用されてきたが，大量に吸い込むと，人体に悪影響を及ぼすことが判明したため，使用禁止となった。

2 固溶体

2種類以上の成分が，互いにさまざまな割合で均一に溶け合っているような鉱物を固溶体(固溶体鉱物)という。主要な造岩鉱物のうち，石英以外の鉱物は固溶体である。

固溶体を構成するそれぞれの純粋な化学成分を端成分という。

たとえば，かんらん石は，苦土かんらん石(Mg_2SiO_4)と鉄かんらん石(Fe_2SiO_4)を端成分とする固溶体であるが，どちらも同じ配列のSiO_4四面体のすき間に，MgもしくはFeが四面体の2倍の数含まれている。天然に産出するかんらん石は，イオンの数は端成分と同じでも，MgとFeの両方がさまざまな割合で含まれており，これらを合わせて$(Mg,Fe)_2SiO_4$と記される。すなわち，かんらん石のような固溶体は，決まった結晶構造の中で，一部の金属イオンの含まれる割合に幅がある。固溶体における金属イオンの割合は，温度や圧力に依存する場合が多い。

固溶体で入れ替わることができるのは，Mg^{2+}とFe^{2+}のように，電荷が等しく，大きさが近いイオンである。輝石は，Mg^{2+}とFe^{2+}に加え，Ca^{2+}も入れ替わる3成分の固溶体である。また，斜長石は，Na・SiとCa・Alの組み合わせで入れ替わる固溶体である。

かんらん石の場合

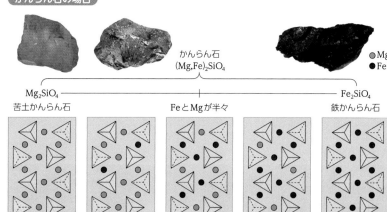

かんらん石 $(Mg,Fe)_2SiO_4$

● Mg
● Fe

| Mg_2SiO_4 | | | | Fe_2SiO_4 |
| 苦土かんらん石 | | FeとMgが半々 | | 鉄かんらん石 |

マグネシウム，鉄の割合は，それぞれ0〜100％の範囲にある。どちらが多く含まれているかによって，苦土かんらん石と鉄かんらん石のいずれかに分類される。

角閃石 amphibole

5mm

化学組成：
$Ca_2(Mg,Fe)_4Al(AlSi_7O_{22})(OH)_2$
色：濃緑色〜濃褐色
密度：2.9〜3.6
結晶の形：長柱状

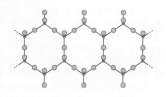
結晶の理想形

●特徴
SiとOの骨組み以外に入り込んでいる元素の種類が多く，化学組成の複雑な多数の種類が存在する。火成岩や変成岩に普遍的に現れる。輝石とともに最も一般的な有色鉱物である。

●結晶構造
輝石と同様に正四面体が鎖状に連結した骨組みをもつが，輝石とは異なり，二重の鎖状構造で，内側のSiは3個のOを共有する。

黒雲母 biotite

1cm

化学組成：
$K_2(Fe,Mg)_6(Al_2Si_6)O_{20}(OH)_4$
色：暗褐色〜暗緑色
密度：2.7〜3.3
結晶の形：
六角板状，鱗片状

結晶の理想形

●特徴
複雑な化学組成をもつ4つの端成分からなる固溶体で，Mgに富む色の薄い金雲母と，Feに富む色の濃い黒雲母とに二分される。中間質〜ケイ長質の火成岩に産し，変成岩の指標鉱物にもなる。

●結晶構造
正四面体の3個のOが互いに共有され，平面的に広がった層状(平面網目状)構造が骨組みである。層の平面内の原子の結合力に比べて，層と層の間の結合力が弱いため，層に平行なへき開**をもつ。

石英 quartz

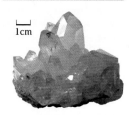

1cm

化学組成：SiO_2
色：無色
密度：2.65
結晶の形：
六角柱状

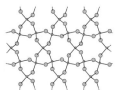
結晶の理想形

●特徴
SiO_2のほぼ純粋な組成をもつ。無色透明で，常温・常圧で最も安定な鉱物であり，普遍的に産出する。火成岩では，マグマ活動の後半から出現し，ほかの結晶粒を埋めるように結晶するため，他形をなすことが多い。ペグマタイトの中では，大きな六角柱状の結晶面を生じることがあり，水晶とよばれる。

●結晶構造
正四面体の4個のOがすべて隣接する正四面体によって共有された立体的な網目構造で，SiとO以外の元素をほとんど含まない。

** 原子間の結合力の違いによって，一定の方向に割れやすい性質(» p.61)。

整理 主要な造岩鉱物

鉱物名	結晶構造	Si, O以外に含まれる主な元素		
かんらん石	独立	Mg, Fe	有色鉱物	(苦鉄質鉱物)
輝石	一重鎖	Mg, Fe, Ca		
角閃石	二重鎖	Mg, Fe, Ca, Al		
黒雲母	層状(平面網目状)	Mg, Fe, K, Al		
斜長石	立体網状	Al, Na, Ca	無色鉱物	(ケイ長質鉱物)
カリ長石	立体網目状	Al, K		
石英	立体網目状	なし		

(左端：ケイ酸塩鉱物)

豆知識　石英のうち，六角柱状の結晶面をもつものを水晶という。紫水晶(アメジスト)や黒色の煙水晶は固溶体ではなく，微量の元素や格子欠陥によって色が変化したものである。また，石英(quartz)はクオーツ時計として，時計の部品にも利用されている。

1 鉱物の種類 基礎

鉱物は、化学組成によって大別され、さらに、結晶構造によって細かく区分される。その種類は5000種以上に及んでいる。

鉱物の定義

● 天然の物質のうち、無機質の固体物質。
● 一定の化学組成をもち、原子が規則正しく周期的に配列している(結晶)。

結晶ではない(非晶質)オパールや、天然で液体である水銀も、例外的に鉱物とされている。

鉱物の分類

鉱物は、化学組成(構成原子の種類と構成比)と結晶構造(原子配列)によって分類される。化学組成による分類には、元素鉱物、硫化鉱物、酸化鉱物、ケイ酸塩鉱物などがある。造岩鉱物の大部分は、ケイ酸塩鉱物である(» p.58)。

元素鉱物 (他の元素と化合せず産出)

自然硫黄 S 硬度2

火山ガス中の成分が晶出。
1cm

自然金 Au
硬度2.5～3
1cm

酸化鉱物 (酸素とほかの元素からなる)

コランダム
(鋼玉)
Al_2O_3
硬度9
1cm

磁鉄鉱 Fe_3O_4
硬度
5.5～6.5

磁性を帯びている。岩石から分離した細かい結晶が砂鉄である。
1cm

硫化鉱物 (硫黄と他の元素からなる)

黄鉄鉱 FeS_2 硬度6

見た目は金に似ているが、条痕色は黒。
2cm

輝安鉱 Sb_2S_3 硬度2

日本産の大型結晶が世界的に有名。
2cm

ケイ酸塩鉱物 (SiO_4四面体を構造の基本とする)

滑石 $Mg_3Si_4O_{10}(OH)_2$
硬度1
1cm

ザクロ石
$(Fe,Ca)_3(Al,Fe)_2(SiO_4)_3$
硬度7～7.5
1cm

トパーズ(黄玉)
$Al_2SiO_4(F,OH)_2$
硬度8
1cm

ハロゲン化鉱物 (Cl、Fなどのハロゲン元素を含む)

蛍石 CaF_2
硬度4
1cm

岩塩 NaCl
硬度2
2cm

右は紫外線にあたって、蛍光を示したもの。

硫酸塩鉱物
(硫酸イオンSO_4^{2-}を含む)
石膏 $CaSO_4 \cdot 2H_2O$
硬度2
2cm

炭酸塩鉱物
(炭酸イオンCO_3^{2-}を含む)
方解石 $CaCO_3$ 硬度3
方解石
1cm

リン酸塩鉱物
(リン酸イオンPO_4^{3-}を含む)
燐灰石
$Ca_5(PO_4)_3(F,Cl,OH)$ 硬度5
1cm

TOPIC 宝石

宝飾品として利用される岩石や鉱物の中で、特に価値の高いものを宝石という。宝石には、美しさ・希少性・耐久性などが求められる。同じ鉱物が、色の違いで異なる宝石となる場合もある。たとえば、ルビーとサファイアは、いずれもコランダムとよばれる鉱物である(微量のCrを含むと赤くなり、Feを含むと青くなる)。同様に、エメラルドとアクアマリンは、いずれも緑柱石(ベリル)とよばれる鉱物である。このほか、かんらん石をペリドットとよぶなど、鉱物名以外に宝石としての名称をもつ場合もある。

アメリカでは、1958年に、各月にあてはめられた宝石が誕生石として発表された。日本の誕生石は、アメリカで制定されたものをもとにしている。2021年12月には、約60年ぶりに10種類の誕生石が追加され、現在は29種が定められている。

誕生石 7月
ルビー
2mm

誕生石 9月
サファイア
1mm

誕生石 5月
エメラルド
5mm

誕生石 3月
アクアマリン
1cm

豆知識　蛍石の和名は、加熱したり紫外線をあてたりすると光を発することに由来する。蛍光現象が初めて観察された鉱物であり、蛍光(fluorescence)という名称は、蛍石(fluorite)から名付けられた。光る程度はさまざまで、紫外線を照射しても光らないものもある。

2 鉱物の性質 基礎

鉱物は，その種類によって，硬度，形や色，光沢，密度，割れ方などの性質が異なる。そのため，それらの性質をもとに鉱物を鑑定することができる。

硬度

原子配列や結合の強弱などに関する性質を**硬度**という。一般には，2種類の鉱物をひっかき合わせて双方の鉱物の強弱を比較する**モース硬度**が用いられる。ひっかき合わせた鉱物のうち，傷がついた方の硬度が小さいとする。

硬度は，表の10種の基準鉱物に対応させた数値で示され，値の大きいものほど硬い。硬度の大小を相対的に示したものであるため，比例関係などはない。なお，基準鉱物の間の硬度は，小数第一位を5と表記する。

硬度	基準鉱物	身近な例
1	滑石	
2	石膏	2.5爪
3	方解石	3銅貨
4	蛍石	
5	燐灰石	4.5鉄釘
6	カリ長石	5.5ガラス / 6
7	石英	ナイフ / 6.5
8	トパーズ	
9	コランダム	
10	ダイヤモンド	

形

鉱物本来の形は，原子配列によって決まる。実際の鉱物は，不規則な外形をしていることが多いが，これは生成条件や化学組成などの違いによるものである。

色

鉱物の色は，可視光の透過や反射によって異なり，ごく微量の元素の吸収で変わってしまうこともある。鉱物本来の色は，素焼きの板（陶板）にこすりつけた時の色（**条痕色**）で確認できる。

光沢

物質の表面が光を受けたときの輝き方を光沢という。鉱物の光沢は，反射率，屈折率，透明度，表面の状態などで決まる。造岩鉱物の大部分はガラス光沢である。

割れ方

原子間の結合力の違いによって，一定の方向に割れやすい性質を**へき開**といい，割れた面を**へき開面**という。簡単にきれいな平面に割れる場合を完全なへき開という。結晶構造の違いを反映するため，鉱物鑑定の手がかりとなる。

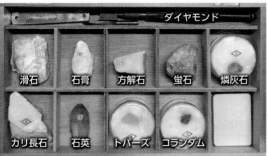

モース硬度計

蛍石 / 磁鉄鉱

条痕色

方解石の割れ方

3 偏光顕微鏡 基礎

岩石の顕微鏡観察には，偏光顕微鏡が用いられる。偏光板（ニコル）を利用することによって，鉱物の光学的性質から鉱物を識別したり，岩石の組織を詳細に観察したりすることができる。

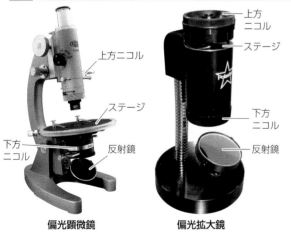

偏光顕微鏡 / 偏光拡大鏡

上方ニコル / ステージ / 下方ニコル / 反射鏡

偏光顕微鏡の特徴は，上下に**偏光板**（ニコル）があることであり，上方と下方のニコルの振動方向が，直交するように調整して使用する。

上方ニコルは外すことができ，下方ニコルだけを通過した光で観察することを**開放ニコル**（オープンニコル），上方ニコルを入れて観察することを**直交ニコル**（クロスニコル）という。

偏光顕微鏡の原理

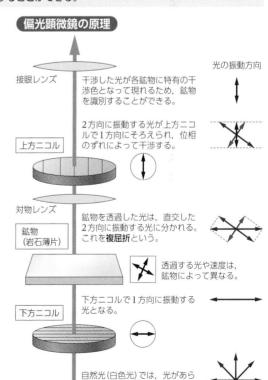

接眼レンズ － 干渉した光が各鉱物に特有の干渉色となって現れるため，鉱物を識別することができる。

上方ニコル － 2方向に振動する光が上方ニコルで1方向にそろえられ，位相のずれによって干渉する。

対物レンズ

鉱物（岩石薄片） － 鉱物を透過した光は，直交した2方向に振動する光に分かれる。これを**複屈折**という。

透過する光や速度は，鉱物によって異なる。

下方ニコルで1方向に振動する光となる。

下方ニコル

自然光（白色光）では，光があらゆる方向に振動している。

光の振動方向

光の透過

偏光板

偏光板を通過した光は，一定の方向にだけ振動する光となる。これを**偏光**という。偏光板を2枚合わせて回転すると以下のようになる。

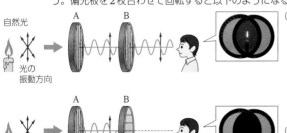

自然光 / 光の振動方向 / A / B

(a) 明るい：AとBの向き（正確には偏光板を通過した光の振動方向）が同じとき，光は通過できる。

(b) 暗い：BをAに対して90°回すと，光はまったく通過できない。

豆知識 方解石を通して紙に書かれた文字を見ると，文字が二重に見える（⊚p.60）。これは，方解石を透過する光が複屈折を起こし，2つに分かれるためである。複屈折は，ほかの透明な鉱物でも見られるが，方解石では特に顕著である。

偏光顕微鏡を用いた観察

岩石や鉱物の中には，肉眼での鑑定が難しいものがある。しかし，岩石の薄片を偏光顕微鏡下で観察すると，鉱物ごとに特有な光学的性質を確認できるだけでなく，岩石組織の詳細な観察も行えるので，鑑定の手段として有力である。

岩石薄片の作製

偏光顕微鏡による岩石の観察では，厚さ0.03mmに研磨した際の，鉱物それぞれの光学的特性（干渉色など）が基準とされるため，均一な厚さの岩石の薄片（プレパラート）を作製する必要がある。

①岩石試料を切断し，チップをつくる。2cm×3cm×5mm程度の大きさ。

チップ

②観察する面を研磨する。研磨剤は，粗いものから順に使用する。

③研磨した面を，接着剤でスライドガラスに貼り付ける。

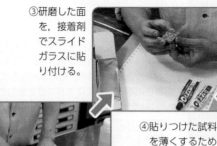

④貼りつけた試料を薄くするために再び研磨し，0.03mmの厚さにする。厚さは干渉色で確かめる。

⑤研磨が終了したら，カバーガラスをかけてラベルを貼り，偏光顕微鏡で観察する。

岩石薄片の観察

開放ニコルによる観察では，鉱物の色や形などを見ることができる。一方，直交ニコルによる観察では，鉱物の干渉色や消光を見ることができる。

開放ニコル（オープンニコル）による観察

形
柱状や方形，多角形など，自形（ p.53）の鉱物を観察することができる。ただし，深成岩に含まれる鉱物の多くは他形を示す。

色
無色鉱物では無色透明，有色鉱物では色づいて見える。また，開放ニコルでステージを回転させると，鉱物の色や濃淡が変化することがある。この現象を**多色性**という。多色性は，鉱物の向きによって，吸収する光の量や波長が異なるため生じる。有色鉱物，とくに黒雲母や角閃石は強い多色性を示す。

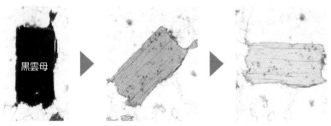
黒雲母

へき開（ p.61）
へき開の方向や強弱は鉱物によって異なり，開放ニコルによる観察からも確認できる。また，鉱物を切断する方向によっては，同じ種類の鉱物でもへき開の見え方は異なる。

黒雲母

56°
角閃石

87°
輝石

各鉱物のへき開線

屈折率
光が鉱物を通過するときに，どのくらい屈折するかという度合い。屈折率が高い鉱物ほど，周囲よりも厚みがあり浮かび上がるように見える。屈折率が低い鉱物では，凹んだように見える。

直交ニコル（クロスニコル）による観察

干渉色
直交ニコルで観察した際に見える鉱物の色。鉱物の複屈折（ p.61）によって生じる。複屈折が小さい無色鉱物は白や灰色を示す。また，複屈折が大きい有色鉱物は黄，赤，青，緑などの鮮やかな色となる。

かんらん岩中のかんらん石　　　結晶質石灰岩中の方解石

消光
ステージを回転させた時に明るさが変化し，鉱物が暗黒になる現象。1回転の間に4回消光する。消光するとき，へき開や鉱物の輪郭の方向と視野の十字線の方向が一致，もしくは直交する場合を**直消光**，一致・直交しない場合を**斜消光**という。火山ガラスや磁鉄鉱など，不透明な鉱物の場合は，常に暗黒である。

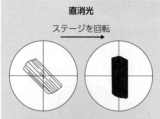
直消光
ステージを回転

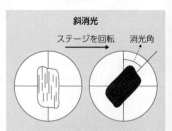
斜消光
ステージを回転　消光角

石英
黒雲母　斜長石

回転

豆知識 岩石の切断は，人工ダイヤモンドを刃先に埋め込んだ金属板（ダイヤモンドブレイド）を回転させ，岩石を削りながら切断する。ダイヤモンドをカットするには，へき開で割る，レーザーで切断する，ダイヤモンドで削るなどの方法がある。

偏光顕微鏡下での主要造岩鉱物の特徴

有色鉱物

		かんらん石	普通輝石	普通角閃石	黒雲母
開放ニコル	形	ころころした紡錘形	短柱状が多い	長柱状が多い	板状だが、長柱状が多い
	色	無色〜淡黄色	無色〜淡緑色	青緑色〜緑色〜褐色	褐色〜緑色
	多色性	なし〜弱い	ほとんどなし〜弱い	強い	非常に強い
	へき開	不明瞭	約90°に交わる 断面によっては1方向だけ	約60°に交わる 断面によっては1方向だけ	1方向 断面によっては見えない
	屈折率	1.64〜1.88	1.66〜1.76	1.61〜1.73	1.57〜1.70
	写真				へき開
直交ニコル	干渉色	赤、青、緑、黄色	青、緑、黄、赤色	赤、青、緑、黄色	さまざま
	消光角	直消光、不明なことが多い	斜消光	斜消光	直消光
	写真	鮮やかな干渉色が見られる。へき開は不明瞭。	ほぼ直交するへき開が見られる。	2方向のへき開が見られる。切り方によって、つぶれた六角形のように見える。	1方向に著しいへき開が見られる。

無色鉱物

		斜長石	カリ長石	石英
開放ニコル	形	長柱〜短柱状	大部分が他形	他形
	色	無色	無色(くもって見えることが多い)	無色
	多色性	なし	なし	なし
	へき開	直交する 断面によっては1方向だけ	直交する 断面によっては1方向だけ	なし
	屈折率	1.53〜1.59	1.52〜1.54	1.54〜1.55
	写真			
直交ニコル	干渉色	灰〜淡黄色	灰〜白色	灰色
	消光角	不明なことが多い	ほぼ直消光、不明なことが多い	波動消光
	写真	ときに火山岩中では、柱状で灰色の結晶として見られる。	表面がくもっており、中に微小な鉱物が含まれることがある。	灰色を呈し、表面がなめらかである。

斜長石には累帯構造や双晶を、石英には波動消光(波状消光)を示すものもある。このような特徴から、鉱物を判別することもできる。

累帯構造

単一の鉱物内において、化学組成の違いによって、中心部と外側とで干渉色が異なること。

双晶

同じ鉱物がある面で接合しているもの。開放ニコルでは1つの鉱物に見えるが、直交ニコルでは干渉色が2つに分かれている。

開放ニコル

直交ニコル

波動消光

単一の鉱物内で、ステージの回転に伴い、消光した部分が波状に移り変わること。

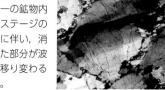

豆知識 岩石薄片を作成する際、カバーガラスを被せると観察しやすくなるが、技量が必要で時間もかかる。そのため、カバーガラスを被せる代わりに、マニキュアやワセリンを塗る方法もある。

Science Special ❶
2016年 熊本地震

広島大学名誉教授　奥村晃史

2016年4月14日21時26分，熊本市とその周辺に強い揺れを伴う*M*6.5の地震が発生し，最大震度7を記録した益城町などで9名が死亡した。約28時間後，14日の地震を本震とみて余震活動の収束を待っているさなかの4月16日午前1時25分，ひとまわり大きな*M*7.3の地震が発生し，家屋倒壊や誘発された土砂災害で41名が死亡した。16日の地震では，日本の主要な活断層である布田川断層と日奈久断層北端部に延長34kmの地震断層が出現した。

図1　九州中部の活断層と地震
━：活断層（中田・今泉編『活断層詳細デジタルマップ』）。○：歴史地震の震央・規模と発生年。面積は地震のエネルギーに比例。◎が2016年熊本地震。•：4月14日の前震後16日の本震前の地震。•：4月16日の本震後1日間の地震。震源断層付近のほかに，南方は八代まで，北東は阿蘇から別府まで多数の地震が発生し被害をもたらした。これらの地震は，大地震が熊本県南部・大分県や中央構造線（和歌山から四国北部，伊予灘から別府湾南岸に達する右横ずれ断層）で発生しないかとの不安をかき立てた。

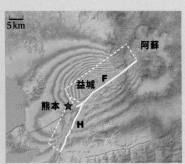

図2　だいち2号 干渉SARによる地殻変動と断層モデル
国土地理院HP（https://www.gsi.go.jp/common/000140023.png）のデータを地理院地図に表示させ，色別標高図と重ね合わせたものに加筆。
F：布田川断層
H：日奈久断層
破線：断層面の輪郭

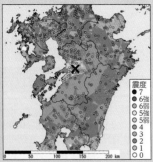
2016/04/14 21:26 *M*6.5

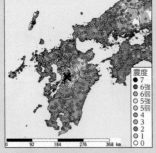
2016/04/16 01:25 *M*7.3

図3　熊本地震による震度分布　防災科学研究所のJ-RISQ 地震速報（https://www.j-risq.bosai.go.jp/report/）による2つの地震の震度分布図。16日の震度分布は，熊本地震の本震直後に大分で発生した*M*5.7の地震の揺れを含むが，14日に比べ広い範囲に強い揺れが起きている。

◯ 地震断層と地殻変動

4月16日の地震では，東北東–西南西に延びる布田川断層を境に，南側が隆起しながら西北西に，北側が沈降しながら東北東に移動する動きが起きた。水平方向のずれは右横ずれで，最大変位量は2.2mであった。垂直方向のずれは，南側隆起が一般的であったが，場所によって北側が少し隆起する地点もあった。これは，大きな水平ずれを伴う断層が分岐したり，傾斜する地面を食い違わせたりすることに伴う現象であった。また，布田川断層の南を北北東–南南西に延びる日奈久断層の北端部約8kmにも，最大1mの右横ずれ変位が発生した。

地震断層を含む地震による地殻変動は，人工衛星から地表面までの距離の変化を計測した結果の分析から全体像を把握できる（◎ p.219）。図2には，虹色のくり返しパターンが見え，1回の青から青までのサイクル（フリンジ）が約12cmの距離変化に対応する。これは，シャボン玉の表面に，液膜の厚さの変化に応じて虹色が現れるのと似た原理で，距離の変化を干渉模様として表現している。パターンが途切れるところが，断層などの地面に起きた段差や食い違いに対応し，布田川断層の大きな変位，日奈久断層北部の小さな変位が明瞭に見て取れる。この地殻変動は，衛星からの信号を用いた位置測定（GNSS）からも検出されている。

◯ 活断層と地震断層

日本列島をつくる大陸地殻で発生する内陸地殻内地震の震源は，地表から地下15～20kmまでの間の地震発生層の中にある。地震は，地震発生層の中の岩盤が，面積数m²から数千km²の不連続面すなわち断層面を境に食い違うことで発生する。規模の小さい地震では，狭い断層面が地下だけで破壊される。地震の規模が大きくなるにつれ，断層面の面積は広がり，地震発生層の全体を切る断層面が地震を起こすとき，断層面の上端が地表に達して，岩盤の食い違いが地面の食い違いとなって地表に現れる。これを地震断層とよび，日本では*M*6.5程度よりも大きな地震に伴って発生することが多い。大地震は地下の同じ断層からくり返し発生する。そのとき断層面に沿って，岩盤はくり返し同じ方向に食い違う。

1回の内陸地殻内地震による地表の食い違いは，5m以下のことが多いが，第四紀の数万～数十万年の間に同じ食い違いが保存されて蓄積していくと，地形や表層の地層には，数十～数百m規模の断層変位地形が形成される。この地形は，侵食や堆積によってできる通常の地形とは異なり，断層の動きに伴ってできたことがわかる。活断層は，このような最近の地震のくり返しを記録する地形や地質から認識され，そこでは，過去の地震と同じ地震が将来も起こることが予想される。布田川断層・日奈久断層は，1970年代から知られ，地震履歴や活動性の詳しい調査が行われてきた。

◯ 西南日本の大地の動きと熊本地震

西南日本には，大地を押し縮める力（圧縮力）と引き延ばす力（引張力）が複雑に作用して，地震や火山噴火を引き起こしている。圧縮力は，北西方向に進む太平洋の海底（フィリピン海プレート）が，四国沖の南海トラフや九州沖の南西諸島海溝から沈み込む際に発生する。しかし，東北東–西南西に延びる南海トラフでは，トラフに直交方向の短縮成分だけが巨大地震を起こし，トラフに平行な西方向への動きは，中央構造線の南側の四国が西に進む動きで解消されている。和歌山から四国北部を横切って伊予灘の海底から大分市付近に至る中央構造線の活断層では（◎ p.42），北側の瀬戸内海が東に，南側の四国が西に動く右横ずれ断層運動が現在も継続している（図4）。

豆知識　熊本地震では，熊本城の石垣も被害を受けた。石垣の内部には，水はけの改善や地震時の振動を吸収する効果をもつ小さな石（裏込石）が詰め込まれている。しかし，振動が大きすぎるため，この石が流動・沈下し（◎ p.208），その圧力を支えきれず内部から崩落した。

一方，南西諸島海溝からの沈み込みは，九州南部を東西に圧縮するが，南西諸島のほぼ全域では，高角度の沈み込みのために，東シナ海の大陸棚が北西－南東方向に引っ張られて新しい海洋地殻を沖縄トラフに形成している。これは背弧海盆拡大とよばれる。沖縄トラフの北方延長は，九州西方の海底から島原半島に上陸し，南北引張力で東西に延びる正断層群と，雲仙火山が形成されている。**図1**では，島原半島，阿蘇カルデラの北西，九重火山群の北側，別府付近に短い断層が密集して東西に延びる。これらが南北引張力とマグマ上昇に関わる正断層群である。阿蘇カルデラは，マグマ噴出に伴う陥没で形成され，正断層群を伴う火山性地溝ではない。

　別府湾よりも東の中央構造線，熊本地震震源の布田川断層，日奈久断層は，いずれも右横ずれ断層である。別府から阿蘇カルデラ北方までの正断層群は，これら右横ずれ断層が途切れた区間に発達している。これは，南北伸張と右横ずれ運動が相互に補い合う関係にある可能性を示している。北東から南西に延びる右横ずれ断層の活動は，東西方向の圧縮力と南北方向の引張力を同時に解消することができる。

地下の断層面と地震動

　気象庁の分析によると，4月16日の本震の震源断層は，日奈久断層北端部を上端とし，西北西に76°傾斜する長さ（地表での延長）約18km，幅約18kmの正方形と，布田川断層を上端とし，北北西に60°傾斜する長さ約30km，幅約18kmの長方形で近似される（**図2**）。地下深部と地表での最大すべり量（食い違いの大きさ）は，日奈久断層北端部で約6mと1m，布田川断層で約10mと2.2mであった（**図5**）。地下の最大すべり量は強震動（ p.212）発生域に対応し，断層面上でのすべり量は，その周囲に向けて減少し，近似された長方形の端近くで0mとなる。岩石の破壊による断層のずれは，震源から時速1〜2kmで断層面を伝播する。地表での地震動は，強震動発生域の直上付近と，破壊が伝播していく前方で大きくなる傾向がある。被害の集中した益城町市街地は，強震動発生域直上に近接し，地下約10kmから地表へ向かう破壊伝播の前方に位置していた。また，布田川断層を西から東に伝播した破壊は，西原村や阿蘇カルデラ内部に強い地震動を引き起こした。

強い地震動と被害

　2016年熊本地震による大きな被害の原因は，震度7の強い地震動であった。14日のM6.5の地震では，益城町市街地で震度7が記録され，9名が犠牲となった。16日のM7.3の地震で震度6強と7の領域は，熊本市付近から阿蘇カルデラ内まで広がった。益城町市街地では，再び震度7の強い揺れが発生し被害が拡大した。また，地震断層の東端は，これまで活断層が知られていなかった阿蘇カルデラの内部に達した。ここでは，強い揺れに加え，断層の食い違いによって直上の家屋が倒壊し，同時に急傾斜なカルデラ壁や火山斜面の崩壊が大きな被害を生じた。

　益城町市街地の建物被害の多くは，現行の耐震基準（ p.209）に適合しない古い木造家屋で発生したが，新しい建物でも地震動対策が不十分な場合は被害を生じている。特に被害の集中した地点は，北側の阿蘇火砕流や砂礫層からなる台地と南側の河川沿いの低地の境界をなす斜面の下部に位置する（**図4**）。ボーリング調査（ p.173）からは，地下に河川が運んだ軟弱な地層が存在することがわかっており，この軟弱な地層が地震動を増幅して，被害を集中させたとみられる。

地震危険度評価

　政府の地震調査研究推進本部は，1995年の阪神淡路大震災を受けて設立され，全国の主要な活断層から発生する地震動を予測して，地震被害を軽減する対策を進めてきた。布田川断層も詳しく調査され，地震再来間隔が8100〜26000年，最新活動時期が2200〜6900年前，1回の地震による食い違いは2m程度との報告があり，最大震度6強，M7.0程度の地震発生が予測されていた。過去の地震発生時期の推定に大きな誤差を伴い，調査でも見つけられなかった過去の地震があることから，地震発生時期の予測は精度が低かったが，発生した地震の規模は予測されたものに近かった。日本の内陸地殻内部の活断層は，その多くが数千〜数万年に1回という長い間隔で再活動し，活動史を正確に復元して予測精度を高めることは困難なことが多い。しかし，熊本地震の被害は，活断層が存在し強い地震動が予測される場所では，大地震の発生を想定して被害を軽減する対策を進める必要があることを改めて教えてくれた。

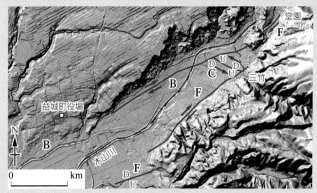

図4 布田川断層中部の地形と地震断層分布
Fは従来記載されていた布田川断層。Bは河川侵食で不明となっていた分岐断層で益城町市街地まで延びる。Cは左横ずれの共役断層。Uは隆起，Dは沈降を示す。家屋被害は益城町役場と記号Bの間に集中した。

図5 益城町堂園の地震断層
ここで2.2mの最大右横ずれ変位量が認められた。断層を挟んで断層の向こう側が右方向に動く場合を右横ずれとよぶ。駅のプラットホームとその前を移動する列車との間に断層があると考えるとよい。

図6 益城町三竹西方（**図4**）の畑を通過する地震断層
南側（左側）隆起40cm，右横ずれ120cmの変位が畑とその周囲に生じた。手前のあぜ，傾いて崩れた畑の左手前のすみ，中央奥の黒い段差が鉛直方向のずれであり，手前の畑とあぜの境界が白い棒の方向に横ずれしている。左の斜面は地震のくり返しでできた。

豆知識　熊本地震と同じ地域では，1889年にもM6.3の地震が発生しており，関谷清景（ p.41）や小藤文次郎（ p.40）によって調査や観測が行われた。この地震は，ドイツのポツダムの重力計に地震波が記録され，遠い場所で発生した地震の観測のきっかけとなったといわれている。

1 大気圏の構造 基礎

大気が存在する範囲を大気圏という。大気圏は，高度による気温の変化にもとづいて，対流圏・成層圏・中間圏・熱圏の4つに大きく分けられる。

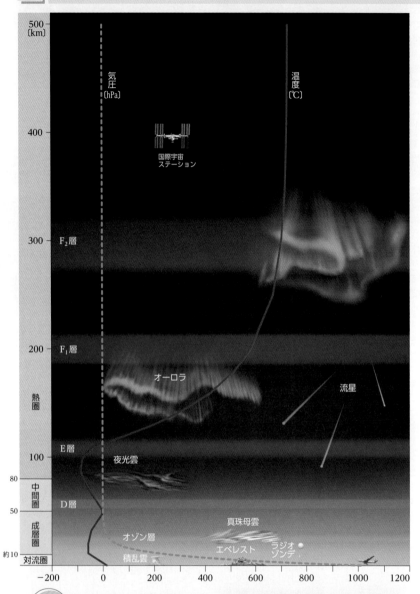

気圧〔hPa〕

温度〔℃〕

国際宇宙ステーション

F₂層

オーロラ

流星

熱圏

E層

夜光雲

中間圏

D層

成層圏

真珠母雲

オゾン層

エベレスト

ラジオゾンデ

約10 対流圏

積乱雲

熱圏（80～500km*）

温度は高度とともに上昇し，最上部では1000 K（730℃）に達する。大気の原子や分子は，太陽からのX線や紫外線などによって電離（イオン化）している。これらは，中間圏から熱圏にわたり，層となって**電離層**を形成している。電離層は，電子密度の違いによって，D層，E層，F₁層，F₂層の4層に分けられる。

極地方では，高度100～200 km付近に**オーロラ**（極光）が現れることがある。

*高度500 km以上を，外気圏として分類する場合がある。

中間圏（50～80km）

温度は高度とともに低下する。中間圏では，冬よりも夏の方が温度が低く，上層では−100℃以下になることもある。微細な氷粒子からなる夜光雲が発生することがある。

成層圏（約10～50km）

温度は高度とともに上昇する。成層圏にはオゾンO_3が多く存在する。このオゾンの多い領域を**オゾン層**といい，特に高度25 km付近で多くなっている。オゾン層は，太陽からの紫外線の大部分を吸収し，そのエネルギーを熱に変える。上空ほど温度が高いのは，上空ほど強い紫外線を吸収できることや，上空ほど大気の密度が小さいため，温度が上昇しやすいことによる。

対流圏（0～約10km）

温度は高度とともに低下し，その平均的な割合（標準大気の**気温減率**）は，100 mあたり0.65℃（**0.65℃/100 m**）である。上空ほど低温であるため，対流が起こりやすく，雲の発生や降水などの気象現象が生じる。対流圏と成層圏の境界を，**圏界面（対流圏界面）**とよぶ。圏界面の高度は，赤道付近で高く18 km程度，極付近では低く8 km程度であり，平均すると約10 kmである。

＋α プラス オゾン層

初期の地球には，オゾン層はなく，強い紫外線が地表に到達していた。やがて，光合成生物が出現し，放出した酸素が大気中に蓄積され，オゾン層が形成された（**▶**p.163）。

オゾンと高度

高緯度ほどオゾンの量が多く，極大値の高度が低い。これは，成層圏の大気の循環によって，低緯度で生成したオゾンが高緯度に運ばれているためである（**▶**p.79）。

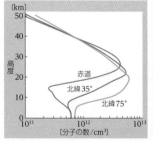

[km]

高度

赤道

北緯35°

北緯75°

〔分子の数/cm³〕

高度による緯度別のオゾン分布

オゾンの生成と分解

酸素分子O_2は，波長0.24 μm以下の紫外線を吸収して酸素原子Oに分解する。生じた酸素原子は，ほかの酸素分子O_2と結合し，オゾンO_3をつくる。

オゾンO_3は，波長0.32 μm以下の紫外線を吸収し，再び酸素分子O_2と酸素原子Oに分解する。オゾンは，紫外線を吸収しながら生成と分解をくり返している（**▶**p.188）。

TOPIC トピック スプライト

アメリカのフランツらが，1989年に発見した高層大気の発光現象である。その不思議な形から，スプライト（妖精）と名付けられた。スプライトは雷雲上の中間圏（高度約50～80 km）で発生すると考えられ，色は赤色，鉛直方向の大きさは20 km程度である。

スペクトルの観測から，発光に窒素分子が関わっていることが明らかになっており，現在，詳しい研究が進められている。

豆知識　国際航空連盟（FAI）では高度100 kmから上を，アメリカ空軍では50マイル（80.5 km）から上を宇宙と定義している。これは，人工衛星を運用するための区分であり，この高度でも大気は希薄ながら存在する。

2 地上付近の大気の組成 _{基礎}

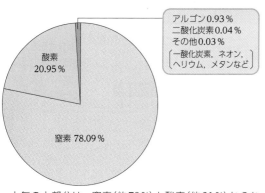

アルゴン0.93%
二酸化炭素0.04%
その他0.03%
（一酸化炭素，ネオン，ヘリウム，メタンなど）

酸素 20.95%

窒素 78.09%

　大気の大部分は，窒素（約78%）と酸素（約21%）からなる。大気の組成は，高度80kmまでほぼ一定である。これは，大気が鉛直方向によく撹拌されているためである。水蒸気は変動幅が大きく，0〜4%程度の範囲で変化するため，一般に，大気の組成は，水蒸気を除いた空気（乾燥空気）について示される。

3 大気圧 _{基礎}

大気の上端

大気の柱

大気の重さ

山頂では，観測点よりも上の空気が少なくなるため気圧が低下し，お菓子の袋が膨らむ。

　大気圧（気圧）は，観測点よりも上にある大気の重さによって生じる。地上の気圧は，1気圧（1atm）＝1013.25hPa*であり，これは，1cm²あたりにおよそ質量1kgの物体の重さがかかることに相当する。高度が高くなると，その上部にある大気が少なくなるため，気圧は低下する。気圧は観測点の高度によって変化するため，地上天気図では，観測点で測定された気圧を，海面の高度（0m）に補正した値を用いている。
　* 1hPa＝100Pa。1Paは1m²に1Nの力が加わった圧力（1N/m²）である。

4 大気圏の諸量 _{基礎}

　大気の約90%は高度15km以下に存在する。高度80km以上では，分子の多くが原子やイオンに変化しているため，平均分子量が小さくなる。

高度z〔km〕	温度T〔K〕	気圧p〔hPa〕	密度ρ〔kg/m³〕	平均分子量M
1000	1000.0	7.51×10^{-11}	3.56×10^{-15}	3.94
600	999.85	8.21×10^{-10}	1.14×10^{-13}	11.51
400	995.83	1.452×10^{-8}	2.80×10^{-12}	15.98
300	976.01	8.770×10^{-8}	1.92×10^{-11}	17.73
200	854.56	8.474×10^{-7}	2.54×10^{-10}	21.30
150	634.39	4.542×10^{-6}	2.08×10^{-9}	24.10
120	360.00	2.538×10^{-5}	2.22×10^{-8}	26.20
110	240.00	7.104×10^{-5}	9.71×10^{-8}	27.27
100	195.08	3.201×10^{-4}	5.60×10^{-7}	28.40
90	186.87	1.836×10^{-3}	3.416×10^{-6}	28.91
80	198.64	1.052×10^{-2}	1.846×10^{-5}	28.964
70	219.59	5.221×10^{-2}	8.283×10^{-5}	28.964
60	247.02	2.196×10^{-1}	3.097×10^{-4}	28.964
50	270.65	7.978×10^{-1}	1.027×10^{-3}	28.964
45	264.16	1.491	1.996×10^{-3}	28.964
40	250.35	2.871	3.996×10^{-3}	28.964
35	236.51	5.746	8.463×10^{-3}	28.964
30	226.51	1.197×10	1.841×10^{-2}	28.964
25	221.55	2.549×10	4.008×10^{-2}	28.964
20	216.65	5.529×10	8.891×10^{-2}	28.964
15	216.65	1.211×10^{2}	1.948×10^{-1}	28.964
10	223.25	2.650×10^{2}	4.135×10^{-1}	28.964
5	255.68	5.405×10^{2}	7.364×10^{-1}	28.964
0	288.15	1.013×10^{3}	1.225	28.964

5 対流圏・成層圏の温度分布と圏界面 _{基礎}

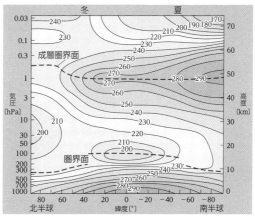

平均温度（K）の緯度高度分布（1月）

　対流圏では，高度とともに温度が低下する。圏界面の高度は，低緯度で高く，高緯度で低いため，圏界面付近の温度は，低緯度よりも高緯度の方が高い。
　高度20〜50kmでは，夏側の半球（グラフ右側の南半球）の高緯度で最も温度が高く，冬側の半球では温度が低くなっている。
　成層圏は対流圏に比べ，温度の変化が少なく，上空ほど温度が高い。そのため，大気は比較的安定しており，鉛直方向の運動も少ない。

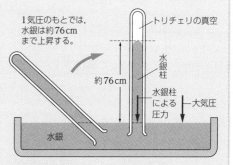
豆知識 スイスの物理学者ピカールは，1931年，自ら設計した気球に乗って，高度16000mの成層圏に初めて達した。一方，深海にも関心を示し，1960年，彼の設計した潜水艦バチスカーフは，マリアナ海溝の最深部10912mまで潜水した。

1 大気中の水蒸気 基礎

水の状態変化

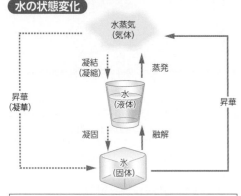

----- 潜熱の放出を伴う変化　　→ 潜熱の吸収を伴う変化

　液体の水1gが水蒸気に変化するには，約2440Jのエネルギーが必要である(25℃の場合)。逆に，水蒸気が凝結して水になるとき，同量のエネルギーが放出される。このような，状態変化に伴って出入りする熱を潜熱とよぶ。

飽和水蒸気量と飽和水蒸気圧

　大気中に存在できる水蒸気の量には限界がある。その最大量は温度によって決まり，ある温度において，空気1m³中に存在できる水蒸気の最大量を飽和水蒸気量という。また，このとき(水蒸気が飽和しているとき)の水蒸気圧を飽和水蒸気圧という。

2 飽和水蒸気圧と相対湿度 基礎

ある温度における飽和水蒸気圧と大気中の水蒸気圧の比を相対湿度という。

水蒸気と相対湿度

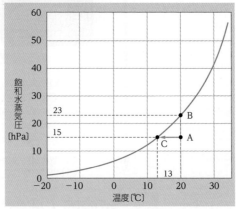

　温度20℃，水蒸気圧15hPaの空気塊Aがある。20℃の空気塊の飽和水蒸気圧は，グラフから23hPaである(点B)。したがって，この2つの値から，空気塊Aの相対湿度は次のように求められる。

$$相対湿度(\%) = \frac{実際の水蒸気圧}{飽和水蒸気圧} \times 100$$

$$= \frac{15}{23} \times 100 ≒ 65(\%)$$

　一方，空気塊Aの温度を図中矢印 ← のように下げていくと，点Cの温度(13℃)において凝結が始まる。このときの温度が空気塊Aの露点(露点温度)である。

氷晶の成長

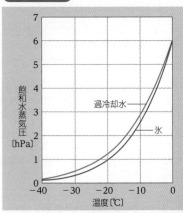

　水は，凝固点(氷になる温度)より温度が低下しても，液体のままで存在する場合がある。このような水を過冷却水という。

　過冷却水(液体)の飽和水蒸気圧は，氷(固体)の飽和水蒸気圧よりも大きい。これは，過冷却水の方が，氷よりも気体になりやすいことを意味している。そのため，雲の内部で過冷却水滴と氷晶が混在する領域では(» p.69)，過冷却水滴の蒸発と，氷晶表面における昇華(水蒸気→氷の変化)が起こり，氷晶が急速に成長する。

3 雲の発生(断熱変化)

雲は，大気の温度が低下し，大気中の水蒸気が凝結することによって発生する。

18℃ ─── 200m ─── 水滴 ─── 19℃

水蒸気の凝結に伴って潜熱が放出され，温度低下が妨げられる

19℃ ─── 100m ─── 19.5℃

1℃/100m　膨張して温度低下　0.5℃/100m

20℃ ─── 0m ─── 20℃

水蒸気で飽和していない空気塊　　水蒸気で飽和している空気塊(湿度100%)

上昇する空気塊の温度変化

　大気圏は，上空ほど気圧が低いため，空気塊*が上昇すると，膨張して体積が増加する。このとき，空気塊は外部に対して仕事をするため，内部エネルギーが減少し，温度は低下する。

　対流圏では，水蒸気で飽和していない空気塊の場合，100m上昇するごとに温度が1℃下がる。この割合を乾燥断熱減率(1℃/100m)という。

　一方，水蒸気で飽和している空気塊(湿度100%)の場合，温度の低下に伴って水蒸気が凝結し，水(液体)に変化する。このとき，水蒸気のもつ潜熱(凝結熱)が放出されるため，温度の低下する割合は少なくなり，100mごとに0.5℃となる。これを湿潤断熱減率(0.5℃/100m)という。

*一定の性質をもつ仮想的な空気の集まり。

対流雲の成長

　下層の空気が暖められ，強い上昇気流(対流)が生じたときに発生する雲を対流雲とよぶ。積雲や積乱雲は対流雲である(» p.86)。対流雲は，雲をつくる空気塊が周囲と同じ温度になるまで上昇する。特に積乱雲は，上昇気流が活発で，突風や雹を伴うことがある。

雲内部に生じた熱上昇流(サーマル)によって上方へ成長した対流雲(2003年9月15日，千葉県市原市)

豆知識　空気塊の上昇には，対流によるもののほか，山の斜面などに風が吹きつけ，空気塊がもち上げられる強制上昇がある。強制上昇は，局地的な降水(地形性降水)の原因になる場合がある。

4 雲の成長

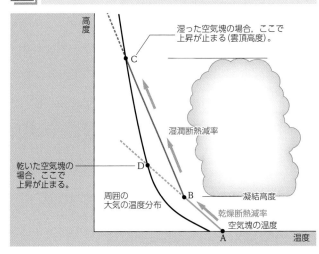

　空気塊Aは，周囲の大気よりも温度が高く，密度が小さいため，上昇（対流）を始める。

湿った空気塊の場合

　はじめは，乾燥断熱減率（1℃/100m）で温度が低下していくが，やがて，Bで露点（湿度100％）に達すると，雲の発生が始まり，湿潤断熱減率（0.5℃/100m）に変わる。Bの高さを凝結高度という。空気塊は，雲を発生させながら上昇を続け，空気塊の温度が周囲の大気と同じ温度になるところ（C）で上昇が止まる。この高さは，対流雲の雲頂高度と一致する。

乾いた空気塊の場合

　乾燥断熱減率で温度が低下し，雲を発生しないまま周囲の大気の温度と同じになり（D），上昇が止まる。

5 大気の安定・不安定

　大気の温度分布は，大気の状態や天気，時刻などによって変化する。これに伴って，大気の安定度も変化する。空気塊が上昇できない状態を**安定**，上昇を続ける状態を**不安定**という。大気が不安定のときは，雲が発生しやすい。

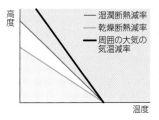

絶対安定

周囲の大気の気温減率＜湿潤断熱減率

　空気塊を上昇させると，空気塊の温度は，周囲の大気よりも低くなり，上昇できない。そのため，上昇気流は発生しにくい。

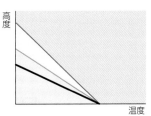

絶対不安定

周囲の大気の気温減率＞乾燥断熱減率

　空気塊を上昇させると，空気塊の温度は，周囲の大気よりも高くなり，上昇を続ける。そのため，上昇気流が発生しやすい。

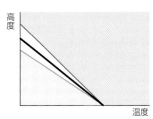

条件付不安定

湿潤断熱減率＜周囲の大気の気温減率＜乾燥断熱減率

　乾いた空気塊（水蒸気で飽和していない空気塊）を上昇させた場合，空気塊の温度は，周囲の大気よりも低くなり，上昇できない。しかし，水蒸気で飽和している空気塊では，周囲の大気よりも温度が高くなり，上昇を続ける。

6 降水のしくみ

冷たい雨

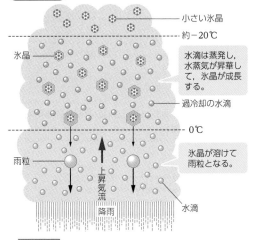

　鉛直方向に成長した雲（乱層雲や積乱雲）の雲粒は，低層では**水滴**，上層では**氷晶**，中層では**氷晶と水滴（過冷却水滴）が混在した状態**になっている。

　中層では，水滴（過冷却水滴）が蒸発し，氷晶が成長する。また，氷晶は衝突によっても成長する。

　氷晶は，雲内部の上昇気流に支えられているが，成長して支えられなくなると落下する。そのまま地上に到達すると雪になり，途中で溶けると雨になる。

　このようなしくみで降る雨を冷たい雨（氷晶雨）とよぶ。日本で降る雨の多くは，冷たい雨である。

凝結核，雲粒，雨粒の代表的な大きさ

- 凝結核（半径0.0001mm）
- 雲粒（半径0.01mm）
- 雨粒（半径1mm）

暖かい雨

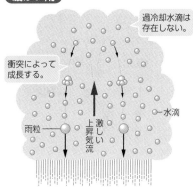

　熱帯地方のような暖かい地域では，雲の内部は0℃以下にはならない。このような場合，雨滴は水滴どうしの衝突によって成長する。

凝結核

　大気には，エーロゾル（エアロゾル）とよばれる微粒子が含まれる。その大きさは，およそ0.001～100μmであり，海塩や鉱物などからなる。陸上では1m³あたり10^{10}個程度含まれており，大気中の水蒸気を凝結させやすくする凝結核の働きをもつ。

主な凝結核
燃焼核（煙），土壌粒子，火山灰，海塩粒子（NaCl）など

+α 雨滴

　雨滴は重力と空気抵抗がつり合った状態で落下している。大きな雨滴ほど落下速度が大きい。小さな雨滴はほぼ球形，大きな雨滴は空気抵抗で変形している。

雨滴の落下速度

半径〔mm〕	終端速度〔m/s〕
0.1	0.7
0.5	4.0
1	6.5
2	8.8

雨滴の形

実際の写真

豆知識 激しい天候の変化を伴う強風をスコールという。その多くは，積乱雲内部の局所的な下降気流が原因と考えられている。スコールが発生すると，激しい降水や雹を伴うことがある。

1 電磁波 基礎

波の性質

波は，ある場所に生じた振動が周囲に次々と伝わる現象である。波には，水面を伝わる波（》p.96）のほか，空気を伝わる音波や，地球内部を伝わる地震波（》p.36）などがある。また，空間を伝わる光や電波なども，**電磁波**とよばれる波である。

波の伝わる速さを v，振動数（波が1秒間にくり返される回数）を f，波長を λ とすると，次の関係が成り立つ。

$$v = f\lambda$$

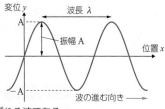

波長と電磁波の種類

電磁波のうち，ヒトの眼に見える波長範囲（0.40〜0.76 μm*）のものを**可視光線**という。わたしたちの眼は，このうちの異なる波長の光を異なる色として認識する。

電磁波は，その波長によって，γ線，X線，紫外線，可視光線，赤外線，電波などに分けられる。

＊可視光線の見える範囲や色の領域には個人差がある。

電磁波の伝わり方

電磁波は，宇宙空間などの真空中も伝わる。太陽から地球に到達するエネルギーの大部分は，電磁波によって伝わっている。電磁波が真空中を伝わる速さ（光速度）c は，精密な測定にもとづいて，次の値と定められている。

$$c = 3.0 \times 10^8 \, \text{m/s} \quad (厳密には 2.99792458 \times 10^8 \, \text{m/s})$$

したがって，たとえば，スマートフォンで用いられている振動数 $f = 2.1$ GHz（$= 2.1 \times 10^9$ Hz）の電波の波長 λ は，$\lambda = \dfrac{c}{f}$ の関係から，0.14 m と求められる。

熱と温度

物体が静止していても，物体を構成する原子や分子は運動している。すなわち，このような粒子の運動を熱運動という。熱運動は，温度が高いほど激しくなる。温度は，それを構成する粒子の熱運動の激しさを表す量である。絶対零度（−273℃）では，熱運動が停止する。

高温の物体と低温の物体が接すると，高温の物体から低温の物体へエネルギーが移動する。このとき，移動するエネルギーを熱といい，その量を熱量という。熱量の単位には J（ジュール）が用いられる。

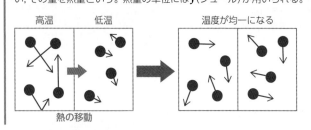

熱の移動

＋α プラス 黒体放射

物体は，その温度に応じた電磁波を放射する。太陽や地球から放射される電磁波の強度分布は，**黒体放射**＊に近いことが知られている。

黒体放射の強度が最大になる波長は，絶対温度に反比例し（ウィーンの変位則》p.109），単位面積あたりのエネルギーの放射量は，絶対温度の4乗に比例する（シュテファン・ボルツマンの法則》p.110）。

＊すべての電磁波を吸収する理想的な物体（黒体）による放射。

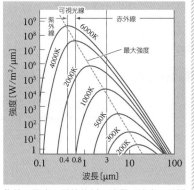

物体の温度と黒体放射の波長の強度の関係（理論値）

2 太陽放射と太陽定数 基礎

太陽は，エネルギーを主に電磁波として宇宙空間に放射している。これを太陽放射という。

地球大気の上端で，太陽光線に垂直な 1 m² の面積が1秒間に受ける太陽放射のエネルギーを**太陽定数**という。太陽定数の値は，約 1.37 kW/m²（$= 1.37 \times 10^3$ J/(s·m²)）である。

太陽放射は，ほぼ平行に地球に入射していると考えられることから，地球全体で受ける太陽放射のエネルギーの総量は，（太陽定数）×（地球の断面積）で求めることができ，その値は約 1.8×10^{14} kW である。

太陽から見た地球の断面積
πR^2

太陽放射

$$\underset{太陽定数}{1.37 \, \text{kW/m}^2} \times \underset{地球の断面積 \pi R^2}{3.14 \times (6.4 \times 10^6 \, \text{m})^2} = \underset{地球が受ける太陽放射エネルギーの総量}{1.8 \times 10^{14} \, \text{kW}}$$

太陽定数の値は，太陽の活動（》p.107）によってわずかに変化すること（0.1％程度）が知られている。

＊1 W（ワット）は，1秒間あたり1Jの仕事をする仕事量。

豆知識 　電磁波は，波長によってγ線，X線，紫外線，可視光線，赤外線，電波のように，異なる名称でよばれる。これは，それぞれの電磁波が発見された当時，その正体が知られておらず，別々に名付けられたためである。

3 太陽放射と地球放射 （基礎）

太陽放射エネルギーの分布は，6000Kの黒体放射に近く，これは，太陽の光球面の温度に対応している。太陽放射には，X線，紫外線，可視光線，赤外線，電波などが含まれる。太陽放射エネルギーの約半分は可視光線，残りの半分は主に赤外線や紫外線によるものであり，それ以外の電磁波のエネルギーはわずかである。

地球も，宇宙空間に電磁波を放射している。これを**地球放射**という。地球放射エネルギーの大部分は赤外線であり，**赤外放射**ともよばれる。大気中の水蒸気や二酸化炭素は，この地球放射の一部を吸収し，さらにそのうちの一部を地球に向けて再放射している（温室効果，▶p.72）。

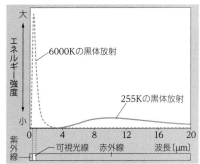

地表が受ける太陽放射エネルギーの量

地表が受ける太陽放射エネルギーの量は，太陽高度が最も高い赤道地域よりも，緯度20°付近の中緯度で多くなっている。これは，この地域が亜熱帯高圧帯（▶p.76）にあたり，雲の発生が少ないためである。すなわち，太陽放射が雲による反射をまぬがれ地球に多く到達している。また，砂漠のような乾燥した地域は，大気中の水蒸気量が少ないため，大気による吸収や散乱が少なく，太陽放射が多く到達する。

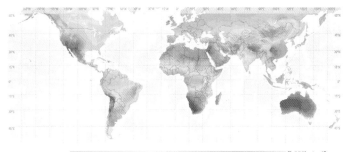

365　730　1095　1461　1826　2191　2556　2922　3287　3652　〔kWh/m²〕

太陽放射エネルギーの分布

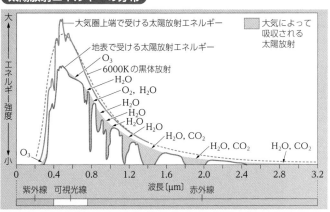

地球放射エネルギーの分布

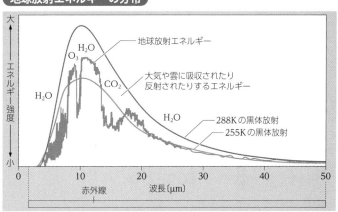

地表で受ける太陽放射エネルギーのグラフがところどころ大きく落ち込んでいるのは，地球の大気によって，太陽放射の一部が吸収されているためである。可視光線は大きな吸収を受けずに地表まで到達するが，紫外線は大部分が吸収される。赤外線も吸収される波長域が多い。

4 アルベド（反射率） （基礎）

外部からの入射光量に対する反射光量の割合を**アルベド**という。アルベドの値が大きいほど，光を反射する割合が大きい。アルベドは，地表を覆う物質の種類や状態，入射光の角度によって変化する。

右のグラフは，ある積雲群について，積雲の上端でアルベドを，積雲の下で透過率を測定したものであり，アルベドが大きい部分ほど，透過率が小さくなっていることがわかる。

太陽放射に対する地表面のアルベド

森林地	0.10～0.20
裸地	0.10～0.25
草地	0.15～0.25
砂，砂漠	0.25～0.40
旧雪	0.25～0.75
新雪	0.79～0.95
海面（高度角25°以上）	0.10以下
海面（高度角25°以下）	0.10～0.70

積雲の可視光のアルベドと透過率

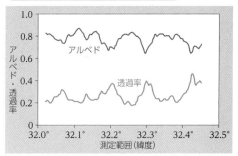

実験 アルベドの測定

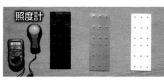

照度計

準備
2mm程度の厚さの鉄板を3枚用意し，それぞれ黒，灰色，白のラッカースプレーで着色する（着色は片面のみ）。

方法
①3枚の鉄板を日なたに置く。
②照度計を上向きにして，太陽からの直達光の照度L_1を測定する。
③照度計を下向きにして，それぞれの鉄板からの反射光の照度L_2を測定する。
⚠鉄板が日陰にならないように注意する。
④それぞれの鉄板のアルベドAは，$A = \dfrac{L_2}{L_1}$ で求められる。

測定結果の例

	黒	灰色	白
アルベド	0.20	0.42	0.70

温度変化と放射平衡温度

3枚の鉄板を日なたに置き，放射温度計で5分ごとに温度を測定すると，20～30分程度で，それ以上温度が上昇しなくなる。この温度が放射平衡温度である（▶p.72）。

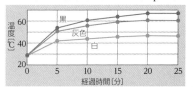

豆知識 太陽系の惑星のアルベドは，惑星ごとに異なる。たとえば，地球の0.3に対し，金星は0.78である。金星が明るく輝いて見えるのは，公転軌道が太陽に近く強い光を受けているだけでなく，アルベドが大きいことも関係している。

4 地球の熱平衡❷

Thermal equilibrium

1 地球のエネルギー収支 基礎

地球が受け取る太陽放射エネルギーと地球放射エネルギーがつり合っている状態を熱平衡（放射平衡）といい，このときの温度を放射平衡温度という。

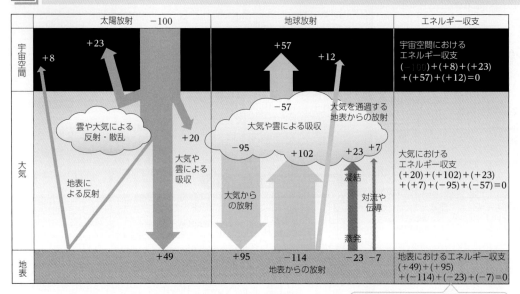

大気の上端が年間を通じて受ける太陽放射エネルギーの大きさ（342 W/m²）を100としている。宇宙空間，大気，地表の各領域において，その領域が受け取るエネルギーを正（＋：プラス），放出するエネルギーを負（−：マイナス）で示している。太陽放射エネルギーは，地球に対して放射されたエネルギーと考えることができ，−100となっている。

> 宇宙空間，大気，地表のいずれの場合も，受け取るエネルギーの量（＋の値）と放出するエネルギーの量（−の値）の総和は0になる。
> ⇒受け取るエネルギーと放出するエネルギーはつり合っている。

SKILL スキル エネルギー収支の理解

大気は地表に対してエネルギーを放射し，その分，大気のエネルギーは減少する。このようなエネルギーの減少は，一般に，放射したエネルギーの大きさにマイナス（−）の符号を付して表される。

一方，地表はエネルギーを受け取り，エネルギーが増加する。このようなエネルギーの増加は，受け取ったエネルギーの大きさにプラス（＋）の符号を付して表される[*]。

すなわち右図は，大気から地表へ95のエネルギーが移動していることを示している。

[*]プラスは省略される場合も多い。

2 温室効果 基礎

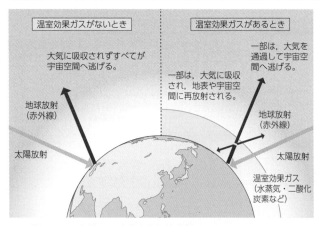

太陽放射エネルギーの吸収量から，地球の放射平衡温度は−18℃（255 K）と求められるが，実際の地表付近の平均温度はおよそ15℃（288 K）と，33℃高い。これは，大気が地表から放射された赤外線の一部を吸収して，再放射し，地表からの放射が直接宇宙空間に出ていくのを抑えているためである。このような大気の働きを**温室効果**という。温室効果は，大気中の水蒸気，二酸化炭素，メタンなどの温室効果ガス（≫p.184）によってもたらされる。

地球に温室効果ガスが存在しないと仮定した場合，地球の平均温度は放射平衡温度と同じ−18℃になる。現在の地球の温暖な環境は，温室効果ガスの働きによるものである。

放射冷却と逆転層

風のない晴れた夜は，大気中の水蒸気量が少なく温室効果が弱まるため，放射によって地表の温度が低下することがある。これを，一般に**放射冷却**[*]という。

放射冷却が起こると，地表付近に冷たい空気の層が現れ，上空ほど気温が高い状態が生じる。この層を**逆転層**という。グラフでは，地表から高度600 m付近までが逆転層になっている。逆転層は絶対安定（≫p.69）になっており，対流はほとんど起こらない。

逆転層は，放射冷却のほかに，寒気の流入などによっても生じる。

霧

放射冷却によって地表付近の気温が低下し，露点に達すると，**霧**（放射霧）が発生することがある。霧は，雲が地上で発生したものである。

水平方向で見通せる距離（視程）が，1 km未満のものを霧，1 km以上のものを靄とよぶ。朝，太陽が昇り，気温が上昇すると，霧は蒸発して消える。

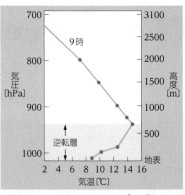

[*]放射によって地表からエネルギーが放出され，温度が低下する現象をいうが，気象現象以外でも見られる。

霧（千葉県）

豆知識 砂漠地域における昼夜の温度差は20℃以上，ときに40℃にも達する。これは，乾燥した砂の熱容量が小さいことや，大気中の水蒸気が非常に少なく，温室効果が弱いことが理由と考えられている。

3 緯度ごとのエネルギー収支 [基礎]

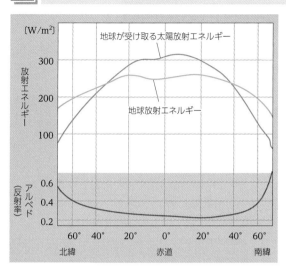

低緯度地域では，地球が単位面積あたりに受け取る太陽放射エネルギーが大きく高温になる。一方，高緯度地域では，受け取る太陽放射エネルギーが小さく低温になる。そのため，南北の温度差（温度傾度）が生じ，低緯度から高緯度へのエネルギー輸送が起こる。

グラフから，低緯度地域はエネルギー過剰，高緯度地域はエネルギー不足のように読み取れるが，これは，地球上でエネルギー輸送が行なわれていることの結果である。

左図は，人工衛星によって観測された，地球が受け取る太陽放射エネルギーと地球放射エネルギーの差（引き算した値）を示している。上のグラフとも対応している。

(2022年3月平均)

SKILL スキル エネルギーの収支と輸送

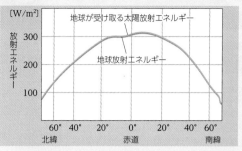

地球上でエネルギー輸送が行われていないと仮定すると，地球が受け取る太陽放射エネルギーと地球放射エネルギーは，緯度ごとにつり合い，上のグラフのように表される。この場合，低緯度地域は現在よりも高い温度になり，高緯度地域は低い温度になる。大気や海洋が存在しない月面では，ほぼこの状態になっている。

一方，現在の地球において（左上図），低緯度地域から高緯度地域へのエネルギー輸送は，南北両半球とも，緯度35°〜40°付近（右図C）で最大になっている。

日本列島は，この緯度付近に位置し，世界的にも大気や海洋の運動が活発な地域である。その例に，熱帯低気圧（台風）の接近や，黒潮のような強い海流（暖流）の存在などがある。

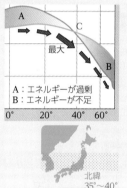

A：エネルギーが過剰
B：エネルギーが不足

北緯 35°〜40°

4 エネルギー輸送 [基礎] 低緯度地域から高緯度地域へのエネルギー輸送の担い手は，大気と海洋である。

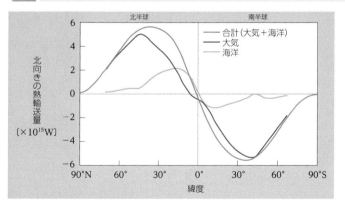

合計（大気＋海洋）
大気
海洋

SKILL スキル エネルギー輸送の読み取り方

グラフは，エネルギーの北向きの流れを正（＋），南向きの流れを負（−）で表している。大気によるエネルギー輸送が緯度30°〜40°付近で最大になるのに対して，海洋によるものは，緯度10°〜20°付近で最大になる。

北半球と南半球でグラフの形が異なるのは，大陸の分布の違いなどによって，大気や海洋の運動にも違いが生じるためである。

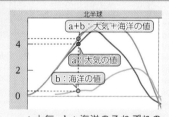

a＋b：大気＋海洋の値
a：大気の値
b：海洋の値

a：大気，b：海洋のそれぞれのy軸の値を読み取り，和をとると，大気＋海洋の値になる。

大気によるエネルギー輸送

地球規模の循環（▶p.76）による暖気や寒気の移動と，水蒸気（潜熱）の移動の2種類がある。たとえば，熱帯低気圧（台風，▶p.81）は，低緯度地域で大量の水蒸気（潜熱）を得て，中緯度（日本付近）で大量の雨を降らせ，潜熱を放出する。

海洋によるエネルギー輸送

海流（海洋表層の動き，風成循環▶p.90）と，深層循環（表層と深層の大循環，熱塩循環▶p.93）がある。海洋は大気に匹敵するエネルギー輸送を行っているが，その大半は深層循環によるものである。

大気や海水の運動が変化すると，エネルギー輸送に変化が生じ，気候に大きな影響を及ぼすことがある（▶p.94）。

エネルギーの伝わり方

伝わり方	特　徴
放　射	電磁波（紫外線，可視光線，赤外線など）によって伝わる。 例：太陽放射，地球放射
潜　熱	状態変化（潜熱の出入り）に伴う水の移動によって伝わる。 例：水の蒸発と雲の発生，台風
顕　熱	高温または低温になった物体の移動によって伝わる。 例：暖気と寒気，熱対流，海流

豆知識　1日の気温変化もエネルギー収支で決まる。一般に，午前中に気温が上昇するのは，太陽放射エネルギーの吸収量が地球放射エネルギーの放出量よりも多いためである。午後になると日射量が減り始め，地球放射エネルギーを下回るようになると気温は低下する。

5 大気の動き

Atmospheric movement

1 局地風 （基礎） 海陸風や山谷風のように，局地的に吹く風を局地風という。

海陸風

陸地と比べ，海洋は熱容量が大きく，温度変化が少ない。このため，日中は，太陽放射によって，陸地の温度の方が高くなり，暖められた空気は膨張して上昇する。地上では，海から陸に向かって**海風**が吹く。

一方，夜間は陸地の温度の方が低くなり，**陸風**が吹く。循環の規模は，陸風よりも海風の方が大きい。

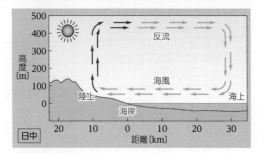

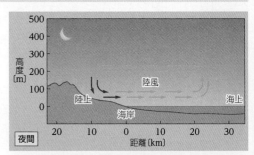

山谷風

日中，地表が暖かくなると，暖められた空気が上昇を始め，谷筋に沿って山を昇るように風（**谷風**）が吹く。一方，夜になると，空気が冷たくなって下降し，谷筋に沿って山を吹き降りるように風（**山風**）が吹く。

2 大気を動かす力

気圧傾度力

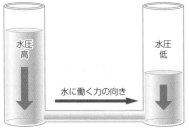

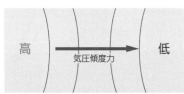

水平方向の2地点間で気圧の差が生じると，大気には，気圧の高い方（高圧部）から低い方（低圧部）に向かって力が働く。この力を**気圧傾度力**という。

気圧傾度力の大きさは，2地点間の距離に対する気圧の差（気圧傾度）に比例する。

$$気圧傾度力の大きさ＝\frac{2地点間で気圧の差}{2地点間の距離}$$

天気図上では，等圧線の間隔が狭いところほど気圧傾度力は大きい。

転向力（コリオリの力）

地表で運動する物体は，地球の自転の影響で次第に曲がっていくように見える。このとき働く見かけの力を**転向力（コリオリの力）**という。日常生活で転向力を意識することはほんどないが，風のような規模の大きい運動には影響を及ぼしている。

転向力は，
(1) 高緯度ほど強く働く。
(2) 物体の速さに比例する。
(3) 北半球では，進行方向の直角右向き（南半球では直角左向き）に働く。

転向力の大きさ $F＝2mv\omega\sin\phi$
m：質量 v：速度 ω：自転の角速度 ϕ：緯度

転向力のモデル（北半球）

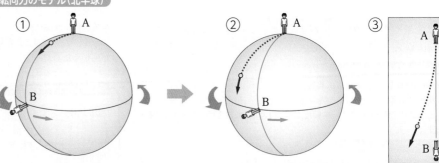

①北極にいるAさんから赤道上のBさんに向かってボールを投げた。②ボールはBさんに向かってまっすぐ飛んでいくが，Bさんは地球の自転によって動いてしまうため，ボールはBさんのところへは届かない。③このようすを地上のAさん，Bさんから見ると，ボールの進行方向に対して右向きに力が働き，ボールが曲がっていくように見える。この見かけの力が転向力である。

豆知識 地上から高度1kmまでの範囲の風は，地形や摩擦力の影響を受ける。この層を境界層とよぶ。境界層の風は，大気の乱れによって大小の渦が発生し，風の強さが常に変化している。この現象は「風の息」として知られている。

3 風の吹き方

地衡風（北半球）

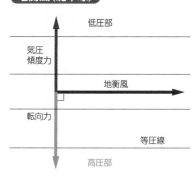

大気には高圧部から低圧部へ気圧傾度力が働く。しかし、転向力（北半球では進行方向の直角右向き）が働くため、風は低圧部に向かって進むことができず、気圧傾度力と転向力がつり合った状態で等圧線と平行に吹く。このような風を**地衡風**という。

地衡風は、北半球では低圧部を左手に見て吹く（南半球では右手）。地衡風の風速は、気圧傾度力が大きいところ（等圧線の間隔が狭いところ）ほど大きくなる。

地衡風は、上空（約1km以上）で吹く風である。

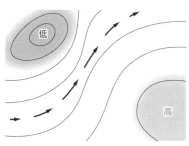

上空の風は、等圧線と平行に吹く。

地表近くの風（北半球）

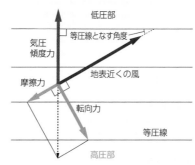

地表付近の風は、地表との摩擦の影響を受ける。摩擦力は大気の運動を妨げる向きに働くため、風は、気圧傾度力、転向力、摩擦力の3つの力がつり合った状態で、等圧線を斜めに横切るように吹く。このような風を、**地表近くの風**（地上風）という。

摩擦力は地形による影響が大きく、海上よりも陸上で強く働く。地表近くの風が等圧線となす角度は、海上で15°〜30°程度、陸上では30°〜45°程度である。

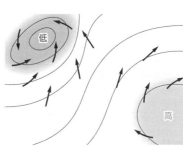

地表近くの風は、等圧線を斜めに横切るように吹く。

傾度風（北半球）

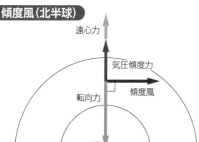

高気圧では、気圧傾度力と遠心力の合力が、転向力とつり合う。遠心力が気圧傾度力と同じ向きに働き、風速は大きくなる。

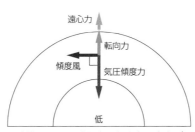

低気圧では、遠心力と転向力の合力が、気圧傾度力とつり合う。遠心力が気圧傾度力と逆向きに働き、風速は小さくなる。

低気圧や高気圧の周囲のように、等圧線が急なカーブを描くところを吹く風には、回転による遠心力が働く。これによって、風は、気圧傾度力、転向力、遠心力の3つの力がつり合った状態で等圧線と平行に吹く。このような風を**傾度風**という。

等圧線の間隔が等しい場合、気圧傾度力の大きさも等しくなる。しかし、遠心力は、低気圧では気圧傾度力を弱める方向に、高気圧では強める方向に働くため、風速は、低気圧よりも高気圧の方が大きくなる。

4 大気の運動の時間・空間スケール

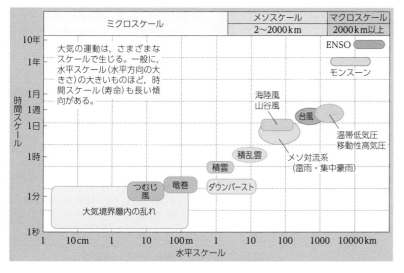

大気の運動は、さまざまなスケールで生じる。一般に、水平スケール（水平方向の大きさ）の大きいものほど、時間スケール（寿命）も長い傾向がある。

＋α 温度風

一般に、大気の温度は低緯度側で高く、高緯度側で低い。温度の高い空気は密度が小さいため、低緯度側ほど大気の層が厚くなり、等圧面高度（上空で気圧が等しくなる高度）が高くなる。このため、低緯度側から高緯度側へ気圧傾度が生じる。大気の層は次々と重なるため、上空へ行くほど気圧傾度が大きくなり、風が強くなる。このような関係を**温度風の関係**という。中緯度のジェット気流（≫p.77）の風速が、圏界面付近で最大になるのは、温度風の関係によるものである。

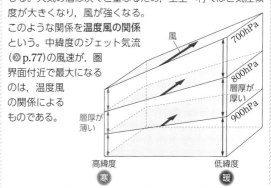

豆知識 水平スケールの大きな大気の運動では、水平成分と鉛直成分の比は数百分の1かそれ以下であり、大気はほぼ水平運動をしているとみなすことができる。しかし、スケールの小さな運動では、鉛直方向の成分も重要な要素になる。

1 大気の大循環 基礎

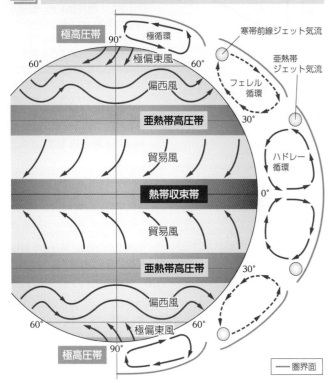

●高緯度地域

極循環	極地方で冷たい空気が下降する弱い循環。緯度60°以上の高緯度地域に存在する。
極高圧帯	低温で密度の大きな空気が，地上付近に滞留して高圧帯を形成している。寒いが降水量（積雪量）は少ない。
極偏東風	極高圧帯からの風が自転の影響（転向力，▶p.74）を受けて，東風となって吹いている。
寒帯前線	フェレル循環と極循環の境界にある前線。温帯低気圧を発生させやすい。

●中緯度地域

フェレル循環	偏西風帯では，温帯低気圧の活動に伴い，暖かい上昇流と冷たい下降流が生じている。平均すると，緯度60°付近では上昇流，40°付近では下降流が多く，間接的な循環になっている。
亜熱帯高圧帯	ハドレー循環の下降域にあり，高圧帯を形成している。晴天域が広がり，降水量が少ない。世界の主な砂漠は亜熱帯高圧帯に対応している。
偏西風	緯度30°〜60°の中緯度では，温度風の関係（▶p.75）によって，低層から上層まで西風が吹いている。これを**偏西風**とよぶ。偏西風はいくつもの渦を伴いながら蛇行して吹き，南北の熱輸送を行っている（▶p.78）。このような大気の循環を**ロスビー循環**という。

●低緯度地域

ハドレー循環	赤道付近で暖められた大気が上昇し，圏界面まで達したのち，緯度20°〜30°付近で下降する循環である。
熱帯収束帯（赤道低圧帯）	ハドレー循環の上昇域にあたり，雲が発生しやすく，降水量も多い。熱帯雨林の多くは熱帯収束帯に対応している。
貿易風	ハドレー循環の下層にあり，亜熱帯高圧帯から低緯度側に吹き出す風が，自転の影響で東風となっている。北半球に現れるものを**北東貿易風**，南半球に現れるものを**南東貿易風**とよぶ。

年平均海面気圧（1979〜1990年の平均）

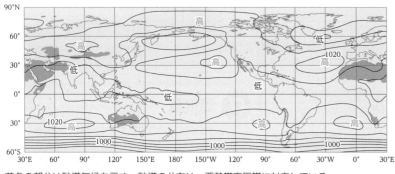

茶色の部分は砂漠気候を示す。砂漠の分布は，亜熱帯高圧帯に対応している。

降水量と蒸発量の緯度分布

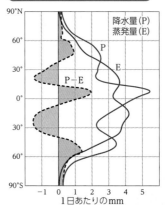

赤道地域と緯度40°〜50°付近では，降水量が多く，蒸発量を上回っている。一方，緯度20°〜30°付近では降水量が少なく，蒸発量の方が多くなっている。

このような特徴は，大気の大循環に伴う熱帯収束帯や亜熱帯高圧帯の分布と対応している。

東西方向の大気の運動

　対流圏上層では，高緯度は低温で気圧が低く，低緯度は高温で気圧が高い。そのため，等圧面等高線は，極を取り巻く形になっている。上空の風は，地衡風（▶p.75）として等圧面等高線と平行に吹く。これが，極を周回する西風（偏西風）になる。

　等圧面等高線の1か月間の平均をとると，変動の激しい波動は見えなくなり，波長が1万kmを超え，波数1〜3程度の超長波長の波動だけが残る。

　南半球では，等圧面等高線がほぼ同心円状であるのに対し，北半球では円形から外れている。これは，北半球に大陸が多いため，大陸と海洋の熱の不均衡が生じやすく，また，ヒマラヤ山脈やチベット高原などの地形の影響を受けるためである。

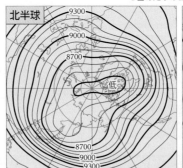
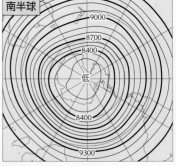

月平均300hPa等圧面等高線（1971〜1990年）

豆知識 夜空の星がまたたいて見えるのは，上空の大気のゆらぎが原因である。特に冬季は，偏西風が南下して強風軸が日本上空を通り，上空に乱流が発生しやすくなるため，またたきが強くなる。

2 季節風 基礎

季節によって特有な向きに吹く風を季節風という。季節風の主な原因は，大陸と海洋の太陽放射の吸収の違いや，暖まりやすさ，冷めやすさの違いである。一般に，冬は大陸が冷えて高圧部，夏は大陸が暖まって低圧部になる。

高気圧・低気圧の分布と主な風向

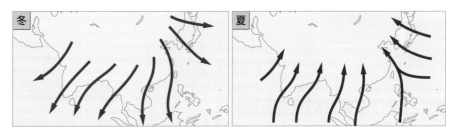

アジアの季節風

北半球では，冬になると大陸が低温になり，背の低い高気圧(寒冷高気圧，◎ p.80)が形成される。そこから，乾燥した冷たい空気が周囲に吹き出し，冬の季節風となる。一方，夏になると，大陸は高温になり，海洋からの風が吹くようになる。これが夏の季節風である。南アジアでは，モンスーン(アジアモンスーン)とよばれる。モンスーンが吹き始めると，暖かい湿った空気が吹き込み，雨季が到来する。

3 ジェット気流 基礎

東西風の鉛直断面(平均値)

低緯度から高緯度の広い範囲で偏西風が吹いている。中緯度の対流圏上層で，偏西風の強い部分をジェット気流とよぶ。

亜熱帯ジェット気流は，緯度30°付近，高度12〜15km付近に強風軸があり，比較的変動が少ない。風速は，冬季に強まって30m/s程度になり，ときには100m/sに達する。単にジェット気流というときは，この亜熱帯ジェット気流を指す。

亜熱帯ジェット気流の高緯度側に，寒帯前線ジェット気流が生じることがある。寒帯前線ジェット気流は変動が激しく，長期間の平均では認めにくい。

図の青い部分は西風，赤い部分は東風を示す。西風の強風軸がジェット気流(亜熱帯ジェット気流)である。寒帯前線ジェット気流はこの図には表れていない。

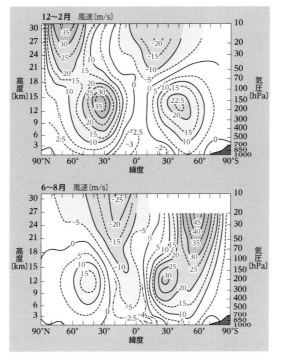

+α プラス 空路と偏西風

成田とロサンゼルスを結ぶ航空機の航路は，往路と復路で，所要時間が大きく異なり，その差は2時間10分にもなる(冬季)。このような違いが生じるのは，中緯度上空を偏西風が吹いているためである。一般に，航空機は，2地点の最短距離(赤)を飛ぶが，偏西風帯では，多少遠回りをしても偏西風を利用した方が有利なため，緑のルートを飛ぶ。偏西風の位置は季節によって変動するため，それに合わせて飛行ルートも変更される。

TOPIC トピック コロンブスの航海

1492年，コロンブスは大西洋を横断し，バハマ諸島に到達した。当時(大航海時代)の船は，主に帆船であり，風を巧みに利用した航海が行われていた。コロンブスは，スペインを出発すると，アフリカ大陸の沿岸沿いに南下し，そこから北東貿易風(東風)を利用して，大西洋を短期間で横断することに成功した。帰路は，北上して偏西風帯に入り，西風に乗ってスペインへ帰還した。

コロンブスの帆船(復元)

豆知識 大航海時代を支えた技術に羅針盤(航海に用いる方位磁石)がある。方位磁石は中国の古い書物に登場するが，ヨーロッパで普及したのは12世紀を過ぎたころである。15世紀以降の大航海時代には，羅針盤によって方位を，天体観測によって緯度を求めていた。

1 高層の天気図

上空の気象を表した天気図を**高層天気図**という。地上天気図では，等圧線で気圧の分布を表すのに対し，高層天気図では，等高度線（等圧面等高線）で表す。等圧面の高度が高い部分が高気圧，低い部分が低気圧である。上空の風は，地衡風として等高度線と平行に吹いている。高層は日射や地形などの影響を受けにくいため，偏西風のような，地理的・時間的スケールの大きい大気の運動を解析するのに適している。

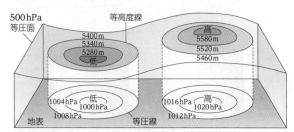

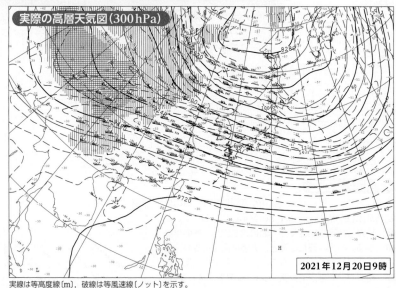

実際の高層天気図（300hPa）

2021年12月20日9時

実線は等高度線〔m〕，破線は等風速線〔ノット〕を示す。

気象庁で発表されている主な高層天気図

天気図の名称	等値線（等値線の間隔）	主な利用目的
アジア850hPa天気図	等高度線（1500mを基準に60mごと），等温線（3または6℃）	前線や気団の解析，下層の大局的な風系の解析
アジア700hPa天気図	等高度線（3000mを基準に60mごと），等温線（3または6℃）	降水現象の解析
アジア500hPa天気図	等高度線（5400mを基準に60mごと），等温線（3または6℃）	地上低気圧の発生や発達および移動の予報
アジア300hPa天気図	等高度線（9000mを基準に120mごと），等風速線（20ノット*）	ジェット気流の解析，圏界面の状態の解析，長期予報

＊1ノット＝0.514m/s

2 偏西風波動

偏西風が吹くしくみ

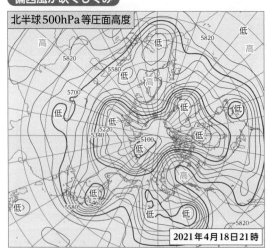

北半球500hPa等圧面高度

2021年4月18日21時

上空の大気の温度は，低緯度で高く高緯度で低い。このため，上空の気圧も低緯度で高く高緯度で低くなっており，中緯度では低層から高層まで西風が吹いている。これが偏西風である。低緯度と高緯度の温度差（温度傾度）が大きくなると，大気はいくつもの渦を伴って蛇行して流れ，温度傾度を弱めようとする。こうして起こる波動が**偏西風波動**である。

偏西風波動は，中緯度における南北間のエネルギー輸送の重要な担い手の1つである（»p.73）。

偏西風波動とエネルギー輸送

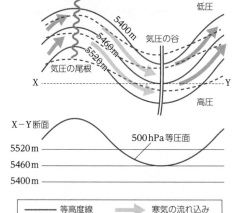

X－Y断面

500hPa等圧面

| | 等高度線 | | 寒気の流れ込み |
| 等温線 | | 暖気の流れ込み |

偏西風波動によって，等高度線が低圧側へ張り出しているところを**気圧の尾根**，高圧側へ張り出しているところを**気圧の谷**という。上空の風は地衡風となっているため（»p.75），偏西風は等高度線と平行に吹いている。等高度線の間隔が狭いほど気圧傾度が大きく，強い風が吹いている。

等高度線と等温線が交差しているところでは，偏西風は，低温側から高温側へ，あるいは高温側から低温側へ移動しながら吹いており，エネルギー輸送が行なわれている。エネルギー輸送は，特に，気圧の谷の西側と東側で活発である。

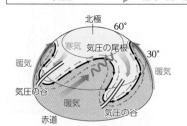

偏西風波動のモデル図

寒気が低緯度側に張り出しているところが気圧の谷，暖気が高緯度側へ張り出しているところが気圧の尾根に相当する。

豆知識 偏西風の蛇行が小さいとき，これを東西流型であるという。一方，蛇行が大きいときは，南北流型であるという。偏西風の南北の流れが大きいときほど，熱輸送が活発である。

3 偏西風と温帯低気圧

偏西風波動と温帯低気圧

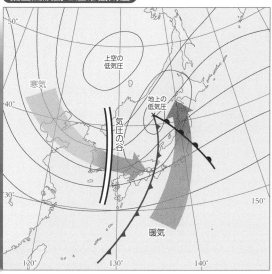

偏西風の蛇行が大きくなり，気圧の谷が深まると，気圧の谷の西側では北からの寒気の流入，東側では南からの暖気の流入が活発になる。同時に，低気圧性の回転（北半球では左回り）が生じ，温帯低気圧が発生する。気圧の谷の軸は，上空へ行くほど西に傾いているため，地上天気図の低気圧は，上空の気圧の谷のやや東側に現れる。

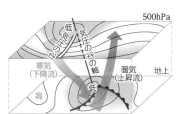

偏西風波動の移動

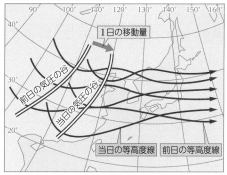

偏西風波動の波長は2000～3000kmあり，平均して1日に10°程度東へ移動する。これは，日本付近で約1000kmに相当する。温帯低気圧や移動性の高気圧が西から東へ移動するのは，偏西風波動の移動を反映している。

4 成層圏・中間圏の気象

成層圏の循環の南北断面図

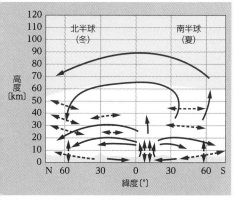

実線は子午線面循環，破線は混合運動の特徴的な方向，水色の部分は小規模な流れによる混合域を表す。

1月の平均温度〔K〕の南北断面図

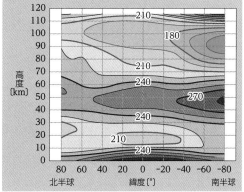

高度70km以上
南極が低温，北極が高温になっている。これは，南極では上昇流による温度低下（断熱膨張），北極では下降流による温度上昇（断熱圧縮）が生じるためである。
高度20～60km
南極の温度が最も高い。これは，南半球の極に近い領域では，太陽が沈まないため日射量が多く，オゾンの紫外線吸収による加熱が大きいためである。
高度10～20km
赤道域の温度が最低で，高緯度では高くなっている。これは，赤道域がハドレー循環の上昇域であることの影響である。

成層圏準2年周期振動

赤道域の成層圏の下部では，西風と東風が入れかわっている。東風から次の東風までの周期は，年によって異なり，平均すると26か月である。これを**成層圏準2年周期振動**とよぶ。このような変動は，対流圏に現れた超長波の波動が，成層圏まで伝わって生じたものと考えられている。

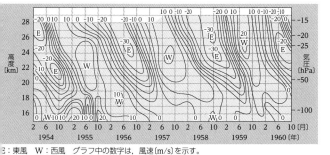

E：東風　W：西風　グラフ中の数字は，風速〔m/s〕を示す。

カントン島（南緯2°，西経171°）における月平均東西風の時間と高度による変化

実験　偏西風波動のモデル実験

準備 円形の水槽を用意し，中心部に冷水，周辺部に温水を入れる。
方法 スピードを変えて，水槽全体を回転させる。
結果 ゆっくり回転させると，ハドレー循環のような鉛直循環が現れる。回転を速めると，中緯度に発生する偏西風と同様の波動を観察できる。写真では，3波長型の波動が現れている（波動の形がわかりやすいように黄線を書き加えてある）。

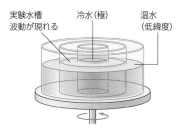

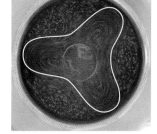

豆知識 成層圏は，上層ほど温度が高く安定である。かつては，上昇流や下降流は，ほとんど存在しないと考えられていたが，実際には上下の混合があり，風も吹いている。代表的な風に，成層圏偏東風や成層圏偏西風がある。

1 高気圧と低気圧 基礎

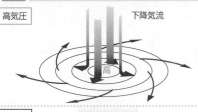

高気圧　下降気流

低気圧　上昇気流

高気圧では中心に下降気流があり，地上では周囲に吹き出す。低気圧では中心に上昇気流があり，地上では風が吹き込む。

高気圧の種類

背の高い高気圧

ハドレー循環（》p.76）によって，赤道低圧帯で上昇した大気は，緯度20°～30°で下降気流となる。これを地上で見ると高気圧となり，高さが圏界面まで達していることから，背の高い高気圧とよばれる。
例：太平洋高気圧（小笠原高気圧）など。

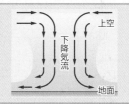

上空　下降気流　地面

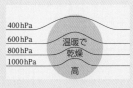

400 hPa　600 hPa　800 hPa　1000 hPa　温暖で乾燥　高

背の低い高気圧

放射冷却で地表が冷えると，そこに接する大気が冷やされ，密度が大きくなり，周囲に冷たく乾いた空気を吹き出す高気圧となる。高さは2～3km程度と低い。
例：冬のシベリア高気圧など。

寒気

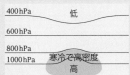

400 hPa　低　600 hPa　800 hPa　1000 hPa　寒冷で高密度　高

移動性高気圧　温帯低気圧と交互に発生して，低気圧とともに東へ移動する。日本付近では，春と秋に多く発生する。

ブロッキング高気圧　偏西風波動から切り離された高気圧で，強風軸に挟まれたところなどに生じる。動きが遅く，特定の気圧配置（梅雨など）を継続させる。例：オホーツク海高気圧など。

2 温帯低気圧の一生 基礎

偏西風の蛇行が大きくなると，南側の暖気は，上昇しながら北側へ流入し，北側の寒気は，下降しながら南側へ流入するようになる。前者が**温暖前線**，後者が**寒冷前線**となり，**温帯低気圧**が発生する。温帯低気圧は，南北の暖気と寒気を交換しながら発達する。温帯低気圧のエネルギー源は，南北の大気の温度差である。寒冷前線が温暖前線に追いつくと**閉塞前線**となる。南側の暖気がなくなると，低気圧は衰退し，消滅する。

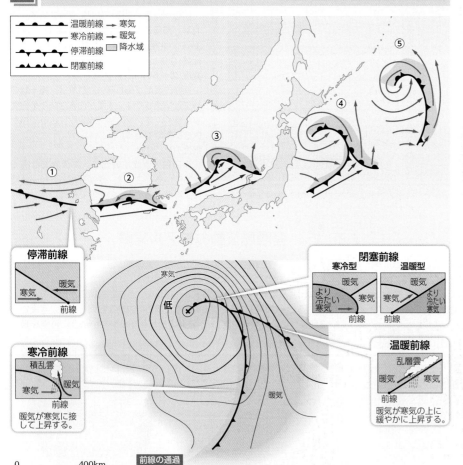

凡例：
温暖前線　→寒気
寒冷前線　→暖気
停滞前線　降水域
閉塞前線

①②③④⑤

停滞前線　寒気／暖気　寒気／暖気　前線

閉塞前線　寒冷型：暖気／より冷たい寒気→／寒気／前線　温暖型：暖気／寒気／より冷たい寒気／前線

寒冷前線　積乱雲／寒気／暖気／前線　暖気が寒気に接して上昇する。

温暖前線　乱層雲／暖気／寒気／前線　暖気が寒気の上に緩やかに上昇する。

低　寒気　暖気

0　400km
※スケールは，おおよその大きさを表す。

前線の通過
寒冷前線…にわか雨が降るとともに北寄りの風に変化し，気温は低下する。
温暖前線…弱い継続的な雨が降り，前線の通過後は南風になり，暖かくなる。

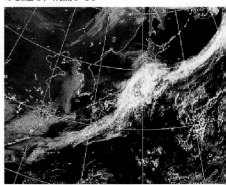

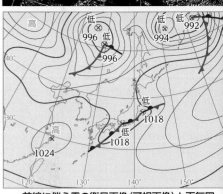

高　低 996　低 996　低 996　低 994　低 992　高　低 1018　低 1018　1024

前線に伴う雲の衛星画像（可視画像）と天気図
2011年4月9日9時

豆知識　「夕焼けの次の日は晴れ」ということわざがある。夕焼けは，西の空にほとんど雲がないときに見えることから，温帯低気圧と移動性の高気圧が交互に通過する春と秋は，このことわざがあたる場合が多い。

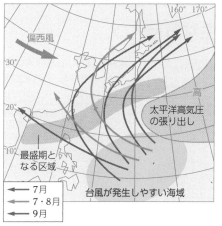

-70℃ - 15km
-35℃ - 10km
0℃ - 5km

台風の目
壁雲
→ 風の流れ

0　100　200　300　400km

台風の月別経路（7〜9月）

偏西風
太平洋高気圧
の張り出し
高
最盛期と
なる区域
台風が発生しやすい海域

← 7月
← 7・8月
← 9月

台風は，北緯5°〜20°付近の海域で発生し，太平洋高気圧の西側に沿って北上する。やがて，偏西風帯に入り，向きを変えて（転向点），速度を上げながら東へ移動するようになる。

季節によって，太平洋高気圧の張り出しと偏西風の吹く緯度が変化するため，それに伴って転向点の位置も変わっていく。

　熱帯低気圧のうち，東経180°よりも西の北太平洋にあり，最大風速が17.2m/s（34ノット）以上に発達したものを台風という（▶p.202）。台風のエネルギー源は，暖かい海水から供給された水蒸気のもつ潜熱である。台風の下層では，中心に向かって，左回りに回転しながら風が吹き込んでおり，高度2000m付近で風速が最大となる。対流圏上層では，台風の中心から右回りに風が吹き出している。台風の中心部は，下降流があり，雲が少なくなっている。これを台風の目とよぶ。目を囲む壁雲は，多くの積乱雲からなり，活発な上昇流を伴う。台風は上陸したり，冷たい海域に入ると，水蒸気の供給が止まり，急速に衰える。

台風の強さと大きさの階級

階級	最大風速
強 い	33m/s（64ノット）以上〜44m/s（85ノット）未満
非常に強い	44m/s（85ノット）以上〜54m/s（105ノット）未満
猛烈な	54m/s（105ノット）以上

階級	風速15m/s以上の半径
大　型（大きい）	500km以上〜800km未満
超大型（非常に大きい）	800km以上

＋α プラス　ハリケーンとサイクロン

　日本では，熱帯低気圧が発達したものを台風とよぶが，この名称は地域によって異なる。たとえば，北大西洋，カリブ海，メキシコ湾および経度180度線よりも東の北東太平洋で発生し，最大風速が約33m/s以上になったものはハリケーン，ベンガル湾やアラビア海などの北インド洋で発生したものはサイクロンとよばれる。ハリケーンが経度180度線を超えて西側に侵入し，台風に名称が変わることもある（越境台風）。

台風の進路（2003年 台風14号）

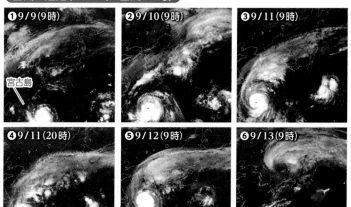

❶9/9（9時）　❷9/10（9時）　❸9/11（9時）
宮古島
❹9/11（20時）　❺9/12（9時）　❻9/13（9時）

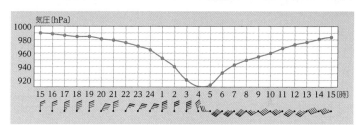

気圧〔hPa〕
1000　980　960　940　920
15 16 17 18 19 20 21 22 23 24 1 2 3 4 5 6 7 8 9 10 11 12 13 14 15〔時〕

台風14号の通過による宮古島の気圧，風の変化（2003年9月10日）

整理　温帯低気圧と熱帯低気圧

温帯低気圧と熱帯低気圧（台風）では，一般に，熱帯低気圧（台風）の方が中心付近の風速は大きい。しかし，水平スケールは，熱帯低気圧（台風）が1000km以下の現象であるのに対して，温帯低気圧は2000km程度と大きい。

	温帯低気圧	熱帯低気圧（台風）
等圧線の形	東西にのびた楕円形。前線を横切るところで弱く折れ曲がる。	同心円状。中心部に近づくと急激に間隔が狭くなる。
前線	寒冷前線，温暖前線を伴う。	前線を伴わない。中心部に暖気核がある。
エネルギー源	南北の大気の温度差。	海水から供給された水蒸気のもつ潜熱。
発生する時期	季節を問わず1年中発生する。	夏から秋にかけて多く発生する。
発生する場所	中緯度の偏西風帯。	緯度5°〜20°付近の海上。
水平スケール	1000〜2000km程度。	主に1000km以下。
降水域	温暖前線の前面および寒冷前線付近。低気圧の中心付近。	中心部の壁雲およびその外側を取り巻く渦状の積乱雲。

豆知識　地球以外の惑星にも台風のような渦がある。木星の大赤斑は，長径が25000kmに達する巨大な渦で，300年間その形を保ち続けているといわれている。最近の研究で，大赤斑のエネルギー源は，木星内部の熱であることが明らかになった。

1 日本付近の主な気団 基礎

シベリア気団
寒冷・乾燥

オホーツク海気団
低温・湿潤

小笠原気団
高温・湿潤

地表近くに大気が長く停滞すると，気温や水蒸気量がほぼ一様な空気塊が形成される。これを**気団**という。

気 団	特 徴	対応する高気圧
シベリア気団	冬の北西の季節風として日本列島に来る。日本海を通過する際に変質して湿潤になり，日本海側に雪を降らせる。	シベリア高気圧
オホーツク海気団	冷たく湿潤な気団である。この気団の勢力が強い年は，東北日本で冷夏が起こりやすい。	オホーツク海高気圧
小笠原気団	日本の夏に特有の高温多湿の気候は，この気団の性質による。	太平洋高気圧

2 冬の季節風と筋状の雲 基礎

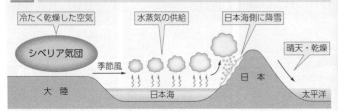

冷たく乾燥した空気 シベリア気団
水蒸気の供給
日本海側に降雪
晴天・乾燥
季節風
大 陸 日本海 日 本 太平洋

日本海に発生した筋状の雲（2023年1月25日）

西高東低の冬型の気圧配置になると，シベリア高気圧から寒気（冬の季節風）が吹き出す。この寒気は低温で乾燥しているが，暖かな日本海の上空を吹く間に熱と水蒸気の供給を受け，湿った不安定な大気へと変化していく。これを**気団変質**という。海上では活発な対流が生じ，**筋状の雲**が発生する。

寒気が強まるほど，筋状の雲の離岸距離（大陸の海岸線からの距離）が小さくなる。水蒸気を多く含んだ不安定な大気は，日本海側に大雪をもたらす。

+α プラス
日本海寒帯気団収束帯（JPCZ）

シベリア高気圧から吹き出した寒気が，長白山脈によって二分され，日本海付近で収束するとき，日本海北西部から日本列島まで伸びる帯状の雲域が形成されることがある。これを日本海寒帯気団収束帯（JPCZ）とよぶ。この収束帯は，長さが1000km程度にも及び，同じ位置に停滞して次々と雲雲を供給する。そのため，風下の日本海沿岸だけでなく，太平洋側の地域にまで豪雪の被害をもたらすことがある。

寒気
長白山脈

3 フェーン現象

山越えをした気流の温度が上昇する現象をフェーン現象とよぶ。フェーン現象には，降水を伴う湿ったフェーンと，降水を伴わない乾いたフェーンがある。

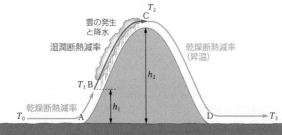

T_2
C
雲の発生と降水
湿潤断熱減率
乾燥断熱減率（昇温）
T_1 B
h_2
h_1
乾燥断熱減率
T_0 A
D T_3

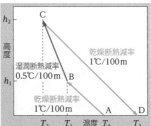

h_2
C
高度
湿潤断熱減率 0.5℃/100m
乾燥断熱減率 1℃/100m
h_1
B
乾燥断熱減率 1℃/100m
A
T_2 T_1 T_0 温度 T_3 D

A点を0mとするとき，B，C，D地点における温度は，次のように表すことができる。

$$T_1 = T_0 - \frac{h_1}{100} \times 1$$

$$T_2 = T_1 - \frac{h_2 - h_1}{100} \times 0.5$$

$$T_3 = T_2 + \frac{h_2}{100} \times 1$$

温度 T_0〔℃〕，露点 T_d〔℃〕の空気塊が斜面を上昇すると，高度 h_1〔m〕で雲が発生する。このときの高度を**凝結高度**といい，およそ，$h_1 = 125(T_0 - T_d)$である。

山を昇る空気塊の温度は，AからBまでは，乾燥断熱減率（1℃/100m）で低下していく。Bで雲が発生し降水を伴うと，潜熱の放出によって，BからCまでは，湿潤断熱減率（0.5℃/100m）になる。山頂を越え，CからDまで下るときは乾燥断熱減率（1℃/100m）で温度が上昇し，風下側のDには，高温で乾燥した空気が吹き下りる。フェーン現象の熱源は，水蒸気のもつ潜熱である。

フェーン現象の例

2019年5月26日，北海道東部の佐呂間町では最高気温39.5℃を記録した。これは，日中の強い日差しに加え，大陸から吹き込んだ上空の暖気が山を越えて，フェーン現象が生じたことが原因であると考えられる。

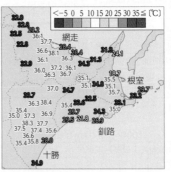

豆知識 フェーンの名称は，アルプスを越えて吹き下ろす乾いた暖かい風がその由来である。また，日本で発生するフェーン現象の多くは，乾いたフェーンによるものである。

+α 気象観測

気象台では，地上の気圧・気温・湿度・風・降水量などの地上気象観測のほか，目視による天気や雲の観測，植物や動物の状態が季節によって変化する現象についても観測している。

アメダス

アメダス（AMeDAS：, Automated Meteorological Data Acquisition System）は，気象庁の無人観測施設「地域気象観測システム」の略称である。

国内約1300か所（平均間隔は約17km）に設置され，1974年に運用が開始された。降水量，風向，風速，気温，湿度に加えて，雪国では，積雪の深さを自動で観測し，10分ごとに観測値を気象庁に送信している。

風向・風速計 / 湿度計・温度計 / 雨量計 / 越廼観測所（福井県）

雨量計

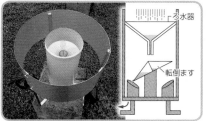
ろ水器 / 転倒ます

温度計・湿度計

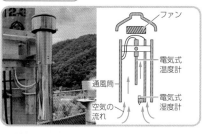
ファン / 電気式温度計 / 通風筒 / 電気式湿度計 / 空気の流れ

風向・風速計

風車式 / 超音波式

2021年以降，風車式から超音波式へ順次更新されている。

ラジオゾンデ

ヘリウムまたは水素を入れた気球に，気圧，気温，湿度などを自動的に測定する機器を付け，飛揚させる。気球は，観測を行いながら，毎分約300mの速さで，およそ高度30kmまで上昇する。観測データは無線で地上に送信される。

ラジオゾンデによる観測は，国際的な取り決めによって，1日2回，世界時の0時と12時（日本時間の9時と21時）に行われている。国内の観測地点は17地点（南極昭和基地を含む）である。

気象レーダー

アンテナから発射された電波が，雨や雪に反射して戻ってくる際の，遅れや強度（レーダーエコー）から，雨や雪の強さを観測する。最新のドップラーレーダーでは，戻ってきた電波の周波数のずれ（ドップラー効果）から，雨や雪の動きを観測することができる。観測範囲は数百kmである。

石垣島地方気象台（沖縄県）

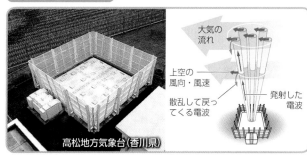
気象庁のレーダー配置図（2022年6月現在）

ウィンドプロファイラ

高松地方気象台（香川県）
大気の流れ / 上空の風向・風速 / 散乱して戻ってくる電波 / 発射した電波

地上から上空に向けて電波を発射し，大気の流れによって散乱され，戻ってくる電波を解析することで，上空の風向・風速を測定する。

気象衛星

気象衛星には，「ひまわり」などの静止軌道衛星と，「NOAA」などの極軌道衛星がある。これらは，可視，赤外，水蒸気など，複数の波長領域で大気を観測している。2022年12月からは，ひまわり9号が観測を行っている。

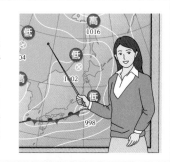
ひまわり8号・9号

第3章 大気と海洋

TOPIC 気象予報士

気象予報士は，1993年の気象業務法の改正によって創設された国家資格である。気象予報士の受験資格に制限はなく，年齢，学歴を問わず受験できる。気象予報は，災害の予防や人命の救助など，公共の福祉に大きく関ることから，無資格者が勝手に予報業務を行うことは禁じられている。

近年，経営判断やマーケティングなど，気象分析が必要な仕事に携わる気象予報士が増えている。たとえば，エアコンや衣類の売り上げは，気候によって大きく左右される。物流の世界では，海上の天候によって船舶の航路を大きく変える必要がある。ある有名なテーマパークでは，毎夜花火を打ち上げているが，この花火は，必ずお城の真上で開くように，あらかじめその日の風向を予測して打ち上げ場所を決めている。子どもの夢をつくるイベントにも気象予報士が関わっている。

豆知識 気象観測は，陸上だけでなく海洋でも行われている。現在，気象庁は2隻の観測船を保有している。さらに，無人で観測を行う海洋ブイや，他省庁や民間の調査船，観測船，商船などが観測した気象データも利用している（p.88）。

冬

2021年1月1日

地上天気図

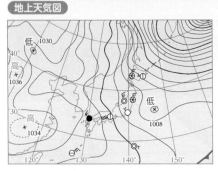

大陸のシベリア高気圧が強く張り出し，東方海上で発達した温帯低気圧とともに，西高東低の冬型の気圧配置をつくる。地上天気図の等圧線は，南北に密に並び，北西の季節風が強く吹く。

シベリア高気圧は，本来冷たく乾いた気団であるが，風となって日本海を通過する際に，海水から熱と水蒸気の供給を受けて湿潤な性質に変化する（変質）。この季節風が，日本海側に大量の雪を降らせる。太平洋側では，北西のからっ風となり，晴天が続いて空気が乾燥する。

高層天気図（500hPa）

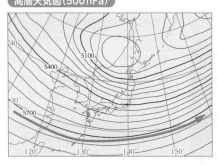

春（秋）

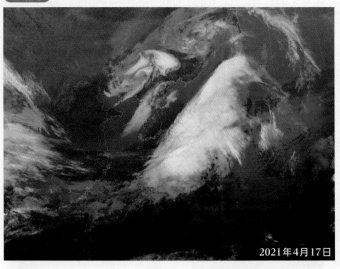

2021年4月17日

地上天気図

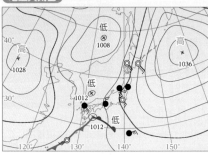

偏西風の波動が弱まると，移動性高気圧と温帯低気圧が日本付近を交互に通過するようになり，天気は周期的に変化する。

これらの高気圧や低気圧の移動する速さは，1日あたりおよそ1000kmであり，偏西風波動の東進と関係している。こうした特徴は，秋の天気の場合もほぼ同様である。

冬の終わりに，大陸のシベリア高気圧が弱まり，発達した温帯低気圧が日本海を通過するようになると，南寄りの強い風が吹く。立春のあとで最初に吹く，強い南風を春一番とよぶ。

高層天気図（500hPa）

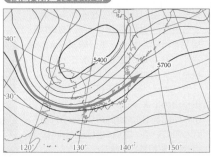

＋α プラス 山雪型と里雪型

冬の日本海に降る雪は，山雪型と里雪型という2つのパターンがある。

山雪型

冬型の気圧配置が強まると，南北方向の等圧線が密に並ぶようになる。北西の季節風が強まり，日本海で発生した雲が脊梁山脈にぶつかり，山間部に大雪を降らせる。

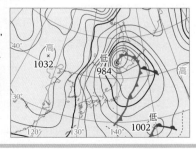

里雪型

日本海の上空に強い寒気が南下すると，日本海が気圧の谷になり，等圧線の間隔が広がって袋状になる。山雪型のときよりも風は弱まるが，大気は不安定で，海岸や平野部にも大雪を降らせる。

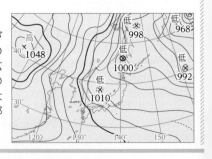

豆知識　日常生活では，3月中旬ごろから春の到来を感じ始めるが，天気図上では，その1か月前ごろから，春の気圧配置が現れるようになる。暖かい日と寒い日を数日ごとにくり返し，全体的に暖かくなって春になる。このような気候の変化のようすを三寒四温とよぶ。

梅雨（秋雨）

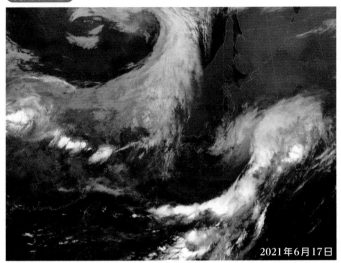

2021年6月17日

夏

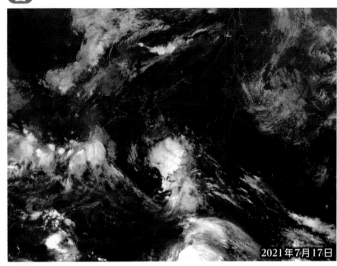

2021年7月17日

地上天気図

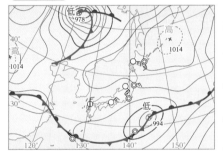

高層天気図（500hPa）

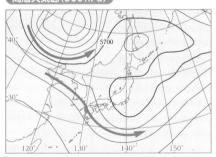

梅雨

インド洋のモンスーンが吹き始める。モンスーンは，チベット高原を越えることができず，高原の南西を迂回する。この気流が，高原の北を流れる乾いた偏西風と合流して，梅雨前線が形成される。

北にはオホーツク海高気圧が形成され，この高気圧がブロッキング高気圧となり，梅雨前線の停滞が長期間持続する。やがて，太平洋高気圧が強まると，梅雨前線は押し上げられて梅雨明けとなる。

秋雨

夏の暑さをもたらした太平洋高気圧が次第に弱まり，シベリア高気圧との間に秋雨前線が生じる。

地上天気図

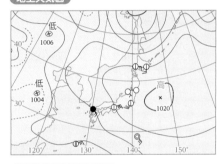

高層天気図（500hPa）

太平洋高気圧（小笠原高気圧）が広く張り出し，日本列島を覆うようになる。太平洋高気圧は，ハドレー循環の亜熱帯高圧帯に対応する背の高い高気圧である。日本列島は，高温・多湿となり，晴天が続く。

8月中旬の旧盆を過ぎるころになると，大陸から上空の寒気が南下するようになるため，大気の状態が不安定になり，夕立や雷が発生しやすくなる。また，南シナ海付近では台風が発生し，北上して日本列島に接近することが多くなる（» p.81）。

SKILL スキル　**衛星画像の読み取り方**

可視画像

2022年7月7日9時

雲や地表面による太陽光（可視光線）の反射を観測した画像。

発達した雨雲は太陽光を強く反射し，厚みもあるため白く写る。夜間は反射がないため，雲は可視画像に写らない。

赤外画像

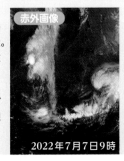

2022年7月7日9時

雲や地表面，大気から放射される赤外線を観測した画像。

温度が低いほど白く表示されている。高度がごく低い雲や霧は，温度が地表面や海面とほぼ同じため，灰色や黒色で示される。

水蒸気画像

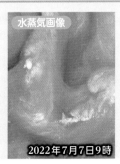

2022年7月7日9時

赤外画像の一種で，大気中の水蒸気と雲からの赤外放射を観測した画像。

雲がない場所でも，対流圏上・中層のわずかな水蒸気からの放射を観測できる。水蒸気が多いと白く，少ないと黒く示され，上空の大気の湿り具合がわかる。

豆知識　暦の「立春」は，「これ以上寒さが厳しくなることはないので，これから先は次第に暖かくなって春に向かう」という意味であり，1年のうちで最も寒い時期にあたる。「立春だというのに寒い」という表現は適切ではない。

☂ 降水をもたらす雲

☁ 十種雲形

　雲は，その形によって10種類に分類される。これを十種雲形という。
それぞれの雲は，現れる高度がほぼ決まっている。

☁ 巻雲
刷毛で掃いたような雲

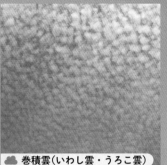
☁ 巻積雲（いわし雲・うろこ雲）
小さな雲が集まってできた雲

☁ 巻層雲
薄いベール状の雲

積乱雲（入道雲・かなとこ雲）☁
雄大にそびえたつ雲

☁ 積雲（わた雲）
ちぎった綿のような雲

☁ 高積雲（ひつじ雲・まだら雲）
塊状の雲が集まってできた雲

☁ 高層雲
ぼんやりとした雲

```
km
巻雲          巻積雲
             巻層雲
10
高積雲   積乱雲   高層雲
5              積雲
乱層雲    層積雲
         層雲
0
```

☂ ☁ 乱層雲（雨雲）
雨や雪を降らせる雲

☁ 層積雲
低いロール状の雲

☁ 層雲
低いベール状の雲

名　称		記号	出現高度*	温度*
上層雲	巻雲　Cirrus	Ci	5〜13km	−25℃以下
	巻積雲　Cirrocumulus	Cc		
	巻層雲　Cirrostratus	Cs		
層状雲	高層雲　Altostratus	As	2〜7km As：中層が多いが上層まで広がることもある。	0〜−25℃
	高積雲　Altocumulus	Ac		
下層雲	層積雲　Stratocumulus	Sc	地面付近〜2km	−5℃以上
	層雲　Stratus	St		
	乱層雲　Nimbostratus	Ns	雲底は普通下層にあるが，雲頂は中・上層まで達していることが多い。	
対流雲	積雲　Cumulus	Cu	0.6〜6kmまたはそれ以上	
	積乱雲　Cumulonimbus	Cb	雲底は普通下層にあるが，雲頂は上層まで発達している。12kmにのびることがある。	−50℃（雲頂）

＊雲の出現高度と温度は，中緯度地方での目安。

⛰ 山の影響による雲

　風が山を越えるときに波動が生じ，風が波打つことがある。その際，笠雲やつるし雲など，さまざまな形の雲が現れる。このような雲は，大気中の水蒸気量が多いときに発生しやすいといわれている。

```
山頂を越えた風が波打つ（定常波）
上昇気流
山体を回り込んだ風が
上昇気流をつくる
```

笠雲

つるし雲

豆知識　雲の形は，主に，大気の鉛直方向の運動によって決まる。大気中に生じた波動によって，上下に動かされた空気の上昇部分で発生した波状雲には巻積雲，巻層雲，高積雲などがある。大気が不安定なときは対流による上昇流が活発になり，積雲や積乱雲が生じる。

◈ 大気による光学現象

◆ 環水平アーク

環水平アークは，空中の氷晶が光を屈折させることによって生じる。太陽高度が58°以上のときにしか出現しない。水平弧や水平環ともよばれる。(長野県八ヶ岳)

◆ 蜃気楼

空気中を伝わる光の速さは，温度が低いほど遅くなる。暖かい空気と冷たい空気の境界では，光の速さの違いから屈折が起こる。これが原因となって，物体が浮き上がって見えたり，変形して見える現象が蜃気楼である。写真は，冬季に東京湾に現れた蜃気楼である。

◆ 大気差

天体からの光は，地球の大気によって屈折する。このため，天体の見かけの位置は，真の位置よりもわずかに浮き上がって見える。これを大気差という。大気差は，天体が低空にあるほど強く現れ，日の出の太陽は変形して見える。波長による屈折率の違いから，金星の色が上下にずれて見えるのも，大気差の影響によるものである。

日の出

金星

◆ 虹

虹は，空中の雨滴が光を分散させることによって生じる。主虹は，太陽−雨滴−観測者の角度が40°〜42°，外側の弱い副虹は，51°〜53°で生じる。主虹と副虹では，色の並びが逆順になっている。

◆ ブロッケン現象

ブロッケン現象は，山岳で見られる現象として知られる。雲粒によって光が散乱され，太陽を背にして立つ人の影に，虹のような光の輪が現れる。光の輪は，内側が青で外側が赤になる。川霧などで見られることもある。(山梨県南アルプス市)

◆ 幻日

太陽の左右に見える明るい点を幻日という。幻日は，雲をつくる氷晶がプリズムの働きをして，太陽光を屈折させることによって生じる。月でも同様の現象が起こる(幻月)。(神奈川県川崎市)

❄ 低温の世界

❄ ダイヤモンドダスト

ダイヤモンドダスト(細氷)は，大気中の水蒸気が昇華し，氷の結晶がゆっくりと降下する現象である。氷点下10℃以下の，寒い晴れた日に現れやすい。ダイヤモンドダストが降下する際に，太陽光を反射し，太陽柱が見えることもある。

❄ 雪

雪の結晶の形は，周囲の空気の温度と湿度によって決まる。

❄ 霜

霜は，地上付近の気温が0℃以下の状態で露点に達したとき，大気中の水蒸気が氷となってできる。霜をルーペで拡大すると，さまざまな形の氷の結晶を観察できる。

人物 中谷宇吉郎 1900〜1962

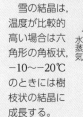

石川県出身の物理学者。北海道大学で長く教鞭をとった。1936年，世界で初めて，実験室内で雪の結晶をつくることに成功し，雪の形成条件や形成過程などを明らかにした。

また，文筆家としても知られ，自著の中に「雪は空から送られた手紙である」という有名な一文を残している。

雪の結晶は，温度が比較的高い場合は六角形の角板状，−10〜−20℃のときには樹枝状の結晶に成長する。

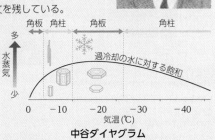

中谷ダイヤグラム

豆知識　−20℃以下の水蒸気が過飽和になった空気の中で，梱包に使う気泡緩衝材(通称ぷちぷち)を破裂させると，ダイヤモンドダストを再現できる。これは，気泡緩衝材の破裂が水蒸気の昇華を誘発するためと考えられている。

11 海水の性質
Properties of seawaters

1 海水の成分 基礎

地球の表層の7割は海洋であり，地表上の水は約97.5％が海水として存在する。

海水中の主なイオンの割合

Mg²⁺3.69% Ca²⁺1.16%
SO₄²⁻ 7.68% K⁺ 1.10%
Na⁺ 30.61% Cl⁻ 55.04%

溶存イオン	濃度〔g/kg〕
塩化物イオン Cl⁻	18.98
ナトリウムイオン Na⁺	10.56
硫酸イオン SO_4^{2-}	2.65
マグネシウムイオン Mg^{2+}	1.27
カルシウムイオン Ca^{2+}	0.40
カリウムイオン K⁺	0.38
炭酸水素イオン HCO_3^-	0.14
臭化物イオン Br⁻	0.065
ホウ酸イオン $H_2BO_3^-$	0.026
ストロンチウムイオン Sr^{2+}	0.013
フッ化物イオン F⁻	0.001

海水に溶け込んでいるイオンのうち，最も多いものが**塩化物イオンCl⁻**，次いで**ナトリウムイオンNa⁺**である。この2つで85％程度を占めている。また，円グラフ中の6つのイオンで99％を占めている。

海水に含まれる陽イオンは，主に陸の岩石の風化によって，海に運ばれた成分である。一方，陰イオンは，陸の岩石の風化のほかに，火山活動などによって放出された成分である。Ca^{2+}を除くこれらのイオンの割合は，世界中どこの海水でもほぼ一定であり，海水がよく混合されていることを示している。

海水中の塩類

塩　類	質量%
塩化ナトリウム NaCl	77.93
塩化マグネシウム $MgCl_2$	9.59
硫酸マグネシウム $MgSO_4$	6.12
硫酸カルシウム $CaSO_4$	4.03
塩化カリウム KCl	2.11
臭化マグネシウム $MgBr_2$	0.22

ラパルマ島の塩田（スペイン）

海水1kg中に含まれるすべての塩類の質量を**塩分**という。塩分は平均すると35‰（パーミル）である。‰は，千分率であり，その数値が，1kgの海水に含まれる塩類の質量〔g〕に相当する。塩分を百分率で表せば，3.5％である。

最も多い塩類は，**塩化ナトリウム**で，次いで**塩化マグネシウム**，硫酸マグネシウムの順となっている。

海水を蒸発させると，塩化ナトリウムを主成分とする塩類が得られる。

＋α プラス 海洋観測

専用の観測船で，海水，生物，地質，大気，海底（●p.25）などの調査が行われている。このほか，観測塔や係留ブイ，ロボットを利用して観測する場合や，飛行機や人工衛星などを利用するものもあり，海洋観測の手法は多岐にわたる。

海流の調査

観測船
ADCP

ADCP（超音波流向流速計）
船底に設置されており，ドップラー効果を利用して，海流の流速や流向を測定できる。

海水の調査

ロゼット式採水システム
上下にふたのついた採水器が複数取り付けられている。底面にあるCTD＊によって，特定深度の海水の塩分・水温を測定する。

採水器
CTD

＊Conductivity（電気伝導度），Temperature（温度），Depth（水深）の頭文字をとったもので，海洋の水温，塩分（電気伝導度から計算）の深度分布が測定できる。

透明板

直径30cmの白く丸い板を沈め，視覚で確認できる最大の深さによって，透明度を測定する。

生物の調査

プランクトンネット
船を停めたり，走らせたりしながら，様々な海域や深度に生息するプランクトンなどの微生物を採集する。これらは，海洋生態系の研究に用いられる。

大気の調査

トライトンブイ
大型の海洋係留観測ブイによって，風，気温，湿度，気圧，雨量，日射を測定する。このブイでは，海面下の流れ，水温，塩分なども測定できる。
ドップラーレーダー（●p.83）も用いられる。

海洋観測船「望星丸」（東海大学）
様々な観測機器を搭載しているほか，採集した試料を分析・処理するための設備を備えている。

海底の調査

コアラー

中央部を拡大
採泥器

海底の堆積物中に，柱状の採泥器を挿入し，試料を採取する。

豆知識　塩化マグネシウムは，豆腐の凝固剤として使用される「にがり」の主成分である。海水が食塩水よりも苦いのは，塩化マグネシウムのためである。岩石分野で使われる「苦鉄質」の苦はマグネシウムを表している。

2 海面の水温分布 [基礎]

8月(1955〜2017年の平均)

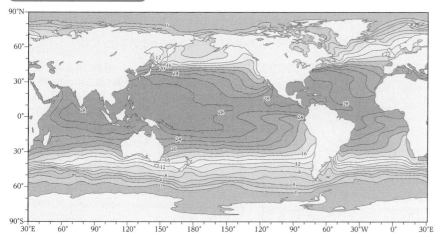

北半球の夏(8月)は，北半球で水温が上昇する。逆に，北半球の冬(2月)は，南半球で水温が上昇する。海面水温は海面における熱のやり取りで決まるため，太陽の熱を多く受ける低緯度で高温，高緯度で低温になっている。海水の氷点は−2℃で，これ以下では結氷するため，極地域でも−2℃以下にはならない。

> ### TOPIC 地球規模の海洋観測網
>
> 海洋全体の流れやその変化は，アルゴフロートとよばれる測定ロボットを利用して調べられている。アルゴフロートは，自動的に浮き沈みすることで，水温や塩分を深度ごとに測定できる。
>
> 現在，世界中の海で3000台以上が稼働しており，地球規模の海洋観測網が整備されている。
>
>
>
> アルゴフロート
>
>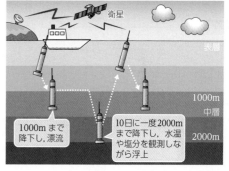
>
> 衛星 / 表層 / 1000m 中層 / 2000m
>
> 1000mまで降下し，漂流
>
> 10日に一度2000mまで降下し，水温や塩分を観測しながら浮上

2月(1955〜2017年の平均)

水温 ◁ [℃] 0 6 12 18 24 30

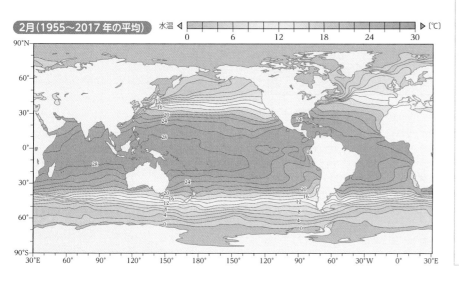

第3章 大気と海洋

3 海面の塩分分布

世界の表層塩分の分布

塩分 ◁ [‰] 31 32 33 34 35 36

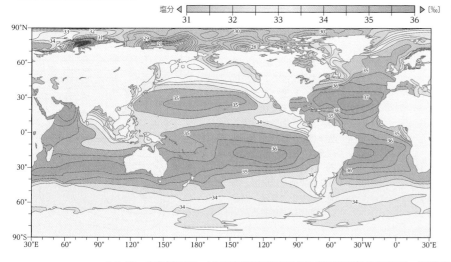

塩分の緯度変化

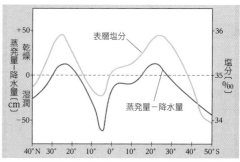

塩分は緯度20°〜30°付近で最も高い。この地帯は亜熱帯高圧帯(≫p.76)にあたり，晴天が多く，蒸発量が降水量を上回るため，塩分が高くなる。一方，赤道は熱帯収束帯にあたり，降水量が蒸発量を上回るため，塩分が低くなる。このほか，結氷や河川の流入量の影響によっても塩分は変わる。

豆知識　海水全体には，大気の約60倍に達する量の二酸化炭素が含まれている。この海水中と大気中の二酸化炭素量のバランスが，地球の気候に大きな影響を及ぼしている。

12 海洋の表層循環
Oceanic circulation of upper layer

1 海流 (基礎)

海洋には，水平方向と鉛直方向の循環がある。
海洋表層の海水は，各海域において，ほぼ一定の向きに流れている。この水平方向の動きを海流という。

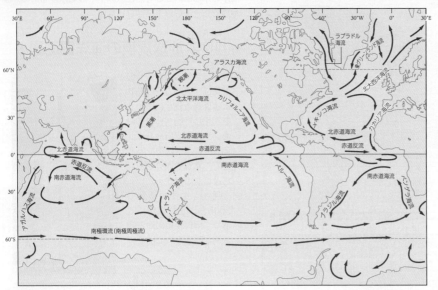

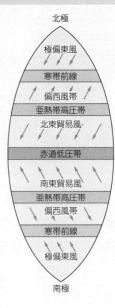

表層の海水は，海面上を吹く風によって引きずられる。このようにして起こる循環を**風成循環**という。風の影響があるのは，水深数百m程度までである。

貿易風帯では，東寄りの風のため，海水は西に流され，偏西風帯では，西寄りの風のため，東に流される。ただし，海陸分布や海面の高さなど，風以外の要因が働いている場合もある。

また，海流は，熱エネルギーを輸送し，気象や気候にも大きな影響を及ぼしている。

吹送流

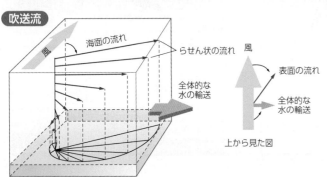

風によって生じる海水の流れを**吹送流**という。海水が風に引きずられると，転向力が働き，風向と海流の向きは一致しなくなる。北半球では20°〜40°右にずれていく。水深が深くなると，海流はさらに右に曲げられる。南半球では，転向力が逆向きに働き，左に曲げられる。このようならせん状の流れをエクマン吹送流とよぶ。

地衡流

海流には，地衡風(▶p.75)と同様に，水圧の差から生じる圧力傾度力と，転向力とがつり合って流れているものがあり，これを**地衡流**という。北半球では，地衡流の進行方向の右側で水位が高く，左側で低い。なお，南半球では，転向力が働く向きは逆になる。

たとえば，黒潮は地衡流であり，日本列島の太平洋側を北向きに流れるため，海水面は，西側(日本列島側)で低く，東側(太平洋側)で高くなっている。

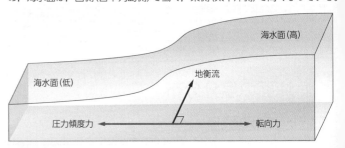

環流

北半球の海流の流れを考えると，海水は，吹送流として，偏西風の領域では南へ，貿易風の領域では北へ流される。北半球では，転向力によって右向きの力が働くため，中央部の水位が上昇する。中央部(高圧)とその周囲(低圧)の水圧差によって，圧力傾度力が働き，地衡流が時計回りに発生し，**環流**が形成される。

南半球では，転向力が逆向きに働き，同じ原理で反時計回りの環流が形成される。

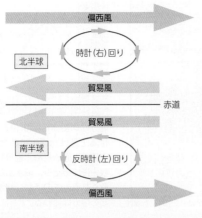

西岸強化

海水の循環は，転向力が一様に働く場合，図Aのようになる。しかし，実際は，緯度によって転向力が異なるため，図Bのように，海洋から見て西岸(陸から見ると東岸)に流れが集中し，速くなる。これを**西岸強化**という。西岸強化流には，黒潮，メキシコ湾流，ブラジル海流などがある。

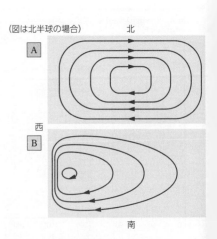

豆知識 「黒潮」は，栄養塩が少なくプランクトンが少ないため，透明度が高く，黒っぽい藍色に見えることから名付けられた。「親潮」は，栄養塩が豊富でプランクトンが多いため，魚類を育てる親となることからその名でよばれている。

2 黒潮 基礎

黒潮は，幅100km以上，深さ1000m以上に及ぶ。その流速は2m/sを超え，1秒間に約5000万tの水を運んでいる。

日本近海の海流

日本列島付近には，黒潮をはじめ，親潮，対馬海流，リマン海流などがある。

海流の平均流速は，数十cm/sであるが，黒潮は2m/s以上に達する流速の大きい海流である。世界的にも有名で，英語でも"Kuroshio"と訳される。

黒潮の流れ（2010年7月平均）

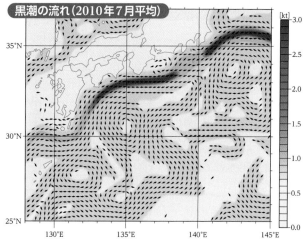

矢印は海水の流れの方向，青色の濃さは流速を示す。日本付近では，九州から関東にかけての太平洋岸で，黒潮の流れがよく表れている。

海流瓶による海流調査

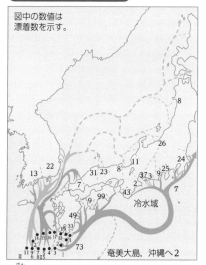

図中の数値は漂着数を示す。

瓶を流す方法で海流の流れを知ることができる。図は，1960年代に海上保安庁が2万本の瓶を東シナ海から流し，漂着した場所と本数を調べたものである。80年代以降は，人工衛星で位置を確認できる漂流ブイが用いられている。

水位変動による海流調査

黒潮は，地衡流であり，北半球では，海水位の高い方を右に見て流れる。この性質によって，黒潮の進行方向に対して，左右の海水位を比較することで，黒潮の流れる位置を推定することができる。

左図は，伊豆諸島における黒潮の経路と，黒潮を挟む海域の海水位を模式的に表したものである。黒潮が三宅島の北を通るとき（①），三宅島と八丈島の海水位は同じである。黒潮が三宅島と八丈島の間を通るとき（②），海水位は三宅島で低く，八丈島で高くなる。黒潮が八丈島よりも南を通るとき（③），三宅島と八丈島の海水位は同じである。ただし，③のときは①のときよりも両島の海水位は低くなる。

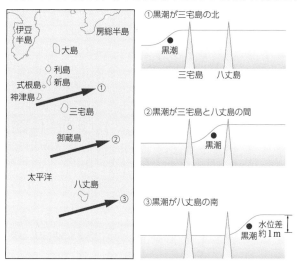

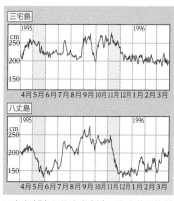

三宅島（北）と八丈島（南）の海水位を比較すると，5月と11月に八丈島の海水位が急に低下しており，黒潮の進路が八丈島の南側に移った（③）ことがわかる。

TOPIC 黒潮大蛇行

九州南東から房総沖にかけて，黒潮の流れは，大きく変動することがあり，図の1〜3のような経路が知られている。3のような経路をとるときは，黒潮の大蛇行とよばれる。この原因には，陸の配置や海底地形などが考えられているが，まだよくわかっていない。

黒潮の大蛇行は，海水位や海水温の変化を引き起こし，漁業や局所的な気候などにさまざまな影響を与える。

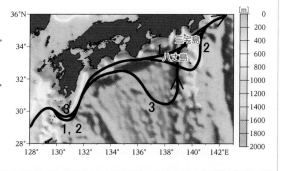

整理 黒潮と親潮の比較

項目	黒潮	親潮
水温	暖	冷
塩分	多	少
栄養塩*	少	多
色	藍	緑
透明度	大	小
流速・流量	速・多	遅・少

＊生物の栄養となる海に溶けたケイ酸塩，リン酸塩，硝酸塩などの塩類の総称。

豆知識 海上保安庁には，海難事故の救助や海上のパトロールを行う部署だけではなく，海洋に関する観測・調査を行う海洋情報部（https://www1.kaiho.mlit.go.jp/）という部署もあり，海洋に関するさまざまな情報を公開している。

1 海洋の鉛直構造 基礎

海洋の鉛直構造は温度（水温）変化の違いから，**表層混合層**（混合層），**水温躍層**（主水温躍層），**深層**の3つの層に分けられる。また，塩分や密度も水深によって変化する。

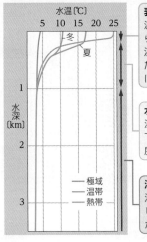

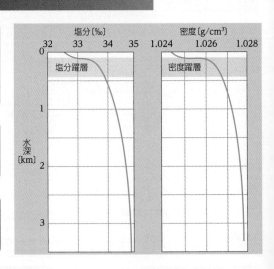

表層混合層（混合層）
波浪や海流によってかき混ぜられており，深さによらず水温や塩分はほぼ一定である。ただし，地域差や季節の違いによる変化は大きい。

水温躍層
深さとともに急激に温度が低下する。一般に，この層の深度は低緯度で深くなっている。

深層
海水温は−1〜3℃程度で安定している。海水全体の約80%が存在している。

鉛直分布 水温と塩分の鉛直方向の分布は，鉛直方向の海水の循環など，海洋のさまざまな現象を知るための基本的な情報である。

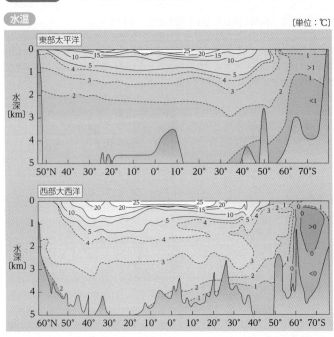

水温 〔単位：℃〕

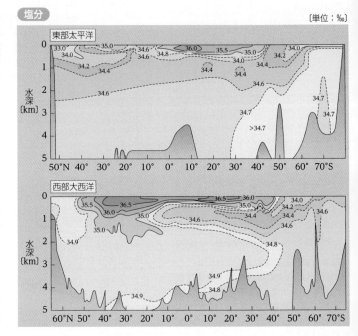

塩分 〔単位：‰〕

2 海水の結氷と沈み込み 基礎

海水から氷（海氷）が生じる際には，塩類を除く水だけが凍結する。そのため，高緯度の海では，塩類を多く含む，冷たく密度の大きい海水が形成され，深層へと沈み込む。

海水が凍った南極海

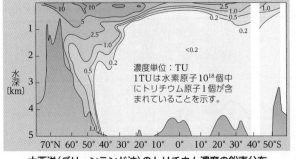

大西洋（グリーンランド沖）のトリチウム濃度の鉛直分布

濃度単位：TU
1TUは水素原子10^18個中にトリチウム原子1個が含まれていることを示す。

大気圏核実験（1954〜1963年）で放出されたトリチウム（質量数3の水素 ^{3}H）は，海水中に拡散した。トリチウムは，もともと海水中にあまり含まれていない。そのため，さまざまな深度の海水に含まれるトリチウムの濃度を調べることで，海水の流れ（鉛直循環）が明らかにされた。
左図では，北緯40°〜60°付近で等値線が深くまでのびており，海水が沈み込んでいるようすがわかる。

豆知識 水産学などでは，数百mよりも深い海水を深層水とよぶ。いわゆる，海洋深層水とはこれを指している。一方，海洋学の深層水は，数千m程度の深さの海水を指し（◉p.93），その海水は数千年程度の循環を経ている。

3 深層循環 基礎

海水の動きは，海面から沈み込みを始めてからの時間（海水の年齢）を調べることで推定できる。

海水の年齢

〔単位：年〕

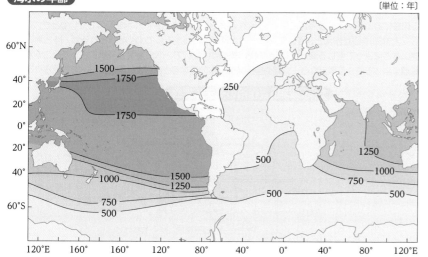

海水に含まれる炭素の放射性同位体^{14}Cを測定すると，海水の年齢がわかる。図は，水深3000mの海水の年齢を示したもので，大西洋で新しく，インド洋や太平洋で古くなっている。

PROGRESS 地球環境と海洋循環

グリーンランドの氷床コアの研究から，約1万2000年前，温暖化しかけていた気候が，急激に氷河期に戻った時期があったことがわかっており，この時期をヤンガードライアス期という。河川地形の研究などから，この時期の直前に，北アメリカ大陸の氷床が溶け，大量の真水が北大西洋に流れ込んだと考えられている。通常，深層循環では，北大西洋で高塩分の海水が沈み込んでいるが，大量の真水が流入すると，塩分が低くなり，海水が沈み込めずに深層循環が弱まる。これが，海流などの循環に影響を与え，地球上の熱のやりとりが変化し，ヨーロッパなどを中心とした，地球規模の寒冷化を引き起こしたとする説が有力である。

海洋循環は，地球環境に大きな影響を及ぼすことが知られており，今後も詳しい研究が必要である。

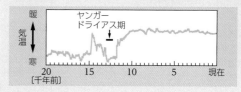

大西洋の海水の年齢

〔単位：年〕

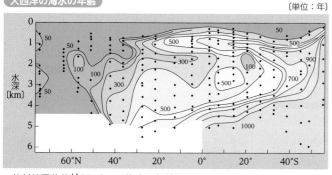

放射性同位体^{14}Cによって海水の年齢を調べると，大西洋では，太平洋に比べて，深層まで若い海水が占めていることがわかる。中層には北大西洋深層水，底層には年齢が1000年程度の南極深層水がある。

太平洋の海水の年齢

〔単位：年〕

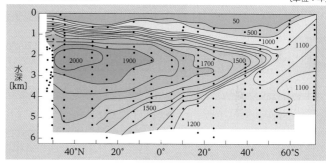

太平洋の海水は，全体として年齢が古く，北太平洋の水深2kmあたりには，世界で最も古い海水が存在している。南極付近の若い海水が，太平洋の中・深層を北上していくようすもわかる。

大西洋の海水循環

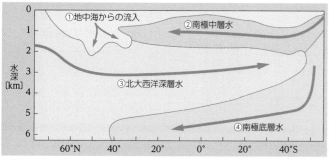

図は，大西洋における鉛直方向の流れを，模式的に表したものである。大西洋では，地中海での蒸発量が多く，塩分の高い，やや重い海水ができて沈み込んでいる（①）。また，南北の高緯度地域では，海水が冷やされるとともに，塩分の高い重い海水ができて，中深層に沈み込んでいる（②・③）。さらに，最深部の海水は，南極海域でできた最も重い海水が沈み込んで形成されている（④）。

ブロッカーのベルトコンベアモデル

アメリカの海洋学者ブロッカーは，海洋の鉛直循環モデル（ベルトコンベアモデル）を提唱した。北大西洋で沈降した深層水は，大西洋を南下し，南極の深層水と合流する。その後，インド洋，太平洋を北上し，ゆっくりと上昇して表層水となり，再び北大西洋に戻る。海水の約80％は深層水であり，私たちの感覚では，流れているともいえないような，約2000年程度のゆっくりとした循環を行っている。この循環は，水温（熱）や塩分の変化によって引き起こされるため，熱塩循環ともよばれている。

豆知識 深層の海水の流れは，潮汐の影響を除けば，速い場所でも10cm/s以下と非常に遅い。特に，インド洋や太平洋の深層から上昇する海水は，測定できないほどゆっくりとした速さで表層の海水と混ざっていく。

14 ▶ 大気と海洋の相互作用

Atomosphere-ocean interaction

基礎

1 大気海洋相互作用 基礎

ある現象において，大気が海洋に作用を及ぼし，同時に海洋も大気に作用を及ぼしているとき，これを一括して**大気海洋相互作用**とよぶ。エルニーニョ現象などが例としてよくあげられるが，陸と海の熱容量の違いなどによって生じる海陸風(▶ p.74)や季節風(▶ p.77)，水の蒸発と凝結によって起こる水循環，大気循環によってできる環流など，時間や空間スケールの異なるさまざまな現象においても見られる。

大気と海洋の熱輸送

海洋や湖沼，土壌からは多くの水が蒸発する。水が蒸発する際，水はおよそ 2500 J/g の熱を吸収して水蒸気となる。こうしてできた水蒸気が上昇し，上空で雲をつくる。水蒸気は凝結して雲をつくるとき，およそ 2500 J/g の熱を放出する。この過程では，海洋の熱が上空の大気に運ばれたことになる。

このような潜熱の輸送も，大気海洋相互作用の 1 つといえる。

雲
(氷晶＋水滴)

2500 J/g 放出
凝結

水蒸気

潜熱輸送　上昇

水蒸気

2500 J/g 吸収
蒸発

海洋

大気海洋相互作用のモデル実験

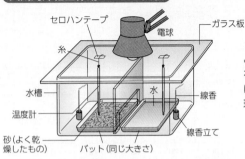

水を入れたバットと砂を入れたバットを用意し，水槽の中に入れて，強力な電球で照らす。

水は砂よりも暖まりにくく冷めにくいため，電球で照らすと，砂の方が水よりも暖かくなる。そのため，砂の上で上昇気流，水の上で下降気流が発生し，地上では水のバットから砂のバットの方に風が吹く(線香の煙が循環する)。

このモデルは，水を海，砂を陸と考え，現象のスケールを変えてみることで，海陸風や季節風を考えることができる。

2 エルニーニョ現象 基礎

ペルー沿岸の広い海域で，海水温が平年よりも高くなる現象をエルニーニョ現象といい，数年に一度，くり返し起こっている。また，同じ海域で，海水温が平年よりも低くなる現象をラニーニャ現象とよぶ。

−5.5 −5.0 −4.5 −4.0 −3.5 −3.0 −2.5 −2.0 −1.5 −1.0 −0.5 0.0 0.5 1.0 1.5 2.0 2.5 3.0 3.5 4.0 4.5 5.0 5.5

エルニーニョ現象発生時 (1997年10〜12月)

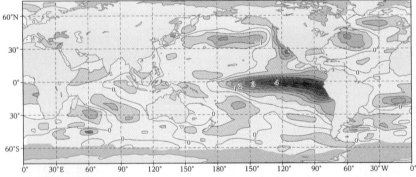

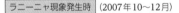

ラニーニャ現象発生時 (2007年10〜12月)

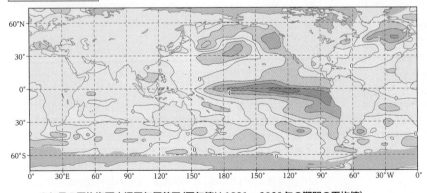

3か月の平均海面水温平年偏差図(平年値は1991〜2020年の期間の平均値)

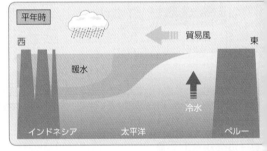

平年時

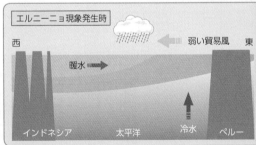

エルニーニョ現象発生時

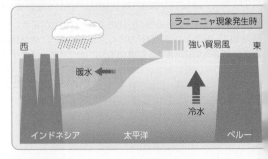

ラニーニャ現象発生時

豆知識　ペルー近海で12月ごろに起こる海水温上昇は，ちょうどクリスマスにあたるため，スペイン語でイエス・キリストや男の子を意味する El Niño とよばれた。一方，海水温の低下はエルニーニョの反対であることから，女の子を意味する La Niña とよばれた。

＋α ENSO（エルニーニョ・南方振動）

プラス

　太平洋西部にあるダーウィンと，太平洋中央・東部にあるタヒチの気圧の変化を調べたところ，右図のように，片方が高くなるともう片方が低くなるという，シーソーのような変化が見つかった。この変化を**南方振動**（Southern Oscillation）とよぶ。この現象は，近年，エルニーニョ現象と関係が深いことが明らかになってきた。

　通常，貿易風の影響で，太平洋西部の海域は高温になり，大気は低圧部になる。太平洋東部の海域は低温になり，相対的に高気圧となる。しかし，エルニーニョ現象の年には，太平洋東部の海域が高温になって低気圧が発生し，太平洋西部の海域は相対的に高気圧となる。このように，南方振動はエルニーニョ現象による海水温の変動と関係が深く，この関係を**ENSO**とよんでいる。ENSOとは，"El Niño Southern Oscillation（エルニーニョ・南方振動）"，それぞれの単語の頭文字をとった略称である。

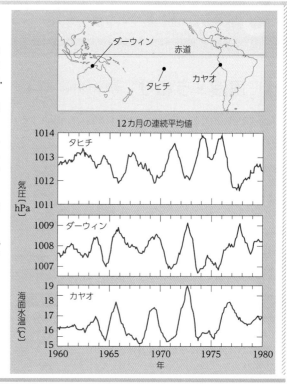

12カ月の連続平均値

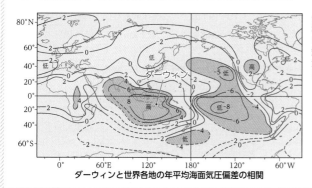

ダーウィンの気圧を基準として，正の値のところでは，通常よりも気圧が高い傾向にあり，負の値のところでは低い傾向にある。

ダーウィンと世界各地の年平均海面気圧偏差の相関

　赤道太平洋では，貿易風（東風）によって暖かい海水が西に運ばれ，西部は暖水域となる。西部の海域では，暖水が集まることで低気圧が発生しやすくなり，積乱雲が発生する。一方，東部のペルー近海では，運ばれた表層の海水を補うように冷水が湧き上がり（湧昇流），水温が低くなっている。この湧昇流によって，栄養塩と溶存酸素が運ばれ，よい漁場となる。

　エルニーニョ現象の年は，貿易風が弱まり，表面の海水が西部に運ばれないため，東部のペルー沖の水温が平年より高くなり，積乱雲の発生域が東へ移る。また，表層の海水が運ばれないため，湧昇流が弱まり，東部のペルー沖では不漁となる。

　ラニーニャ現象の年は，貿易風が通常よりも強く，西部の暖水層がより厚くなる。そのため，ペルー沖では湧昇流が強くなって，水温が平年よりも低くなったり，西部海域で発生する積乱雲が盛んになったりする。

エルニーニョ現象による気候の変化

　エルニーニョ現象は，赤道太平洋以外にも影響を与える。たとえば，日本では，エルニーニョ現象の年は，太平洋高気圧の勢力が弱く，梅雨明けの遅れや冷夏，多雨，日照不足などになる傾向がある。冬は，西高東低の気圧配置が弱まり，暖冬となることが多い。日本以外でも，エルニーニョ現象の発生に伴って，各地で天候に変化を生じるといわれている。

夏	冬
梅雨の遅れ，冷夏，日照不足，台風発生数の減少	暖冬

　一方，ラニーニャ現象の年は，猛暑や厳冬になる傾向がある。

エルニーニョ現象による日本の夏季の天候への影響

PROGRESS インド洋ダイポールモード現象（IOD現象）

　エルニーニョ現象と同様の気候変動は，熱帯インド洋でも発生している。これは，インド洋ダイポールモード現象とよばれ，数年に一度，夏から秋にかけて見られる。

　熱帯インド洋において，平常時と比較した海面水温や大気の対流活動が，南東部で低温・不活発，西部で高温・活発になる場合を正の現象，その逆を負の現象という。

　正の現象では，インドネシア付近で南東風が強くなり，熱帯インド洋南東部の表層の暖水が西部へと輸送され，南東部ではそれを補うように冷水が湧き上がり，温度差が生じる。この東西の温度差によって生じる活発な対流の影響を受け，右図のように，エネルギーが偏西風や貿易風によって運ばれると，日本付近の高気圧が強まる。

インド洋ダイポールモード現象によって起こる災害や影響

現象	発生する主な気象災害	日本への影響
正	インドネシア：少雨や干ばつ 東アフリカ：大雨	少雨や高温になりやすい
負	インドネシア：大雨 東アフリカ：少雨や干ばつ	明瞭ではない

⑤エネルギーが伝播し，日本付近の高気圧が強まる
偏西風
地中海　高
④高気圧が強まる
③低気圧が強まる
②高気圧が強まる
平年よりも海面水温が高い
①正の現象が発生
インド洋
少雨・干ばつ
高温・少雨
②高気圧が日本側へ張り出す
①貿易風が温暖湿潤の空気を運び，積乱雲が活発化
少雨・干ばつ
平年よりも海面水温が低い

正の現象が日本の天候に影響を及ぼすしくみ（夏〜秋）

豆知識 ENSOのように，遠く離れた場所で，気圧などが互いに相関をもって変動する現象をテレコネクションという。これは，大気に限ったものではなく，さまざまな地球上の現象にあてはまるものと考えられ，広い視野で現象をとらえる必要がある。

1 風浪・うねり　海面上の波は，風によってつくられる。

海面上を風が吹くと，不規則にとがった波(風浪)が発生する。風が強く，長時間，長距離になるほど，波高や周期，波長が大きくなっていく。また，発達した風浪は，生じた場所から遠くまで伝わることがあり，次第に波が丸みを帯びてくる。このような波はうねりとよばれる。

風浪

うねり

風浪

うねり

波高と波の周期のスケール

波は，風の強さや時間，距離によってさまざまな波高や周期のものが現れる。風によるもの以外にも，地震などによって引き起こされる津波(≫p.210)や，月と太陽による潮汐がある。

波	周期	波長	要因
表面張力波	<0.1秒	<2cm	局所的な風
うねり	10〜30秒	数百mまで	遠方の嵐
津波	10〜数十分	数百kmまで	海底の地殻変動
潮汐	12.4〜24.8時間	数千km	月と太陽による起潮力

2 潮汐　海面は，1日に2回，上下する。この現象を潮汐といい，上昇したときを満潮，下降したときを干潮とよんでいる。このような，潮汐をひき起こす力を起潮力(潮汐力)という。

満潮と干潮

有明海は，潮汐による海面の上下の差(潮位差)が大きい。写真は，佐賀県太良町から見た満潮時と干潮時の有明海である。

満潮時

干潮時

潮汐のしくみ

万有引力 図a

万有引力の大きさは，距離の2乗に反比例する。

遠心力 図b

遠心力は同じ大きさですべて平行に働く。

起潮力 図c

←は万有引力と遠心力の合力(起潮力)

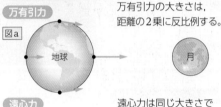

ここでは自転を無視して考える。共通重心Gを中心にした公転によって，地球上のあらゆる点(O，P，Q)は，それぞれ同じ半径の円を描く。

地球
共通重心G
月

起潮力は主として月によって生じる。地球の月に面する側では，月による引力が大きく，その反対の側では小さい(図a)。一方，月と地球の公転運動で生じる遠心力は，上図のように，地球上のあらゆる点で月と反対の向きに働き，その大きさは等しい(図b)。この遠心力と月の引力の合力が起潮力となる。月に面する側では月の引力の方が大きくなり，その反対の側では遠心力の方が大きくなるため，起潮力は両方で上向き最大となる(図c)。

月だけでなく，太陽も地球に起潮力を及ぼす。月と太陽が一直線に並んだとき(満月と新月)，月の起潮力に太陽の起潮力が合わさり，同じ満潮時であっても，海面がさらに上昇する(大潮)。また，上弦や下弦の月のときは，起潮力は弱まり，同じ満潮時であっても，海面はそれほど上昇しない(小潮)。

なお，太陽の起潮力は月の半分程度である。

潮位の変化

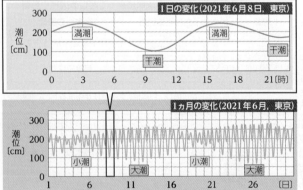

1日の潮位の変化を見ると，潮位が低くなる干潮と高くなる満潮がそれぞれ2回ずつ発生している。また，1か月の潮位の変化を見ると，約2週間周期で干潮と満潮の差が変化することがわかる。差が大きいときを大潮，差が小さいときを小潮という。

大潮

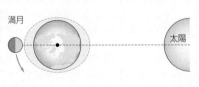

小潮

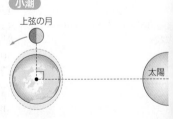

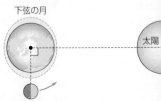

豆知識　カナダのファンディ湾の潮位差は，世界で最も大きく，15mに達する。日本では，有明海が4m以上と最も大きく，瀬戸内海西部の海域でも，約3〜4mの潮位差を示す。

3 潮流 潮汐による潮位差によって起こる海水の流れを潮流とよぶ。

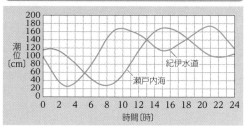
鳴門海峡（徳島県）

鳴門海峡では，海峡の瀬戸内海側と太平洋側とに大きな潮位差が生じることで，狭い海峡内に激しい潮流が流れ込んで渦潮が発生する*。この大きい潮位差は，大阪湾と明石海峡を経由する潮流の影響を受け，瀬戸内海側の潮位が太平洋側よりも約6時間遅れて変化するため，海峡を挟んで満潮と干潮が隣り合うことで生じている。
*海底の地形なども影響する。

瀬戸内海の潮流のシミュレーション

2021年10月11日10時
関門海峡　明石海峡　大阪湾　鳴門海峡　紀伊水道

〔m/s〕
← 2.06〜
← 1.03〜2.06
← 0.51〜1.03
← 0.21〜0.51
← 0.00〜0.21

2021年10月11日16時
関門海峡　明石海峡　大阪湾　鳴門海峡　紀伊水道

〔m/s〕
← 2.06〜
← 1.03〜2.06
← 0.51〜1.03
← 0.21〜0.51
← 0.00〜0.21

紀伊水道と瀬戸内海の潮位変化（2021年10月11日）

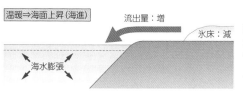

潮位〔cm〕　紀伊水道　瀬戸内海
時間〔時〕

グラフを見ると，9時前後に紀伊水道側の海面が高くなり，瀬戸内海側が低くなっている。このとき，瀬戸内海へ向かう北向き（右図上）の流れが発生している。一方，15時ころには，瀬戸内海側が高くなり，紀伊水道へ向かう南向き（右図下）の流れが発生している。

4 海水準変動

陸地に対する海面の上下変動を**海水準変動**（海面変動）という。長期間にわたる海水準変動を調べると，その時代ごとの気候と関連していることがわかる。深海堆積物に含まれる有孔虫の酸素同位体比（◎p.231）や，海岸段丘・サンゴ礁の分布などの地形学的な研究からも，過去の海水準変動が研究されている。また，現在では，衛星からの海面高度観測によって，詳細な変動も調べられるようになっている。

海水準変動のしくみ

寒冷⇒海面低下（海退）
流出量：減　氷床：増
海水収縮

気候が寒冷化すると，海水温の低下に伴って海水が収縮し，同時に，陸に存在する氷床が増えることから，海面が低下する。

温暖⇒海面上昇（海進）
流出量：増　氷床：減
海水膨張

気候が温暖化すると，海水が熱膨張し，同時に，氷床が溶けることによって海水が増加し，海面が上昇する。

過去45万年間の海水準変動

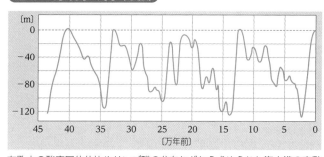

〔m〕
〔万年前〕

有孔虫の酸素同位体比やサンゴ礁の分布などから求められた海水準の変動である。約十万年の周期が読みとれる。

+α プラス 潮流と私たちの生活

潮干狩りや釣り，磯遊びなどに行くとき，満潮や干潮の時刻を知る必要がある。また，漁師や船員には，潮の流れなどの海況が重要な情報である。

瀬戸内海は，干満差が大きいことで知られ，外海と狭い水路（たとえば，明石海峡や関門海峡）でつながっているため，潮流も強い。

図は，明石海峡の海底地形図である。強い潮流に削られた海釜や，粒子が堆積した砂堆が形成されている。この複雑な潮流と多様な地形は，「明石の鯛」で知られるように，魚などの豊かな生育の場となっている。

■ 海釜　□ 砂堆
神戸　明石　鹿ノ瀬　室津ノ瀬　沖ノ瀬　淡路島
0　5km

TOPIC トピック 潮流による河川の逆流

干満の差が大きい大潮のとき，水位が上昇することによって，海水が河川に入り込み，河川を逆流する現象が起こる。条件によっては，何百kmも内陸へ逆流し，洪水などの被害をもたらす場合がある（潮津波）。特に，ブラジルのアマゾン川で起こる逆流は規模が大きく，ポロロッカ（大騒音の意味）とよばれている。そのほかにも，中国の銭塘江，イギリスのセヴァーン川の逆流がよく知られている。

セヴァーン川の逆流（イギリス）

豆知識　夏の終わり（夏の土用）の時期に風のない海に急に発生する大波は，土用波とよばれ，昔から漁師などの間で認識されていた。現在では，はるか遠洋で発達した台風によって発生したうねりが伝わったものであることが知られている。

1 宇宙の始まりと広がり

Beginning and expansion of the universe

≫ScienceSpecial② p.118-119

1 宇宙の進化 基礎

宇宙の初期が小さい火の玉のような状態であり，膨張に伴って冷えてきたとする説をビッグバン理論という。この理論は，ベルギーの物理学者ルメートルの原型をもとに，アメリカの物理学者ガモフによってまとめられた。

宇宙の誕生（約138億年前）
このときの宇宙の大きさは 10^{-35} m，その後，10^{-35} 秒から 10^{-27} 秒ごろまでのわずかな間に，その大きさを 10^{26} 倍以上も拡大させた。この空間の大膨張を**インフレーション**という。

10^{-27} 秒後ごろ
インフレーション後の宇宙は，光と電子など，さまざまな素粒子が極めて高温・高密度で混ざり合った状態（**ビッグバン**）となる。ビッグバンの始まりでは温度が約 10^{23} K（ケルビン）であった。

10^{-5} 秒後
宇宙の膨張によって，宇宙の温度は1兆Kまで下がった。ばらばらに飛びかっていた素粒子どうしが結びつき，陽子（水素の原子核）と中性子ができた。

約3分後
約10億Kまで温度が下がると，原子核どうしが衝突・融合する核融合が起こり，ヘリウム原子核などの軽い原子核が誕生した。

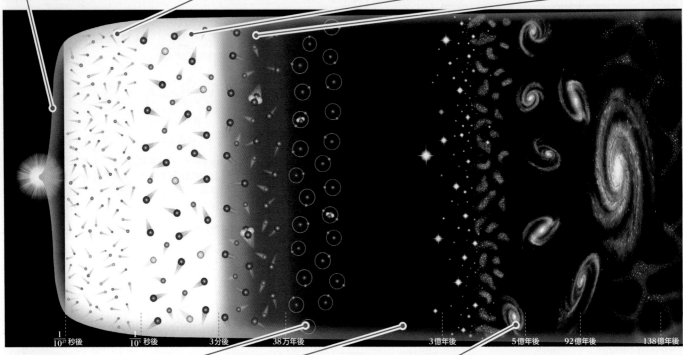

$\frac{1}{10^{35}}$ 秒後　　10^{5} 秒後　　3分後　　38万年後　　3億年後　　5億年後　　92億年後　　138億年後

約38万年後
宇宙はさらに膨張し，温度は約3000Kまで下がった。温度の低下によって，原子核や電子はエネルギーを失い，互いに結びつくことで原子となった。こうして電子が原子核に捕獲され，宇宙に満ちあふれていた光は，衝突する相手（電子）がいなくなり，直進できるようになった（**宇宙の晴れ上がり**）。

宇宙の晴れ上がり～宇宙誕生後約3億年
大きな変化はなく，水素やヘリウムのガスが漂う状態だったと考えられており，**宇宙の暗黒時代**とよばれる。

約1～3億年後
宇宙空間を漂っていたガスが集まり，ファーストスター（第1世代の恒星）とよばれる恒星が誕生した。

約4億年後
宇宙の暗黒時代に成長したガスの濃い部分から，恒星の大集団である**銀河**（≫p.101）が生まれた。

恒星が誕生すると，内部での核融合によって重い元素*ができ，それが超新星爆発によって宇宙空間にばらまかれ（≫p.113），塵となった。このような塵がガスとともに集まり**惑星**が形成された。太陽系は，宇宙の誕生から約92億年後（今から約46億年前）に誕生した。
*水素やヘリウムよりも原子番号が大きい元素

宇宙マイクロ波背景放射

　1965年，ペンジアスとウィルソンは，ビッグバンの証拠となる電波を観測した。この電波は，マイクロ波**であったため，**宇宙マイクロ波背景放射**とよばれる。温度が約3Kの物体の黒体放射（≫p.70）と同じであったことから，**3K放射**ともいう。宇宙マイクロ波背景放射の発見から，宇宙はかつて火の玉のような状態であり，138億年前に始まった膨張によって温度が下がり，現在の姿になったと考えられている。
**波長0.1mm～1mの電磁波（≫p.70）。

　1992年，NASA（アメリカ航空宇宙局）のCOBE衛星によって，宇宙マイクロ波背景放射の全天マップがつくられ，わずかな温度のゆらぎが確認された。現在の宇宙の大規模構造（≫p.99）は，この温度のゆらぎに起因すると考えられている。また，後継機のWMAP衛星やPlanck衛星では，さらに高精度の観測が行われ，宇宙の構成要素や宇宙の始まりの精密な値が明らかになっている。

全天の温度分布を示しており，赤色は高温，青色は低温の領域を示す。

宇宙マイクロ波背景放射の観測（Planck衛星による）

宇宙の構成要素

①**ダークエネルギー**（約69％）…宇宙の膨張速度を増す働きをする。
②**ダークマター**（約26％）…宇宙の構造を形成する働きをする。
③**普通の元素**（約5％）…恒星，惑星，星間雲などを形成する。

豆知識　「ビッグバン」は，この説に反対する天文学者のホイルが，「彼らは宇宙がビッグバン（大爆発）で始まったなどと言っている」と批判したのを，ガモフが面白がって使うようになり，広まったといわれている。

2 宇宙膨張の発見

赤方偏移と後退速度

おとめ座の銀河

CaのH, K線の位置が異なっている。
後退速度1200km/s

かんむり座の銀河
後退速度21600km/s

銀河の後退速度とスペクトル線のずれ

銀河はわたしたちから遠ざかっており，銀河から伝わる光は，空間の膨張によって，波長が引きのばされる。この現象を**赤方偏移**という。赤方偏移を，光源が遠ざかる場合の光のドップラー効果（>> p.139）と読み替えることで，赤方偏移の大きさから，銀河が遠ざかる速度（**後退速度**）を求めることができる。

宇宙の膨張

ハッブル=ルメートルの法則は，遠方の銀河ほど速く遠ざかっていることを示す。これは，宇宙が膨張していることを意味している。

膨張を理解するために，宇宙空間を風船の表面と考えると，右図のように，銀河は風船の表面に分布する。風船を膨らませることが宇宙の膨張に対応し，それぞれの銀河の距離が同じ割合でのびる。たとえば，風船が2倍に膨らむと，1億光年の距離は2億光年，3億光年の距離は6億光年にのびる。同じ時間で，前者は1億光年，後者は3億光年遠ざかっており，遠ざかる速度が距離に比例することがわかる（ハッブル=ルメートルの法則）。

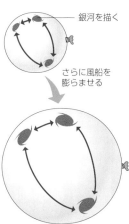
銀河を描く
さらに風船を膨らませる

ハッブル=ルメートルの法則

ハッブルは，多くの銀河を観測し，それらの距離dと後退速度Vが，ほぼ比例関係にあることをつきとめた。これ以前に，ルメートル（>> p.118）も同じような考えを示していたことから，この関係を**ハッブル=ルメートルの法則**といい，以下の式で示される。

$$V = H \cdot d$$
（H：ハッブル定数）

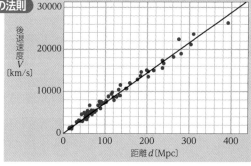

彼が求めたハッブル定数は500 (km/s)/Mpc* であったが，当時は距離の測定誤差が大きく，今日では，ほぼ70 (km/s)/Mpc程度と求められている。

* Mpc=10^6パーセク=$3.26×10^6$光年

宇宙の果て

宇宙は，約138億年前に誕生した。したがって，ビッグバンのときに放たれた光は，約138億年をかけて地球に到達することになる。この間にも宇宙空間は膨張し続けており，現在の値にして約470億光年よりも遠方からの光は，現在までに地球に到達していない。ビッグバンから現在までに光の到達できる限界が，観測できる**宇宙の果て**であり，**宇宙の地平線**ともよばれている。

> **人物 エドウィン・ハッブル** 1889～1953
>
> ハッブルは，アメリカの天文学者で，主に銀河や宇宙の構造を研究した。ウィルソン山天文台やパロマ山天文台で，当時世界一の望遠鏡を使用して観測・研究を行った。
>
> 1920年代，宇宙は銀河系だけで，銀河系の外には天体が存在しないとする説と，宇宙は銀河系の外にも広がっているとする説のどちらが正しいのか判明していなかった。ハッブルは，アンドロメダ銀河の中に変光星（>> p.115）を発見し，その変光周期を測定して距離を計算した。これによって，銀河系の外にも天体があることが判明したのである。このほか，彼の業績には，ハッブル=ルメートルの法則の発見，銀河の分類（ハッブル分類，>> p.101）などがある。

3 宇宙の構造

50個未満の銀河の集団を銀河群という。それよりも多く，場合によると数千個の銀河の集団を銀河団，さらに，銀河群や銀河団が集合した巨大な構造を超銀河団とよぶ。

巻末13 14

銀河団

銀河団の銀河は，互いに重力によって結びついている。写真は，おとめ座銀河団をつくる銀河である。この銀河団は，銀河系に最も近く，その中心部までの距離は5400万光年である。

銀河の分布

銀河群や銀河団の分布は，泡が積み重なったような構造をなすことが知られている。この構造は，**宇宙の大規模構造**，あるいは**泡構造**とよばれる。銀河は，この泡の表面に相当する部分に偏って分布しており，泡の内部の領域にはほとんど存在しない。この領域を**ボイド（超空洞）**という。

右図は，中心が銀河系で，白い点がほかの銀河の位置を示している。斜線で示した扇形の部分は，銀河系の円盤部で隠されていて，観測することができない。銀河が連なるチェーンのような構造を銀河フィラメントという。銀河系から約3億光年のところには，多くの銀河が壁のように連なった構造があり，**グレートウォール**とよばれる。

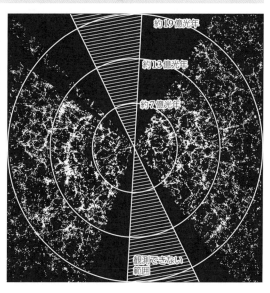
約19億光年
約13億光年
約7億光年
観測できない範囲

豆知識 ハッブルは，高校時代，陸上競技の選手であり，ミズーリ州の大会では，7種目にわたって1位をとっている。大学時代はヘビー級のボクサーで，フランスのチャンピオンと闘ったこともあるといわれている。

1 銀河系 基礎

私たちの太陽系を含む恒星や星間物質の大集団を銀河系という。
銀河系を構成する恒星の数は，1000億から2000億とされる。

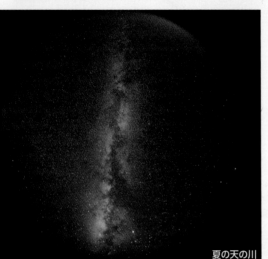
夏の天の川

天の川

空の暗いところへでかけると，天を横切るように光の帯が見える。これが**天の川**(milky way)である。天の川が多くの星からなることを明らかにしたのは，初めてここに天体望遠鏡を向けたガリレオ・ガリレイ(1564～1642)である。

天の川は，恒星や星間物質が多く集まっている部分である。私たちの太陽系がある銀河系のディスクを内側から見たものであり，空を二分して一周し，足の下を通過してつながっているように見える。

＋α ハーシェルの宇宙

18世紀，イギリスの天文学者ウィリアム・ハーシェルは，宇宙における恒星の密度分布が一様であれば，恒星の密度が濃く見える方向に宇宙は広いことになり，恒星の密度を調べることによって，宇宙の奥行きを決定できると考えた。そこで，毎晩，望遠鏡を使ってあらゆる方向について，観測できる恒星の数を数え，図のような結果を得た。これは，ハーシェルの宇宙とよばれている。彼は，宇宙の広さを7000光年としたが，今日の知識からすると，あまりにも小さい。このように小さく見積もられた原因の1つには，遠方の恒星からの光が，星間物質によって吸収され，観測できなかったことがあげられる。

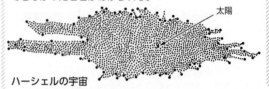
太陽
ハーシェルの宇宙

銀河系の構造

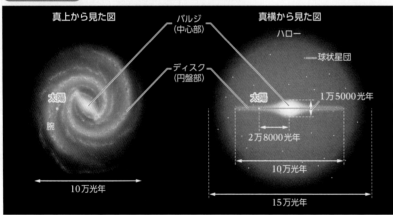

真上から見た図
バルジ(中心部)
ディスク(円盤部)
太陽
腕
10万光年

真横から見た図
ハロー
球状星団
太陽
1万5000光年
2万8000光年
10万光年
15万光年

銀河系は，**バルジ**(中心部)，**ディスク**(円盤部)，**ハロー**から構成される。ディスクの直径は約10万光年である。太陽系は，銀河系の中心から2万8000光年離れた円盤内にある。

ディスクには，**腕**とよばれる部分がある。腕には，恒星や星間物質が濃く集まっており，恒星が新たに生まれている。また，銀河系の中心は，いて座の方向にあたり，巨大なブラックホール(▶p.113)が存在している。

銀河系の渦巻き構造

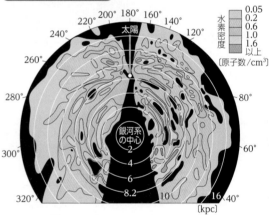

水素密度
0.05
0.2
0.6
1.0
1.6
以上
[原子数/cm³]
太陽
銀河系の中心
[kpc]

銀河系の渦巻き構造は，水素原子からでる波長21cmの電波による観測から明らかになった。電波は星間物質の影響を受けにくく，遠方まで見通すことができる。多量の水素が存在する部分は，渦巻きの腕が存在する場所と考えられる。黒い部分は電波で観測できない部分である。

銀河系の腕

腕は渦巻き状の構造をもっている。太陽系は，いて座腕から枝分かれしたオリオン腕に位置する。

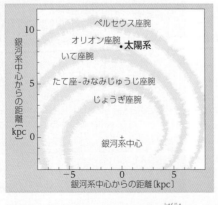

ペルセウス座腕
オリオン座腕
・太陽系
いて座腕
たて座-みなみじゅうじ座腕
じょうぎ座腕
銀河系中心
銀河系中心からの距離[kpc]
銀河系中心からの距離[kpc]

銀河系の回転曲線

銀河系は，全体として回転しており，これを**銀河回転**とよぶ。銀河回転によって，太陽系は，はくちょう座の方向に約220km/s*で進んでいる。

*国立天文台VERAプロジェクトの最新の研究では240km/sの値が得られている。

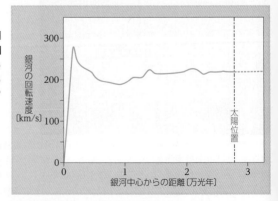

銀河の回転速度[km/s]
銀河中心からの距離[万光年]
太陽位置

豆知識　天の川を挟んで北西側に織姫星(織女星)，南東側に彦星(牽牛星)がある。これらは，それぞれ，こと座のベガ(距離25光年)とわし座のアルタイル(距離17光年)であり，2つの星の距離はおよそ15光年であるため，1年に1度会うことはできそうもない。

2 銀河 基礎
多くの恒星や星間物質などからなる大きな集団を銀河という。宇宙には，1000億個を超える銀河が存在すると考えられている。

さまざまな銀河
銀河には，楕円銀河・渦巻き銀河・棒渦巻き銀河・不規則銀河がある。楕円銀河と渦巻き銀河の中間型の銀河は，レンズ状銀河とよばれる。

渦巻き銀河や棒渦巻き銀河には，ガスや塵のような星間物質が多く含まれており，ディスクの腕の部分では，星が盛んに形成されている。一方，楕円銀河には星間物質が少なく，星はあまり形成されていない。
* M，NGC，》p.103

渦巻き銀河　M31*（アンドロメダ銀河）

棒渦巻き銀河　NGC1300*

楕円銀河　M87

渦巻き銀河　M51

不規則銀河　M82

銀河のハッブル分類
Eは楕円銀河で，添えられた数字が大きいほど偏平になる。S0はレンズ状銀河，Iは不規則銀河である。Sは渦巻き銀河，SBは棒渦巻き銀河で，それぞれaからcに向かうにつれて腕が開いている。これらの分類は形によるものであり，進化の道筋を示してはいない。

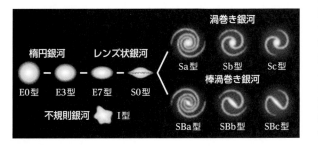

渦巻き銀河　Sa型　Sb型　Sc型
楕円銀河　レンズ状銀河　E0型　E3型　E7型　S0型
棒渦巻き銀河　SBa型　SBb型　SBc型
不規則銀河　I型

活動銀河
X線や電波を放射する銀河を活動銀河といい，電磁波を放射している中心部を活動銀河核とよぶ。活動銀河核には，巨大な質量をもつブラックホール（》p.113）が存在すると考えられ，その周りのガスや塵の円盤が高温になって，明るい輝線が放射されている。

セイファート銀河　非常に明るい活動銀河核をもつ銀河。渦巻き銀河が多い。

電波銀河　比較的強い電波を放射する銀河。おとめ座のM87，ケンタウルス座Aなどが有名。

クエーサー（準星）　極めて遠方にあり，活動銀河核が可視光線で明るく輝いている天体。中心部のブラックホールは，太陽の数百万〜数百億倍もの質量をもつと考えられている。

セイファート銀河　M77

クエーサー　MC2 1635+119

3 天体の距離

方　法	対　象	距　離	単　位（》p.108）
①レーザー光の往復時間ではかる	月	光速で1.3秒	km
②レーダー（電波）の往復時間ではかる	金星など	光速で数分	au（天文単位）
③ケプラーの第3法則から計算（》p.133）	惑星や小惑星など	光速で数分から数時間	au（天文単位）
④年周視差を測定して計算（》p.139）	数百光年以内の恒星	数百光年	光年・pc（パーセク）
⑤分光視差から計算（》p.108）	数千光年以内の恒星	数千光年	光年・pc
⑥変光星の周期光度関係から計算（》p.115）	近い銀河まで	数千万光年	光年・Mpc
⑦超新星の明るさを測定して計算（》p.115）	遠方銀河まで	数十億光年	光年・Gpc
⑧後退速度からハッブル＝ルメートルの法則で計算	遠方銀河まで	数十億光年	光年・Gpc

月面に置かれたレーザー反射器

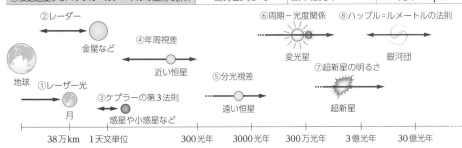

②レーダー　金星など
④年周視差　近い恒星
⑥周期－光度関係　変光星
⑧ハッブル＝ルメートルの法則　銀河団
地球　①レーザー光　月　③ケプラーの第3法則　惑星や小惑星など
⑤分光視差　遠い恒星
⑦超新星の明るさ　超新星
38万km　1天文単位　300光年　3000光年　300万光年　3億光年　30億光年

超新星2018gv

豆知識　銀河系は，アンドロメダ銀河と同じような渦巻き銀河と考えられてきた。しかし，近年，中心に棒状の構造があることがわかり，棒渦巻き銀河に分類されると考えられている。アンドロメダ銀河は，銀河系と同程度の大きさで，230万光年の距離にある。

1 星間雲 基礎

宇宙空間には，星間物質として，星間ガス(気体)や星間塵(固体微粒子)が存在している。それらが濃く集まっているところを星間雲とよぶ。

星間雲の種類

散光星雲	電離水素(HⅡ)領域	近くの恒星からの紫外線を受けて電離し，特定波長の光を放射する。
	反射星雲	近くの恒星からの光を反射する。
暗黒星雲		後ろからの光をさえぎって黒く見える。
惑星状星雲		恒星が進化の末期にガスを放出してできる。
超新星残骸		大質量の恒星が一生の終わりに超新星爆発を起こしてできる。

散光星雲には，電離水素領域と反射星雲がある。
散光星雲や暗黒星雲は，恒星が誕生する場となる。

＊写真右上の数値は地球からの距離を示す。

散光星雲：電離水素(HⅡ)領域

1400光年

オリオン大星雲　M42(NGC1976)

M8：3900光年，
M20：5600光年

4600光年

いて座　M8(右)・M20(左)

いっかくじゅう座　ばら星雲　NGC2237-9，2246

2000光年

はくちょう座　北アメリカ星雲　NGC7000

散光星雲：反射星雲

1600光年

オリオン座　M78(NGC2068)

惑星状星雲

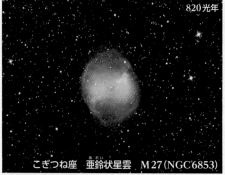

820光年

こぎつね座　亜鈴状星雲　M27(NGC6853)

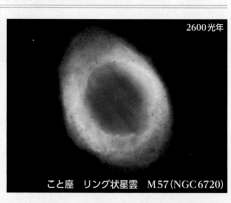

2600光年

こと座　リング状星雲　M57(NGC6720)

暗黒星雲

1400光年

オリオン座　馬頭星雲

超新星残骸

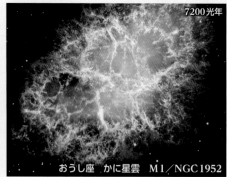

7200光年

おうし座　かに星雲　M1／NGC1952

1800光年

はくちょう座　網状星雲　NGC6992-5，6960

102

豆知識　「星雲」とは，雲のように広がって見える天体のことである。かつては，淡く見える天体をすべて星雲とよび，その後，銀河系内にあるもの(系内星雲)と銀河系外にあるもの(系外星雲)とに分けていたが，現在では，前者を単に星雲，後者を銀河とよんでいる。

	散開星団	球状星団
星　数	数十〜数百	数万〜百万
形と密度	不規則でまばら	球状で密集
直　径	5〜30光年	数百光年
銀河系内の分布	ディスク	ハロー
種　族	種族Ⅰ（重元素が多い）	種族Ⅱ（重元素が少ない）
年　齢	0〜60億年（若い）	100億年以上（老齢）

散開星団 　数十から数百個程度の恒星が，比較的まばらで不規則に集まったもの。

410光年

おうし座　プレアデス星団（すばる）　M45

590光年

かに座　プレセペ星団　M44

球状星団 　数万から百万個程度の恒星が球状に集まったもの。

25100光年

ヘルクレス座　M13

17300光年

ケンタウルス座　オメガ星団

星団の分布

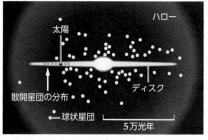

太陽
ハロー
散開星団の分布
ディスク
球状星団
5万光年

　散開星団は銀河系のディスク，球状星団はハローに分布する。

恒星の種族

　天体を構成する元素は，ほとんどが水素H
とヘリウムHeで，それ以外の元素を**重元素**と
いう。恒星は重元素の量で区別され，重元素が
多いものを**種族Ⅰ**，ほとんどないものを**種族Ⅱ**
とよぶ。太陽は種族Ⅰに分類される。

　重元素は，恒星の内部や超新星爆発時の核融
合によってつくられ，まき散らされる。これら
が再び恒星の材料となる。そのため，種族Ⅰの
恒星は，新しく生まれた第2世代以後の恒星で
ある。種族Ⅱの恒星は，銀河系ができたころに
生まれたもので，その年齢は100億年以上で
ある。

TOPIC トピック　メシエカタログ

メシエ

　フランスの彗星観測家メシエ（1730〜1817）は，彗星を捜索・観測する際に
邪魔になる，淡くまぎらわしい天体の位置を表にまとめた。これがメシエカタ
ログであり，今でも星雲・星団はその番号でよばれる。たとえば，オリオン大
星雲はM42，アンドロメダ銀河はM31である。

　メシエがカタログに記載した天体はM103までであり，M104〜M110ま
では，メシエが観測していたが記載していなかった天体を，後世の天文学者が
加えたものである。しかし，そのうちのM40は二重星であり，M102は，そ
の位置に該当する天体が見当たらない（位置の誤記と考えられる）。

　なお，NGC（New General Catalogue）は，1888年に発表されたハーシェル父子とドレイヤーが
つくったカタログで，7840個の天体が収録されている。

星団のHR図

　星団をつくる恒星は，ひとつの星間
雲から同時期に誕生したと考えられる。
恒星は，一生の大半を主系列星として
過ごし，質量の大きいものほど主系列
星としての寿命は短い（»p.114）。

　若い散開星団は，主系列星が大部分
を占める。HR図では，星団をつくる
恒星が左上から右下への主系列上にあ
り，寿命の短い，青く明るい大質量星
も残る（»p.110）。プレセペ星団のよ
うな，やや年齢が高い星団は，左上の
大質量星が寿命を迎え，すでに巨星に
進化している。球状星団では，右下の
小質量星だけが主系列に残り，それ以
外の恒星は，「て」の字を描くような分
布になっている。

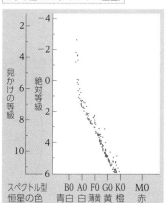

おうし座M45（プレアデス星団）

見かけの等級 / 絶対等級
スペクトル型　B0 A0 F0 G0 K0　M0
恒星の色　青白 白 薄黄 黄 橙　赤

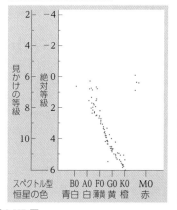

かに座M44（プレセペ星団）

見かけの等級 / 絶対等級
スペクトル型　B0 A0 F0 G0 K0　M0
恒星の色　青白 白 薄黄 黄 橙　赤

散開星団のHR図

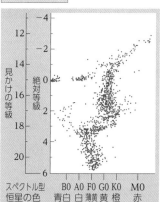

りょうけん座M3

見かけの等級 / 絶対等級
スペクトル型　B0 A0 F0 G0 K0　M0
恒星の色　青白 白 薄黄 黄 橙　赤

球状星団のHR図

豆知識　球状星団では，星どうしがぶつかりそうに見える。しかし，直径が数百光年もあり，数十万個の星があっても，平均間隔は10光年
程度であり，私たちの太陽の周辺とあまり変わらない。ただし，中心に近づくにつれて，星の密度は高くなる。

1 太陽の構造 基礎

太陽は，主に水素とヘリウムからなる天体であり，その直径は約140万km（地球の109倍）である。表面温度は約6000K，中心温度は約1600万Kに達し，水素がヘリウムになる核融合でエネルギーを放出している。

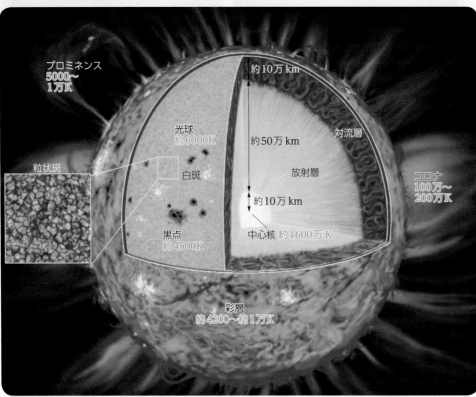

プロミネンス 5000〜1万K

光球 約6000K

粒状斑

白斑

黒点 約4500K

約10万km

約50万km

対流層

放射層

約10万km

中心核 約1600万K

コロナ 100万〜200万K

彩層 約4200〜約1万K

太陽の表面構造

私たちの見ている太陽の表面を光球といい，光球上の黒い斑点を黒点という。黒点には，暗い部分（暗部）の周囲に，うす暗い部分（半暗部）が存在することもある。黒点は磁場が強く，周囲よりも低温である。一方，白斑は周囲よりも高温で，白く光って見える。そのほかの部分には，対流で生じる細かい模様（粒状斑）が見られる。

太陽像の周縁部は暗くなっており（周縁減光），白斑がよく見える。一方，粒状斑は光球全体を覆っているが，中央部でよく見える。

周縁減光

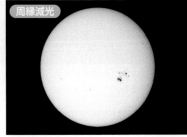

太陽表面はガスでできており，中心部は高温の深いところまで見えるが，周縁部では低温の浅いところのみが暗く見える。

白斑

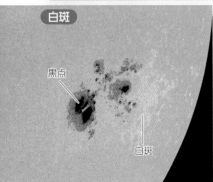

黒点

白斑

黒点

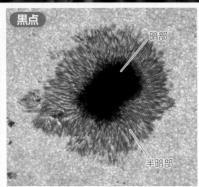

暗部

半暗部

黒点の移動

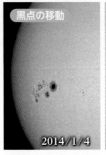
2014/1/4

2014/1/8

2014/1/12

黒点の位置や形，数は毎日変わっていく。黒点が太陽の縁にくると形がつぶれて見える。

太陽の諸量

半径	6.96×10^5 km
質量	1.99×10^{30} kg
平均密度	1.41 g/cm³
自転周期	25.4日（赤道）
見かけの等級	-26.75 等
表面温度	5.8×10^3 K
中心温度	15.8×10^6 K
表面重力	274 m/s²

2 太陽のエネルギー源 基礎

太陽のエネルギー源は，核融合で生じるエネルギーである。この核融合では，複数の段階にわたって反応が起こり，水素原子核4個からヘリウム原子核1個ができる。その際，質量が0.7％ほど小さくなり（質量欠損），その分がエネルギーに変換される。太陽全体では1秒間に3.9×10^{26}Jという莫大な量のエネルギーを放射している。

太陽の中心で生み出されたエネルギーは，初め放射で伝わり，表面付近では対流で伝わる。さらに表面（光球面）から，電磁波（主に光）として宇宙空間に放射されている。

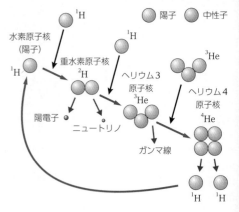

水素原子核（陽子）

重水素原子核

ヘリウム3原子核

ヘリウム4原子核

¹H

²H

³He

⁴He

陽子 中性子

陽電子

ニュートリノ

ガンマ線

¹H ¹H

豆知識　太陽は，直径が地球の109倍（140万km）と巨大であるため，細かい模様として見える粒状斑も，その1つの大きさが直径1000kmほどもある。これは，日本列島の半分と同じくらいの大きさである。

3 太陽の大気・外気 基礎

太陽の大気層は，厚さ約2000kmで彩層とよばれる。温度は下から上に向かって上昇し，上部では1万K以上に達する。外側には外気層のコロナ（約100万～200万K）が広がる。

コロナ

コロナは外側に行くほど希薄になって，宇宙空間につながっている。コロナでは，水素などが電離して荷電粒子（プラズマ）となり，これらが，太陽の磁力線に沿って動く。極大期には光球を中心にほぼ円形に広がるが，極小期には，主に赤道に沿った方向に張り出す。

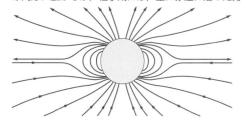

太陽の磁場
通常，両極で見られるコロナは暗い。

極大期のコロナ

極小期のコロナ

プロミネンス

彩層からコロナにかけて，炎のように見える構造を**プロミネンス**という。太陽像の縁に見られるものは，外に飛び出しているように見える。通常の望遠鏡では観測できないが，皆既日食のときや，Hα線（▶p.106）のみを通すフィルターを使うと観測することができる。また，フィルターを使ったとき，太陽像に黒い帯状のものが見られる。これは，プロミネンスが太陽に重なって見えるものであり，**ダークフィラメント**とよばれる。

彩層

プロミネンスと彩層

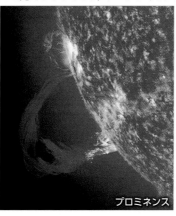

プロミネンス

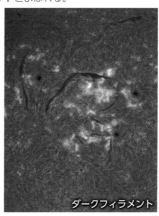

ダークフィラメント

TOPIC ひので

ひのでは，2006年に打ち上げられた日本の太陽観測衛星である。可視光・磁場望遠鏡，X線望遠鏡などを搭載し，コロナの成因や太陽の磁場活動の解明を目的としている。アルベン波（磁力線に沿って伝わる横波）の検出，太陽風の源の特定など，多くの成果をあげている。

ひので

プロミネンス
スピキュール
黒点

黒点上空の太陽大気中の波動のようす

+α 日食

巻末23

太陽が月によって隠される現象を**日食**という。日食には，太陽がすべて隠される**皆既日食**，月の周りに太陽がはみ出して見える**金環日食**，太陽が部分的に隠される**部分日食**がある。これらの違いは，地球から見た太陽や月の大きさは同じくらい（角度で約0.5°）であるが，地球の公転軌道や月の公転軌道が楕円であるため，地球と太陽，地球と月の距離がわずかに変化し，見かけの大きさも変化することによるものである。

一般に，太陽は，7月に遠くなるため小さく見え，1月には近くなり大きく見える（▶p.133）。そのため，日本で夏季に起こる日食は，皆既日食であることが多い。皆既日食のときには，昼間でも満月の夜くらいまで暗くなるため，惑星や1等星程度の明るい星が見える。

金環日食（2012年5月21日　東京都）

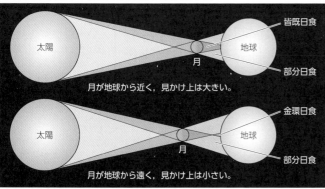

太陽
月
地球
皆既日食
部分日食
月が地球から近く，見かけ上は大きい。

太陽
月
地球
金環日食
部分日食
月が地球から遠く，見かけ上は小さい。

金星

皆既日食時の空

皆既日食時のダイヤモンドリング
（2017年8月22日　アメリカ）

豆知識 日食時には太陽がかげるため，気温が下がる。にわとりが鳴く，鳥がねぐらに帰る，セミが鳴きやむなど，動物たちが夜と誤認して行動するようすが観察される。皆既日食中は，夕焼けのように赤くなった空が地平線を一周する。

5 太陽の活動
Solar activity

最新データ
をCheck!

1 フレア

太陽の表面で発生する爆発現象をフレアという。Hα線やX線において急激な増光が起き，数分から数十分間続く。特に活発なフレアは，可視光線領域でも観測され，これを白色光フレアという。

フレア

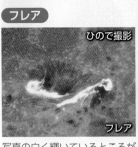

ひので撮影

フレア

写真の白く輝いているところがフレアである。

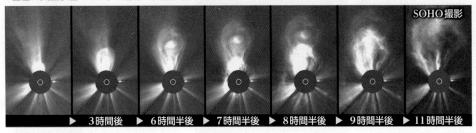

ようこう撮影

フレアのX線画像

コロナ質量放出（CME：Coronal mass ejection）

フレアが発生した際には，コロナが数千万Kになり，X線が放射される。また，荷電粒子が大量に放出されて太陽風が強まる。このような，コロナから大量に物質が放出される現象を**コロナ質量放出**という。写真では，1回目の質量放出のあと，2回目の質量放出が起き，追いついて合体している。

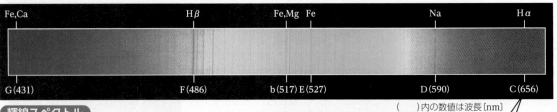

SOHO撮影

▶ 3時間後 ▶ 6時間半後 ▶ 7時間半後 ▶ 8時間後 ▶ 9時間半後 ▶ 11時間半後

地球への影響

太陽風粒子

惑星間空間磁場

太陽

プラズマシート

地球磁気圏

太陽風粒子

太陽は，電磁波のほかに，絶えず電子や陽子などの荷電粒子を放出している。これを，**太陽風**という。

大規模なフレアやコロナ質量放出が太陽の地球に面した側で発生すると，大量のX線や荷電粒子が地球に向かって放出される。これらが地球に到達すると，電離層に影響を与え，無線通信の状態を悪くする**デリンジャー現象**や，地球の地磁気を乱す**磁気あらし**を引き起こす。また，極地方に**オーロラ**を出現させたりもする（» p.192）。

2 太陽のスペクトルと組成

太陽光をプリズムで分けると，赤から紫までの一連の光が見える。このように光が分解されたものをスペクトルという。

太陽スペクトル

太陽のスペクトルを長くのばすと，細かい暗線（**フラウンホーファー線**）が多数見られる。これらは，太陽の大気（彩層）を通過する際に，彩層中の元素が，特有の波長の光を吸収してできた**吸収線**である。

Fe,Ca　Hβ　Fe,Mg Fe　Na　Hα

G(431)　F(486)　b(517) E(527)　D(590)　C(656)

（　）内の数値は波長〔nm〕

輝線スペクトル

蛍光灯などの光のスペクトルでは，それぞれの原子に特有な波長の光だけが明るい線（**輝線**）として見られる。

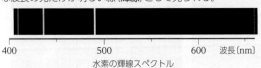

400　500　600　波長〔nm〕
水素の輝線スペクトル

Hα線

656.3nm

矢印の指す黒い線は，太陽の大気に含まれる電離した水素が，太陽光（連続スペクトル）のうちの波長656.3nmの光（Hα線）を吸収して生じたもの。

太陽（光球）の主な構成元素

輝線や暗線の波長から，元素の種類を知ることができる。

元素	個
H	1000000
He	85000
O	490
C	270
Ne	85
N	68
Mg	40
Si	32
Fe	32
S	13
Ar	3.2
Al	2.8
Ca	2.2
Na	1.7
Ni	1.7

水素を100万個としたときの個数。

TOPIC 低緯度オーロラ

オーロラは，一般に高緯度地域で出現するため，低緯度地域からは観察できない。しかし，太陽活動が活発になり，フレアが発生して激しい磁気あらしがおこると，オーロラが出現する範囲が広がり，北海道や東北地方でもオーロラの上部（赤い部分）を観察できる場合がある。これを低緯度オーロラとよぶ。2024年5月には，巨大黒点群の活動でフレアが頻発したため，さらに低緯度の北陸や東海地方でもオーロラが観察された。

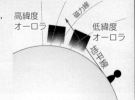

高緯度オーロラ

低緯度オーロラ

石川県珠洲市

豆知識 フレアやコロナ質量放出は人工衛星や無線通信へ影響を与えるため，その発生を予測する宇宙天気予報が行われている。たとえば，フレアの規模は，ピーク時のX線強度で分類される。弱い方からA，B，C，M，Xとなり，クラスが1つ上がると強度は10倍になる。

3 太陽の磁場

太陽には強い磁場がある。黒点やプロミネンス，コロナ，フレア，太陽風などの現象は，いずれも太陽の磁場と密接に関係している。

太陽の差動回転（微分回転）

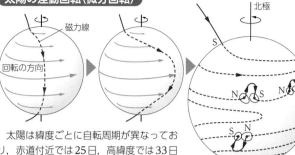

太陽は緯度ごとに自転周期が異なっており，赤道付近では25日，高緯度では33日程度である。これを差動回転（微分回転）という。南北にあった磁力線は，差動回転によってひきずられ，太陽にまきついたようになる。

黒点の構造

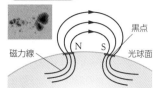

磁力線が浮き上がってループ状になると，磁力線が垂直になった部分で対流がさまたげられ，エネルギー供給が低下する。そのため，周囲よりも温度が低くなり，黒く見える。これが黒点である。黒点はN極とS極が対になって現れることが多い。

整理　地球への影響

常時

太陽風	太陽が放出する電子や陽子などの荷電粒子の流れ。

フレア・CME発生時

デリンジャー現象	大量に放出されたX線や紫外線が電離層に影響を与え，電波の通信状況が悪くなる現象。
磁気あらし	大量に放出された荷電粒子によって，地球の地磁気が乱される現象。
オーロラ	大気の原子や分子が荷電粒子との衝突によって発光する現象。

4 黒点の型と相対数

黒点の型

黒点は，その形の特徴から，9つの型に分けられる。いくつかの黒点が集まったものは群（黒点群）とよばれる。黒点は単独で現れることもあるが（単極），多くの場合，N極とS極が対になって現れる（双極）。黒点は小さいもので数百km，大きいものでは10万kmに及ぶ。寿命は平均すると6日程度であり，大きな黒点群は数か月の寿命をもつ。

黒点相対数

黒点の群の数をg，黒点の総数をf，観測者や観測機器による係数をkとし，次式で求められる値Rを黒点相対数という。

$$R = k(10g + f)$$

黒点相対数は，スイスのチューリッヒ天文台長であったウォルフ（1816～1893）によって考案された。係数kは，観測者や望遠鏡による見え方の違いを補正する係数であるが，通常の観測では1としてよい。望遠鏡の口径が大きいほど，また，観測者が経験をつむほどにkの値は小さくなる。

黒点相対数は，太陽電波の強度やフレアの発生数と高い相関があることが知られており，太陽の活動を表す指標とされる。

凡例	型 特徴				
	極性 半暗部	スケッチの例	E	双極 両方	経度10°～15°で複雑
A	単極 なし	1つの主黒点の周りに散在	F	双極 両方	経度15°以上で非常に複雑
B	双極 なし	2つの主黒点の周りに散在	G	双極 両方	2つの主黒点の間に黒点なし
C	双極 片方	片方の主黒点のみ半暗部をもつ	H	単極 あり	直径2.5°以上で単極性・半暗部あり
D	双極 両方	2つの主黒点に半暗部をもつ	J	単極 あり	直径2.5°未満で単極性・半暗部あり

5 太陽の活動周期

黒点が多く現れる時期を極大期，少ない時期を極小期という。極大期には，太陽活動が最も活発になる。

黒点相対数の変化

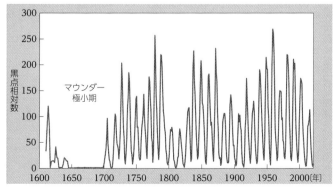

黒点相対数は約11年周期で増減し，極小から極小までが1つの活動周期である。活動度が著しく低下した17世紀後半から18世紀にかけては，マウンダー極小期とよばれる。この時期は，地球規模で寒冷な小氷期とされ，太陽活動の低下が原因であったと考えられている（»p.184）。

蝶形図

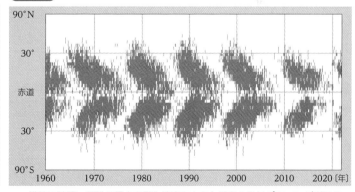

横軸に時間，縦軸に黒点の発生緯度をとると蝶のようなパターンが現れる。活動周期の初めは黒点が高緯度から出始め，極大期に全面に広がり，極小に向かうにつれて低緯度に移っていることが読み取れる。

豆知識　近年，太陽活動の周期が長くなったり，極大期の活動度が低くなったりしている。このような傾向は，マウンダー極小期の前にも見られており，今後，太陽活動がどのように変化していくのかが注目されている。

第4章　宇宙のすがた

107

6 恒星の明るさと色

Brightness and colors of stars

1 見かけの明るさ 基礎

星の明るさの違いを表すため，等級が用いられる。地球から見た星の等級を見かけの等級という。等級は，明るい星ほど小さくなるように定められている。

紀元前2世紀，古代ギリシャのヒッパルコスは，最も明るい星のグループを1等星，肉眼で見える最も暗い星を6等星とし，6階級に分けた。19世紀，イギリスの天文学者ジョン・ハーシェルは，1等星の明るさが6等星の明るさの約100倍であることに気づき，その後，イギリスの天文学者ポグソンが，1等級の差を100の5乗根（2.512）倍とする尺度を定めた。現在使われている等級は，これにもとづいている。

明るさの原点としては，複数の標準星が用いられている。

$m_1 < m_2$ のとき，m_1 等級の星の明るさは，m_2 等級の星の明るさの $2.5^{(m_2-m_1)}$ 倍である。

同じ1等星でも，実際には，さまざまな明るさのものがある。ベガやアルクトゥールス，リゲルはほぼ0等級，最も明るいシリウスは−1.4等級に達する。星の数は暗いものほど多い。

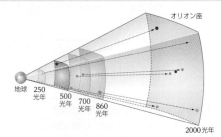

同じ平面上にあるように見える星も，実際はそれぞれ違う距離に位置するため，実際の明るさが同じでも，距離が近いほど見かけの明るさは明るくなる。

等級と恒星の数

明るさ	恒星の数	明るさ	恒星の数
1等級	12	4等級	710
2等級	67	5等級	2000
3等級	190	6等級	5600

2 恒星の距離 基礎

距離の表し方

月などの近い天体までの距離はkm単位で表すこともあるが，一般に，太陽系内の天体までの距離は，**天文単位**（au：約1億5000万km）で表される。1天文単位は，太陽と地球の平均距離にほぼ等しい。

太陽系外の天体では，**光年**（ly：約9兆4600億km）が用いられる。1光年は，光が1年間に進む距離である。また，**パーセク**（pc：約3.26光年）もよく用いられる。1パーセクは1″の年周視差に対応する距離である（≫p.139）。

＊ 1°=60′〔分〕，1′=60″〔秒〕

分光視差

恒星のスペクトルから推定された恒星までの距離を**分光視差**という。恒星はそのスペクトル型によって，平均的な絶対等級が知られている（≫p.110）。そこで，観測からスペクトル型を決定すれば，見かけの等級と平均的な絶対等級から距離を推定することができる（≫p.109）。

+α 近い恒星 プラス

年周視差は，1838年，はくちょう座61番星で初めて測定された。その距離は11.4光年である。太陽系に最も近い恒星としては，ケンタウルス座α星がよく知られているが，この星は三重連星で，1等星として見えているのは，αAとαBの2つの星が接近し，1つに見えているものである。太陽系から最も近いαCは，これより2°ほど離れた方向にあり，暗いため肉眼では見えない。

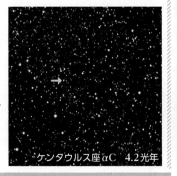

ケンタウルス座αC　4.2光年

整理 天体の距離の表し方

使用範囲	単位	変換
月などの近い天体	キロメートル〔km〕	―
太陽系内	天文単位〔au〕	約1億5000万km
太陽系外	光年〔ly〕	約9兆4600億km
	パーセク〔pc〕	約3.26光年

主な近い恒星

名　称	種　類 (≫p.110)	スペクトル型	絶対等級	見かけの等級	位置(≫p.134) 赤経	赤緯	年周視差 〔″〕	距離 〔光年〕
ケンタウルス座αC (プロキシマ・ケンタウリ)	主系列星	M	15.5	11.0	14ʰ 29.7ᵐ	−62°41′	0.77	4.2
ケンタウルス座αA	主系列星	G	4.4	−0.0	14ʰ 39.6ᵐ	−60°50′	0.76	4.3
ケンタウルス座αB	主系列星	K	5.7	1.4				
バーナード星	主系列星	M	13.2	9.5	17ʰ 57.8ᵐ	+04°42′	0.55	5.9
ウォルフ359	主系列星	M	16.7	13.5	10ʰ 56.5ᵐ	+07°01′	0.42	7.7
シリウスA(おおいぬ座αA)	主系列星	A	1.5	−1.4	06ʰ 45.1ᵐ	−16°43′	0.38	8.6
シリウスB(おおいぬ座αB)	白色矮星	A	11.5	8.6				
プロキオンA(こいぬ座αA)	主系列星	F	2.7	0.4	07ʰ 39.3ᵐ	+05°13′	0.29	11.5

豆知識　多くの1等星は，地球から比較的近いために明るく見えている。しかし，恒星の真の明るさは，星によって異なる。最も遠い1等星は，はくちょう座α星（デネブ）で，1423光年の距離にある。デネブは，極端に明るい星で，その明るさは太陽の25万倍に達する。

3 絶対等級

天体の実際の明るさは，一定の距離に置いたと仮定したときの明るさ（絶対等級）で定義される。

絶対等級は，恒星を10パーセク（32.6光年）の距離に置いたときの等級として定義される。

太陽は，地球に近いため，−26.8等級と明るく見えるが，絶対等級は4.8等級であり，10パーセクの距離にあれば，星座をつくる主な星よりも暗く見える。

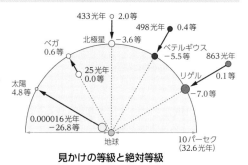

見かけの等級と絶対等級

絶対等級を M，その明るさを L，見かけの等級を m，その明るさを l とすると，1 等級の明るさの違いは，$10^{\frac{2}{5}}$[*]（約2.5）倍であるため，

$$\frac{L}{l} = 10^{\frac{2}{5}(m-M)} \quad \cdots ①$$

明るさは天体までの距離 d〔パーセク〕の2乗に反比例するため，

$$\frac{L}{l} = \left(\frac{d}{10}\right)^2 \quad \cdots ②$$

①，②から，$10^{\frac{2}{5}(m-M)} = \left(\frac{d}{10}\right)^2$　両辺の対数を取って整理すると，

$$\frac{2}{5}(m-M) = 2\log_{10}\frac{d}{10} \qquad M = m+5-5\log_{10}d$$

また，年周視差を p〔″〕とすると，$d = \frac{1}{p}$ であり，$\log_{10}d = -\log_{10}p$ から，次式が導かれる。

$$M = m+5+5\log_{10}p \qquad \text{*}\ 5\sqrt{100}=100^{\frac{1}{5}}=10^{\frac{2}{5}}$$

主な明るい恒星

名　称		種　類	スペクトル型	絶対等級	見かけの等級	位　置		距離〔パーセク〕	距離〔光年〕
						赤経	赤緯		
オリオン座β	リゲル	巨星	B	−7.0	0.1	05h 14.5m	−08°12′	265	863
おとめ座α	スピカ	主系列星	B	−3.4	1.0	13h 25.2m	−11°10′	77	250
こと座α	ベガ	主系列星	A	0.6	0.0	18h 36.9m	+38°47′	8	25
こぐま座α	北極星	巨星	F	−3.6	2.0	02h 31.8m	+89°16′	133	433
ぎょしゃ座α	カペラ	巨星	G	−0.5	0.1	05h 16.7m	+46°00′	13	43
うしかい座α	アルクトゥールス	巨星	K	−0.3	−0.0	14h 15.7m	+19°11′	11	37
オリオン座α	ベテルギウス	巨星	M	−5.5	0.0〜1.3	05h 55.2m	+07°24′	152	498

4 恒星の色

恒星の色は表面温度に対応している。高温のものから順に，青白，白，黄，橙，赤となる。

恒星の表面温度

恒星の表面から放射される光の強度を波長ごとに調べてみると，放射強度が最大になっている光の波長（最大エネルギー波長）λ_{max}〔μm〕は，恒星の表面温度 T〔K〕に反比例している。これをウィーンの変位則という。

$$\lambda_{max} \cdot T = 2900 〔μm \cdot K〕$$

したがって，放射エネルギーが最も強い波長を調べることで，表面温度が求められる。

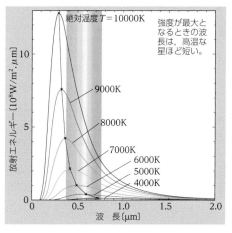

主な1等星

2等星以下は暗いため，肉眼では色がわからないが，1等星は色がわかる。高温の星は青白く，低温の星は赤く見える。

1等星には巨星が多い。

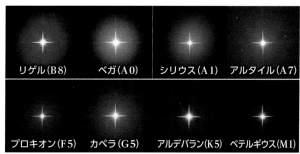

かっこ内はスペクトル型を示す。

スペクトル型と表面温度

恒星のスペクトルは，表面温度の違いによって吸収線のパターンが変化する。これによって，表面温度の高いものから，O，B，A，F，G，K，Mなどの型に分類され，各型は0〜9まで細分される。太陽はG2型に分類される。

型	色	温度〔K〕	スペクトルの特徴
O	青	数万	最も高温で，ヘリウムの吸収線が特徴。
B	青白	2万	ヘリウムと水素の吸収線が目立つ。
A	白	1万	水素の吸収線が強く，金属の吸収線が現れる。
F	薄黄	7500	水素の吸収線が弱くなり，鉄などの金属の吸収線が著しい。
G	黄	6000	カルシウムのH線，K線が特徴。
K	橙	4500	酸化チタンの吸収線が現れる。
M	赤	3000	酸化チタン帯が最も強い。

さまざまな恒星のスペクトル

上から順に表面温度が高いものから低いものへと並んでおり，上のものほど青が強く，下のものほど赤が強くなっている。また，吸収線のパターンの違いがスペクトル型の違いとして現れている。

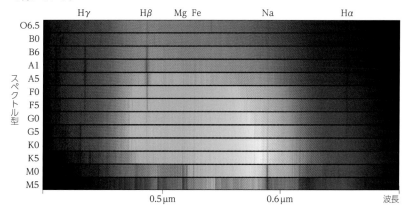

豆知識　表面温度が同じ恒星であっても，その吸収線の強度や吸収線の幅が異なる。これは，恒星の大気の圧力や密度を反映したものと考えられ，このことから恒星の半径が推定できるため，その恒星の種類（巨星，主系列星，白色矮星）がわかる。

1 HR図

横軸にスペクトル型(表面温度),縦軸に絶対等級(明るさ)をとり,多数の恒星を記入したグラフをHR図(ヘルツシュプルング・ラッセル図)という。

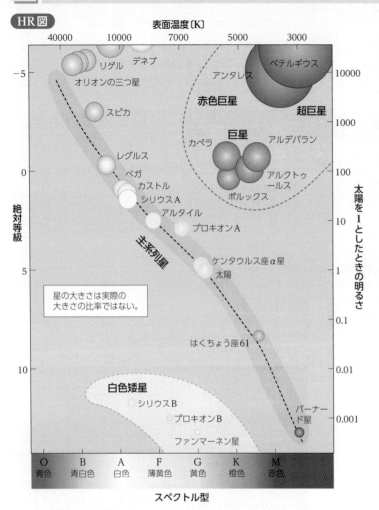

HR図

恒星の大きさ

太陽1
ベガ3
数値は太陽の大きさを1したときの大きさを示す

ベテルギウス 800
アンタレス 230
アルデバラン 35
アルクトゥールス 24

HR図上において,恒星は大きく3つのグループに分けられる。

主系列星 HR図上で,左上から右下の線上に並ぶ一群の恒星。表面温度の高い星ほど明るく,温度の低い星ほど暗い。**主系列星**は,水素→ヘリウムの核融合で輝いており,恒星は一生の大部分を主系列星として過ごす。太陽も主系列星の一員である。

巨星・超巨星 HR図上で右上にある一群の恒星。表面温度は低いが,非常に明るく,極めて大きな半径をもつ。主系列星の期間が終わりに近づいた老齢の恒星は,膨張し,巨星や超巨星になると考えられている。これらは,温度が低く,赤く見えることから,**赤色巨星**ともよばれる。

白色矮星 HR図上で左下にある一群の恒星。表面温度は高いが,非常に暗く,極めて小さな半径をもつ。太陽程度の質量の恒星が巨星の期間を終えると,核融合が停止し,急激に収縮して**白色矮星**になると考えられている。

褐色矮星 HR図上には現れていないが,右下に位置する天体。表面温度が低く,非常に暗い。質量が小さいため(木星の13倍以上で,主系列星よりは軽い),水素の核融合は起こっていない。

星団の恒星だけでHR図をつくると,散開星団は,ほとんどが主系列星であるが,球状星団では,主系列星は右下だけで,巨星が多い。これは,形成されたばかりの星団には,寿命の短い左上の主系列星が存在するが,年齢が進むと巨星になり,寿命の長い右下の主系列星だけが残るためである(» p.103)。

+α 恒星の大きさと明るさ

物体の表面の単位面積から,単位時間あたりに放射されるエネルギーE〔W/m²〕は,表面温度T〔K〕の4乗に比例する。

$$E = \sigma \cdot T^4 \qquad \sigma:シュテファン・ボルツマン定数,5.67 \times 10^{-8}〔W/(m^2 \cdot K^4)〕$$

また,恒星が球であるとして,その半径をR〔m〕とすれば,表面積は$4\pi R^2$〔m²〕であるから,恒星が放つ全エネルギーL〔W〕は,以下のように表すことができる。

$$L = 4\pi R^2 \times E = 4\pi R^2 \cdot \sigma \cdot T^4$$

したがって,恒星は大きいほど,高温であるほど明るい。

右図のように,HR図上で縦に並ぶ2つの星は,表面温度が同じであり,明るさは半径の2乗に比例する。たとえば,絶対等級が−5等の超巨星の明るさは,10等の主系列星の1000000倍(5等級差が100倍)であり,超巨星の半径は主系列星の1000倍となる。一方,絶対等級が12等の白色矮星の明るさは,2等の主系列星の10000分の1であり,半径は100分の1となる。

超巨星
巨星
主系列星
白色矮星

整理 HR図

主系列星
高温ほど明るく,低温ほど暗い

巨星
低温・明るい

超巨星
低温・非常に明るい

白色矮星
高温・暗い

豆知識 赤色巨星に対して,青色巨星(おとめ座のスピカなど)や青色超巨星(オリオン座のリゲルなど)も存在し,HR図では左上に位置する。これらの恒星は,表面温度が高く,非常に明るく,極めて大きな半径をもつ。核融合が速く進むため,寿命は数百万〜数千万年と短い。

2 太陽の誕生 (基礎)

原始太陽の形成

およそ46億年前，星間物質が集まり，太陽系のもととなる星間雲ができた。星間雲は，重力によって収縮するとともに回転し，円盤状になった。その中心に，**原始星**の段階にある太陽(**原始太陽**)が形成された。原始星は，星間雲が収縮した際に，重力による位置エネルギーが熱エネルギーに変換されて温度が上昇し，光を放つ天体である。

原始太陽を取り巻く星間雲がなくなり，見えるようになった段階の太陽を**Tタウリ型星**(おうし座T型星)という(≫p.112)。

主系列星としての太陽

原始太陽の中心部の温度が上昇し，1400万Kに達すると，水素をヘリウムに変換する核融合が始まり，**主系列星**に進化する。こうして誕生した太陽は，これまで約46億年間，主系列星として安定して輝いている。

やがて，核融合によって中心部の水素が使われ，中心部がヘリウムばかりになると，主系列星の段階が終わる。太陽の主系列星としての寿命は，およそ100億年と考えられており，約50〜60億年後には，主系列星としての寿命を迎える。

星間雲

原始太陽系円盤(≫p.122)

原始星(原始太陽)

3 太陽の進化と最期

太陽の進化

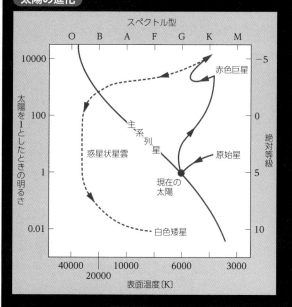

主系列星(現在の太陽)

赤色巨星へ

現在からおよそ50〜60億年後，ヘリウムだけになった太陽の中心部(核)では，エネルギーがつくられなくなり，中心部は重力によって収縮する。一方，水素の核融合は，中心部の周囲で起こるようになるため，外側はその圧力で膨張する。やがて，太陽の半径は，現在の数百倍にまで大きくなり，表面温度が低下して赤く見えるようになる。この段階の恒星が**赤色巨星**である。赤色巨星は，表面温度は低いが表面積が大きく，光度(絶対等級)は，現在の数千倍と極めて明るくなる。このとき地球は，軌道半径が現在の太陽の半径の220倍程度であるため，赤色巨星となった太陽にのみ込まれると考えられている。

中心部が収縮して温度が上昇すると，ヘリウムが核融合を起こし，炭素や酸素がつくられる。この反応は不安定であるため，赤色巨星は膨張と収縮をくり返す。

赤色巨星

白色矮星へ

最期は，太陽風とともに外層を放出し，周囲に**惑星状星雲**を形成する。中心には，核融合が終了した，地球程度の大きさの**白色矮星**が残される。白色矮星は，表面温度は高いが極端に小さいため，光度の小さい星である。白色矮星の質量は太陽程度であるが，その半径は地球程度(太陽の100分の1)であるため，密度は，1cm³で約1000kg(=1t)と，太陽の約100万倍に達する。

白色矮星

惑星状星雲

豆知識 誕生したての太陽は，今よりも30％ほど暗かったと考えられている。そうすると，地球に液体の水は存在できないはずであるが，40億年前にはすでに海があったと考えられており，矛盾する。これは，当時の大気に二酸化炭素が多く，温室効果によって温暖化していたとすると説明がつく。

恒星の一生

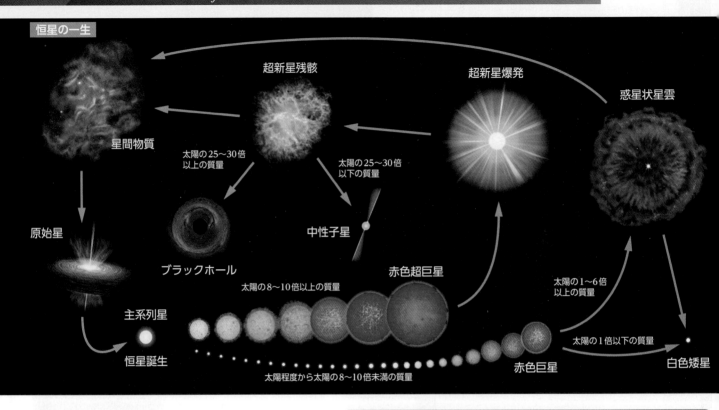

- 超新星残骸
- 超新星爆発
- 惑星状星雲
- 星間物質
- 太陽の25〜30倍以上の質量
- 太陽の25〜30倍以下の質量
- 原始星
- ブラックホール
- 中性子星
- 赤色超巨星
- 太陽の1〜6倍以上の質量
- 主系列星
- 太陽の8〜10倍以上の質量
- 恒星誕生
- 太陽の1倍以下の質量
- 白色矮星
- 赤色巨星
- 太陽程度から太陽の8〜10倍未満の質量

1 恒星の誕生

星間雲

星形成領域IC2944

星間雲中のグロビュール

わし星雲中の星間雲

恒星は，星間物質が重力で収縮して生じる（この星の卵の状態をグロビュールという）。このとき，物質が集まると，重力による位置エネルギーが解放されて熱に変わり，中心部の温度が上昇して原始星が形成される。

原始星

ハービッグ・ハロー天体

Tタウリ型星

原始星の周りに降着円盤が形成され，円盤の回転軸に沿ってジェットができることがある（ハービッグ・ハロー天体*）。周りの星間雲が少なくなると，原始星が見えるようになる（Tタウリ型星）。

＊輝線スペクトルで輝く星雲状の天体で，原始星に伴っている。原始星から放出される高速のジェットが，周りの星間雲に衝突して衝撃波をつくり，そのエネルギーで輝くと考えられている。

主系列星

アルタイル

レグルス

中心の温度が10^7Kを超えると核融合が始まり，恒星（主系列星）が誕生する。

豆知識 ハービッグ・ハロー天体は，星雲状の謎の天体として，1950年代前半にハービッグとハローによって独立に発見された。ハービッグは，星間雲中の恒星を探している際に発見したため，当初，この天体そのものには興味がなかったという。

2 恒星の進化

恒星の進化は誕生時の質量に応じて決まる。質量の小さな恒星*はHR図の右下(低温で暗い)，大きな恒星は左上(高温で明るい)の主系列星として一生の大半を過ごす。

やがて中心にヘリウムがたまると，核融合が中心ではなく周辺部で起こるようになり，恒星が膨張する。この段階からが巨星である。巨星の中心部ではヘリウムよりも重い元素への核融合が起こる。その後は質量に応じて進化のしかたが異なる。

*さらに質量が小さいと褐色矮星になる(≫p.110)。

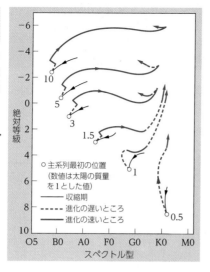

内部構造の進化

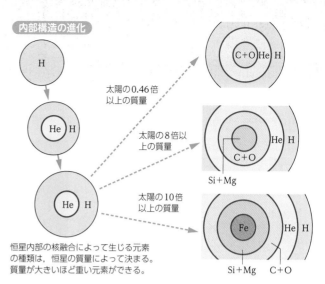

太陽の0.46倍以上の質量

太陽の8倍以上の質量

太陽の10倍以上の質量

恒星内部の核融合によって生じる元素の種類は，恒星の質量によって決まる。質量が大きいほど重い元素ができる。

3 恒星の最期

巨星になったあとの進化は，その質量によって異なる。

中性子星

質量の大きな恒星の超新星爆発のあとには，半径が10km程度の大きさに圧縮された，超高密度(太陽の10^{14}倍以上とされる)の中心核が残される。この天体は，電子が原子核に取り込まれ，陽子が電子と一緒になって生じる中性子からなり，中性子星とよばれる。中性子星は，元の恒星よりもはるかに短い周期で自転している。

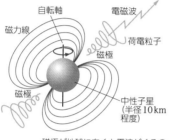

自転軸
電磁波
磁力線
荷電粒子
磁極
磁極
中性子星(半径10km程度)

磁極が地球に向くと電波がくるので，電波が脈動状にやってくる。

パルサー

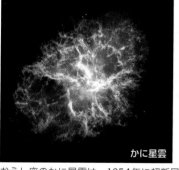

かに星雲

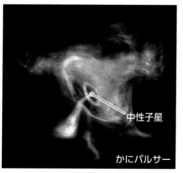

中性子星

かにパルサー

おうし座のかに星雲は，1054年に超新星爆発した星の残骸である。この中心で規則正しい脈動(パルス)状の電波を発する天体が見つかっている。このような天体はパルサーとよばれ，強い磁場をもつ中性子星が高速で自転(1秒間に数十回以上)している(右の画像は左の画像の中心部)。

太陽程度から太陽の8〜10倍未満の質量の恒星は，外層のガスを放出したのちに白色矮星となる。放出されたガスは惑星状星雲を形成する。太陽の8〜10倍以上の質量をもつ恒星は，超新星爆発を起こし(≫p.115)，放出された物質は超新星残骸となる。さらに大質量になると，超新星爆発のあとに，中性子星やブラックホールができる。

ブラックホール

太陽の25〜30倍以上の質量の恒星が最期を迎えると，超新星爆発を起こしたあと，中心部にブラックホールができると考えられている。

ブラックホールは，中性子星よりもさらに密度が大きく，重力が強いため，光さえも抜け出すことができない天体である。したがって，光が放出されず，直接観測することはできない。しかし，ブラックホールに吸い込まれようとする物質が，ブラックホールの周囲に回転する円盤(降着円盤)を形成して超高温になり，X線を強く放射するため，X線を観測することで，ブラックホールの存在を間接的に確認できる。

また，周囲の天体の運動を測定することで，ブラックホールの存在の確認とともに，その質量を決定できる。たとえば，銀河系の中心の恒星の運動から，太陽の400万倍もの質量をもつブラックホール(いて座A*)の存在が明らかにされた。

ブラックホールの周囲では，近くを通る光が重力にとらえられるため，「影」が生じる。この影は，2019年，初めて電波望遠鏡で撮影された(写真中央の暗い部分)。

ブラックホール(いて座A*)の影

人物 ジョスリン・ベル・バーネル 1943〜

イギリスの天文学者。1967年，ケンブリッジ大学の大学院生のとき，電波望遠鏡のデータからパルサーを発見した。観測された電波信号が非常に早く規則的に変化していたことから，当初は宇宙人からの通信とも考えられたが，実際は中性子星と判明した。この発見によって，1974年，指導教官のヒューイッシュはノーベル物理学賞を受賞した。彼女は受賞できなかったが，その後も研究を続け，複数の大学で教鞭をとり，王立天文学会会長などを歴任した。

PROGRESS ブラックホールの分類

ブラックホールは，観測から質量によって3種類に分類されている。それぞれ，太陽質量の10倍程度以下の恒星質量ブラックホール，1000〜1万倍の中間質量ブラックホール，100万〜数十億倍の超大質量ブラックホールである。

恒星質量ブラックホールの候補は，銀河系の中などに20個程度見つかっており，その質量は，太陽の4〜16倍ほどと見積もられている。また，銀河系のほか，アンドロメダ銀河など，ほとんどの大きな銀河の中心には，超大質量ブラックホールが存在すると考えられている。

豆知識 パルサーは，恒星が収縮してできた天体であり，その高速の自転は，フィギュアスケートでスピンをする演者が，腕や足を回転軸に近づけると回転が速くなるのと同じ原理で説明される。

第4章 宇宙のすがた

9 連星と変光星
Binary stars and variable stars

1 連星

2つ以上の恒星が接近して見えるものを**重星**という。重星には，それぞれ地球からの距離は異なっているが，見かけ上接近して見えるものと，距離が同じで，互いに回り合っているもの（**連星**）がある。

連星には，望遠鏡で分かれて見える**実視連星**と，スペクトルの観測からわかる**分光連星**がある。連星の回転の中心（共通重心）とそれぞれの星との距離の比は，星の質量の逆比（逆数の比）になっている。

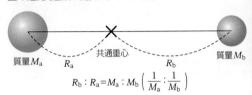

$$R_\mathrm{b} : R_\mathrm{a} = M_\mathrm{a} : M_\mathrm{b} \left(\frac{1}{M_\mathrm{a}} : \frac{1}{M_\mathrm{b}} \right)$$

連星の明るい方の星を**主星**，暗い方の星を**伴星**という。

北斗七星（おおぐま座の一部）の端から2番目の星（ミザール）には，よく見るとそばに暗い星（アルコル）がある。これらは，同じ方向に見えるが，距離の異なる二重星である。

ミザールは，さらに2つの星からなり，地球からの距離も同じで互いに回り合っている連星である。

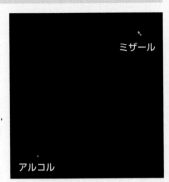

連星の運動

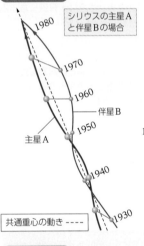

シリウスの主星Aと伴星Bの場合

共通重心の動き ----

連星の主星と伴星は，共通重心の周りをそれぞれの軌道を描いて公転しながら，天球上を移動している（固有運動）。そのようすは，地球上から左図の赤線，青線のように蛇行して見える。

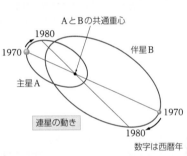

連星の動き

数字は西暦年

分光連星のスペクトル

分光連星は，スペクトル線のドップラー効果による波長の変化から確認できる。

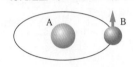

上下の白い線は地上で入れた比較スペクトル

恒星Bは，Aと同様に，地球に近づいても遠ざかってもいないため，両者のスペクトル線は，重なって1本に見える。

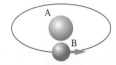

恒星Bが地球に近づいているため，そのスペクトル線は波長が短くなり，A，B両恒星の同一の吸収線は，ずれて2本になる。

連星の質量

連星の運動から，2つの星の質量を決定することができる。恒星A，Bの質量をM_a，M_b，2つの星の間隔をR，公転周期をTとすると，Aについて，万有引力（▶p.8）は，次のように示される（Gは万有引力定数）。

$$G \frac{M_\mathrm{a} \cdot M_\mathrm{b}}{R^2}$$

A，Bの公転を円運動とみなすと，Aの回転半径は，共通重心とAの距離である。共通重心は，AとBの距離をそれぞれの質量の比の逆に内分した点であるから，Aの回転半径は，$\dfrac{M_\mathrm{b}}{M_\mathrm{a}+M_\mathrm{b}}R$ と表される。

したがって，遠心力（▶p.8）は次のように示される。

$$M_\mathrm{a} \frac{M_\mathrm{b}}{M_\mathrm{a}+M_\mathrm{b}} R \times \left(\frac{2\pi}{T} \right)^2$$

万有引力と遠心力がつり合っているため，

$$G \frac{M_\mathrm{a} \cdot M_\mathrm{b}}{R^2} = M_\mathrm{a} \frac{M_\mathrm{b}}{M_\mathrm{a}+M_\mathrm{b}} R \times \left(\frac{2\pi}{T} \right)^2$$

$$\frac{G}{R^2} = \frac{R \times 4\pi^2}{(M_\mathrm{a}+M_\mathrm{b}) \times T^2} \qquad \boxed{\frac{R^3}{T^2} = \frac{G(M_\mathrm{a}+M_\mathrm{b})}{4\pi^2}}$$

質量−光度関係

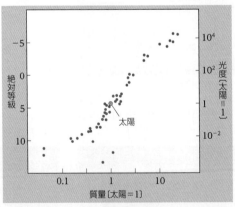

質量[太陽=1]

太陽

左下の式（　　）は，ケプラーの第3法則（▶p.133）の式に相当し，質量の和が得られる。また，連星では，距離の比が星の質量の逆比になっているため，質量比がわかり，それぞれの質量が決められる。

このようにして，多くの恒星の質量が求められ，主系列星では，質量と絶対等級に一定の関係があり，明るさが質量の3〜5乗に比例することがわかった。これを**質量−光度関係**という。

＋α 恒星の寿命

恒星にも寿命があり，その一生の大部分を主系列星として過ごす。恒星の寿命は，核融合のエネルギー源である水素の量と，水素を消費する速度（核融合の速度）で決まる。

恒星は主に水素でできており，その質量が水素の量に等しいと考えることができる（1割程度の水素が消費されると主系列星を離れる）。一方，水素を消費する速度は恒星の明るさと一致し，その明るさは質量の3〜5乗に比例する（質量−光度関係）。そのため，質量の大きな恒星ほど，水素を多くもつが，水素を消費する速度が質量の3〜5乗に比例して膨大となるため，寿命は短くなる。逆に，質量の小さい恒星ほど寿命が長くなる。

豆知識 ペルセウス座の星座絵のアルゴル（▶p.115）の位置には，見た者がみな石になるという怪物メドゥサの首が描かれている。ペルセウスは怪物の姿を鏡に映して剣で退治し，その首をもち帰ったとされている。不気味に変光するようすが怪物を想像させたのだろう。

2 脈動変光星

進化の終わりにさしかかった恒星は，不安定になり，膨張と収縮をくり返して明るさが変化する。このような星を脈動変光星という。

脈動変光星は細かく分類されており，代表的なものに，**ミラ型**，**ケフェウス座δ型**がある。ミラ型変光星は，変光周期が数十日程度から長いものでは2000日に及ぶ。また，最大光度と最小光度の差（変光）の幅は2.5～11等級程度である。ケフェウス座δ型変光星は，**セファイド**ともよばれ，変光周期が数日から数百日と短い。また，変光の幅は0.05～2等級程度である。

ミラ（くじら座 o 星）の変光曲線

ミラは，約332日周期で明るさが約8等級変化している。

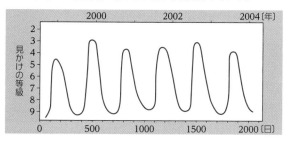

ケフェウス座δ星の変光曲線

ケフェウス座δ星は，約6日周期で明るさが約1等級変化する。

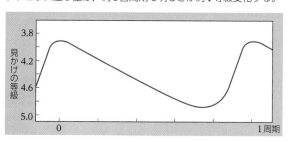

ミラ（極小時）

ミラ（極大時）

周期－光度関係

脈動変光星のうち，ケフェウス座δ型変光星やおとめ座W型変光星などには，変光周期と絶対等級との間に一定の関係が見られる。これを**周期－光度関係**という。この関係を用いると，スペクトル型が判別できない遠い星であっても，変光周期と見かけの等級から，絶対等級を推定し，距離を知ることができる。

主な変光星

		変光幅〔等級〕	周期〔日〕
脈動変光星			
長周期変光星	ミラ（くじら座 o）	2.0 - 10.1	332
短周期変光星	ケフェウス座δ	3.48 - 4.37	5.366
	こと座RR	7.06 - 8.12	0.567
食変光星			
	アルゴル（ペルセウス座β）	2.12 - 3.39	2.867
	てんびん座δ	4.91 - 5.90	2.327

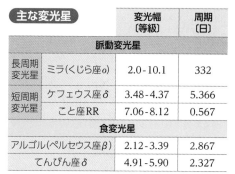

---

3 食変光星

連星の公転軌道面が，地球の方向と一致する場合，地球から見て2つの星が重なり合うこと（食）がある。

アルゴル（ペルセウス座β星）の変光グラフ

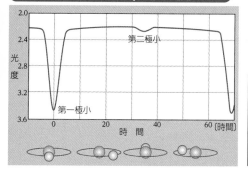

食が起きているときは，片方の恒星が隠れるため，明るさが変化する。このような星を**食変光星**（食連星）という。暗い方の恒星が手前に来たときに，最も大きく減光する。

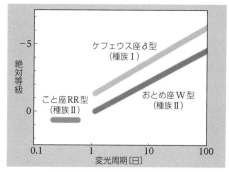

アルゴル（極小時）　アルゴル（通常時）

整理　変光星

脈動変光星		
膨張・収縮をくり返すことで，明るさが変化する。		
	ミラ型（長周期変光星）	ケフェウス座δ型（短周期変光星）
変光周期	数十日～2000日	数日～数百日
変光幅	2.5～11等級	0.05～2等級

食変光星
連星が食によって，互いを隠し合うことで明るさが変化する。軌道面が地球に向いている。

新星や超新星も変光星の一種である。

---

4 新星

恒星が突然明るく輝く現象を新星という。

新星は，白色矮星と恒星がかなり接近している連星（近接連星）で起こる。恒星から白色矮星の表面に水素が流れ込み，積もった水素が一定量に達すると，白色矮星の表面で核融合が起こり，9～13等級明るくなる。その後，数か月から数年かけて緩やかに減光する。

はくちょう座新星1992
星の表面が吹き飛ばされているようすがわかる。

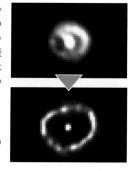

---

5 超新星

質量の大きな恒星が，その一生の最後に大爆発を起こして輝く現象を超新星という。

太陽の8倍以上の質量をもつ恒星は，進化の末期に重力崩壊を起こし，大爆発する（II型超新星）。爆発後には，中性子星やブラックホールが残ると考えられている（» p.113）。

一方，近接連星で，恒星から物質が白色矮星に流れ込み，白色矮星の質量が太陽の約1.4倍に達すると，内部で核融合が暴走し，星全体が爆発する（Ia型超新星）。Ia型超新星は，非常に明るく，最大光度の絶対等級が－19等級とほぼ一定であるため，遠方の天体の距離測定の指標として用いられる（» p.101）。

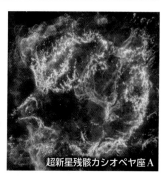

超新星残骸カシオペヤ座A

豆知識　おうし座のかに星雲（M1）のもととなった超新星は，1054年5月に現れ，3週間ほどは昼間も見えたという。日本や中国で記録が残されており，藤原定家の日記『明月記』にも引用されている。なお，定家は1162年生まれなので，実際には超新星を見ていない。

特集 4 望遠鏡と観測　Telescope and observation

🔭 望遠鏡を使う理由

天体は遠くにあるため，地球に届く光は弱い。しかし，望遠鏡を利用すると，大きく明るく観察することができる。

細かくて見えないものを，拡大して観察する能力（分解能） → 土星の環や木星の縞の観察

暗くて見えないものを，光を集めて観察する能力（集光力） → 遠方の銀河や海王星の観察

分解能と集光力は，望遠鏡の口径が大きくなるほど高くなる。

架台の形式

天体望遠鏡には，全天のどこへも向けられること，天体の動きを常に追いかけられることの2つの機能が必要となる。前者の機能を実現するためには，望遠鏡を載せる台（架台）が少なくとも直交する2軸をもつ必要がある。

架台には，経緯台式と赤道儀式がある。

🔭 光学望遠鏡

可視光線や赤外線で観測する望遠鏡を光学望遠鏡といい，レンズを組み合わせた屈折望遠鏡と，凹面鏡などの反射鏡を組み合わせた反射望遠鏡などがある。屈折式にはケプラー式のほか，接眼レンズに凹レンズを使うガリレオ式，反射式にはカセグレン式のほかにニュートン式などがある。

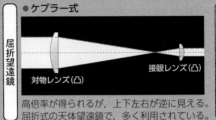

● ケプラー式　【屈折望遠鏡】
対物レンズ（凸）　接眼レンズ（凸）
高倍率が得られるが，上下左右が逆に見える。屈折式の天体望遠鏡で，多く利用されている。

● カセグレン式　【反射望遠鏡】
副鏡（凸双曲面鏡）　接眼レンズ　主鏡（放物面鏡）
光路を主鏡の後ろに引き出すため，焦点距離が長くてもコンパクトになる。

● 経緯台式　上下方向と水平方向に動く2つの軸で望遠鏡を動かす。重い鏡筒でも安定するが，星を追いかける際は，両方の軸を動かす必要があり，その回転速度も時々刻々変わる。コンピュータによって，2軸のモーターを制御し，自動的に星を追いかけることができるものもある。すばる望遠鏡も，この形式の架台である。

方位軸　上／下　左／右　高度軸
経緯台での追尾
東　南　西

● 赤道儀式　1つの軸を北極星（天の北極）の方向に向けて設置する。星を追いかける際には1つの軸（極軸）を回転させるだけでよく，回転速度もほぼ一定でよいため，追尾が容易である。ただし，軸が地面に対して斜めになるため，バランスが悪く，赤道儀の形式によっては，バランスウェイト（おもり）が必要になる。

赤道儀での追尾
東　南　西

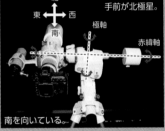

北　東　西　南　手前が北極星。
極軸　赤緯軸
南を向いている。

🔭 望遠鏡の使い方

倍率が高いほど見える範囲がせまいので，まずは低倍率にして目標に向ける。

上についている小さい望遠鏡（ファインダー）でねらいをつけてから，大きい望遠鏡で観察する。

望遠鏡の倍率と明るさ

$$倍率 = \frac{対物レンズや鏡の焦点距離}{接眼レンズの焦点距離}$$

倍率を高くすると像が暗くなるが，暗くならないようにするためには，倍率を低くするか，口径の大きい望遠鏡を使う。

対象	倍率	理由
月	60〜150倍	全体は60倍，一部分を拡大するには100倍以上。
惑星	100〜200倍	小さいものを見るためには高い倍率が必要。
星雲, 星団, 銀河	10〜30倍	淡い天体は明るくするために低い倍率で観察する。
太陽	40〜60倍	太陽全体を入れるため。

屈折赤道儀式の望遠鏡

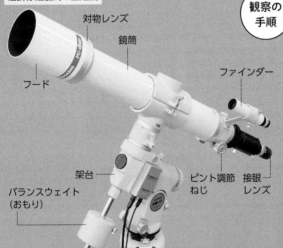

対物レンズ　鏡筒　フード　ファインダー　架台　バランスウェイト（おもり）　ピント調節ねじ　接眼レンズ　三脚

観察の手順

① 望遠鏡を組み立てて設置する。
② 極軸を天の北極に向ける（赤道儀式の架台の場合）。
③ 低倍率（20〜30倍程度）の接眼レンズを望遠鏡に取り付け，遠方の目標を導入し，ピントを合わせる。
④ ファインダーをのぞき，ねじを回して目標が十字線上にくるように調整する。
⑤ 望遠鏡の向きを変え，観察したい天体をファインダーの十字線上に導入する。
⑥ 望遠鏡をのぞいて天体を確認する。入っていなければ，向きを調整する。
⑦ 適当な倍率の接眼レンズに変えて，ピントを調節し，観察する。

● 太陽の観察

太陽を直接見ると失明するため，必ず投影板に投影して観察する。

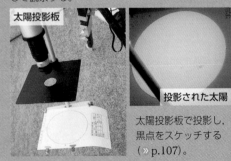

太陽投影板

投影された太陽

太陽投影板で投影し，黒点をスケッチする（≫ p.107）。

豆知識　ハッブル宇宙望遠鏡は，1990年の打ち上げ直後，鏡の歪みが判明し，3年後に宇宙飛行士が直接，補正レンズを取り付ける修理を行った。その後も観測装置やバッテリーの取り替えなど，計5回，宇宙飛行士による修理が行われている。

📡 電波望遠鏡

電波(可視光線よりも波長の長い電磁波)で天体を観測する望遠鏡を電波望遠鏡という。

アメリカの物理学者ジャンスキーは、1931年、宇宙から届く電波を発見した。その後、電波望遠鏡が開発され、可視光線では観測が難しいガスや塵の向こう側の天体、低温のガスや暗黒星雲をとらえられた。また、電波望遠鏡で宇宙空間に存在する分子の種類や構造を知ることもでき、生命の材料となるアミノ酸や、複雑な有機化合物が宇宙空間中に存在することが発見されている。

45m電波望遠鏡(野辺山観測所)

ミリ波・サブミリ波干渉計(アルマ望遠鏡)

電波干渉計

複数の電波望遠鏡で観測したデータを合成し、より大きな口径の望遠鏡と同程度の分解能を得る装置を電波干渉計という。

チリのアタカマ砂漠に建設されたアルマ望遠鏡では、66台のアンテナを利用し、ハッブル宇宙望遠鏡の10倍の分解能で観測が行われている。

さらに、EHT(イベント・ホライズン・テレスコープ)とよばれる計画も進んでいる。これは、地球上の複数の電波望遠鏡で同じ目標を観測し、そのデータを合成することで、地球規模の大きさの望遠鏡と同程度の解像度を得るというものである。EHTの観測によって、銀河系の中心にあるブラックホールの画像が得られた(≫ p.113)。

略称	望遠鏡名
ALMA	アルマ望遠鏡
APEX	APEX
30-M	IRAM 30m望遠鏡
JCMT	ジェームズ・クラーク・マクスウェル望遠鏡
LMT	大型ミリ波望遠鏡
SMA	サブミリ波干渉計
SMT	サブミリ波望遠鏡
SPT	南極点望遠鏡

EHTに参加している電波望遠鏡

🔭 宇宙空間からの観測

可視光線や赤外線を利用した地上からの観測では、大気による吸収やゆらぎの影響を受けるため、分解能や観測の精度が落ちる。宇宙空間からの観測は、大気の影響を受けず、地上での観測よりも精度が高い。また、X線や紫外線、γ線は、地上では観測できないため、宇宙空間からの観測が必要となる。

電波は地上からも観測できるが、人工衛星と地上の望遠鏡を連携させ、電波干渉計として利用する方法もとられている。日本の人工衛星「はるか」はこのために打ち上げられ活躍した。

名前(所属)	観測波長
ハッブル宇宙望遠鏡(NASA)	可視光線・紫外線
スピッツアー(NASA)	赤外線
あかり(JAXA・日本)	赤外線
ジェームズ・ウェッブ宇宙望遠鏡(NASA)	赤外線
ユークリッド宇宙望遠鏡(ESA)	赤外線
チャンドラ(NASA)	X線
ニュートン(ESA)	X線
すざく(JAXA・日本)	X線
XRISM(JAXA・日本)	X線
はるか(JAXA・日本)	電波

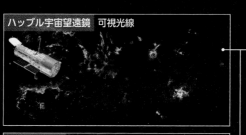

ハッブル宇宙望遠鏡　可視光線

スピッツアー　赤外線

チャンドラ　X線

銀河系の中心部(左の3つの画像を合成したもの)

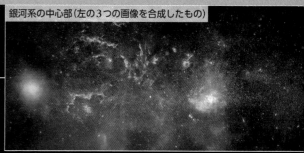

ジェームズ・ウエッブ宇宙望遠鏡

2021年打ち上げ。六角形の鏡18枚からなる口径約6.5mの望遠鏡。

銀河団SMACS0723(赤外線で観測)

人工衛星「はるか」

ジェットの差し渡しは約5000光年で、「はるか」では根元のわずか数光年のスケールを分解している。

電波銀河M87

地上電波望遠鏡(VLA)で撮像

はるかで撮像

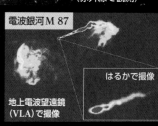

TOPIC　すばる望遠鏡

すばる望遠鏡は、1999年、ハワイ島マウナケア山頂に完成した。当時、1枚鏡の望遠鏡としては世界最大8.2mの口径を誇った。口径が大きくなると鏡が自重で変形してしまうため、鏡を裏側から多数のピストンで支え、変形しても元に戻すしくみ(能動光学)や、星のまたたきの原因となる大気のゆらぎを補正するしくみ(補償光学)、風や対流による観測への影響を最小限にする楕円柱ドームなど、数々の最先端技術が採用されている。

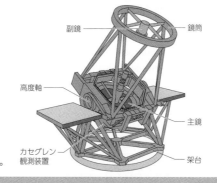

副鏡
鏡筒
高度軸
主鏡
カセグレン観測装置
架台

すばる望遠鏡

めっきされる前の主鏡とそれを支えるピストン

Science Special ❷
ビッグバンと
インフレーション

名古屋大学大学院教授　杉山 直

ハッブルによって，1929年，遠方の銀河が距離に比例する速度で遠ざかっていることが明らかにされ，宇宙が膨張していることが発見された（≫p.99）。この発見と前後して，フリードマンやルメートルによって（図1），理論的にも空間が膨張できることが示された。ルメートルは，さらに，現在の宇宙が膨張しているのであれば，過去にさかのぼって考えると，空間は縮んでいき，ついには宇宙全体が1点に収縮すると考えた。すなわち，宇宙には始まりがあり，それは，現在の宇宙にあるすべてのものが詰まった1つの原子のような状態であったと考えた[*1]。

*1　ルメートルはこれを「宇宙卵」と名付けた。

図1 フリードマン（左）とルメートル（右）　フリードマンはロシアの物理学者，ルメートルはベルギーの宇宙物理学者。

図2 ガモフ　ロシア出身の理論物理学者。

図3 ペンジアス（左）とウィルソン（右）　アメリカの電波天文学者。後ろに写っているのが，電波望遠鏡である。

◯ ビッグバンの証拠

　宇宙の始まりが熱かったと考えたのは，ガモフである（図2）。ガモフは，宇宙にある元素の起源を説明するため，始まりは熱く，元素を構成する陽子や中性子がバラバラに存在していたと考えた。膨張している宇宙では，初めは熱くても，温度は低下していく。やがて，温度が十分に低下したときに，陽子と中性子が合体し，ヘリウムやリチウムといった軽い元素がつくられる。この過程を正確に計算すると，ヘリウムの量を求めることができる。計算によると，水素とヘリウムの質量比は3：1程度と見積もられ，これは，観測とよい一致を示した。熱い宇宙の始まりは，宇宙の元素の99％を占める水素とヘリウムの量をうまく説明できるが，説明できない問題も残された。重い元素（炭素や酸素，窒素，鉄など）は，この計算に基づくと生成されないのである。その後の研究で，これらの元素は，恒星の中や，重たい恒星が超新星として爆発する際につくられることが明らかにされた。

　ガモフが考えた熱い宇宙の始まり，すなわちビッグバンは，元素の起源をうまく説明できた。しかし，ビッグバンが存在したことを証明するためには，決定的な証拠が必要であった。1965年，それは思いがけない形でもたらされる。ペンジアスとウィルソンが，電波望遠鏡で，偶然ビッグバンからの電波をとらえたのである（図3）。2人が見つけた電波は，空のあらゆる方向から，ほぼ同じ強度でやってきていた。これが宇宙マイクロ波背景放射である。電波の強度は温度に換算でき，この電波は，絶対温度3.5Kと見積もられた。現在は，2.725Kとわかっている。

　ビッグバン（かつて高温だった宇宙）では，その温度に応じた光が満ち溢れていたはずである。空間が膨張するにしたがって宇宙が冷えていき，現在では約3Kという低温になっていても不思議ではない。一方，宇宙全体がかつて熱くなければ，このような電波を生み出すことは極めて困難である。そのため，2人の発見した宇宙マイクロ波背景放射は，ビッグバンが存在したことを示す決定的な証拠となった。

◯ ビッグバンの問題とその解決策

　ビッグバン理論には，説明が困難な大きな問題も隠されていた。1つめは，宇宙マイクロ波背景放射があらゆる方向から同じ強度，すなわち同じ温度でやって来ていることである。ビッグバンが過去，宇宙のどこか1点で起きたとすると，電波はその方向からしか来ないはずである。あらゆる方向から来ていることは，私たちが観測できる範囲内の宇宙のあらゆる場所で，同時にビッグバンが起きたと考えるしかない。しかも，温度もそろっていたことになる。どのようにして，温度のそろったビッグバンがあらゆる場所で起きたのかを説明することは困難であった。

　2つめの問題は空間の曲がりである。アインシュタインの一般相対性理論によると，重力には空間を曲げる働きがある。宇宙初期に，わずかでも空間が曲がっていると，膨張に伴ってその曲がりの割合はどんどんと成長し，現在の宇宙では，非常に大きな値となってしまう。そのような大きな曲がりは容易に測定することができるが，実際には見つかっていない。このことから，宇宙初期には，ほとんど全く空間は曲がっていなかったと結論できる。しかし，どのようにして曲がりのない状況が用意できたのか，説明は困難であった。

　3つめの問題点は，現在の宇宙では観測されていない粒子についてである。宇宙の初期は，宇宙全体のエネルギーが極めて高く，さまざまな粒子が生み出されたと考えられている。その中には，現在の宇宙には存在しないものも含まれていた。したがって，電子や陽子などの普通の粒子だけを残し，現在は存在しない粒子を消し去ることが必要となる。

　これらの問題を一気に解決するのがインフレーション理論[*2]である。インフレーション理論とは，宇宙誕生後まもなく，莫大な膨張を一瞬で起こした（インフレーション）とする理論である。宇宙誕生後，10^{-36}〜10^{-35}秒経ったころ，空間が一気に30桁ほども膨張する。これは，原子の占める空間が銀河サイズ近くまで広げられることに匹敵する。

*2　1980年代初頭，日本の佐藤勝彦，アメリカのグースらによって提案された。

文部科学省提供

佐藤勝彦　　　　グース

$6×10^5$cm

同じ温度の範囲

$6×10^{-23}$cm

光の届く範囲

インフレーションで拡大

$6×10^{-25}$cm
このときまでに光が到達できる限界

インフレーション直前の宇宙
誕生後10^{-35}秒

インフレーション直後の宇宙
誕生後10^{-27}秒

図4 **インフレーションによって広げられた空間**　同じ温度の範囲が30桁ほども拡大された。この領域は，この後の宇宙の膨張によって，少なくとも現在観測できる範囲の470億光年をカバーする。

豆知識　グースは，宇宙が急激に膨張する現象が，市中に出回る通貨の量が増加（膨張）していく現象（経済学用語でインフレーションという）に似ていることから，この理論をインフレーション理論と名付けた。

インフレーション理論は，先の3つの問題を次のように解決する。まず，ビッグバンをあらゆる場所で起こす方法である。1点で始まり，少しの間だけ膨張した狭い空間の領域をインフレーションは一気に拡大する。この領域内であれば，温度がそろっていても不思議ではない（図4）。インフレーションがなければ，この温度のそろった領域は空のごくわずかの部分を占めるに過ぎない。インフレーションは，それを，現在観測できる宇宙全体を超えて広げるのである。

空間の曲がりをほぼなくすことは，インフレーションにとって簡単である。急激な膨張によって，空間は，ほとんど完全に曲がらない平らな状態になるためである（図5）。ただし，このとき物質も空っぽになる。インフレーションが終わるときに，インフレーションを引き起こしたエネルギーが解放され，莫大な熱を生み出す。これがビッグバンの始まりであり，この熱によって，空っぽになった空間に，物質や光が大量に生み出されたと考えられている。

現在存在しない粒子が，宇宙の初期に生まれたとしても，インフレーションがあれば，あっという間に薄められて消し去られてしまう。電子や陽子は，インフレーションが終わるときの熱で生み出されるが，このような粒子を再び生み出すだけの熱がビッグバンの初めに存在していなければよい。

インフレーションという1つのアイデアで，3つの問題点が同時に解決されたため，インフレーション理論は，研究者の間ですぐに受け入れられていった。しかし，この理論が証明されるためには，それだけでは不十分である。インフレーション理論が予測するものを観測的に見つけ出す必要がある。

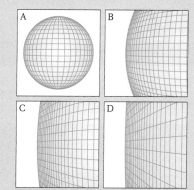

図5　宇宙の平坦性　球が大きくなると，その表面はより平坦（平ら）になる。同様に，宇宙空間も膨張によって平坦になる。

○ インフレーションの証拠を求めて

インフレーションは，3つの問題点を解決する以外に，現在の宇宙に関わる非常に重要な働きをすることがわかってきた。それは，宇宙の構造の種を生み出すことである。

インフレーションを引き起こすためには，空間自体が莫大なエネルギーをもっていなければならない。しかし，インフレーションが起きた時代は，まだ宇宙全体も小さく，ミクロの世界といえる状態であった。ミクロの世界では，空間のエネルギーは場所ごとに少しずつ異なっていると考えられる。わずかにエネルギーがゆらいでいるのである。このゆらぎによって，場所ごとにインフレーションの膨張のスピードが異なってくる。エネルギーが高いところはスピードも速くなるため，より速く空間が空っぽになり，物質が少なくなる。インフレーションは，物質の空間分布に凸凹を生み出す働きをしたのである。物質が最初に少し多めに集まっていた場所には，重力の働きによって，その後さらに物質が集まり，銀河や銀河団，宇宙の大規模構造へと成長していった。また，ビッグバンの化石ともいえる宇宙マイクロ波背景放射にも，インフレーションの生み出した凸凹の痕跡が，温度ゆらぎとして見えるはずである。そのゆらぎは，1992年にCOBE衛星が発見した（図6）。

宇宙の構造が本当にインフレーションでつくられたものなのかを証明するには，インフレーションで生み出されるゆらぎの空間パターンと，現実の宇宙の構造のパターンを比較すればよい。実際に，温度ゆらぎや大規模構造のパターンを詳細に解析すると，インフレーション理論が予想していたものとピタリと一致し，インフレーションの存在が強く示唆される結果となった。

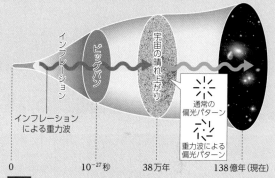

図6　COBE衛星がとらえた宇宙マイクロ波背景放射の分布　青色は低温，緑色は高温の領域を示す。後継機のWMAP衛星，Planck衛星による観測では，さらに詳細な分布が判明している（» p.98）。

○ インフレーションの証明を目指して

以上の証拠によって，インフレーションの存在は，ほぼ間違いないものと考えられるようになった。しかし，研究者はもう1つ決定的な証拠を求めている。それは，このような構造をつくるゆらぎと，空間を歪める働きをする重力波との関係である。インフレーションは，構造をつくるゆらぎ以外に，重力波も生み出すと期待される（図7）。重力波を検出し，両者の関係がインフレーション理論の予想するものと一致すれば，その存在の決定的な証拠となる。温度ゆらぎや大規模構造の空間パターンはすでに観測されているため，ターゲットとなるのは重力波である。

重力波は，2016年，ついに発見された[*3]。しかし，この重力波はブラックホールの合体によって生じたものであり，インフレーション理論が予測する宇宙全体，あらゆる方向から来る重力波ではない。また，インフレーションによる重力波は，ブラックホールの合体で生じるものに比べ，波長がはるかに長いため，地上で直接的に観測するのは困難である。しかし，宇宙マイクロ波背景放射の中に含まれるわずかな偏光[*4]の測定によって，間接的には観測できる。重力波によって空間がゆらぐと，宇宙マイクロ波背景放射に，通常は存在しない特別なパターンの偏光が生み出されるのである。

そこで，このごくわずかな特別な偏光を測定する観測計画が数多く提案され，すでに一部は実施されている。南極点で観測を行っているグループが，2014年，重力波による偏光を見つけたとの報告をして大きな話題となった。残念ながら，この偏光はインフレーション起源ではなく，銀河系の中で生じたものであることがわかり，再び最初の測定を目指したレースが続けられている。なかでも，日本のグループが提案している人工衛星計画LiteBIRDは，測定の感度も高いことから，インフレーションを証明するのではないかと大いに期待されている（図8）。

図7　インフレーションによる重力波

インフレーション

ビッグバン

宇宙の晴れ上がり

インフレーションによる重力波

通常の偏光パターン

重力波による偏光パターン

0　　10^{-27}秒　　38万年　　138億年（現在）

*3　アメリカのLIGO実験による。

*4　光は，水などで散乱されると，偏りを持つ。偏光板は，通過する光の一方向の偏りしか通さない。そこで，光の偏りと平行になるように回転すると光が通過するが，直交する方向へ回転させると，光を通さなくなる（» p.61）。

図8　LiteBIRD衛星
2032年の打ち上げを目指している。JAXA提供。

豆知識　特別な偏光を測定する観測計画のうち，地上に設置した望遠鏡で行われるものには，日本を含む研究グループによるPOLARBEAR実験（チリのアタカマ砂漠で観測）や，アメリカの研究グループによるBICEP 2実験（南極点付近で観測）などがある。

第4章　宇宙のすがた

10 太陽系
Solar system

1 太陽系の構造 基礎　太陽系には，恒星の太陽のほか，惑星，衛星，小惑星，彗星，太陽系外縁天体などがある。

　私たちの住む太陽系には，太陽を中心にして回る8つの惑星が存在する。火星と木星の間の小惑星帯（» p.130）には，小さな岩石質の天体が多数集まっている。また，海王星の外側には，氷と岩石からなる小さな天体が数多く存在し，これを太陽系外縁天体（» p.130）という。さらに外側には，彗星のもとになる小天体が存在する領域があると考えられており，オールトの雲（» p.131）とよばれている。

　これらの天体は，彗星を除けば，太陽を中心にほぼ同一平面上を同じ向きに公転しており，太陽から離れた天体ほど公転周期が長い。

　地球と太陽の平均距離は約1億5000万kmであり，これが1天文単位（1au）と定められている。

天 体	個 数
惑 星	8個
小惑星	62万個以上*
衛 星	291個以上
彗 星	3880個**
太陽系外縁天体	4400個以上

2023年現在

❋　軌道が確定しており，番号が与えられているもの。
❋❋　軌道が発表されているもの。また，衛星のみで観測されたものを除く。

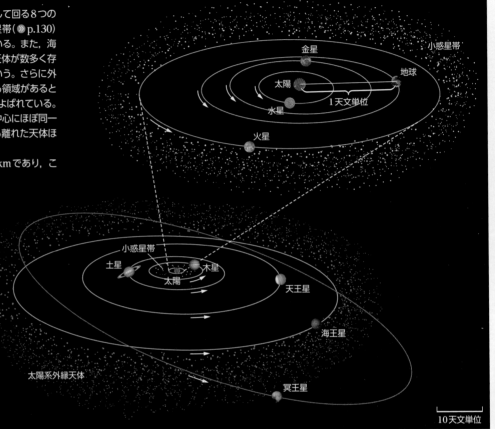

2 惑星の大きさと自転軸の傾き 基礎

　太陽の半径は地球の109倍に達する。太陽系最大の惑星は木星で，最小の惑星は水星である。地球を含む6つの惑星の自転の向きは，公転の向きと一致しているが，金星は逆向きに自転周期243日でゆっくりと回っており，天王星の自転軸は横倒しになっている。太陽系を構成する惑星の自転軸の向きと傾きは，太陽系が1つの円盤から形成された（» p.122）ことから，はじめはそろっていたはずである。しかし，金星や天王星は，惑星形成途中に大きな衝突があり，その影響を受けたと考えられている。

太陽（109：地球を1としたときの大きさ）

水星（0.38）　金星（0.95）　地球（1.00）　火星（0.53）　木星（11.2）　土星（9.4）　天王星（4.0）　海王星（3.9）

豆知識　数十億年前の火星表面には，全球を100〜1500mの深さで覆うことのできる量の水が存在したと考えられている。その水の多くは，水蒸気となって宇宙に散逸したが，約$\frac{1}{3}$以上は地中に取り込まれたと推定されている。

3 地球型惑星と木星型惑星の違い 基礎

　地球のように，主要な構成物質が岩石である惑星を**地球型惑星(岩石惑星)**といい，水星，金星，地球，火星がこれにあたる。一方，主要な構成物質が水素やヘリウムである惑星を**木星型惑星**といい，木星，土星，天王星，海王星がこれにあたる。近年は，内部構造の違いから，木星と土星を**木星型惑星(巨大ガス惑星)**，天王星や海王星を**天王星型惑星(巨大氷惑星)**と分類することもある。

地球型惑星の内部構造

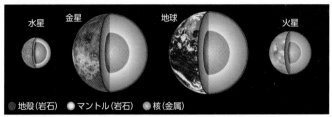

水星　金星　地球　火星

● 地殻(岩石)　○ マントル(岩石)　● 核(金属)

　地球型惑星は，金属の核，岩石のマントルと地殻から構成されている。マントルと核の割合には，それぞれ違いがあり，水星は，その平均密度の大きさから，ほかの惑星に比べ，大きな核をもっていると考えられている。

木星型惑星の内部構造

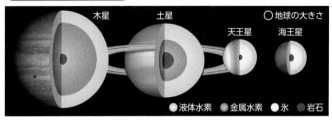

木星　土星　　○地球の大きさ　天王星　海王星

● 液体水素　● 金属水素　○ 氷　● 岩石

　木星と土星の最外部は水素とヘリウムの厚い層である。その内側には，高圧のために，水素原子の電子が自由に動ける状態になった金属水素の層があり，中心には岩石と氷の核がある。
　天王星と海王星は，水素，ヘリウム，メタンの層の内側に，水，アンモニア，メタンの厚い氷の層，岩石と氷の核をもつ。

惑星の質量

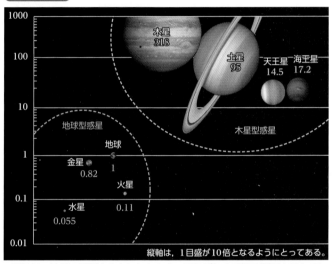

縦軸は，1目盛が10倍となるようにとってある。

　縦軸は，地球の質量を1としたときの，それぞれの惑星の質量を示している。木星型惑星の方が，地球型惑星よりも質量が大きい。

惑星の平均密度

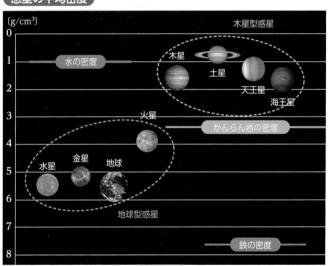

　地球型惑星の平均密度は大きいが，木星型惑星は小さい。地球型惑星の密度は，鉄と岩石の密度の中間で，木星型惑星の密度は，岩石よりも小さく，特に土星の密度は水よりも小さい。

惑星の衛星数

2024年2月現在

地球型惑星		木星型惑星	
水星	0	木星	95
金星	0	土星	149
地球	1	天王星	28
火星	2	海王星	16

地球型惑星に比べて，木星型惑星は多くの衛星をもっている(» p.129)。

小惑星・太陽系外縁天体	
ケレス	0
冥王星	5
エリス	1
マケマケ	1
ハウメア	2

惑星以外でも，衛星が確認されている。

TOPIC 惑星の名称

惑星の英語名はギリシャ神話の神々の名にもとづく。

	英語名	ギリシャ名
水星	Mercury (マーキュリー)	Hermes (ヘルメス)
金星	Venus (ヴィーナス)	Aphrodite (アフロディテ)
地球	Earth (アース)	Gaia (ガイア)
火星	Mars (マーズ)	Ares (アレス)
木星	Jupiter (ジュピター)	Zeus (ゼウス)
土星	Saturn (サターン)	Kronos (クロノス)
天王星	Uranus (ウラヌス)	Ouranos (ウラノス)
海王星	Neptune (ネプチューン)	Poseidon (ポセイドン)

整理 地球型惑星と木星型惑星

地球型惑星	木星型惑星
岩石 / 金属	液体水素 / 金属水素 [木星・土星] ／ 液体水素 氷 岩石 [天王星・海王星]

地球型惑星		木星型惑星
小	軌道半径	大
小	大きさ	大
小	質量	大
大	平均密度	小
少ない	衛星数	多い
ない	環	ある

豆知識　NASAは，系外惑星探査機TESSを2018年に打ち上げた。TESSは，惑星が恒星の光球面を通過しているときの明るさの変化を観測して(トランジット法)，系外惑星を検出する。2023年までに，7000個を超える候補を発見している。

121

1 太陽系の誕生 _{基礎} 太陽系は，原始太陽とそれを取り巻くガスと塵の円盤から形成された。

太陽系の形成

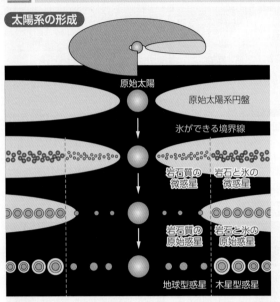

原始太陽

原始太陽系円盤

氷ができる境界線

岩石質の微惑星 / 岩石と氷の微惑星

岩石質の原始惑星 / 岩石と氷の原始惑星

地球型惑星 / 木星型惑星

原始太陽の形成に伴って，それを取り巻く**原始太陽系円盤**とよばれるガスと塵の円盤が形成される。この円盤内で塵が合体して成長し，直径10km程度の**微惑星**が多数形成される。このとき，原始太陽の遠方では水が氷となっており，この氷も微惑星の材料となる。

微惑星どうしが互いに衝突・合体し，直径1000km程度の**原始惑星**が形成される。

地球型惑星は，岩石を主成分とする微惑星が衝突・合体して形成された。一方，木星型惑星は，岩石に加え氷を主成分とする微惑星や，原始太陽系円盤中のガスから形成されたと考えられている。

原始惑星系円盤

ミリ波で観測した画像

アルマ望遠鏡で観測された，おうし座HL星の周囲の原始惑星系円盤。太陽系の3倍程度の大きさがある。円盤の中に見られる間隔は，円盤の物質を掻き集めながら大きな惑星が成長しつつある証拠と考えられる。

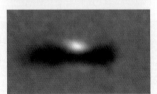

オリオン大星雲の中の原始惑星系円盤（真横から見ている）。円盤中の物質が濃いために中心星の光がさえぎられている。

2 地球の形成 _{基礎} 原始地球は，微惑星の衝突と合体によって成長していった。
形成途中の地球には，地表がマグマで覆われるマグマオーシャンの状態があったとされている。

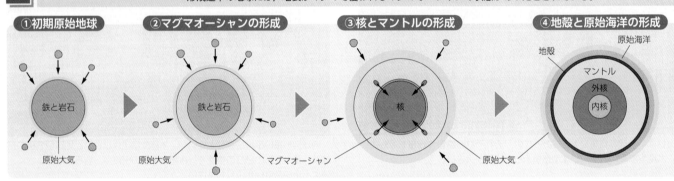

①初期原始地球
鉄と岩石 / 原始大気

②マグマオーシャンの形成
鉄と岩石 / 原始大気 / マグマオーシャン

③核とマントルの形成
核

④地殻と原始海洋の形成
原始海洋 / 地殻 / マントル / 外核 / 内核 / 原始大気

微惑星の衝突によって，内部に含まれていたガスが放出され，原始大気の形成が始まる。

現在の地球の半分程度の大きさに成長するころ，衝突のエネルギーと原始大気の温室効果で，表面が1000℃以上の高温となって溶融し，マグマオーシャンが形成される。

鉄を主体とする密度の大きい金属成分が重力によって中心に集まり，核が形成された。外側のマグマオーシャンは，岩石成分からなるマントルを形成した。

衝突が減り，マグマオーシャンは冷えて固体となり，地殻が形成された。また，原始大気中の水蒸気から雲が生じて大量の雨が降り，原始海洋が形成された。その後，核が外核や内核に分化した。

PROGRESS 同位体顕微鏡

太陽系の成り立ちは，隕石や探査機で得た地球外物質を，偏光顕微鏡や電子顕微鏡で観察し，元素や同位体の組成を調べることで研究されている。たとえば，同位体は，試料全体を溶かしたり，数μmに絞ったイオンビームを一点に当てたりする方法で分析されてきた。最新の研究では，同位体顕微鏡という装置で，デジタルカメラのように試料表面の同位体比を画像化する方法も用いられている。

同位体顕微鏡

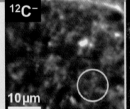

$^{12}C^-$　10μm

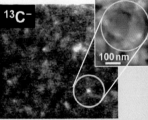

$^{13}C^-$　100nm

同位体顕微鏡による小惑星リュウグウの粒子の分析結果
円内に，炭素の安定同位体のうち^{13}Cだけを多く含む炭化ケイ素 SiC の粒子が見られる。SiC は，熱に強く，太陽系形成時の高温下でも変化しなかったと考えられ，太陽系の材料物質である可能性が高い。

豆知識 地球には誕生初期の岩石が残っていないため，太陽系が形成された年代は，隕石（コンドライト）中に含まれる内包物の放射年代から推定されている。

3 隕石 基礎

地球に外部から落下してくる固体物質を総称して隕石という。
隕石は，地球形成前に破壊された母天体（微惑星や原始惑星）の破片と考えられている。

隕石のもとになった母天体内部が溶融し，金属成分と岩石成分が分かれることを**分化**といい，溶融などを経ていないことを**未分化**という。

隕石は分化したものと未分化のものに大別される。未分化の隕石は，太陽系の初期の状態を保持していると考えられ，このような隕石を**コンドライト**という。一方，分化した隕石には，**エコンドライト**，**石鉄隕石**，**鉄隕石**があり，これらの構成成分には，太陽系初期の天体の分化の過程が反映されている。このように，隕石の多くは，太陽系の始原的な情報を保持する直接的な証拠となっている。

コンドリュール

隕石に含まれる岩石質や金属質の球状粒子を**コンドリュール**という。この粒子は，太陽系初期に，一部金属を含む岩石が溶融して液滴ができ，それが宇宙空間で冷えて固体になったものである。コンドリュールは，微惑星の材料物質と考えられている。石質隕石のうち，コンドリュールをもつものをコンドライトとよぶ。

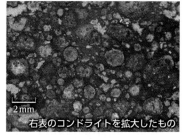
右表のコンドライトを拡大したもの

隕石が発見されやすい場所

地球表面は海洋面積が大きいため，多くの隕石は海洋に落下し，発見されにくい。また，陸地に落ちた場合も周りの岩石と混ざってしまい，落下が目撃されない限り発見されにくい。

過去に落下した隕石は，周囲と見分けのつきやすい砂漠や南極などで多く発見されている。

南極で回収される隕石

南極隕石

日本の南極観測隊は，氷床の流動によって集められた隕石を約1万7千個も収集している（» p.192）。

コンドライト

クレーター

直径1.3km
バリンジャー・クレーター（アメリカ）

隕石などの衝突によって形成された，窪地を伴う地形を**クレーター**という。バリンジャー・クレーターは，数十トンの鉄隕石によって形成された。

隕石の表面は，大気圏突入時の高温で黒く焼けている。この表面が焼けて変質した部分をフュージョンクラストといい，隕石に特有の構造である。

鉄隕石（Holsinger隕石）　10cm

TOPIC 火星でみつかった隕石

NASAの火星探査車オポチュニティーは，2005年，地球以外の惑星で初めて隕石を発見した。この隕石は，成分分析の結果，鉄隕石であることが判明した。その後も，オポチュニティーによって，新しい隕石が発見されている。

分類		平均的な化学組成と特徴
未分化の隕石	石質隕石	 コンドライト　落下頻度 86%　ケイ酸塩　FeS　Fe-Ni　コンドリュールをもつ。
		エコンドライト　落下頻度 8%　ケイ酸塩　岩石質でコンドリュールをもたない。
分化した隕石	石鉄隕石	落下頻度 1%　FeS　ケイ酸塩　Fe-Ni　金属の中にかんらん石の鉱物粒子を内包する組織をもつ。原始惑星のマントルと核の境界あたりの物質であると考えられている。
	鉄隕石	落下頻度 5%　FeS　Fe-Ni　主に鉄とニッケルの合金からなる。過去に存在した原始惑星の核の部分と考えられている。断面の模様はウィドマンシュテッテン構造とよばれ，数万年に1℃という非常にゆっくりとした速度で冷却されたことを示している。

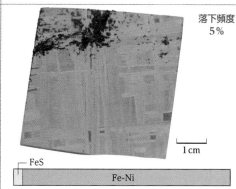

豆知識 日本は陸地面積が小さいため，国内で採集された隕石は50個程度と少ない。しかし，南極隕石の収集量が多く，現在，アメリカと世界一を争うほどの隕石保有数を誇っている。

12 地球型惑星
Terrestrial planets

1 水星 基礎

最も太陽に近い軌道をもち，太陽系で最小の惑星である。
重力が小さく，大気はほとんどない。水星は，地球と同様に固有の磁場をもっている。

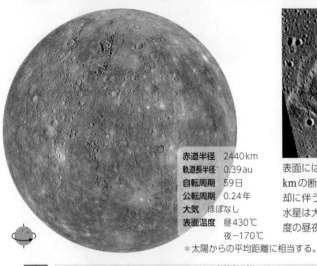

赤道半径	2440 km
軌道長半径	0.39 au
自転周期	59日
公転周期	0.24年
大気	ほぼなし
表面温度	昼430℃
	夜−170℃

＊太陽からの平均距離に相当する。

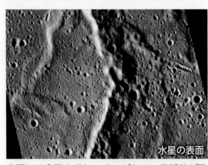

水星の表面

表面には多数の**クレーター**があり，高低差が数km の断層や断崖地形が見られる。これは，冷却に伴う収縮によって生じたと考えられている。水星は大気がほとんど存在しないため，表面温度の昼夜の差が激しい。

水星の北極付近

水星の極域には，クレーター内部が一年中日陰となる永久影地域がある。ここに，氷がむきだしになっている部分が存在することが，探査機メッセンジャーの研究によって確認された。写真の黄色で示した部分が，氷が存在すると考えられる場所である。

2 金星 基礎

金星は，明けの明星，宵の明星として知られている（》p.132）。
大きさ，内部構造ともに地球に最も似ているが，厚い大気のため表面の条件は地球と大きく異なる。

赤道半径	6052 km
軌道長半径	0.72 au
自転周期	243日
公転周期	0.62年
大気	約90気圧
	CO_2：96.5%
	N_2：3.5%
表面温度	約450℃

探査機のレーダーによって作成された金星表面の起伏を強調した画像。

金星の大気（紫外線による画像）

気圧は，地球の約90倍である。大気に二酸化炭素を多く含むため，激しい温室効果で，表面は高温になっている。また，100m/sに達する暴風（スーパーローテーション）が吹いている。

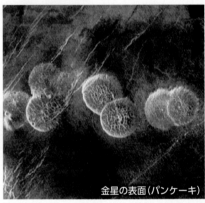

金星の表面（パンケーキ）

厚い大気によって隕石はエネルギーを失うため，表面にクレーターは少ない。また，パンケーキとよばれる構造が見られ，マグマが表面を押し上げて生じたとする説が有力である。

金星の表面

ロシアの探査機ベネラ13号によって撮影された金星の表面である。分析の結果，金星の表面物質は，地球の玄武岩に似た化学組成であることがわかった。

TOPIC 系外惑星

巻末 **27**

太陽系以外の恒星を公転する惑星を**系外惑星**という。1995年，ドップラー法（惑星による恒星のふらつきを検出する方法）を用いて，初めて発見された。その後，トランジット法（惑星が恒星の前を横切るときの明るさの変化を検出する方法）を用いた検出も進み，現在では，約5000個以上の系外惑星が確認されている。

近年は，系外惑星を直接撮像したり，大気成分の検出が報告されたりもしている。このような研究から，系外惑星の多様性や地球の特殊性の理解がさらに進むと期待されている。

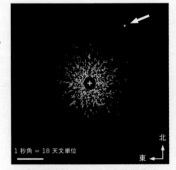

1秒角 = 18 天文単位

北 東

すばる望遠鏡によって直接撮像された系外惑星（GJ 504 b）

豆知識 地球の陸と海をはじめ，火星の南北半球の大きな高低差，月の高地と海，木星の衛星ガニメデや土星の衛星イアペタスなどの表面の明暗など，岩石天体の表面は2つの大きな特徴に分けられる。これを二分性といい，惑星科学における研究テーマの1つとなっている。

3 地球 (基礎)

地球型惑星の中で最大の惑星である。
ハビタブルゾーンに属し，唯一，大量の液体の水を表面にもつ。

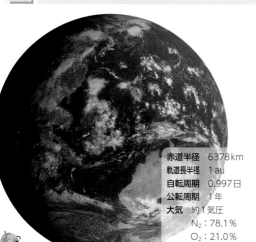

赤道半径	6378km
軌道長半径	1au
自転周期	0.997日
公転周期	1年
大気	約1気圧
	N_2：78.1%
	O_2：21.0%
表面温度	約15℃

窒素と酸素を主成分とする大気をもつ（>> p.67）。表層では，プレートテクトニクスによって，さまざまな活動が起きている（>> p.20）。また，外核の対流に起因する磁場をもつ（>> p.10）。

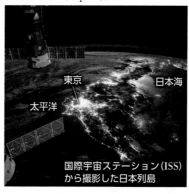

国際宇宙ステーション（ISS）から撮影した日本列島

ハビタブルゾーン

宇宙空間の中で生命が存在するのに適した領域を**ハビタブルゾーン**（居住可能領域）という。地球は，太陽系の惑星で唯一この領域に属している。

生命が存在するには，液体の水が不可欠である。惑星に液体の海が存在するためには，表面温度と大気圧が適当な範囲内にあることが必要となる。表面温度は，恒星の明るさと恒星からの距離で決まり，近いと水は蒸発して水蒸気に，遠いと氷になる。

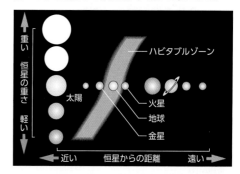

4 火星 (基礎)

半径は地球の半分ほどである。大気の大部分は二酸化炭素であるが，非常に薄く，表面の大気圧は地球の0.6%しかない。

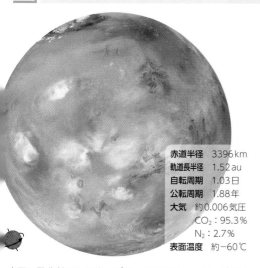

赤道半径	3396km
軌道長半径	1.52au
自転周期	1.03日
公転周期	1.88年
大気	約0.006気圧
	CO_2：95.3%
	N_2：2.7%
表面温度	約-60℃

表面は酸化鉄のため赤っぽく，多数のクレーターがある。過去に存在した水の侵食作用によると考えられる地形や，極地方には，水と二酸化炭素の氷からなる極冠が見られる。

火星の表面

水が流れた跡

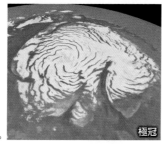

極冠

探査車パーサヴィアランスが撮影した火星の表面

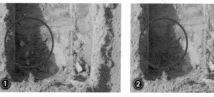

① ②

探査機フェニックスが火星表面を削ったところ，一部に氷が見られた（写真①）。数日経つと，その氷は昇華した（写真②）。これは，現在の火星表面に水が存在している証拠の1つである。また，探査車スピリットは，火星表面から炭酸塩鉱物を発見している。炭酸塩鉱物は，中性に近い環境と水が存在しないと形成されないため，過去にも液体の水が存在していたと考えられる。

火星の地形

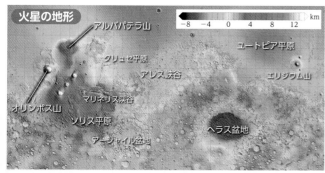

アルバパテラ山
ユートピア平原
クリュセ平原
アレス峡谷
エリシウム山
マリネリス峡谷
オリンポス山
ソリス平原
ヘラス盆地
アージャイル盆地

火星の表面は主に玄武岩質である。北半球は低地，南半球は高地になっており，明瞭な高度の違いを示す。赤は基準面から約4km以上，濃い青は約-6kmの部分を示す。北の低地はクレーター密度が低く，若い年代のものと考えられている。高低差は，最大で31kmある。

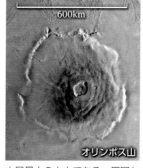

600km

オリンポス山

火星最大の火山である。周囲からの高さは27km（基準面からは25km）であり，太陽系における最大級の火山である。

火星の岩石

探査車キュリオシティが発見した堆積岩である。かつての湖底で形成されたものと考えられている。また，4cm程度の丸い礫も発見されており，流水の作用によって運ばれたと推測される。炭酸塩鉱物の存在などからも，火星が生命に適した環境であった可能性が指摘されている。

豆知識 地球上で最大の火山は，ハワイのマウナロア山（海底からの高さ約10km）である。一方，火星は地球の15%程度の体積でありながら，太陽系で最大の高さを誇るオリンポス山や，最大の裾野の広さ（直径1600km）をもつアルバパテラ山などが存在する。

13 木星型惑星

Jovian planets

巻末 21 , 25 , 31

1 木星 基礎

太陽系最大の惑星で，半径は地球の11.2倍，質量は318倍に達する。木星は多数の衛星をもつ。

赤道半径	71492 km
軌道長半径	5.20 au
自転周期	0.414日
公転周期	11.9年
大気	H_2, He
	メタン, アンモニア,
	硫化水素, 水蒸気など

表面には，縞模様と多数の渦が見え，時間とともに変化する。木星や土星の表面の赤い部分は，メタンの含有量が多く，白い部分に比べ大気の深い場所が見えている。自転の周期は太陽系の惑星の中で最も短い。また，大気の風速は，時速400km（111m/s）以上にもなる。

地球の大きさ

大赤斑

最も巨大な渦は**大赤斑**とよばれ，地球よりも大きい。このような渦は，1665年，カッシーニによって発見され，長期間持続している。

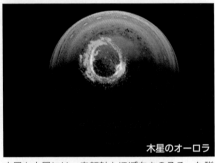

木星のオーロラ

木星と土星には，自転軸とほぼ向きのそろった磁場が存在しており，オーロラが観測される。これらの磁場は，金属水素層の対流の結果生じている。

木星の環

地球から望遠鏡では見えないが，細くて薄い環をもっている。この環は，衛星イオの火山噴出物が起源と考えられている。

+α プラス ガリレオの観察記録

ガリレオは自作した望遠鏡を用いて，1610年，木星の衛星を観測した。観察記録には，4つのガリレオ衛星（ >> p.129）の動きが記録されている。ガリレオは，この観測から地動説を確信した。

2 土星 基礎

木星に次ぐ大きさをもつ惑星である。大気の主成分は木星と似ているが，平均密度が0.69g/cm³と太陽系の惑星の中で最も小さい。木星よりも偏平率が大きく，赤道方向に膨らんでいる。

赤道半径	60268 km
軌道長半径	9.55 au
自転周期	0.444日
公転周期	29.5年
大気	H_2, He
	メタン, アンモニア,
	水蒸気など

土星の北極では，六角形の模様が観測されている。この模様は，地球の寒帯前線ジェット気流に相当するものではないかと考えられている。木星の南極域にも，複数の渦がつくる六角形の模様が観測されている。

土星の北極（近赤外画像）

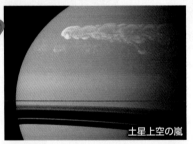

土星上空の嵐

土星に嵐が発生したときのよう。この嵐は，公転周期に約1回の頻度で起こるものである。大気の風速は最大時速1800km（500m/s）もあり，太陽系の惑星の中でも特に速い。

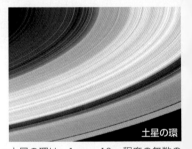

土星の環

土星の環は，1cm～10m程度の無数の氷の粒からなり，厚さは数百m以下と非常に薄い。氷どうしの重力よりも，土星からの起潮力（ >> p.96）の影響が強く，大きく成長できず，環を形成している。

太陽を背に光る土星の環

探査機カッシーニが，2006年，外側のかすかな環まで写しだした。

豆知識　土星の環は公転面に対して27°傾いており，その傾きを保ったまま約30年で太陽の周りを公転する。そのため，地球から約15年ごとに土星の環を真横から見ることになる。このとき環の厚さは，東京から見た富士山頂の厚さ0.1mmの紙よりもさらに薄いものに相当するため，見えなくなる。

3 天王星 (基礎)

岩石と氷の核をもつ惑星で，半径は地球の4.01倍である。
自転軸が98°も傾いている。

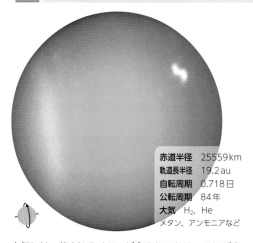

赤道半径	25559km
軌道長半径	19.2au
自転周期	0.718日
公転周期	84年
大気	H₂，He
	メタン，アンモニアなど

大気には，約2%のメタンが含まれており，これが赤色の光を吸収し，青色の光を散乱することで，表面が青っぽく見えている。表面温度は約−210℃と低温である。

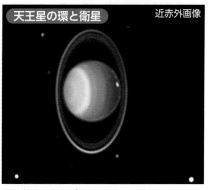

天王星の環と衛星 近赤外画像

環と衛星の存在が確認できる。環はこの画像のほかにも，計13本の存在が確認されている。天王星に近い衛星は，環（赤道面）と同じ面内で公転しているが，遠い衛星は自転軸とは違う面で公転している。そのため，遠い衛星は，天王星が横倒しになったあと，近くを通った太陽系外縁天体が捕獲されたものと考えられている。

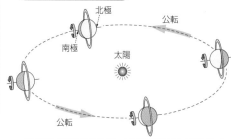

天王星の自転と公転

北極・南極・公転・太陽・公転

※惑星の極は軌道面よりも北極星側（地球の北極がある側）を北極とする。

天王星の自転軸は，ほかの天体の衝突によって横倒しになっている。自転軸の傾きは，反時計回りに回転して見える方で測るため，自転軸の傾きは82°ではなく98°となる。
また，公転周期が84年であるため，極地方は約42年間光があたり続ける。

4 海王星 (基礎)

太陽系の中で太陽から最も離れている惑星で，半径は地球の3.88倍である。
天王星と同様に氷と岩石の核をもつ。

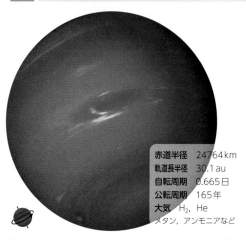

赤道半径	24764km
軌道長半径	30.1au
自転周期	0.665日
公転周期	165年
大気	H₂，He
	メタン，アンモニアなど

大気のメタンの量は天王星よりも多く，より青みが強い。主要な環が5本確認されている。

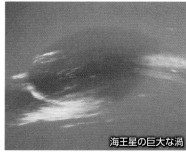

海王星の巨大な渦

海王星の表面には，400m/sを超える強風が吹いている。探査機ボイジャー2号によって，1989年，大きな渦の存在も観測された。暗く写っている部分に反時計回りの渦の中心があり，まわりに白い雲が見える。この渦は，数年後の地球からの観測では確認されなかったが，近年，再び出現しているのが確認されている。

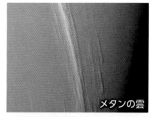

メタンの雲

表面温度は，約−220℃と低温である。白い雲は，メタンが巻き上げられて固体になったものと考えられている。

海王星の環

ジェームズ・ウェッブ宇宙望遠鏡が2022年に撮影したもの。惑星間塵（≫p.131）も確認できる。

TOPIC ボイジャー計画

惑星探査機ボイジャー1号，2号は，1977年，NASAによって打ち上げられた。それぞれ，木星以遠の惑星を観測し，木星の衛星イオ（≫p.129）に活火山が存在することなど，数々の発見をもたらした。ボイジャー1号は，2012年8月，人類がつくった物体として初めて，太陽風の影響を受ける範囲（太陽圏）を脱出した。現在は，地球から約240億kmの地点を17km/sで航行している。

ボイジャー1号

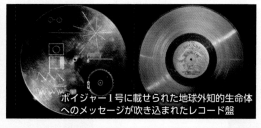

ボイジャー1号に載せられた地球外知的生命体へのメッセージが吹き込まれたレコード盤

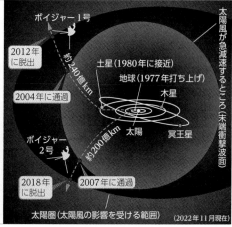

ボイジャー1号 2012年に脱出 約240億km
土星（1980年に接近）地球（1977年打ち上げ）
2004年に通過 約200億km 木星 太陽
ボイジャー2号 冥王星
2018年に脱出 2007年に通過
太陽圏（太陽風の影響を受ける範囲）（2022年11月現在）
太陽風が急減速するところ（末端衝撃波面）

豆知識 探査機ボイジャーに積まれたレコードには，波，風，雷の音，動物の鳴き声やさまざまな音楽のほか，55種類の言語によるあいさつが録音されており，日本語の「こんにちは」も含まれている。

14 ▶ 衛星
Satellites

1 月 基礎

月は地球の衛星であり，半径は約1740km，表面には多数のクレーターが見られ，大気はほとんど存在しない。
地球に対する月の大きさは，太陽系のほかの惑星に対するその衛星の大きさに比べ，突出して大きい。

月の表面

月には，大気や水がなく，侵食作用がほとんど働かないため，多数のクレーターが残されている。暗い部分を**海**といい，明るい部分を**陸(高地)**という。海は，古いクレーターが溶岩で埋められてできた地形であり，クレーターは比較的少ない。月は，自転周期と公転周期が一致しており，地球にいつも同じ面を向けている。しかし，わずかにふらつきがあるため，地球からは月の表面の58％が見える。

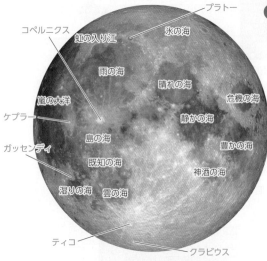

コペルニクス／プラトー／虹の入り江／氷の海／雨の海／晴れの海／嵐の大洋／危機の海／ケプラー／静かの海／ガッセンディ／島の海／豊かの海／既知の海／神酒の海／湿りの海／雲の海／ティコ／クラビウス

月の裏側　裏側には海となる領域が少ない。

月のクレーター　クラビウスクレーター付近

月の石
月の高地は斜長岩，海は玄武岩からできている。

月の斜長岩(アポロ16号採取)

月の玄武岩(アポロ17号採取)

月の内部構造

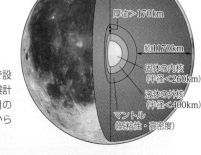

マントル(高粘性)　厚さ>170km／約1170km／固体の内核(半径<260km)／液体の外核(半径<400km)／マントル(低粘性・高密度)

アポロ計画で設置された地震計と，最新の月の観測データから推定された。

月の重心　地球／重心／中心／月

月の重心は，中心から地球側にわずかに寄っており，地球の引力で，この重心がいつも地球に向いて公転している。
月の公転速度は少しずつ加速されており，1年に約3.8cmずつ地球から遠ざかっている。

ジャイアント・インパクト説

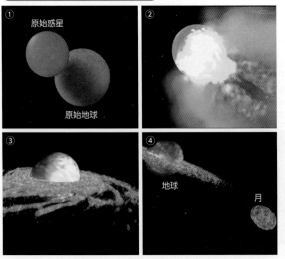

①原始惑星／原始地球　②　③　④地球／月

太陽系の月以外の衛星は，近くの天体が惑星に捕獲されたものか，惑星と同時に形成されたものと考えられている。
一方，月は原始地球形成後に火星サイズの原始惑星がやや中心からずれて衝突し，主に原始地球のマントルがちぎれた岩石破片が再集積して形成されたと考えられている。この説を**ジャイアント・インパクト説**といい，月の組成や大きさをうまく説明することができる。

2 火星の衛星 基礎

フォボスは直径約22km，ダイモスは直径約13kmで，いびつな形をしており，小惑星が火星に捕獲されたものと考えられている。火星の表面から見ると，フォボスは1日に2回西から昇り，ダイモスは東から昇り5日かかって火星を1周する。

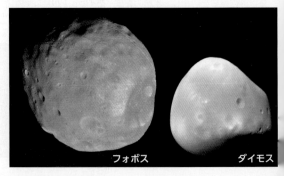

フォボス／ダイモス

豆知識　ジャイアント・インパクト説のシミュレーションによると，月は巨大衝突からおよそ1か月という短期間のうちに形成されたと考えられている。

衛星の半径

	主な衛星の半径 （惑星に近い順）	
木星	イオ	1821 km
	エウロパ	1561 km
	ガニメデ	2631 km
	カリスト	2410 km
土星	エンケラドス	252 km
	ディオーネ	561 km
	レア	763 km
	タイタン	2575 km
	イアペタス	735 km
天王星	ミランダ	236 km
	アリエル	579 km
	ウンブリエル	585 km
	タイタニア	789 km
海王星	トリトン	1353 km

木星の衛星 木星には95個の衛星が確認されている。そのうち，イオ，エウロパ，ガニメデ，カリストは，ガリレオが発見したのでガリレオ衛星とよばれる。

図は実際の大きさの比率にそろえている。

イオ　エウロパ　ガニメデ　カリスト

イオの表面は岩石質であり，活火山とそれによる硫黄化合物が確認されている。エウロパの表面は氷で覆われ，無数のひびが見られる。また，内部には液体の水が存在する可能性がある。ガニメデは太陽系最大の衛星で，表面は主に氷で覆われている。表面は暗い領域と明るい領域とに明瞭に分かれ，暗い領域は岩石成分が多く，クレーター数も多いため，形成年代が古いと考えられている。カリストは氷に覆われた衛星で，ほかの3つの衛星に比べて，新しい火山活動や地殻変動は見られない。

土星の衛星 土星には149個の衛星が確認されている。

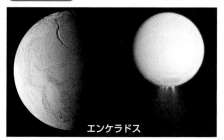

エンケラドス

ディオーネ　レア　タイタン　イアペタス

探査機カッシーニによって，南極付近の割れ目から氷が噴き出していることが確認された。また，水や熱源，有機物の存在も確認されており，生命が存在する可能性があると考えられている。

ディオーネは密度が大きく，岩石を多く含むと考えられている。レアの表面はディオーネに比べると氷の割合が大きい。タイタンは土星最大の衛星で，地球の1.5倍の圧力の大気をもち，表面にはメタンやエタンの海があると考えられている。イアペタスの表面は水の氷とわずかな岩石からできているとみられ，褐色の部分には，内部からの噴出物が降り積もっていると考えられている。

天王星の衛星 天王星には28個の衛星が確認されている。

ミランダ　アリエル

ミランダは，主に氷と岩石からなり，表面には急角度の溝や谷，断崖などが存在する。
アリエルは，主に水とメタンの氷，岩石からなり，クレーター以外に，地溝などの複雑な地形が見られる。

海王星の衛星 海王星には16個の衛星が確認されている。

トリトン

海王星最大の衛星トリトンは，主に氷と岩石からできており，岩石の割合は海王星よりも多い。表面には窒素，メタン，二酸化炭素の氷や霜が見られる。海王星の自転の向きと逆向きの公転軌道をもつことから，太陽系外縁天体が海王星の引力によって捕獲されたものと考えられている。

+α プラス α 月食 _{巻末24}

太陽と地球と月が一直線上に位置し，月が地球の影に入る現象を**月食**という。本影に月の一部がかかると**部分月食**，完全に入ると**皆既月食**となる。
皆既月食中は，地球大気によって太陽光の青色の成分が散乱し，残りの成分が屈折してわずかに月を照らす。そのため，通常よりも暗い赤銅色の満月が観測される。

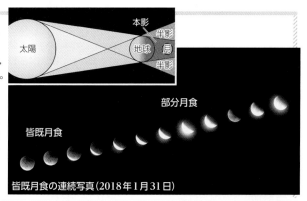

太陽　地球　月　本影　半影

部分月食
皆既月食

皆既月食の連続写真（2018年1月31日）

整理 月の特徴

	陸	海
地形	高地	低地
形成年代	古い	新しい
クレーター	多い	少ない
構成する岩石	斜長岩	玄武岩
分布	—	裏側に少ない
表面積の割合	83%	17%

豆知識 タイタンは地球を除いた太陽系の天体で，唯一その表面に多量の液体（メタン）が発見されている。このメタンの海に生命が存在する可能性があるとする意見もある。

1 小惑星 基礎

太陽のまわりを公転する小天体のうち，主に岩石でできているものを小惑星という。その多くは火星と木星の間にあり，小惑星帯を構成している。小惑星帯にある小惑星の多くは，その直径が10kmに満たない。

巻末26

小惑星帯では，2023年までに100万個以上の小惑星が発見されている。小惑星帯最大の天体は，直径939kmのケレス（セレス）であり，以下，パラス，ベスタの直径がそれぞれ約500kmである。小惑星は，小さいものほど数が多く，地球に落下する隕石はこれらに由来する。

また，小惑星はいびつな形をしているものが多く，岩石質で，表面には多くのクレーターも見られる。

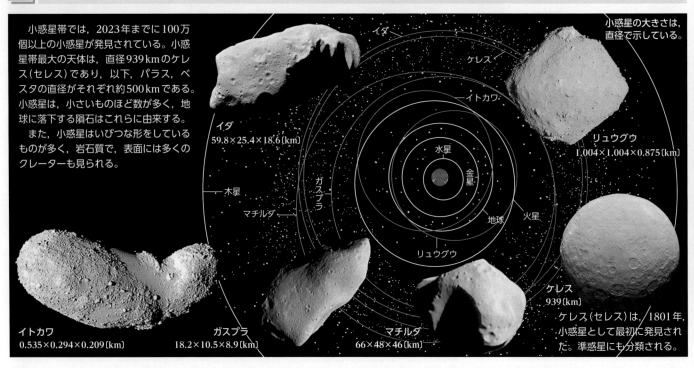

小惑星の大きさは，直径で示している。

イダ
59.8×25.4×18.6〔km〕

リュウグウ
1,004×1,004×0.875〔km〕

ケレス
939〔km〕

ケレス（セレス）は，1801年，小惑星として最初に発見された。準惑星にも分類される。

イトカワ
0.535×0.294×0.209〔km〕

ガスプラ
18.2×10.5×8.9〔km〕

マチルダ
66×48×46〔km〕

2 太陽系外縁天体 基礎

海王星以遠の軌道を公転している小天体である。2023年までに4400個以上が発見されており，多くは直径が数百kmである。遠方にあるため，その組成はよくわかっていない。

セドナは2003年に発見された。推定直径995kmほど。現在知られている太陽系外縁天体の中でも，特に大きな軌道長半径をもっている。近いときは80auくらいだが遠いときは900auまで遠ざかり，公転周期は10773年に達する。

冥王星　ニクス
ヒドラ
カロン
冥王星

冥王星はかつて惑星とされていた。現在5つの衛星が発見されている。探査機ニューホライズンズの探査によって，高さ3500mを超える山脈の存在など，詳細な地形や表面のようすがわかってきた。

エリスは，直径が2400kmで，現在見つかっている太陽系外縁天体の中で最大である。

ハウメアの想像図

最大直径が約1920kmで，楕円形をしていると予想されている。2つの衛星が観測されている。

＋α プラス 惑星の定義と準惑星

2006年の国際天文学連合総会で惑星の定義が一新されるとともに，**準惑星***とよばれるグループが制定された。太陽系の惑星は，下の条件を満たす天体である。

また，惑星の定義のうち，③を満たさず，「その軌道の近くからほかの天体を排除していない」天体は準惑星とされた。準惑星は現在のところ，ケレス，冥王星，エリス，マケマケ，ハウメアの5天体が該当するが，今後増える可能性もある。準惑星の中で，太陽系外縁天体でもある天体（冥王星やエリスなど）は**冥王星型天体**とよばれる。

*準惑星の概念にはあいまいなところがあるため，さらなる検討が必要と考えられている。

太陽系の惑星の定義

① 太陽の周りを回っている。
② 十分に大きな質量をもつため，ほぼ球状の形をもつ。
③ その軌道の近くからほかの天体を排除している。

豆知識　太陽系外縁天体のうちの，冥王星などのような直径1000km以上のものは，いずれも大きな衛星をもっている。これらの衛星は，巨大天体の衝突によって形成された可能性が高く，その形成時期は，太陽系が形成されてから数百万年以内の初期と推定されている。

3 彗星・オールトの雲 基礎　彗星の本体は，主にH₂Oの氷と塵の混じった固体である。

彗星の種類 巻末28

ヘールボップ彗星
1997年に地球に接近した。

彗星の軌道は，ほぼ円形のものから，大きくつぶれた楕円形や，ほとんど放物線に見えるものまでさまざまである。太陽に近いときには，太陽風の影響で，氷がガス（イオン）となって放出されると同時に，塵が惑星間空間へと放出され，彗星核の周りに見られる**コマ**（光芒）や**尾**をつくる。太陽と反対方向に，ガスの尾（タイプⅠの尾）と塵の尾（タイプⅡの尾）の2種類の尾をつくる。

公転周期が200年以上のものを**長周期彗星**，200年以下のものを**短周期彗星**という。長周期彗星の軌道をさかのぼって計算すると，もとの公転軌道半径が5万～10万天文単位，公転周期が数百～数千万年に達するものもある。また，短周期彗星は，太陽系外縁天体が太陽系の惑星の重力などによって，軌道を変化させたものが多いと考えられている。最も周期の短いエンケ彗星は，公転周期が約3.3年である。

楕円軌道　　放物線軌道
太陽　　太陽

オールトの雲とエッジワース・カイパーベルト

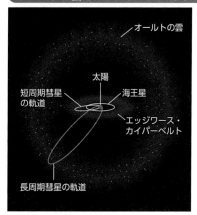

オールトの雲
太陽
短周期彗星の軌道
海王星
エッジワース・カイパーベルト
長周期彗星の軌道

長周期彗星の軌道面はさまざまであるため，これらのもととなる小天体は，数万天文単位の領域にわたって，太陽系を球殻状に取り囲んでいると考えられる。この領域を**オールトの雲**という。

一方，約30～50天文単位の距離まで離れる短周期彗星は，彗星とほぼ同じ公転面をもち，円盤状に分布する。この領域は**エッジワース・カイパーベルト**とよばれる。

TOPIC トピック 恒星間天体

銀河にある恒星以外の天体のうち，恒星の重力にとらわれていないものを恒星間天体という。2021年までに2つ観測されており，最初のものは，2017年に太陽系外から飛来したオウムアムア（「初めて遠方から来たもの」を意味するハワイ語）である。オウムアムアは，岩石質で，数百mの細長い形と推定されている。太陽には，約0.25天文単位まで接近した。

オウムアムアの想像図

4 惑星間物質・流星・黄道光 基礎　惑星間空間に存在する惑星間塵，彗星の塵，ガスなどを惑星間物質という。

流星

惑星間空間に存在する塵が地球大気に落下し，発光したものを**流星**という。彗星が軌道上に残した塵の濃い部分を，地球が公転する際に通過すると，**流星群**として観測される。流星の見かけの動きは，1点からの放射状に見える。この点を**放射点**という。

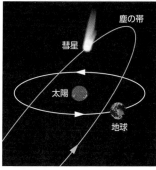

塵の帯
彗星
太陽
地球

流星の実際の動き
放射点
地上から見た流星の見かけの動き

カシオペヤ座
ペルセウス座
放射点
ペルセウス座流星群

放射点は，ペルセウス座とカシオペヤ座の境界付近に位置している。

毎年安定的に見られる流星群 巻末29

流星群名	出現期間	極大	数
しぶんぎ*（りゅうし）	12/28-1/12	1/4頃	多
こと	4/16-25	4/2頃	中
みずがめη	4/19-5/28	5/6頃	多
みずがめδ	7/12-8/23	7/30頃	中
ペルセウス*	7/17-8/24	8/13頃	多
オリオン	10/2-11/7	10/21頃	中
おうし	10/20-12/10	11/12頃	少
ふたご*	12/4-17	12/14頃	多

＊三大流星群とよばれる。

黄道光

日没後や日出前に，太陽光が惑星間物質によって散乱されることで，黄道付近に見られるかすかな光を**黄道光**という。惑星の公転軌道面に沿って，惑星間物質が多いために見られる現象である。

パラナル（チリ）

豆知識　ハレー彗星は，公転周期が約76年の短周期彗星であり，前回は1986年に近日点を通過した。ハレー彗星が軌道に残した塵によって見られる流星群が，オリオン座流星群とみずがめ座η流星群である。

16 惑星の運動
Movement of planets

1 内惑星と外惑星
地球よりも内側の軌道の惑星を内惑星，外側の軌道の惑星を外惑星という。

惑星の視運動 地球と惑星はともに公転しており，地球上から惑星を見ると，複雑な動きをしているように見える。この見かけの動きを**惑星の視運動**という。

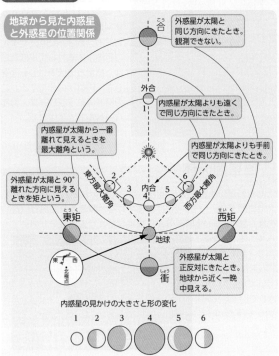

地球から見た内惑星と外惑星の位置関係

外惑星が太陽と同じ方向にきたとき。観測できない。

合

外合
内惑星が太陽よりも遠くで同じ方向にきたとき。

内惑星が太陽から一番離れて見えるときを最大離角という。

内惑星が太陽よりも手前で同じ方向にきたとき。

東方最大離角

内合

西方最大離角

外惑星が太陽と90°離れた方向に見えるときを矩という。

東矩

西矩

地球

外惑星が太陽と正反対にきたとき。地球から近く一晩中見える。

衝

内惑星の見かけの大きさと形の変化
1 2 3 4 5 6

内惑星の場合，**内合・外合**のときには観測しにくく，太陽から離れた最大離角のときが観測の好機である。**東方最大離角**のころの金星は，夕方西の空に明るく輝き，**宵の明星**といわれ，**西方最大離角**のころは**明けの明星**とよばれる。外惑星の場合は，最も近くなっている衝のときが一晩中見え，観測の好機である。

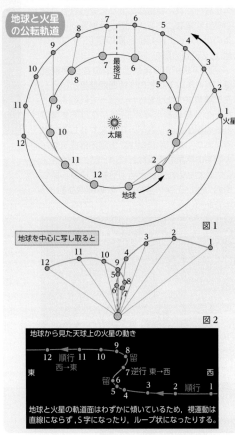

地球と火星の公転軌道

最接近

太陽

地球

火星

図1

地球を中心に写し取ると

図2

地球から見た天球上の火星の動き

東 12 順行 11 10 留 9 8 7逆行 東→西 西
西→東 6 5 4 3 2 順行 1 留

地球と火星の軌道面はわずかに傾いているため，視運動は直線にならず，S字になったり，ループ状になったりする。

左の図1の1～12のように，地球と火星が公転しているとき，地球を中心に火星の方向と距離を写しとると図2のようになり，地球に対して火星はこのように動いていることがわかる。

地球上の観測者から見た天球上の火星の位置を追っていくと，通常星座に対して西から東に運行していく。これを**順行**という。しかし，東から西に運行していくこともあり，これを**逆行**という。また，運行の向きを変えるときを**留**という。

内惑星の場合，軌道上で地球を追い越す内合の前後に逆行が起こる。外惑星の場合には，軌道上で地球が外惑星を追い越す衝の前後に逆行が起こる。

2 会合周期
ある惑星の惑星現象の周期（たとえば，衝から次の衝までの時間）を会合周期という。

地球もそのほかの惑星も太陽の周りを公転しているため，地球から惑星の公転周期を直接測定することは難しい。コペルニクスは地動説にもとづき，地球や惑星の公転周期と会合周期の関係を導き出した。これによって，地球から会合周期を測定することで，それぞれの惑星の公転周期を求めることができる。

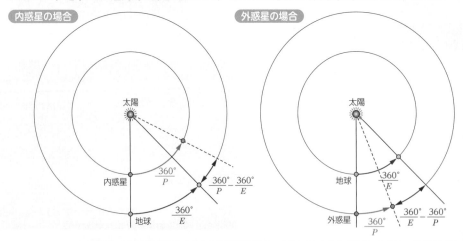

内惑星の場合

太陽

内惑星

地球

$\dfrac{360°}{P}$

$\dfrac{360°}{P} - \dfrac{360°}{E}$

$\dfrac{360°}{E}$

外惑星の場合

太陽

地球

外惑星

$\dfrac{360°}{E}$

$\dfrac{360°}{E} - \dfrac{360°}{P}$

$\dfrac{360°}{P}$

地球の公転周期をE〔日〕（＝365日），惑星の公転周期をP〔日〕，会合周期S〔日〕とする。

内惑星の場合

内合から1日経つと，

内惑星は$\dfrac{360°}{P}$ 地球は$\dfrac{360°}{E}$公転する。

この差が積み重なってS〔日〕経つと，1周期分（360°）になるので次式が成り立つ。

$$\left(\dfrac{360°}{P} - \dfrac{360°}{E}\right) \times S = 360°$$

$$\dfrac{1}{P} - \dfrac{1}{E} = \dfrac{1}{S} \qquad P = \dfrac{SE}{S+E}$$

外惑星の場合

PがEよりも大きくなり，関係が逆になるため，

$$\left(\dfrac{360°}{E} - \dfrac{360°}{P}\right) \times S = 360°$$

$$\dfrac{1}{E} - \dfrac{1}{P} = \dfrac{1}{S} \qquad P = \dfrac{SE}{S-E}$$

豆知識 東方最大離角のころの金星（宵の明星）は，太陽よりもあとから沈む。これは，金星が太陽よりも「東方」にあることを意味している。
一方，西方最大離角のころの金星（明けの明星）は，太陽よりも「西方」にあり，太陽よりも先に沈む。

ケプラーの法則

ケプラーは，17世紀，ティコ・ブラーエが精密な天体観測を行ってまとめた資料を整理し，惑星運動に関する3つの法則を導いた。ケプラーの法則は，惑星以外の天体にも成り立つことが知られている。

第1法則（楕円軌道の法則）

惑星は太陽を1つの焦点とする楕円軌道を公転する。

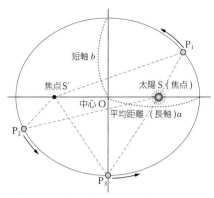

第2法則（面積速度一定の法則）

惑星は，太陽と惑星を結ぶ線分が単位時間に一定面積を描くように公転する。

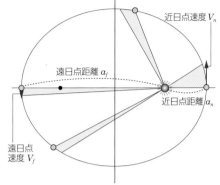

第3法則（調和の法則）

惑星と太陽との平均距離の3乗と，公転周期の2乗との比は，どの惑星についても一定である。

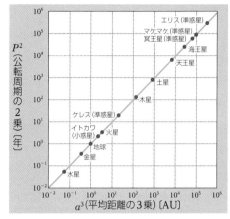

楕円の円周上の点は，2つの焦点からの距離の和が等しく，次式が成り立つ。

$$SP_1 + S'P_1 = SP_2 + S'P_2 = SP_3 + S'P_3 = 2a$$

天体の軌道のゆがみ具合は，**離心率**を用いて表すことが多い。離心率 e は

$$e = \frac{OS}{a} = \frac{\sqrt{a^2 - b^2}}{a}$$

で表され，$0 \leqq e < 1$ の値をとる。離心率 e の値は，円では0で，形が偏平になるほど1に近づく。地球の軌道の離心率は0.0167と円に近いが，ハレー彗星の軌道の離心率は0.967と非常に大きく，つぶれた楕円軌道を描いている。

惑星が太陽に最も近づく軌道上の点を**近日点**，最も遠ざかる点を**遠日点**という。

惑星の公転速度は，近日点近くでは大きく，遠日点近くでは小さい。図において，単位時間に太陽と惑星を結んだ線分が横切った面積（色が塗られてある面積）は等しい。

また，近日点と遠日点において，単位時間に太陽と惑星を結んだ線分が横切った面積を直角三角形で近似すると，次式が成り立つ。

$$\frac{1}{2} a_n V_n = \frac{1}{2} a_f V_f$$

$$a_n V_n = a_f V_f$$

太陽系の天体について，太陽との平均距離 a の3乗と公転周期 P の2乗を軸にとり，グラフを描くと，どの天体も，ほぼ一直線上に並ぶ。このことから，

$$\frac{a^3}{P^2} = (一定)$$

であることがわかる。

太陽を公転する天体に関して a の単位を天文単位，P の単位を年とすれば，$\dfrac{a^3}{P^2} = 1$ が成り立つ。

人物　ヨハネス・ケプラー　1571〜1630

ドイツ出身の天文学者。神聖ローマ帝国のルドルフ2世に仕えたデンマーク人，ティコ・ブラーエ（1546〜1601）の助手として，1599年からプラハで働き始めた。ブラーエの死後，彼がヴェン島の観測で得た非常に高い精度の天体の位置データを用いて，天体の位置計算を詳細に行った。特に，火星の軌道に着目し，当時考えられていた完全な円軌道では表すことができず，楕円軌道を採用する必要があると確信した。また，楕円軌道上の運行速度にも着目し，1609年，第1法則と第2法則を発表した。1619年には，火星だけでなく，太陽系の各惑星の距離と公転周期の関係性を見出し，第3法則を発表した。

ケプラーが提唱した3つの法則は，いずれも観測結果にもとづいた経験則であり，その物理学的な裏付けは，1687年，ニュートン（1643〜1727）の万有引力の法則によってなされた。

TOPIC　チチウス・ボーデの法則

ケプラーの法則は，発見当時は経験則であった。18世紀に提唱されたチチウス・ボーデの法則も経験的に導かれ，天文学の発展に寄与した。この法則は地球から外側に数えて n 番目の惑星の平均軌道半径は，$0.4 + 0.3 \times 2^n$ で表せるというものである。内惑星の金星は $n = 0$，水星は $n = -\infty$ とするとよくあてはまる。

1781年に天王星が発見されると，この法則で $n = 6$ としたものによく一致していたため，$n = 3$ や $n = 7$ を満たす惑星の発見が期待された。$n = 3$ として1801年小惑星ケレスが発見され，その軌道ともよくあてはまった。しかし，1846年に発見された海王星はこの法則から大きくずれていた。そのため，これは法則ではなく，単なる偶然であるという考え方が主流であるが，なんらかの必然性があるとする考え方もある。

n	$-\infty$	0	1	2	3	4	5	6	7
ボーデ則	0.4	0.7	1	1.6	2.8	5.2	10	19.6	38.8
	水星	金星	地球	火星	ケレス	木星	土星	天王星	海王星
観測結果	0.39	0.72	1	1.52	2.77	5.2	9.55	19.2	30.1

整理　会合周期とケプラーの法則

会合周期：S
地球の公転周期：E
惑星の公転周期：P

内惑星の会合周期	$\dfrac{1}{P} - \dfrac{1}{E} = \dfrac{1}{S}$
外惑星の会合周期	$\dfrac{1}{E} - \dfrac{1}{P} = \dfrac{1}{S}$

ケプラーの法則

第1法則（楕円軌道の法則）

惑星は太陽を1つの焦点とする楕円軌道を公転する。

第2法則（面積速度一定の法則）

惑星は，太陽と惑星を結ぶ線分が単位時間に一定面積を描くように公転する。

第3法則（調和の法則）

惑星と太陽との平均距離の3乗と，公転周期の2乗の比は，どの惑星についても一定である。

豆知識　ケプラーの師であるティコ・ブラーエの時代には，まだ望遠鏡は発明されていなかった。彼は，半径が3mもある四分儀とよばれる大きな分度器のような観測器を用いて，肉眼で膨大な量の観測を行った。

1 天球・座標

地球を中心とした仮想の球面を天球という。
それぞれの恒星までの距離はさまざまであるが，地球から見ると天球上に貼りついたように見える。

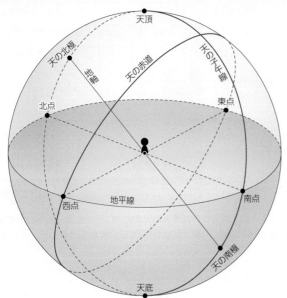

天球

観測者は，天球の中心で静止しているものとする。天球の天の赤道のように，球を2つの半球に分ける円（大円）によってつくられる平面は，球の中心（観測者）を通る。

> **天の北極・南極**：地軸の延長線が南北の天球と交わる点。
> **天の赤道**：地軸と垂直になる面が天球と交わる線。
> **天頂**：観測者の鉛直上方。
> **天底**：観測者の鉛直下方。
> **地平線**：観測者を通り天頂，天底を通る直線に垂直な面が天球と交わる線。
> **天の子午線**：天の南北極と天頂を通る大円。天体が天の子午線を東から西に通過するときを**南中**という。
> **方位**：天の子午線が地平線と交わる点のうち，天の北極に近い点を北点，遠い点を南点，観測者が南に向いたとき，天の赤道が地平線と交わる左側の点を東点，右側の点を西点とする。
> **座標**：天体の位置を示すために，**地平座標**と**赤道座標**が用いられる。

地平座標

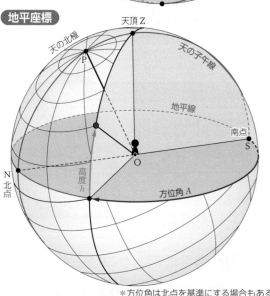

＊方位角は北点を基準にする場合もある。

座標	基準	方向	範囲
高度 h	地平線	天頂へ	0°〜90°
方位角 A *	南点	西回り（時計回り）	0°〜360°

地平線からの**高度 h**〔°〕と南点から西回りで測った**方位角 A**〔°〕で天体の位置を表す。

天体の位置を測定したり，ある天体を探したりする場合に便利であるが，観測場所や時刻によって，同一の天体の座標が変化する。

	方位角 A	高度 h
南点	0°	0°
西点	90°	0°
北点	180°	0°
東点	270°	0°

赤道座標

＊＊天の両極を通る大円を時圏という。
天頂を通る時圏は天の子午線である。

時角

天の子午線と天の赤道との交点のうち，天頂に近い方をLとするとき，Lから測った角LOQを時角 t とする。赤経の代わりに，赤緯と時角とで天体の位置を表すこともある。

時角は，その天体が子午線を通過してからの時間に相当し，Lを基準として天の赤道を北から見て時計回りに 0^h〜24^h で表す。

座標	基準	方向	範囲
赤経 α	春分点を通る時圏＊＊	東回り（北から見て反時計回り）	0^h〜24^h（0°〜360°）
赤緯 δ	天の赤道	天の北極側	0°〜+90°
		天の南極側	0°〜−90°

春分点と天の赤道を基準に天体の位置を表す。地球の緯度に相当するのが**赤緯**，経度に相当するのが**赤経**である。赤経の基準点は春分点（≫p.138）にとる。赤経の値は15°を1時間（1^h）に1°を4分（4^m）に換算して記す。同一の天体であれば，赤道座標で表した値は，観測場所や時刻によって変化しないため，星図（≫後見返し）などで天体の位置を表す場合などに適している。

	赤経 α	赤緯 δ
春分点	0^h（0°）	0°
夏至点	6^h（90°）	+23.4°
秋分点	12^h（180°）	0°
冬至点	18^h（270°）	−23.4°

豆知識 西暦1079年ころにセルジューク朝で発明されたジャラーリー暦は，1年の長さを365.24219858156日と高い精度で定め，33年で8回のうるう年を設けた暦であり，グレゴリオ暦よりもずれ幅が小さいものであった。

2 均時差

平均太陽の示す時刻に対する視太陽の進み遅れを均時差という。

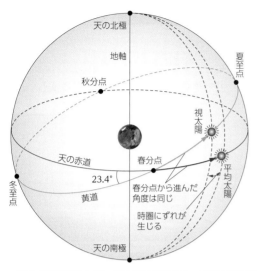

黄道上を運行している太陽(視太陽)を基準とした時刻を**視太陽時**という。地球の公転軌道が楕円であるため,ケプラーの第2法則からわかるように,視太陽が黄道上を運行する速さは毎日少しずつ変化する。一方,天の赤道上を常に一定の速さで運行する仮想の太陽(平均太陽)を基準とした時刻を**平均太陽時**といい,日常で用いられる時刻はこれにあたる。

平均太陽時と視太陽時との差(ずれ)が均時差である。均時差は,(I)黄道が天の赤道に対して傾いていることと,(II)地球の公転軌道が楕円であるため,軌道上の速さが変化することによって起こる。

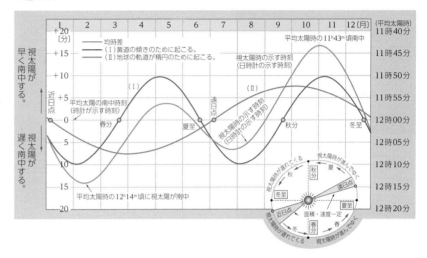

春分点を基準にして,視太陽は黄道上を,平均太陽は天の赤道上を,それぞれ等速に動いたと仮定すると,黄道は天の赤道に対して傾いているため,図のように春分点から進んだ角度は同じでも,赤道と平行に動いた角度にはずれが生じる。視太陽と平均太陽は,秋分点で再び同位置にくるので,このずれの1周期は半年となる。

3 恒星日と太陽日

恒星を基準とした1日を1恒星日,太陽を基準とした1日を1太陽日という。

地球は太陽を中心に公転しているために,1周自転する間に約1°(59′8″)公転する。太陽が南中してから,また南中するまでの周期(1太陽日)より,同じ恒星が同じ場所に見える周期(1恒星日)の方が約4分短い。

1恒星日=23時間56分4秒
1太陽日=24時間

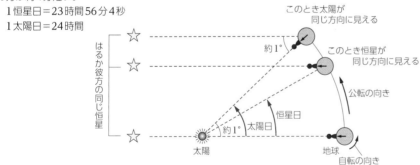

4 協定世界時

経度0度(旧グリニッジ天文台)における平均太陽時から定められた時刻を**世界時(標準時)**という。また,セシウム原子時計によって,正確な1秒の長さを定めた時刻を**国際原子時**という。

平均太陽時は,地球の自転が潮汐摩擦などによって変化することで変動するため,日常生活では,原子時の正確な秒を刻みながら,世界時とのずれを1秒以内に調整した**協定世界時(UTC)**が使用されている。

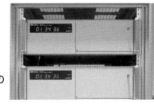

情報通信研究機構のセシウム原子時計

5 暦

私たちが用いる暦は,太陽の視運動を基準としている。太陽の動きをもとにした暦を太陽暦,月の動きをもとにした暦を太陰暦という。

太陽暦 天球上の太陽の動きをもとに定めた暦。

太陽が春分点を通過して,次に春分点を通過するまでの時間(1太陽年)は,365.2422日と端数があるため,およそ4年で0.97日のずれが生じる。これを補正するために,4年に1度,1年を366日とする**うるう年**が設けられている。しかし,それでも少しずつずれが生じてしまうので,現在では,①西暦が4で割り切れる年はうるう年,②ただし,西暦が100で割り切れる年は平年,③ただし,西暦が400で割り切れる年はうるう年とする**グレゴリオ暦**が用いられている。この暦を用いると,ずれは3000年で1日程度となる。

太陰暦 月の満ち欠けをもとに定めた暦。

太陰暦の1か月(1朔望月)は,平均すると29.53日であり,30日の大の月と29日の小の月を12回組み合わせて1年とした。そのため,この暦の1年は,30×6+29×6=354日となり,毎年年始が11日ずつ早まって,季節がずれていく。そこで,明治時代の初期までの日本では,太陰暦を基準としつつ,うるう月を挿入することで季節のずれを補正した,**太陰太陽暦**が用いられていた。

TOPIC 二十四節気

太陰太陽暦を使っていた時代に,中国で季節を表すために使われていた指標を二十四節気という。これが,日本に伝わり,現在でも季節を表すものとして使われている。

二十四節気の日付は,年によって変動する。

豆知識 国際原子時は,1955年から運用されており,世界50か国以上に設置された約300個の原子時計の平均で算出されている。協定世界時は,国際原子時にうるう秒を挿入しているため,2022年現在,国際原子時に対して37秒遅れている。

1 天球の日周運動

天球は地球の自転のため，地軸を中心に1日1回転する。これを日周運動という。

中緯度での日周運動 地球が自転しているために生じる見かけの運動として，天球は，地軸を中心に23時間56分（1恒星日）で東から西へ回転しているように見える。

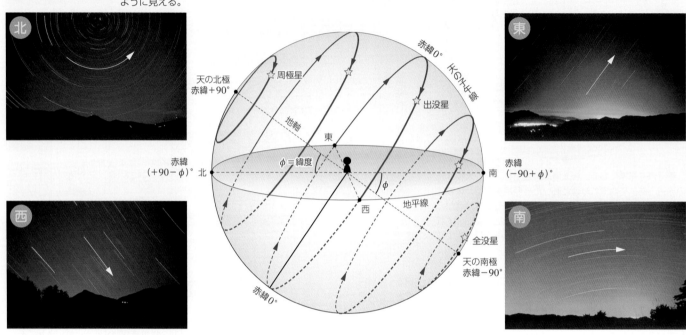

日本のような北半球の中緯度では，天の北極に近い星は地平線よりも下に沈むことがなく，天の北極の周りを反時計回りに動く。このような星を**周極星**という。また，地平線を横切って昇り沈みする星を**出没星**，地平線よりも上に上がってこない星を**全没星**という。ある星が南中する時刻を**南中時刻**という。

北半球では，天の北極の高度は，その場所の緯度に等しくなる。図のように，緯度ϕの場所では赤緯$(+90-\phi)°$以上の星が周極星，$(-90+\phi)°\sim+90-\phi)°$の星が出没星，$(-90+\phi)°$以下の星は全没星となる。

緯度$+36°$の東京では，赤緯が$+54°\sim+90°$が周極星，$+54°\sim-54°$が出没星，$-54°\sim-90°$の星が全没星となる。

分類	特　徴	恒星の赤緯
周極星	地平線以下に沈まない	$(+90-\phi)°\sim+90°$
出没星	地平線を横切って見える	$(-90+\phi)°\sim+90-\phi)°$
全没星	地平線よりも上に現れない	$-90°\sim(-90+\phi)°$

北極点と赤道上での日周運動

北緯90°の北極点では，すべての星が周極星として見え，出没星となる星はない。また，緯度0°の赤道上では，天の北極が地平線と一致するため，すべての星が出没星として観察される。

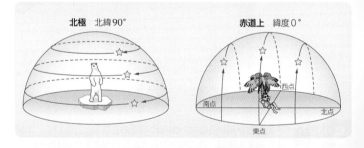

2 人工衛星の軌道のずれ

地球を回る人工衛星は，いったんその軌道が定まると，その軌道を保ち続ける性質がある。人工衛星が地球を1周する間に地球は自転するため，人工衛星が通過する地点は，東から西に向かってずれる。*

国際宇宙ステーションの軌道

国際宇宙ステーションは，高度約400 kmを，時速約28000 kmで公転している。1周にかかる時間は約90分である。その間に地球が約22.5°自転する。地上から見ると，国際宇宙ステーションの軌道は，1周につき経度方向に22.5°ずつずれて見える。したがって，国際宇宙ステーションは16周$\left(=\dfrac{360}{22.5}\right)$すると元の場所に戻る。

＊高度35786 kmの軌道にある人工衛星は，地球の自転と同じ周期となり，地上からは静止して見える。このような人工衛星は，静止衛星とよばれる。

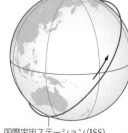

国際宇宙ステーション（ISS）

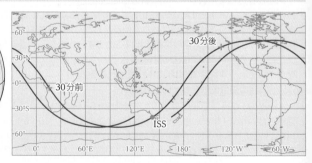

豆知識 りゅうこつ座のカノープスは，全天で2番目に明るく，中国の伝説では一目見ると寿命がのびるといわれている。赤緯が約$-52.7°$で，北緯が約37.3°以上では全没星となり，見えないはずであるが，大気による屈折のため，北緯38°以上の東北地方で観察された例がある。

3 フーコーの振り子

振り子の振動面は，外から力が加わらない限り，その振動面を保とうとする性質がある。この性質を利用して，フーコーは地球の自転を証明した。

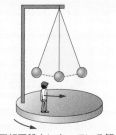

地表を回転円盤と考えると，回転円盤の外に立っている観測者には，振り子の振動面の変化は見えない。

回転円盤上に立っている観測者には，振り子の振動面が変化したように見える。

この見かけの振動面の変化は，地球の回転運動によって生じる転向力（≫p.74）の働きであり，地球の自転の証拠となる。

各緯度での振り子の振動面の変化

北半球では，転向力が物体の進行方向に対して，右向きに働くため，フーコーの振り子の振動面は，振り子が右へねじれる向き（時計回り）に変化する。

北極点上の観測者に見える振動面の変化

緯度30°の観測者に見える振動面の変化

地球の自転

赤道上の観測者には振動面の変化はない

TOPIC フーコーの実験

1851年，フランスのフーコーは，パリのパンテオン寺院で，67mの鋼のワイヤーと大砲の弾を用いて公開実験を行った。

緯度による振り子の回転角

高緯度ほど転向力が強く働き，振動面の変化も大きい。振り子の振動面の1日あたりの変化は，緯度 ϕ で $360° \sin \phi$ となる。

緯度	振動面の回転角度		振動面が1周（360°）変化するのにかかる時間
	1日	1時間	
90°（北極点）	360°	15°	24時間
60°	312°	13°	約27.7時間
30°	180°	7.5°	48時間
0°（赤道上）	0°	0°	—
ϕ	$360° \times \sin \phi$	$15° \times \sin \phi$	$\dfrac{24}{\sin \phi}$

4 歳差運動

地球の自転軸は，コマの首振り運動のようにゆっくりと変化している。これを歳差運動という。

歳差運動の原因

①地球が自転している。
②地球が赤道方向につぶれた回転楕円体である。
③自転軸が傾いている。

これらに，太陽の起潮力（≫p.96）が作用して，地球の自転軸は周期25800年というゆっくりとした運動を行っている。

天の北極の移動

天の北極は，歳差運動によって移動しており，西暦1万年には，はくちょう座付近にまで移動する。

天の北極の移動の向き

ベガ　北極星　デネブ　13000年後　現在　自転の向き　起潮力　太陽　23.4°

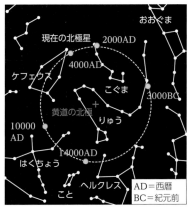

おおぐま　現在の北極星　2000AD　4000AD　ケフェウス　こぐま　3000BC　黄道の北極　りゅう　10000AD　14000AD　はくちょう　こと　ヘルクレス

AD＝西暦
BC＝紀元前

+α ミランコビッチ・サイクル

セルビアのミランコビッチは，1920〜30年代に，歳差による自転軸の約2万年周期の変化に加え，地球軌道の離心率の約10万年周期の変化，自転軸の傾きの約4万年周期の変化といった要因が日射量の変化を引き起こし，気候変動の原因になるとする説を発表した。

この周期的変動は，過去の氷期，間氷期の年代とよい一致を示すことから（≫p.167），ミランコビッチ・サイクルとよばれ，現在も地球温暖化の観点などから注目されている。

整理 自転に起因する主な現象

転向力	地球の自転による見かけの力。
フーコーの振り子	転向力によって振り子の振動面が回転する。
日周光行差	自転によって星の位置が自転方向にずれて見える。
地球の形	自転の遠心力のため，赤道方向に膨らんだ偏平である。
人工衛星軌道のずれ	自転のためにずれが生じる。
歳差運動	自転軸の周期変動。

豆知識　フーコーに公開実験を要請したのは，当時の共和国大統領ナポレオン3世であった。公開実験ののち，これに魅了されたナポレオンは，フーコーをパリ天文台の物理学者に任命した。

1 太陽の年周運動

太陽は，黄道上を1日に約1°ずつ西から東へ移動し，1年でほぼ1周する。これを，太陽の年周運動という。

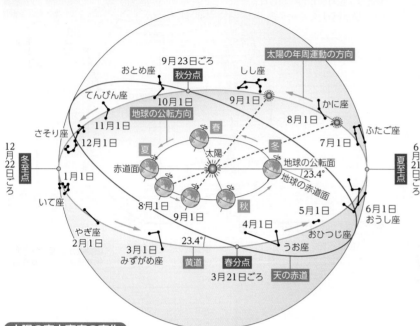

太陽の年周運動

地球は太陽の周りを公転しており，地球から太陽を見ると，太陽は，天球上を移動しているように見える。天球上の太陽の通り道を黄道といい，太陽は1年で黄道を1周する。地球の赤道面が地球の公転面に対して23.4°傾いているため，黄道は天の赤道に対して23.4°傾いている。

太陽が，天の赤道を南から北へ横切る点を春分点，最も北寄りになった点を夏至点，北から南へ横切る点を秋分点，最も南に寄った点を冬至点という（» p.134）。

黄道12星座

天球上の黄道の通り道となる12個の星座は，黄道12星座とよばれる。紀元前のメソポタミアで考案された星占いの星座は，誕生月に太陽がその星座上にいることから制定されたが，現在は，地球の歳差運動（» p.137）のためずれてしまっている。

太陽の南中高度の変化

地球の自転軸が公転面に対して傾いているため，太陽の南中高度が1年を通じて変化し，季節の変化をもたらす。春分，夏至，秋分，冬至の日の，地球から見た南中時の太陽は右図のようになる。

北半球の緯度 ϕ の場所における南中高度〔°〕

春分・秋分	$90°-\phi$
夏至	$90°-\phi+23.4°$
冬至	$90°-\phi-23.4°$

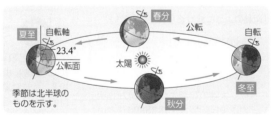

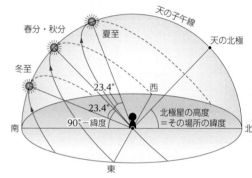

2 年周光行差

地球の公転運動のため，恒星の見える方向はわずかに前方へずれて見える。

光行差の原理

天体からの光を雨にたとえて考える。鉛直に降る雨の中を走っていくと，雨は真上でなく，前方から斜めに降ってくるため，傘を傾ける必要がある。このようにして，天体からの光が前方にずれて見える現象を光行差という。

年周光行差

地球の公転運動によって生じる光行差を年周光行差という。これは，地球が宇宙空間を移動していないと生じないため，公転の証拠となる。

ずれは公転方向の前方に生じ，同じ方向の恒星であれば，距離によらず一定となる。ずれの大きさは，地球の公転面に垂直な方向にある恒星が最大で，20.5″＊となる。

＊ 1°の $\frac{1}{60}$ の角度を1′〔分〕といい，1′の $\frac{1}{60}$ の角度を1″〔秒〕という。

$1°=60′=3600″$

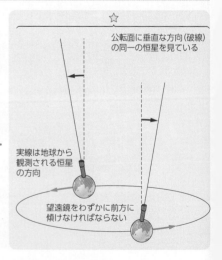

公転面に垂直な方向（破線）の同一の恒星を見ている

実線は地球から観測される恒星の方向

望遠鏡をわずかに前方に傾けなければならない

豆知識　年周光行差は，年周視差に比べて値が大きく，年周視差の発見の約100年前（1727年）に，ブラッドレーが初めて測定に成功した。ブラッドレーは，自宅の天井に約4m近い長さの望遠鏡を真上に向けて固定し，計測を行った。

3 | 年周視差

地球の公転運動のため，天球上の恒星の見える方向は1年を周期として変化する。この角度のずれを年周視差という。

年周視差

年周視差は，図のように角度で表す。近くにある恒星ほど，年周視差は大きくなる。

図から $\sin(p) = \dfrac{a}{r}$ であるが，年周視差の角度は微小なので，$\sin(p) = p$ と近似すると $r = \dfrac{a}{p}$ となる。a は地球から太陽までの平均距離であり，変化しない定数であることから，r と p は反比例することが導かれる。この反比例の関係を利用して，1″ に値する星の距離を 1 pc と定義すると，$r[\text{pc}] = \dfrac{1}{p''}$ となる。1 pc は 3×10^{13} km で，約3.26光年に相当する。

年周視差の大きな星とその距離

星名	年周視差〔″〕	距離〔光年〕
ケンタウルス座α C	0.772	4.2
バーナード星	0.548	5.9
ウォルフ359	0.421	7.7
BD+36°2147	0.393	8.3
Luyten726-8	0.387	8.4

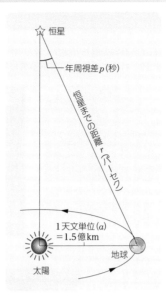

年周視差と光行差の成分の違い

年周光行差は，地球が公転していく前方に現れるが，年周視差はこれと直角の方向に現れる。

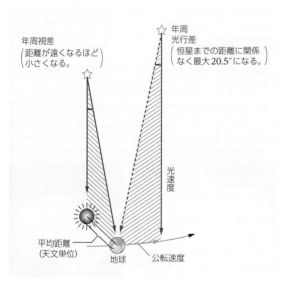

年周視差の方位による違い

天球上の見える方向によって，年周視差による恒星の位置の軌跡が変わる。公転面に垂直な方向の恒星は円を描くが，公転面の方向の恒星は直線を描く。またそれらの中間の恒星は，楕円形を描く。

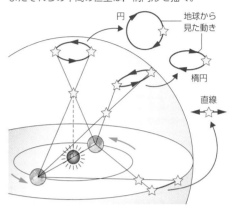

4 | ドップラー効果

地球の公転運動のため，恒星からの光は，その波長が変化して観測される。

音や光などを出している物体（波源）が近づいたり遠ざかったりするときに，観測者が観測する音や光などの波長が変化する現象を**ドップラー効果**という。

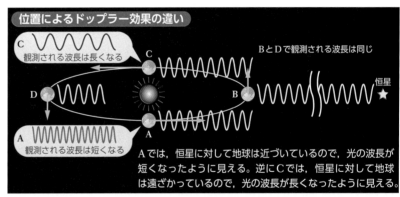

位置によるドップラー効果の違い

C 観測される波長は長くなる
BとDで観測される波長は同じ
A 観測される波長は短くなる

Aでは，恒星に対して地球は近づいているので，光の波長が短くなったように見える。逆にCでは，恒星に対して地球は遠ざかっているので，光の波長が長くなったように見える。

波長　短　　　　　　　長
A
B, D　　　　　短いほうへずれる
C　　　　　　　長いほうへずれる

恒星のスペクトルを観測すると，スペクトル中の同一の暗線の位置は，Aでは波長の短い方（青側）に，Cでは波長の長い方（赤側）にずれて観察される。

TOPIC 天動説と地動説

天動説 2世紀のプトレマイオスの周転円説では，惑星は，地球を中心として，周転円という小円上を回転しながら，地球の周りを導円に沿って公転しているとされた。

地動説 16世紀，コペルニクスは地動説への理論変革を行い，日周運動の原因は地球の自転，年周運動は地球の公転の結果としてとらえた。

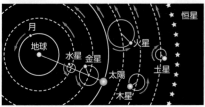

整理 公転の証拠

年周光行差	公転していく前方に恒星の見える位置がずれる。ずれの大きさは，距離には関係なく，恒星の見える方向で変わり，最大20.5″である。
年周視差	天球上の恒星の見える方向が，1年を周期に変化する。その変化は近い恒星ほど大きい。年周視差が1″の恒星までの距離を1pcとする。
ドップラー効果	恒星からやってくる光の波長が，1年周期で変化して観測される。

豆知識 ケンタウルス座α C（プロキシマ・ケンタウリ）は，太陽系に最も近い恒星であり，年周視差0.772″を示す。これは，1円硬貨（直径2cm）を5340mの距離から見たときの視直径に相当する。

1 物理的風化 基礎

地表付近の岩石が自然界の働きで細かく砕かれたり，分解したりすることを風化という。
岩石が機械的に砕かれることを物理的風化（機械的風化）といい，乾燥した地域や寒冷な地域で進みやすい。

物理的風化の原因

すき間

気温変化

鉱物はその種類によって熱膨張率が異なる。そのため，気温変化によって，鉱物間の結合が弱くなり，すき間ができ，岩石が砕かれる。

岩石の割れ目に入った水が結氷し，体積が増すことによって，岩石が砕かれる。

玉ねぎ状風化

爪木崎（静岡県）

物理的風化によって，皮がむけた玉ねぎのように見えることから，**玉ねぎ状風化**とよばれる。

花こう岩の風化

花こう岩などの粗粒の鉱物からなる岩石は，物理的風化が進行しやすい。花こう岩は，膨張と収縮をくり返しながら物理的風化が進み，しだいに砕かれ，ばらばらになっていく。これに化学的風化が加わると，ほかの鉱物に比べて，風化されにくい石英が残る。石英を多く含み，白〜黄土色の砂状の粒子になったものを，**真砂**（真砂土）とよぶ。

花こう岩

真砂

2 化学的風化 基礎

岩石が，雨水や地下水，大気などとの化学反応によって分解されることを化学的風化という。
温暖で湿潤な地域で進みやすい。

石灰岩の化学的風化

$$CaCO_3 + H_2O + CO_2 \rightleftharpoons Ca(HCO_3)_2$$
石灰岩　　　　　　　炭酸水素カルシウム

石灰岩の主成分である炭酸カルシウムは，二酸化炭素を含む水（雨水）と反応し，水に溶けやすい炭酸水素カルシウムとなる。この反応によって，石灰岩が溶かされてできた地形を，**カルスト地形**という。スロベニアのカルスト地方に，このような地形が見られることから名付けられた。

花こう岩の化学的風化

$$2KAlSi_3O_8 + 2H_2O + CO_2 \rightarrow Al_2Si_2O_5(OH)_4 + K_2CO_3 + 4SiO_2$$
カリ長石　　　　　　　　　　カオリン

花こう岩を構成する造岩鉱物のうち，石英は風化に強いが，カリ長石は風化しやすく，雨水や地下水と反応し，カオリンとよばれる粘土鉱物になる。斜長石や黒雲母も，化学的風化によって粘土鉱物になる。粘土鉱物は，焼き物（磁器）の原料となる。

秋吉台（山口県）

石灰岩が溶かされ，墓石が林立しているように見える。この地形をカレンフェルトという。

秋吉台（山口県）

カルスト台地では，石灰岩が溶かされ，すり鉢状にくぼんだ地形（ドリーネ）ができる。

カオリン

カオリンを使用した磁器

地下水の働き

カルスト台地の地下には，石灰岩が溶食されて**鍾乳洞**ができることがある。石灰岩を溶かした地下水が，鍾乳洞の天井から滴下するとき，炭酸カルシウムが晶出する。こうしてできた，天井から垂れ下がるつらら状の生成物を**鍾乳石**，底面から上方にのびた生成物を**石筍**という。鍾乳石と石筍が繋がって柱状になったものは，**石柱**とよばれる。

秋芳洞入口（山口県）

鍾乳石
石柱
石筍

秋芳洞内部（山口県）

秋吉台の地下100m前後には，鍾乳洞が広がっている。

整理 ▶ 風化

種類	要因	強く働く地域
物理的風化	温度変化による鉱物の膨張収縮 水の結氷	乾燥地域 寒冷地域
化学的風化	岩石が溶ける 鉱物が変化する	湿潤地域 温暖地域

豆知識 カオリンは焼き物（磁器）の原料のほかにも，医薬品や化粧品（固形製剤に成形，増量，希釈のために使われる添加剤），コート紙の塗料などに使われている。

流水の3作用

侵食…まわりの岩石や土砂を削り取る作用。
運搬…侵食や風化で生じた土砂を下流に運ぶ作用。
堆積…運搬された土砂が水底などに静止し，積み重なる作用。

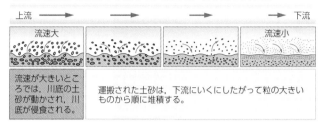

上流 → 下流

流速大　　　　　　　　　　　　　　　　流速小

流速が大きいところでは，川底の土砂が動かされ，川底が侵食される。

運搬された土砂は，下流にいくにしたがって粒の大きいものから順に堆積する。

流速と粒径の関係

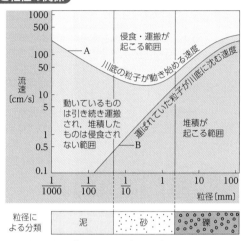

粒径による分類：泥　砂　礫

曲線Aは，川底の粒子が動き始める（侵食が始まる）速度を，曲線Bは，運ばれていた粒子が川底に沈む（堆積する）速度を示している。

➕α 岩石の循環
プラス

　地表付近の岩石は，風化や侵食を受けて砕屑物となる。これらは，運搬され，堆積し，続成作用を受けて堆積岩となる（▶p.148）。堆積岩は，地下で変成作用を受けて変成岩になる（▶p.30）。一部は溶けてマグマとなり，地表付近で火成岩となる（▶p.54）。こうしてできた地下の岩石は，地殻変動によって再び地表に露出する。
　このように，地殻をつくる岩石は，互いに関連し合い，連続的に変化している。この岩石の相互関係を岩石の循環（岩石サイクル）という。

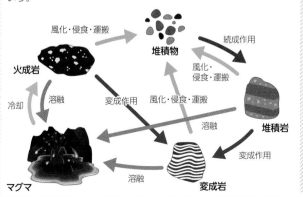

風化・侵食・運搬　堆積物　続成作用
火成岩　風化・侵食・運搬　堆積岩
冷却　溶融　変成作用　風化・侵食・運搬
溶融　変成作用
マグマ　溶融　変成岩

河川の勾配曲線

　日本の河川は世界の河川に比べて短く，また急流である。大雨が降ると水が一気に流れ下るため，洪水が起こりやすい。

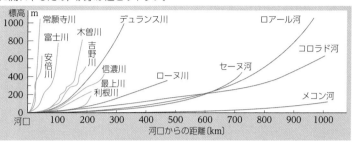

標高 m　常願寺川　デュランス川　ロアール河
富士川　木曽川　吉野川　コロラド河
安倍川　信濃川　セーヌ河
最上川　ローヌ河
利根川　メコン河
河口　100　200　300　400　500　600　700　800　900　1000
河口からの距離〔km〕

SKILL↗ 流速と粒径の関係の読み取り方
スキル

流速が大きくなり，侵食が始まるとき（曲線A）

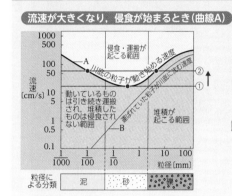

粒径による分類：泥　砂　礫

　流速が0〔cm/s〕から徐々に大きくなっていくとき，初めに動きだすのは砂で（①），そのあとに泥や礫が動き始める（侵食される，②）。

　□□□の範囲では，どの粒子も堆積したままである。

流速が小さくなり，堆積が始まるとき（曲線B）

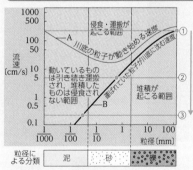

粒径による分類：泥　砂　礫

　流速が徐々に小さくなっていくときは，初めに礫が堆積し（①），その後，砂（②），泥（③）の順で堆積していく。
　また，$\frac{1}{100}$mm程度の粒子は，流速が0.1〔cm/s〕でも沈まず，運搬され続ける。

　□□□の範囲では，どの粒子も運搬されている。

さまざまな条件における粒子のようす

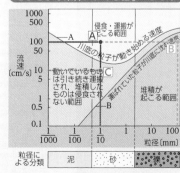

粒径による分類：泥　砂　礫

流速100cm/sの流水下での粒径$\frac{1}{10}$mmの粒子 ……… Ａ
動いていたものは運搬され，止まっていたものは侵食・運搬され，沈まない。

流速100cm/sの流水下での粒径100mmの粒子 ……… Ｂ
動いていたものは堆積し，止まっていたものも堆積したままである。

流速10cm/sの流水下での粒径$\frac{1}{10}$mmの粒子 ……… Ｃ
動いていたものは運搬されるが，止まっていたものは堆積したままである。

豆知識 侵食は，氷河や波浪，風の働きなどによっても起こる。たとえば，乾燥地域では，風による侵食・運搬・堆積によって，砂漠や砂丘などの地形が見られる。

1 河川地形 基礎 河川は，侵食・運搬・堆積の3作用によって，地形を変化させる。

扇状地

V字谷

三日月湖

河岸段丘 (>> p.144)

蛇行

氾濫原

自然堤防

後背湿地

三角州

V字谷

祖谷渓(徳島県)

山地は，土地の傾斜が急で，河川の流速が大きいため，下方侵食(川底を削る働き)が強く働き，**V字谷**が形成される。

扇状地

甲府盆地(山梨県)

河川が山地から平地に出るところでは，傾斜が緩やかになる。そのため，流速が小さくなり，運搬作用が衰えて土砂が堆積し，**扇状地**が形成される。

氾濫原

平野の中で，河川の水が河道からあふれて氾濫したときに浸水する範囲を**氾濫原**といい，**自然堤防**や**後背湿地**がある。自然堤防は，河川の流路に沿って砂などが堆積してできる小さな高まりで，その背後に，水はけの悪い，低く湿った後背湿地が形成される。

岩木川(青森県)

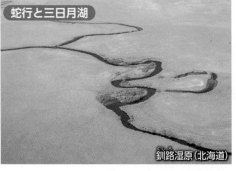

蛇行と三日月湖

釧路湿原(北海道)

河川の中・下流域では，側方侵食が強くなり，流路が**蛇行**する。また，流路の一部が切り離されると**三日月湖**が形成される。

三角州

雲出川(三重県)

河口付近では，粒の細かい土砂が堆積し，**三角州**ができる。

TOPIC 天井川 洪水を防ぐために形成された地形

自然に形成された地形が，人間の活動によって変化することがある。その例に天井川がある。

天井川は，川底が周辺の地面の高さよりも高い位置にある川であり，上流からの土砂の供給が多く，大雨のときに洪水が起こりやすい河川で形成される。洪水を防ぐために堤防をつくると，河道(川の流れる道筋)が固定され，河道に土砂が堆積していく。堆積した土砂によって川底が上昇し，再び洪水の危険性が高まる。こうして，洪水を防ぐために，堤防を高くすることをくり返すことで天井川となる。

鉄道

川

芦屋川(兵庫県)

芦屋川の中流域は天井川になっており，川の下を鉄道が通っている。

豆知識 国土地理院の「日本の典型地形ウェブサイト」(https://www.gsi.go.jp/kikaku/tenkei_top.html)では，現地において一目で把握できる規模の地形について成因別に一覧を公開している。地形を調べ，理解を深めるときに参考になる。

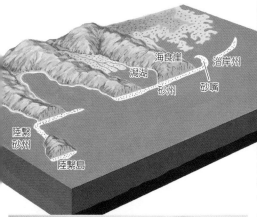

砂嘴

曲崎(熊本県)

波や沿岸流などで運ばれた土砂が，嘴のような形に堆積したものを**砂嘴**という。
例：野付崎(北海道)など

砂州

天橋立(京都府)

砂嘴が湾などを塞ぐように形成されたものを**砂州**という。
例：弓ヶ浜(鳥取県)など

陸繋島

江ノ島(神奈川県)

砂州が発達し，陸続きになった島を**陸繋島**といい，その砂州を**陸繋砂州(トンボロ)**という。
例：函館(北海道)，潮岬(和歌山県)など

潟湖

サロマ湖(北海道)

浅海の一部が，砂州や沿岸州などによって，外海から隔てられると**潟湖(ラグーン)**が形成される。
例：八郎潟(秋田県)など

リアス海岸(▶p.144)

多島海(▶p.144)

海食崖・海食台

佐渡(新潟県)

海食によってできた崖を**海食崖**といい，海食によってできた平らな地形を**海食台(波食棚)**という。
例：屏風ヶ浦(千葉県)など

海岸段丘(▶p.144)

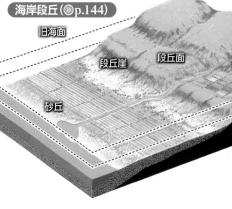

海食によってできた平らな地形を**海食台(波食棚)**という。

海食洞

万座毛(沖縄県)

海食崖の侵食されやすい部分が洞穴になったものを，**海食洞**という。
例：馬の背洞門(神奈川県)，七ツ釜(佐賀県)など

プラス α　サンゴ礁

　サンゴ礁は，生物がつくる海岸地形であり，その形態から3種類に区分される。すなわち，サンゴが海岸を縁取る**裾礁**，陸地と島の間に礁湖(ラグーン)がある**堡礁**，円形に近いサンゴ礁と礁湖だけでできており，中央に陸地をもたない**環礁**である。
　サンゴ礁は，裾礁→堡礁→環礁の順に発達すると考えられている。

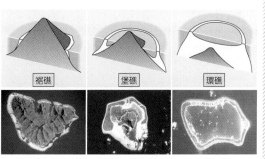

モーレア島(タヒチ)　マウピティ島(タヒチ)　キリバス

裾礁　堡礁　環礁

豆知識　沖縄島の東方約350kmに位置する南大東島は，サンゴ礁でできた島である。島の中央部の標高が周辺部よりも低く，皿のような形をしている。これは，南大東島が，かつて環礁であったことを示しており，数回の隆起を経て，現在の形になったと考えられている。

143

1 地殻変動による地形 基礎

河岸段丘

津南(新潟県)

地盤の隆起などによって，標高が高くなった場合，河川による侵食作用が大きくなる。河床が削られて階段状になった地形を**河岸段丘**(河成段丘)という。

河岸段丘の形成

　河床面の隆起に伴って，段丘面の数が増えていく。段丘面の形成時期は，下の方が上の段丘面よりも新しい。海岸段丘も同様である。

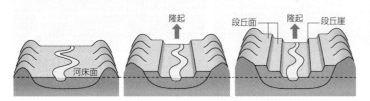

隆起
隆起
段丘面　隆起　段丘崖
河床面

海岸段丘

1703年元禄関東地震の頃の海岸線
2000年前頃の海岸線
3200年前頃の海岸線
5700年前頃の海岸線
1923年大正関東地震の頃の海岸線

館山(千葉県，◎p.172)

地震などの地殻変動によって，海岸部が急激に隆起して形成された階段状の地形を**海岸段丘**(海成段丘)という。

海岸段丘の形成

海食台が段丘面に，海食崖が段丘崖になる(◎p.143)。

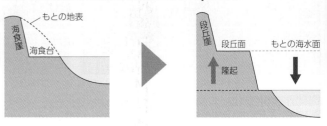

もとの地表
海食崖
海食台
段丘崖
段丘面　もとの海水面
隆起

多島海

松島(宮城県)

多くの島が点在する地域を**多島海**という(◎p.143)。山地が沈降し，標高の高かった部分が島になったものである。

リアス海岸

対馬(長崎県)

海岸線近くまで迫った山地に，海水準変動などによって，以前は谷だった部分へ海水が入り込み，**リアス海岸**(リアス式海岸，◎p.143)が形成される。尾根だった部分が海に突き出た形になり，のこぎりの刃のように見える。
リアス海岸は，入り組んだ湾になっており，津波が高くなりやすく(◎p.210)，大地震が起きたときは注意が必要である。

隆起地形

象潟(秋田県)

鳥海火山の崩壊による岩なだれ(◎p.217)の影響で，多島海となった。その後，1804年に発生した象潟地震によって約2m隆起し，以前の海底が陸地となった。

TOPIC 能登半島地震と海岸段丘

　2024年1月に発生した能登半島地震では，沿岸部が最大4mほど隆起した。海底が干上がり，海岸線が海側に数百m移動した場所もあった。
　能登半島や室戸岬などでは(◎p.40)，地震がくり返し発生することで，海岸段丘が形成されてきた。能登半島地震では，隆起によって水深が浅くなり，漁港が使用できなくなったが，室戸岬の室津港では，このような隆起が起こるたび，港を掘り下げて対応している。

地震前(2009年)　地震後(2024年)

珠洲市(石川県)

豆知識 リアス海岸で有名な三陸地方や伊勢志摩地方は，長期的には隆起傾向にある。しかし，この隆起速度よりも，後氷期の海水準の上昇速度のほうが大きかったため，相対的に沈水し，谷間に海水が入り込んだことによって，現在のような地形となった。

降った雪が堆積し，その重さで雪が圧縮され，氷となって流動するようになったものを氷河という。
氷河には，大陸を覆う規模の氷床（大陸氷河）と山岳地域に発達する山岳氷河（谷氷河）の2種類がある。

アレッチ氷河（スイス）

氷河の流動する速度は氷河によって大きく異なる。スイスのアレッチ氷河は1年間に35m程度，南極の白瀬氷河は1年間に2.5kmも流動している。平均すると，1年間に数十m程度である。

カール

千畳敷カール（長野県）

氷河の侵食（氷食）によって，山頂付近がスプーンで削られたようになった地形を**カール**という。

ホルン

マッターホルン（スイス・イタリア）

山頂付近に3つ，またはそれ以上のカールが接すると，とがった地形の**ホルン**（ホーン）ができる。

擦痕

南極

氷河に取り込まれた岩石によって周辺の岩石が擦られてできた傷を**擦痕**という。

モレーン

南極

氷河が侵食して運んできた岩石などが堆積したものを**モレーン**（氷堆石）という。モレーンは角張っており，大きさは不ぞろいである。

氷河湖

ゴーキョ湖（ネパール）

モレーンによって，水がせき止められてできた湖をはじめ，氷河作用によって形成された湖を総称して**氷河湖**という。

U字谷

グレンコー（スコットランド）

氷河の侵食によってつくられた谷は，断面がU字になることが多く，**U字谷**とよばれる。

フィヨルド

ネーロイフィヨルド（ノルウェー）

U字谷に海水が入り込んだ地形を，**フィヨルド**という。ノルウェーのソグネフィヨルドの最も深いところは水深1308mに達する。

TOPIC 氷河地形とレス

氷河の侵食によってできた岩石粒子や，砂漠の岩石粒子のうち，細かいものは風に吹き飛ばされて堆積する。このような堆積物をレス（黄土）という。

ヨーロッパ北部は，氷期にスカンジナビア氷床に覆われていたため，その周辺部にレスが分布している。このレスは，ウクライナにあるチェルノーゼムとよばれる肥沃な土壌の材料にもなっている。

一方，氷河によって表面の岩石が削り取られた地域は，一般に土壌が薄くなるため，土地が痩せており，農地としての利用価値が低い。ヨーロッパ北部では，その土地を牧草地などに利用しているため，酪農が盛んである。

酪農のようす（デンマーク）

豆知識 富山県，北アルプス立山連峰の3つの雪渓（小窓雪渓，三ノ窓雪渓，御前沢雪渓）は，流動していることが確認され，2012年，氷河と認定された。それまではロシアのカムチャツカ半島が氷河の南限とされていた。

1 地層の構成 基礎

堆積物や堆積岩が層状に重なったものを地層という。

砂岩と泥岩が交互に重なった砂岩泥岩互層(●p.149)である。これらの地層は、ほぼ水平に堆積している。

君津市(千葉県)

白山(三重県)

不整合の地層である。花こう岩体の上部が侵食されたあとに、砂礫層が堆積している。

河川の働きによって、土砂は下流に運搬され、海底などに堆積する。土砂は次々に堆積していくので、層状に重なって地層をつくる。1枚の地層を**単層**といい、単層と単層の境界面を**層理面**(地層面)という。層理面は、堆積環境の急激な変化によって、堆積する粒の大きさや性質が変化するために生じる。

地層は、下から上へ順に堆積していくため、連続して堆積した地層では下の地層の方が古く、上の地層の方が新しい。これを**地層累重の法則**という。一般に観察される地層は、地殻変動によって、海底が隆起したり、海面が低下したりして地上に現れたものである。また、地層や岩石は、道路の切り割りや崖などによく現れており、これを**露頭**という。

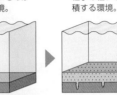

粒子の細かいものが堆積する環境。

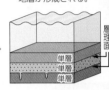

粒子の粗いものが堆積する環境。

堆積がくり返され、地層が形成される。

層理面
単層
単層
単層

整合と不整合

地層は、連続的に積み重なって形成される。この重なりの関係を**整合**という。これに対して、地層が堆積する過程で、堆積が一時的に中断したり、侵食を受けたあとで、その侵食面上に新たな地層が堆積した場合は、上下の地層の間に時間的なずれが生じる。この関係を**不整合**といい、この不連続面を不整合面という。不整合面では、侵食による凹凸が見られ、その上部に**基底礫**※を含むことが多い。基底礫は、侵食と運搬作用によって生じるので、それを含む地層の形成年代よりも古い。

※基底礫を含む岩石を基底礫岩という。

傾斜不整合:上下の地層の走向傾斜が異なっている不整合。
平行不整合:上下の地層が平行な不整合。化石などを利用して、地層の新旧を判断する。

不整合面

不整合の形成

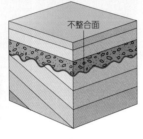

①堆積・整合	②隆起・褶曲	③侵食	④沈降・堆積	⑤堆積・不整合
海底	陸上	侵食面	海底	不整合面 堆積 基底礫

海進・海退

海岸線が内陸側へ移動することを**海進**という。海進は、気候の温暖化によって海面が上昇したり、地殻変動によって地面が沈降したりすることで起こる(●p.97)。逆に、海岸線が海側へ移動することを**海退**という。海退は、気候の寒冷化によって海面が低下したり、地殻変動によって地面が隆起したりすることで起こる。

海進の例

点Pが海岸線から遠くなっていくため、堆積物の粒径は、上ほど徐々に小さくなる。

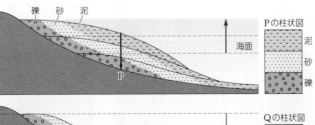

礫 砂 泥
海面
Pの柱状図
泥
砂
礫

海退の例

点Qが海岸線に近くなっていくため、堆積物の粒径は、上ほど徐々に大きくなる。

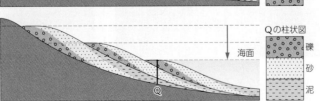

海面
Qの柱状図
礫
砂
泥

TOPIC 縄文海進

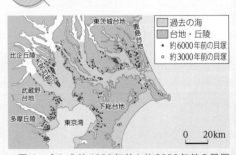

過去の海
台地・丘陵
● 約6000年前の貝塚
○ 約3000年前の貝塚

東茨城台地
鹿島台地
比企丘陵
武蔵野台地
下総台地
多摩丘陵
東京湾
0 20km

図は、今から約6000年前と約3000年前の貝塚の位置を表している。これらの貝塚の位置は、現在の海岸線よりもずいぶん内陸にある。このことから、縄文時代は、その前の氷河時代が終わって、温暖な気候になり、海進によって内陸部まで海水が入り込んでいた(縄文海進)と考えられている。

豆知識 更新世の最終氷期には、現在よりも海面が100～130m低くなっていた。そのため、朝鮮半島と九州、北海道と樺太、ロシアがそれぞれつながり、日本海は閉じていた(●p.171)。

2 堆積構造 基礎

地層の堆積時や堆積後に形成された構造を**堆積構造**という。堆積構造を調べると堆積環境がわかる。また、地殻変動によって、地層の上下がわからなくなっている場合にも、堆積構造から地層の上下を判定することができる。

級化層理

勝浦市(千葉県)

下から上に向かって粒径が小さくなっている構造を**級化層理**(級化構造・級化成層)という。単層内で粒径の小さい方が上になる。級化層理は、混濁流(乱泥流)によって形成されたタービダイト(≫p.149)中によく見られる。

級化層理の形成

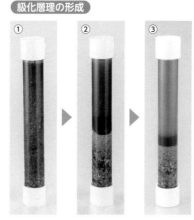
① ② ③

級化層理は、さまざまな粒径の砕屑物が混ざり合った状態で堆積することによって形成される。初めは粒径の大きいものが、徐々に粒径の小さいものが堆積する。図は、砕屑物と水が入った円筒を上下に振って撹拌させ、水平な場所に置くことで、級化層理が形成されるようすを示している。

①の拡大　③の拡大
細粒　粗粒

斜交葉理

都祁(奈良県)

水の流れ

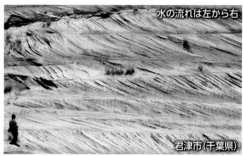
水の流れは左から右
君津市(千葉県)

水の流れや風の向きによって、本来の層理面に斜交して堆積物の粒子が並ぶことがある。これを**斜交葉理**(クロスラミナ)といい、平行に並んだものは**平行葉理**(パラレルラミナ)という。斜交葉理では、模様を切っている方が切られた方よりも上位である。粒子の配列の仕方によって、水が流れた向きもわかる。厚さが数cm程度のものを斜交葉理、数十cm以上のものを斜交層理と区分することもある。左の写真は斜交葉理、右の写真は斜交層理である。

れん痕

瀬林(群馬県)

水の流れなどによってできた波状の模様を**れん痕**(リップルマーク)という。波形を見ると水の流れた向きがわかる(写真では右上から左下)。

流痕

加太(和歌山県)

水の流れによって侵食されてできた水底の堆積物表面の模様を**流痕**という。その形から水の流れた向きがわかる(写真は地層の底面で左上から右下)。

生痕

羽根岬(高知県)

生物の巣穴、水底をはった跡などの生活のようすが地層中に残されたものを**生痕**といい(≫p.152)、地層の上下判定に使われる。

火炎構造

城ケ島(神奈川県)

未固結または半固結状態の地層の上に、さらに地層が堆積し、その重みによって下の地層が不規則な形になったものを**火炎構造**という。

スランプ構造

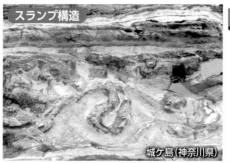
城ケ島(神奈川県)

未固結または半固結状態の地層が、海底地すべりなどで曲がったり切れたりしたものを**スランプ構造**という。

整理 地層の上下判定

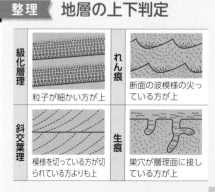

級化層理		れん痕
粒子が細かい方が上		断面の波模様の尖っている方が上
斜交葉理		生痕
模様を切っている方が切られている方よりも上		巣穴が層理面に接している方が上

豆知識　貝などの生物は海底に巣穴を掘り、生活している。この穴を異なる堆積物が埋めてできた模様は、その形から、サンドパイプ(砂管)とよばれる。

第5章　移り変わる地球

1 堆積物 基礎

堆積岩は堆積物が固まってできた岩石であり，もとになった堆積物に応じて分類される。堆積物には，風化や侵食で岩石が細かく砕かれてできた砕屑物，火山活動で噴出した火山砕屑物（火砕物），生物の遺骸などがある。

堆積物				堆積岩			
砕屑物	$\frac{1}{256}$	泥	粘土	砕屑岩	泥岩	粘土岩	頁岩(»p.150)
			シルト			シルト岩	
	$\frac{1}{16}$	砂			砂岩		
	2						
	粒径[mm]	礫			礫岩		
(火砕物)火山砕屑物	2	火山灰		火山砕屑岩(火砕物)	凝灰岩		
	64	火山礫			火山礫凝灰岩		
		火山岩塊			凝灰角礫岩(火山灰の基質多)		
	粒径[mm]				火山角礫岩(火山灰の基質少)		
生物の遺骸	CaCO₃ 例：貝殻，サンゴ，フズリナ(紡錘虫)			生物岩	石灰岩		
	SiO₂ 例：放散虫，ケイ藻の殻				チャート		
	C, H, O, N, S 例：植物				石炭		
化学的沈殿物	CaCO₃			化学岩	石灰岩		
	SiO₂				チャート		
	NaCl				岩塩		
	CaSO₄·2H₂O				石膏		

続成作用

堆積物には，化学的沈殿物も含まれる。砕屑物や火山砕屑物（火砕物）は，その粒径によって区分され，生物の遺骸や化学的沈殿物は，その組成で区分される。

砕屑物の粒度区分

堆積物		堆積岩	粒径[mm]	粒度区分
泥	粘土	粘土岩		粘土
	シルト	泥岩 シルト岩	$\frac{1}{256}$	極細粒シルト
			$\frac{1}{128}$	細粒シルト
			$\frac{1}{64}$	中粒シルト
			$\frac{1}{32}$	粗粒シルト
砂		砂岩	$\frac{1}{16}$	極細粒砂
			$\frac{1}{8}$	細粒砂
			$\frac{1}{4}$	中粒砂
			$\frac{1}{2}$	粗粒砂
			1	極粗粒砂
礫		礫岩	2	細礫
			4	中礫(小礫)
			64	大礫
			256	巨礫

堆積岩をつくる生物の遺骸 (»p.152, 162)

5cm　貝殻

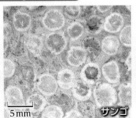
5mm　サンゴ

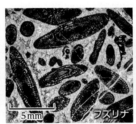
5mm　フズリナ

0.1mm　放散虫

10μm　ケイ藻

2 続成作用 基礎

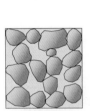
未固結の粒子

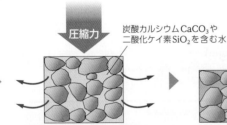
圧縮力

炭酸カルシウムCaCO₃や二酸化ケイ素SiO₂を含む水

圧縮によって，粒子間の水が押し出され，粒子は，ほかの粒子と接している部分から溶け出す。

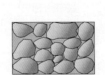
粒子間に新たな鉱物が生じて，粒子を固結させる。

堆積物が固結して堆積岩になる働きを**続成作用**という。堆積物が次々に堆積し，上部の堆積物の重みによって粒子間のすき間が小さくなり，すき間にあった水が押し出される。これを**圧密作用**という。圧密された堆積物では，CaCO₃やSiO₂などがすき間を埋め，接着剤のような働きをして，粒子が固定されていく。この作用を**膠結作用**（セメンテーション）という。圧密作用と膠結作用は同時に起こり，堆積物は，長い期間をかけて固結していくことによって，堆積岩となる。

TOPIC 鳴き砂と星の砂

変わった砂として，鳴き砂と星の砂が知られている。鳴き砂は，その上を歩くと「きゅっきゅっ」と音がする。これは，石英粒の多い砂が，摩擦されることによって音を発していると考えられている。

一方，星の砂は，星形の砂粒に見えるが，有孔虫(»p.152)が砂浜に打ち上げられたものである。その骨格が星形に似ていることから，星の砂とよばれている。

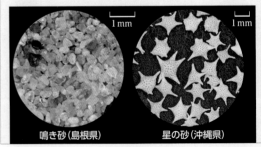
1mm　鳴き砂(島根県)　　1mm　星の砂(沖縄県)

豆知識 星の砂の主要構成種であるバキュロジプシナ（Baculogypsina）という有孔虫は，和名をホシズナという。また，バキュロジプシナとともに主要構成種であるカルカリナ（Calcarina）は，和名をタイヨウノスナという。

3 タービダイト _{基礎}

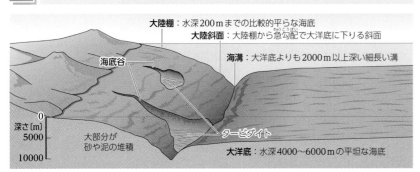

大陸棚や大陸斜面には，海底谷が見られる。海底谷は，大量の土砂が海底の斜面を流れると，その強い侵食作用によって形成される。このときの，大量の土砂が混じった海水の流れを混濁流(乱泥流)という。混濁流によって海溝周辺の海底に堆積した土砂をタービダイトという。

タービダイトの形成

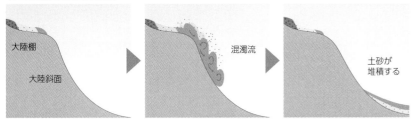

砂岩泥岩互層

2種類の異なる地層が，交互にくり返し重なり合った地層を互層という。砂岩と泥岩の互層を砂岩泥岩互層といい，通常は堆積物が届かない場所に，混濁流によって土砂がもたらされた際，形成されると考えられている。

砂岩泥岩互層では，砂岩と泥岩の硬さの違いによって，不均等に侵食が進む。一般的に，軟らかい泥岩が侵食され，硬い砂岩が残るため，砂岩層が泥岩層に対して突き出た構造となる。

侵食された砂岩泥岩互層(宮崎県青島)

地層が傾きながら隆起し，波の侵食によって削られ，さらに隆起した。砂岩層が凸型になっている。

海底谷の例(千葉県房総沖付近)

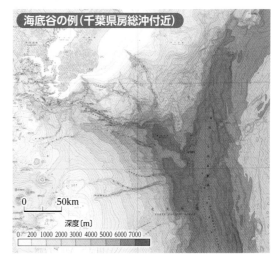

0　　50km

深度[m]

0　200 1000 2000 3000 4000 5000 6000 7000

鳴門市(徳島県)

和泉層群とよばれる地層の一部分で，中生代白亜紀(》p.158)に堆積した。砂岩泥岩互層で，写真左に向かって傾斜している。

＋α プラス 海底の堆積物

海底には，陸からの砕屑物や，プランクトンなどの生物の遺骸などが沈降し，堆積していく。有機物は，沈降途中や堆積後の海底でほとんどが分解されるが，分解されにくい二酸化ケイ素(放散虫やケイ藻の遺骸，》p.152)や炭酸カルシウム(有孔虫や円石藻の遺骸，》p.152)は，海底の堆積物として残る。

しかし，炭酸カルシウムは，ある深さよりも深い海底には堆積しなくなる。これは，深くなるほど水圧が高くなり，炭酸カルシウムが海水に溶けやすくなるためである。炭酸カルシウムが溶解する深さを炭酸塩補償深度(CCD)*という。

炭酸塩補償深度よりも深い深海底には，最終的に，溶け残った二酸化ケイ素からなる軟泥や，風や海流などによって運ばれた細粒の粘土などが堆積する。

＊ Carbonate Compensation Depth

$CaCO_3$＋SiO_2＋陸からの砕屑物

炭酸塩補償深度(CCD)

SiO_2＋細粒の粘土

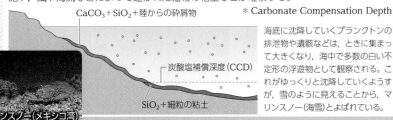

リンスノー(メキシコ湾)

海底に沈降していくプランクトンの排泄物や遺骸などは，ときに集まって大きくなり，海中で多数の白い不定形の浮遊物として観察される。これがゆっくりと沈降していくようすが，雪のように見えることから，マリンスノー(海雪)とよばれている。

TOPIC トピック 法地質学

コナン・ドイル『緋色の研究』には，シャーロック・ホームズが，服についた泥から，ロンドンのどの地域のものかを推理したという記述がある。実際の犯罪捜査でも土砂(砂や泥など)の鑑定が行われ，証拠資料の土砂と，事件に関係すると推定される場所から採取されたものとを比較したり，犯罪現場が不明な場合は，証拠資料から犯罪がおきた地域を推定したりしている。

このように，地質学の技術や知識を用いて，事件の解決と裁判における立証を目的とする学問分野を法地質学という。法地質学では，土砂の鑑定だけでなく，物理探査(》p.173)などを行う場合もある。

色による
土砂の識別▶

鑑定のようす

豆知識　「マリンスノー」は，1951年(昭和26年)，日本で最初の潜水艇「くろしお号」(最大潜航深度200m)で海に潜った，北海道大学水産学部の研究者によって命名された。

泥岩 ■

泥（$\frac{1}{16}$ mm以下の砕屑物）が固結してできた岩石。砕屑物の粒径によって，シルト岩（$\frac{1}{16}$〜$\frac{1}{256}$ mm）と粘土岩（$\frac{1}{256}$ mm以下）に分類することもある。泥岩のうち，縞模様があり，板状にはがれやすいものを**頁岩**という。

1 cm
1 cm

古浦（島根県）

砂岩 ■

砂（2〜$\frac{1}{16}$ mmの砕屑物）が固結してできた岩石。サンドパイプとよばれる巣穴の化石（生痕化石）が含まれることもある。
砂岩の用途には，建築・土木用の石材や砥石などがある。

1 cm
1 cm

犬吠埼（千葉県）

礫岩 ■

礫（2 mm以上の砕屑物）を多く含む岩石。含まれている礫には，2 mm程度のものから，大きいものでは1 mを超えるものまである。その見た目から，子持岩ともよばれる。

1 cm
1 cm

襟裳岬（北海道）

凝灰岩 ▲

火山灰（2 mm以下の火山砕屑物）が固結してできた岩石。日本では，日本海側を中心に広く分布する新第三紀のグリーンタフ（緑色凝灰岩）が有名である。建築資材としてよく利用される大谷石は，凝灰岩の一種である。

1 cm
1 cm

大谷町（栃木県）

豆知識 佐賀県のサッカーJリーグのチーム，サガン鳥栖の「サガン」には，砂岩のように小さな粒が集まって強い結束をもち，一枚岩になるという意味が込められている。

石灰岩 ● ◆

炭酸カルシウム$CaCO_3$を主成分とする殻や骨格をもつフズリナ（紡錘虫）やサンゴなどの生物の遺骸が集まってできた岩石。海水中の$CaCO_3$が沈殿してできたものは，化学岩に分類される。

1cm　　1cm

白崎（和歌山県）

チャート ● ◆

二酸化ケイ素SiO_2を主成分とする殻をもつ放散虫などの遺骸が集まってできた岩石。硬く緻密である。海水中のSiO_2が沈殿してできたものは，化学岩に分類される。
かつては，火打ち石に使われた。

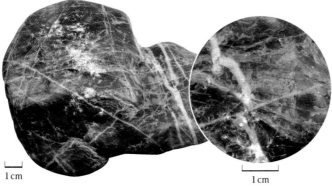

1cm　　1cm

鵜沼（岐阜県）

石炭

地質時代の陸生や水生の植物が堆積，埋没し，その後長い期間にわたり続成作用を受けて形成された炭素Cを主成分とする岩石。可燃性であり，燃料として使われている。

20cm　　10cm

夕張（北海道）

岩塩 ◆

海水などの蒸発によってできた塩化ナトリウム$NaCl$を主成分とする結晶からなる岩石。厚さ数百mの岩塩層として産出することもある。食塩や工業用原料，美容などに使われる。
岩塩のほか，石膏など，水分の蒸発によってできた堆積岩は，蒸発岩とよばれることもある。

1cm　　5mm

ケウラ塩鉱山（パキスタン）

豆知識　イギリスとフランスの間にあるドーバー海峡付近には，白亜紀の白い石灰岩が見られ，チョークとよばれている。このチョークが，黒板用の筆記具「チョーク」の語源である。

1 さまざまな化石 基礎

過去の生物（古生物）の遺骸や生活の痕跡が地層中に残されているものを化石という。一般に，硬い組織の方が化石となりやすいが，堆積環境の条件によっては，軟らかい組織（軟体部）が化石となることもある。

体化石と生痕化石

体化石…骨や殻などの生物の体やその一部が化石となったもの。

生痕化石…足跡や巣穴，排泄物など生物が生活していたことを示す痕跡（▶p.147）が化石となったもの。

体化石の例
（アンモナイト）

1 cm

1 cm

生痕化石の例（恐竜の糞）

そのほかの化石

軟体部の化石…永久凍土や乾燥地域，酸素がほとんどない場所では，軟体部が化石となる場合がある。

置換化石…続成作用の過程で，二酸化ケイ素や黄鉄鉱などに置換されたり，充填された化石。

印象化石…古生物の体の形が地層中に鋳型として保存された化石。

樹脂が長期間かけて固化したものを**こはく**という。こはく中には，昆虫などが含まれることがあり，保存状態がよいと，内部組織が残っている場合もある。

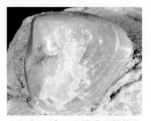

水を含んだSiO_2組成の鉱物を**オパール**という。続成作用の過程においてオパールが沈殿すると，写真の貝化石のような置換化石となる。

速やかに埋没し，そのあとに生物などによって乱されなかった場合，昆虫の羽のような繊細な器官が印象化石として残ることがある。

2 微化石 基礎

化石には，顕微鏡を使わないと見えない大きさのものもあり，微化石とよばれる。
微化石は，少量の試料中に多く含まれるため，地質時代の特定や，古環境の推定などに広く利用されている。

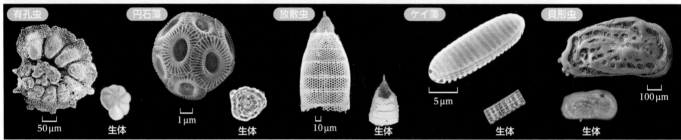

| 有孔虫 | 円石藻 | 放散虫 | ケイ藻 | 貝形虫 |

生体 50µm　　生体 1µm　　生体 10µm　　5µm 生体　　100µm 生体

主に石灰質でできた殻をもつ原生生物。浮遊性と底生のものがあり，さまざまな水深に生息している。

石灰質の殻をもつ植物プランクトン。コッコリスとよばれる数十枚の小片に覆われている。

ケイ質の殻をもつ動物プランクトン。海洋表層から深海に生息し，水塊によって生息する種が異なる。

ケイ質の殻をもつ植物プランクトン。海洋，汽水域，淡水域と，世界中のあらゆる水域に生息する。

石灰質の殻をもつ節足動物。底生生活をしているため，地域固有性が高く，示相化石として用いられる。

＋α プラス 生きている化石

地質時代からその形態をほとんど変えることなく，現在も生息している生物は，**生きている化石**とよばれる。

1 cm

イチョウ

新第三紀　　現生

シーラカンス

デボン紀　全長約55cm　　現生　全長約1.5m

カブトガニ

ジュラ紀　体長約17cm　　現生　体長約60cm

オキナエビスガイ

新第三紀　1 cm　　現生　鳥羽水族館提供

豆知識　「化石」を表す英語fossilは，ラテン語の「掘り出されたもの」を意味するfossilisに由来している。そのため，18世紀中ごろまでは，地中から掘り出された遺跡や岩石・鉱物までがfossilとよばれていた。

3 示準化石と示相化石 基礎

化石からは，生物学的な情報のほか，含まれていた地層の年代や堆積環境など，さまざまな情報を得ることができる。

化石のでき方

古生物の遺骸が化石として残るためには，堆積物中に急速に埋没し，波などによる物理的破壊，酸素などによる化学的分解，バクテリアや捕食動物による生物学的破壊をまぬがれる必要がある。

骨や殻などの硬い組織は，軟らかい組織よりも化石として残りやすいが，硬い組織をもつ生物が必ずしも化石になるわけではない。化石となって残る確率は，個体数に依存し，化石として多く産出する生物は，当時繁栄していたと考えられている。

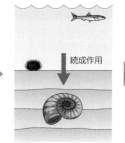

古生物の遺骸が堆積物中に埋没する。

軟体部は分解され，硬い組織が続成作用を受ける。

地殻変動によって地表に露出した地層から，化石として発見される。

示準化石

特定の地質時代に限って産出する化石。堆積年代の特定，地層の対比，区分にも有効である。

- 広範囲にわたって繁栄した。
- 同一種(属)などグループの生存期間が短い(進化の速度が速い)。
- 産出個体数が多い。

示相化石

地層の堆積環境を知るのに役立つ化石。特に明確に限定された環境条件を示すものをいう。

- 現生生物から，生息環境を特定できる。
- 特定の環境にしか生息できない(環境適応能力が低い)。
- 現地性である(死後，運搬されていない)ことが特定できる。

●主な示準化石

古生代(≫p.162)	中生代(≫p.164)	新生代(≫p.166)
三葉虫，筆石，ウミユリ，リンボク，フズリナ	アンモナイト，モノチス，トリゴニア，イノセラムス	カヘイ石，メタセコイア，ビカリア，マンモス，ナウマンゾウ

●主な示相化石

ビカリア(温暖な内湾)，アサリ(浅海)などもある。

サンゴ(温暖な浅海) 館山(千葉県)　　カキ(汽水域) 丹沢(神奈川県)

アンモナイトによる時代区分の例

アンモナイトは，長期間にわたって繁栄した。進化の速度が速く，形態がさまざまに変化しているため，時代区分の指標として用いられる。

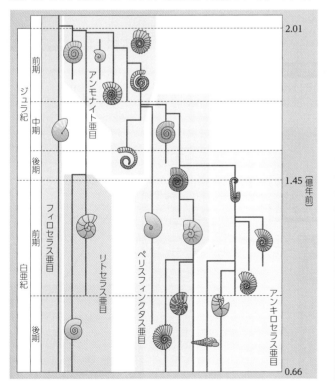

TOPIC アンモナイトの縫合線

アンモナイトの殻(外殻)と，殻の内部を多くの部屋に仕切る壁(隔壁)とが交わる線を縫合線とよぶ。隔壁は外殻に近づくにつれて，複雑な分岐構造をとることから，縫合線も菊の葉のような複雑な模様になる。

この縫合線は，ある程度成長した個体になると，種ごとに独自の形を示す。一般に，時代を経るごとにその特徴を残しながら複雑さを増していく傾向があり，アンモナイトの分類や進化をたどる上で，非常に重要な情報となる。

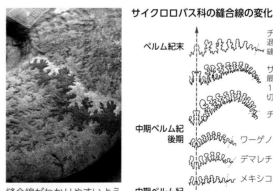

縫合線がわかりやすいように，一部着色してある。

サイクロロバス科の縫合線の変化

ペルム紀末 — チャンシンゴセラス 退化傾向 縫合線単純化
— サイクロロバス 最も複雑な縫合線 1番目の山の頂部にも切れ込み
— チモリテス
中期ペルム紀後期 — ワーゲノセラス
— デマレチテス
— メキシコセラス
中期ペルム紀初期 — クフォンゴセラス
谷の数の増加 複雑化

豆知識 バレンタイン(1970)は，貝類など化石によく見られる主要な動物群について，過去に存在した生物全体の4.5〜13.6％が化石になると見積もった。ジョンソン(1964)やショップ(1978)は，潮間帯の動物群(属)の化石化は40％以下で，生活様式によっても異なることを示した。

第5章 移り変わる地球

8 地層の対比

Correlation

1 地質柱状図 [基礎]

層名	柱状図	厚さ[m]	岩石	化石
C層		30	礫・砂	
		25	流紋岩	
		35	凝灰岩	
B層		20	石炭	植物
		40	泥岩	シジミ貝
		15	砂岩	
		15	礫岩	
A層		40	泥岩石灰岩	アンモナイト
		30	砂岩	二枚貝
		20	礫岩	巻貝
基盤			変成岩・花こう岩	

露頭を観察したり，ボーリングコア（» p.173）を利用したりして，岩石や地層の種類，厚さ，含まれている化石，上下関係（整合や不整合）などを，1本の柱のように示したものを**地質柱状図**，または単に柱状図という。左図は，その一例である。

柱状図の作成（露頭観察の例）

露頭の観察 ⟶ フィールドノートに記載 ⟶ 柱状図の作成

厚さ[cm]

- 黒色の亜円礫主体の小礫岩層。
- 粗粒砂岩の基質に黒色の亜円礫が存在する。
- 淡灰色の泥岩層。火炎構造が見られる。

構成する岩石の硬さに応じて，凹凸をつけて描く場合もある。

礫岩／含礫砂岩／砂岩／泥岩／シルト岩

2 かぎ層による地層の対比 [基礎] 巻末⑩

　互いに離れた地域に分布する地層を比べ，同時代のものかどうかを調べることを**地層の対比**という。地層の対比には，区別がつきやすく，短期間で広範囲に堆積した地層が適している。このような地層を**かぎ層**といい，火山灰層や示準化石が含まれる地層が利用される。

　火山灰層は，短期間で広範囲に堆積し，火山ごとに，また同じ火山でも噴火ごとに鉱物や火山ガラスの特徴が異なるため，地層の対比に有効である。

写真の白い部分が火山灰層である。神津島（東京都）の噴火（838年）によって堆積した。

火山灰層（伊豆大島）

TOPIC ピンク火山灰とアズキ火山灰

　ピンク火山灰は約100万年前，アズキ火山灰は約90万年前に，いずれも大分県の耶馬溪付近の猪牟田カルデラから噴出したものである。一般に，火山灰層は，噴出した火山の名称と，火山灰層が見つかった場所の地名を組み合わせて名付けられる。しかし，この2つの火山灰層は，火山灰の色の名称がそのまま使われている。ピンク火山灰は，淡いピンク色であることから，アズキ火山灰は，小豆のアイスキャンディーの色に似ていることから名付けられた。

ピンク火山灰（大阪府吹田市）

アズキ火山灰（大阪府吹田市）

火山灰層（広域テフラ）の分布

　火山灰は偏西風にのって，主に東へ運ばれる。さまざま火山の火山灰層が広範囲にわたって分布している。

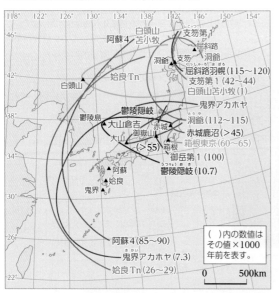

阿蘇4／白頭山／支笏第1／苫小牧／屈斜路／洞爺／支笏／姶良Tn／白頭山／屈斜路羽幌（115〜120）／支笏第1（42〜44）／白頭山苫小牧（1）／鬱陵隠岐／鬼界アカホヤ／大山倉吉／赤城／洞爺（112〜115）／大山／御嶽山／赤城鹿沼（>45）／（>55）／箱根／箱根東京（60〜65）／御岳第1（100）／鬱陵隠岐（10.7）／阿蘇／姶良／鬼界

阿蘇4（85〜90）／鬼界アカホヤ（7.3）／姶良Tn（26〜29）

（　）内の数値はその値×1000年前を表す。

0　　500km

火山灰層による対比－姶良Tn火山灰の例－

　姶良Tn火山灰（姶良丹沢火山灰）は，2万6000〜2万9000年前に大噴火した姶良カルデラの火山灰である。

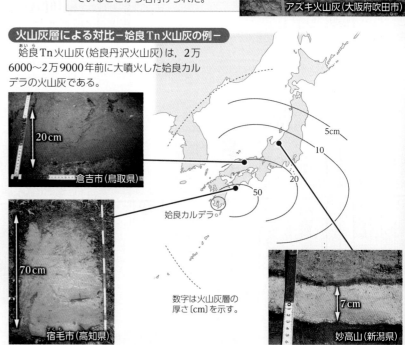

20cm　倉吉市（鳥取県）

70cm　宿毛市（高知県）

姶良カルデラ

数字は火山灰層の厚さ[cm]を示す。

5cm／10／20／50／7cm　妙高山（新潟県）

豆知識 関東ロームは，富士山や箱根山から噴出した火山灰が風で運ばれて堆積したものである。含まれている鉄が，長い年月をかけて酸化され，赤褐色の土壌となった。

フズリナによる対比の例

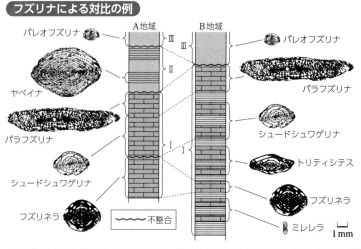

A地域 B地域

- パレオフズリナ
- ヤベイナ
- パラフズリナ
- シュードシュワゲリナ
- フズリネラ

III
II
I

- パレオフズリナ
- パラフズリナ
- シュードシュワゲリナ
- トリティシテス
- フズリネラ
- ミレレラ

━━ 不整合

1 mm

フズリナ (紡錘虫) などの示準化石は, 離れた地域の地層の対比に有用である。離れた地域間で同じ示準化石を含む地層は, 同じ時代の地層として対比することができる。これを**地層同定の法則**という。

堆積順序の決定

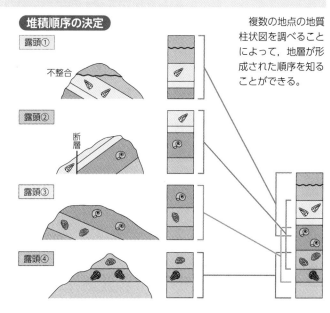

- 露頭①　不整合
- 露頭②　断層
- 露頭③
- 露頭④

複数の地点の地質柱状図を調べることによって, 地層が形成された順序を知ることができる。

4 ボーリングコアを用いた対比 基礎

　関東平野などの露頭が少ない地域では, 複数の地点でボーリング調査 (» p.173) を行い, 得られたボーリングコアから地質柱状図を作成し, 地層の対比を行う。複数の地点で作られた地質柱状図を比較・検討することによって, 地質断面図を作成することができる。

　地質断面図は, 地下の地質の構成や地質構造を知ることができるため, 地域開発, 土木・建築事業など, 多方面で活用される。また, 地盤の液状化 (» p.208) や, そのほかの地盤災害の対策にも利用される。

東京23区の地質断面図作成場所

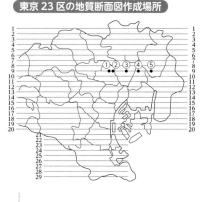

地質柱状図

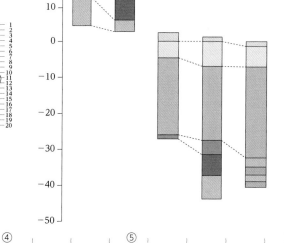

地質断面図 (9番, 東部)

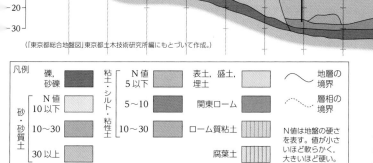

標高 [m]　▌はボーリング調査を行った箇所。

(「東京都総合地盤図」東京都土木技術研究所編にもとづいて作成。)

凡例

礫, 砂礫		粘土・シルト・粘性土 N値 5以下	表土, 盛土, 埋土
砂・砂質土 N値 10以下		5〜10	関東ローム
10〜30		10〜30	ローム質粘土
30以上		腐葉土	

━━ 地層の境界
‑‑‑ 層相の境界

N値は地盤の硬さを表す。値が小さいほど軟らかく, 大きいほど硬い。

1km

　ボーリング地点と地質断面図の位置は, 一致させることが原則であるが, 一致しないこともある。その場合, 地質断面図は, 近くのボーリング地点のデータを使用して作成される。東京では, 東西断面だけではなく, 面的な広がりを示すため, 南北断面も作成されている。

第5章 移り変わる地球

豆知識 関東平野は深くまで軟弱な地層でできており, 高層建築物を建設する際には, 硬い岩盤が存在する地下数十mまで基礎杭を入れる必要がある。

地質図を読み取る①

地質断面図および地質柱状図は，地層の対比で用いられる（▶p.154-155）。これらの図は，入試問題などでも取り上げられることがあり，問題文や図から情報を読み取るポイントがいくつか存在する。

地質断面図の読み方

地質断面図は，地層や岩石の分布を示した地質平面図の断面をとって，地下の地質構造を示したものである。地質断面図に関連した問題は，以下に示すポイントに着目して解く。

Point 01 地層の状態

問題文などの情報を整理し，地層の逆転の有無などの地層の状態を確認する。

Point 02 整合・不整合（▶p.146）

地質断面図から，上下の地層が整合か不整合かを判定する。

整合

①堆積した時代が連続している。

②上層と下層の走向・傾斜が等しい。

⚠走向・傾斜が等しい場合でも，平行不整合の可能性があるので注意する。

不整合

①上層と下層の堆積した時代が異なり，連続していない。

②上層の最下部に基底礫岩がある。

③上層と下層の境界に侵食面がある。

④上層と下層の走向・傾斜が異なる（傾斜不整合である）。

→①～④のうち1つでもあてはまれば，上下の地層の関係が不整合と判定できる。

⚠すべての条件がそろうとは限らないので注意する。

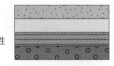

Point 03 示準化石を含む地層（▶p.153）

地層に化石が含まれている場合は，その地層の年代を推定する。

Point 04 地層累重の法則（▶p.146）

地層累重の法則にしたがって，地層の新旧を判定する。

Point 05 断層・褶曲（▶p.26-27）

断層の種類は，断層面よりも上位にある上盤の相対的な移動方向で判断する。また，褶曲は，層理面の湾曲から背斜・向斜を判断する。

逆断層 上盤が相対的に上昇している。

正断層 上盤が相対的に下降している。

褶曲 地層が波状に曲がった変形で，主に圧縮する力を受けて生じる。
上に凸の部分→背斜
下に凸の部分→向斜

Point 06 切る-切られるの関係

地殻変動のうち貫入，断層，傾斜不整合では，すでに存在している地層の一部を切っている方が新しく，切られている方が古いという関係が成り立つ。

貫入 → 新

断層 → 新

傾斜不整合 海 → 隆起＋傾斜 → 侵食 → 沈降＋堆積 海 → 隆起 新/古

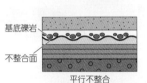

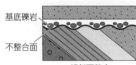

例題 層序を読み解く

図は，ある崖で観察される地層の断面を模式的に示したものである。この場所での地層や地質構造の形成過程を，古い順に時系列で示せ。なお，この地域では地層の逆転はなく，断層には水平方向のずれ（横ずれ）はない。

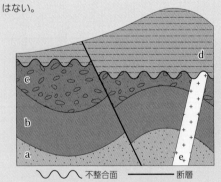

| ～～ 不整合面 | ── 断層 |

| 地層a | 地層b | 地層c |
| 地層d | 火成岩e | |

図 ある崖の地層の模式的な断面図

(16 センター試験本試 改)

解説

・問題文から，地層の逆転はなく，断層は水平方向のずれがない。…01

・化石を含んだ層が存在しないため，今回の問題では考慮しない。…03

・地層cと地層dは，不整合面をはさんでいるため，不整合である。…02

・断層は，断層面に沿って，上盤である右側が相対的に下降しているため正断層と判断できる。…05

・地層a～cは褶曲しており，断層面の左側が向斜，右側が背斜になっている。…05

・貫入した火成岩eは，褶曲した地層a～cを切っているが，地層dを切っていない。つまり，火成岩eは地層a～cが堆積し，褶曲した時期よりも新しいが，地層dが堆積した時期よりも古い（図ア）。…06

・不整合面は，火成岩eを切っているので，火成岩eよりも新しい（図イ）。…06

・断層は，地層dを切っているため，活動時期は，地層dの堆積した時期よりも新しい（図ウ）。…06

以上の情報と地層累重の法則から，この地域の地史は「地層a～cの堆積→褶曲の形成→火成岩eの貫入→不整合面の形成→地層dの堆積→正断層の活動」とわかる。…01，02，04～06

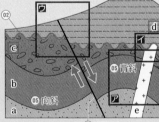

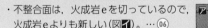

解答 地層aの堆積→地層bの堆積→地層cの堆積→褶曲の形成→火成岩eの貫入→不整合面の形成→地層dの堆積→正断層の活動

豆知識 1876年5月10日にアメリカの地質学者であるベンジャミン・スミス・ライマンらによって日本初の広域的な彩色地質図「日本蝦夷地質要略之図」（200万分の1）が出版された。これを記念して，2007年に5月10日が「地質の日」と制定された。

地質柱状図の読み方

地質柱状図は，ある地点における地層が重なる順序，岩石の種類，厚さなどを柱状に示している。地質柱状図に関する問題は，以下に示すポイントに着目して解く。

Point 01 地層の状態

地質柱状図では，傾いている地層であっても水平に描くのが原則である。そのため，地質柱状図で地層が水平に描かれていても，実際の地層が水平とは限らないので，よく確認する。地層の逆転や欠損の有無などにも注意する。

Point 02 地点ごとの高度

各地点（もしくは各柱状図）に高度が示されている場合は，高度に合わせて地質柱状図を並べ替えて，全体の層序を明らかにする。

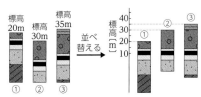

Point 03 同じ時代に堆積した地層 (▶ p.154 - 155)

地層の対比には，かぎ層や示準化石を含む地層を用いる。

かぎ層 火山灰層や凝灰岩層などの対比に有効な地層

示準化石 地層の時代を決めるのに役立つ化石

地層が堆積した年代がわからない場合でも，対応するかぎ層（火山灰層や，同じ示準化石を含む地層など）は，それぞれ同じ時代に堆積したとわかる。これらの地層をもとに，複数の地質柱状図中の対応する層理面や不整合面どうしを線で結ぶ。一般的には，右図の赤の破線のような対比線で表す。

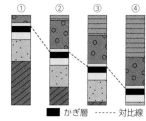

■ かぎ層　----- 対比線

例

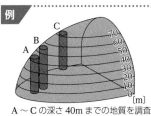

A～Cの深さ40mまでの地質を調査

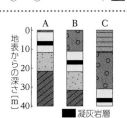

■ 凝灰岩層

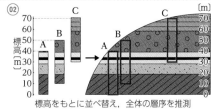

標高をもとに並べ替え，全体の層序を推測

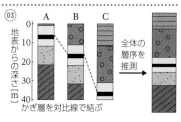

かぎ層を対比線で結ぶ

全体の層序を推測

例題　全体の層序を読み解く

図は，ある地域のA地点，B地点，C地点の各露頭で観察された地層の柱状図である。この地域では，地層は逆転しておらず，また，断層はない。それぞれの露頭では，凝灰岩層が1層のみ観察された。このとき，3つの地点で認められる凝灰岩が同一のものと仮定し，この地域内の地層の順序を，図の凡例に示す区分にしたがって下位から記せ。ただし，同じ区分名を複数回用いてもよい。

(15　大阪市立大　改)

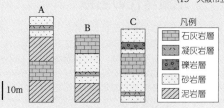

凡例
- 石灰岩層
- 凝灰岩層
- 礫岩層
- 砂岩層
- 泥岩層

図　3地点における柱状図

解説

問題文から，地層の逆転や断層はないため，地質柱状図から全体の層序を明らかにできる。… 01

かぎ層である凝灰岩層をもとに，3つの柱状図を対比線で結ぶ。対比線にもとづいて，全体の層序を確認しやすいように柱状図を並べ替えると右のようになる。… 03

したがって，層序は下位から順に，「泥岩層→石灰岩層→泥岩層→砂岩層→凝灰岩層→砂岩層→石灰岩層→砂岩層→礫岩層→砂岩層」と読み解くことができる。

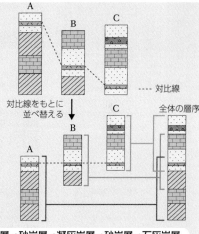

----- 対比線

対比線をもとに並べ替える

全体の層序

解答　泥岩層→石灰岩層→泥岩層→砂岩層→凝灰岩層→砂岩層→石灰岩層→砂岩層→礫岩層→砂岩層

例題　露頭断面の構造を読み解く

ある地域で野外調査を行い，地点A～Cにおいて露頭観察をおこなった。図は，地点A～Cにおいて観察したそれぞれの柱状図である。各柱状図は，地表からの高さ（足下からの高さ）で作成した。なお，地点ごとの露頭最上部の標高は図にそれぞれ示した。

3地点では，地層は水平に重なり，地層のずれや上下関係の逆転は見られないこととする。

このとき，凝灰岩は，標高何m～何mまで位置しているか答えよ。(21　立正大　改)

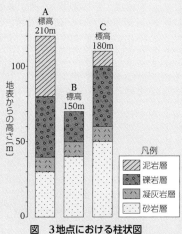

凡例
- 泥岩層
- 礫岩層
- 凝灰岩層
- 砂岩層

図　3地点における柱状図

解説

問題文から，地層は水平に重なっており，地層のずれや逆転などはないので，地質柱状図からそのまま露頭断面の構造を読み解くことができる。… 01

地点A～Cそれぞれの柱状図を標高に合わせて並べ替えると，右図のようになる。… 02

したがって，凝灰岩層は「標高120m～130m」まで位置しているとわかる。

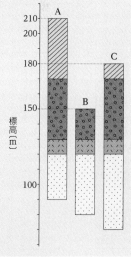

解答　標高120m～130m

第5章　移り変わる地球

豆知識　日本人が作成した最初の地質図は，1878年に高島得三が作成した「山口県地質分色図」と考えられている。「山口県地質分色図」を現在の「山口県の地質図」と比較してみると，地層および岩種の分類は対比可能であり，それらの分布もほぼ的確に表現されている。

9 地質時代の区分

Division of geologic age

» ScienceSpecial④ p.180-181

基礎 / 地学

1 地質時代 基礎

相対年代			数値年代〔億年前〕	地球環境と生物界の変化	示準化石
累代	代	紀—世			
顕生代	新生代	第四紀 完新世	0.0001	ヒトの出現 氷河時代 Ⓖ	マンモス
		更新世	0.026		
		新第三紀 鮮新世	0.053	アウストラロピテクス類の出現 ウマ・ゾウの繁栄 人類の出現	ビカリア
		中新世	0.23		デスモスチルス / カヘイ石
		古第三紀 漸新世	0.34	哺乳類の繁栄	
		始新世	0.56	被子植物の繁栄 霊長類の出現 顕著な大量絶滅 （アンモナイト・恐竜の絶滅）	
		暁新世	0.66		
	中生代	白亜紀 後期	1.01		トリゴニア / イノセラムス / アンモナイト・恐竜
		前期	1.45	被子植物の出現	
		ジュラ紀 後期	1.64	鳥類の出現 大型ハ虫類の繁栄	
		中期	1.74		
		前期	2.01	イチョウ・ソテツ類の繁栄 恐竜の出現　哺乳類の出現	モノチス
		三畳紀（トリアス紀） 後期	2.37		
		中期	2.47	ハ虫類の多様化 顕著な大量絶滅 （三葉虫・フズリナの絶滅） パンゲアの形成	
		前期	2.52		
	古生代	ペルム紀（二畳紀）	2.99	ハ虫類の出現	ロボク・リンボク / フズリナ（紡錘虫） / 三葉虫
		石炭紀 後期	3.23	昆虫類の繁栄 シダ植物の繁栄	
		前期	3.59	両生類の出現 裸子植物の出現 魚類の繁栄	
		デボン紀	4.19	魚類の出現 シダ植物の出現 最初の陸上植物 オゾン層の形成 藻類の繁栄	クサリサンゴ・ハチノスサンゴ / 筆石
		シルル紀	4.44		
		オルドビス紀	4.85		
		カンブリア紀	5.39	バージェス動物群 脊椎動物の出現 カンブリア紀爆発 エディアカラ生物群 Ⓖ	
先カンブリア時代	原生代		25	真核生物や多細胞生物の出現 縞状鉄鉱層の形成・発達 Ⓖ	
	太古代（始生代）		40	シアノバクテリアの繁栄 最古の化石 最古の岩石	
	冥王代		46	地球の誕生	

Ⓖ 顕著な氷河が存在した時代

数値年代は，国際層序委員会，2022による。

地質時代の区分は，生物の出現と絶滅によって決定される。主に，海生無脊椎動物の変遷が基準とされており，それまで生存していた生物種の多くが絶滅し，新しい生物が出現した時期が境界とされる。このような時代区分は，**相対年代**とよばれ，地質時代の相対的な新旧関係を示す。相対年代の境界は，現在から何年前，といった年数で示される。これを**数値年代**という。

顕生代の海生生物の多様性の変化と5大大量絶滅

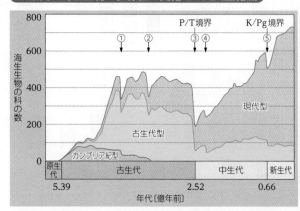

多くの生物種が，短い期間のうちに姿を消すことを**大量絶滅**という。大量絶滅は，**オルドビス紀末，デボン紀後期，ペルム紀末，三畳紀末，白亜紀末**の5回起こっている（5大大量絶滅）。なかでも，古生代と中生代の境界であるペルム紀末のもの（③）は，最大規模の大量絶滅であった（» p.163）。

トピック TOPIC 地質年代の名称

地質年代の名称は，それぞれの地層がよく現れている地域の名称や，地層の特徴にもとづいて命名されている。

たとえば，カンブリア紀は，その地層が現れているイギリス，ウェールズ地方の古い呼称であるカンブリアに由来し，オルドビス紀は，ウェールズ地方の北部に住んでいたオルドビス族に由来する。また，白亜紀は，ヨーロッパでこの時代の地層に見られるチョーク層（白亜）にちなんだものである。

古第三紀，新第三紀と第四紀は，18世紀に地質時代が第一紀から第三紀に区分され，その後，第三紀から第四紀が分かれたことの名残である。第一紀と第二紀は，詳しい研究が進むにつれて，使われなくなった。また，第三紀も，古第三紀と新第三紀に分けられ，現在は使用されていない。

豆知識 国際地質科学連合は，2009年，第四紀の始まりを，それまでの181万年前から258万年前に変更した。第四紀は，氷期と間氷期の交代による気候変動が特徴であり，この気候変動の開始時期に，第四紀の始まりを合わせたことが変更理由の1つである。

多くの元素では，同じ元素の原子でも，互いに質量の異なるものが存在する。このような原子を互いに**同位体**という。このうち，放射線を出して，ほかの元素に壊変するものを**放射性同位体**という。

放射性同位体は，一定の割合で壊変し，ある一定の時間が経過すると，もとの量の半分になる（**半減期**）。そのため，壊変して少なくなった放射性同位体の割合を調べれば，それまでに経過した時間を知ることができる。このようにして求められた年代を**放射年代**という。

放射性同位体の半減期

Rb・Sr の例

質量数 ＝ 陽子の数 ＋ 中性子の数

$^{87}_{37}$Rb $\xrightarrow{\beta 壊変}$ $^{87}_{38}$Sr

― 電子
（β線）

原子番号 ＝ 陽子の数

$^{87}_{37}$Rbは電子を放出して$^{87}_{38}$Srに変わる。

中性子が陽子と電子に変化し，この電子がβ線として核の外へ放射される。

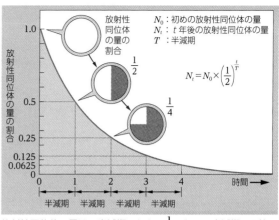

N_0：初めの放射性同位体の量
N_t：t 年後の放射性同位体の量
T：半減期

$$N_t = N_0 \times \left(\frac{1}{2}\right)^{\frac{t}{T}}$$

放射性同位体の量は，半減期でもとの$\frac{1}{2}$になり，半減期の2倍の時間でもとの$\frac{1}{4}$の量になる。

測定法	放射性同位体	生じる安定な同位体	半減期〔年〕	試料（岩石・鉱物など）	測定年代範囲*
U・Pb法（ウラン・鉛法）	^{238}U	^{206}Pb,He	4.47×10^9	ジルコン・モナズ石・閃ウラン鉱・変成岩	$> 10^7$年
	^{235}U	^{207}Pb,He	7.04×10^8		
Th・Pb法（トリウム・鉛法）	^{232}Th	^{208}Pb,He	1.40×10^{10}		
Rb・Sr法（ルビジウム・ストロンチウム法）	^{87}Rb	^{87}Sr	4.81×10^{10}	雲母・深成岩・変成岩	$> 10^7$年
K・Ar法（カリウム・アルゴン法）	^{40}K	^{40}Ar,^{40}Ca	1.25×10^9	雲母・角閃石・火山岩	$> 10^5$年
^{14}C法（炭素14法）	^{14}C	^{14}N	5730	木片・泥炭・貝殻	$< 5 \times 10^4$年

＊たとえば，「$> 10^7$年」は，10^7年よりも古い年代の測定に用いられることを示す。

^{14}Cの壊変

自然界にある炭素のほとんどは^{12}Cであるが，大気中には，放射性同位体の^{14}Cがわずかに含まれており，過去も現在も，その割合は変わらないと考えられる。植物体や貝殻などの遺骸や化石に残っている^{14}Cの量を測定すれば，生きていた年代を知ることができる。^{14}Cは，壊変して^{14}Nとなり，半減期は，5730年と比較的短いため，数万年以内の年代の測定に利用される。考古学の分野では，土器の付着物や炭素材の年代測定にも利用されている。

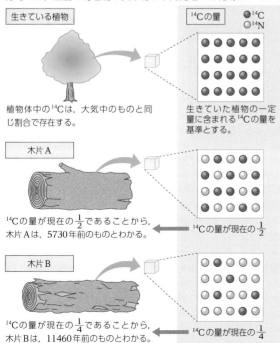

生きている植物

植物体中の^{14}Cは，大気中のものと同じ割合で存在する。

^{14}Cの量
● ^{14}C
○ ^{14}N

生きていた植物の一定量に含まれる^{14}Cの量を基準とする。

木片A

^{14}Cの量が現在の$\frac{1}{2}$であることから，木片Aは，5730年前のものとわかる。

^{14}Cの量が現在の$\frac{1}{2}$

木片B

^{14}Cの量が現在の$\frac{1}{4}$であることから，木片Bは，11460年前のものとわかる。

^{14}Cの量が現在の$\frac{1}{4}$

PROGRESS $^{14}_{6}$Cの循環と年代測定

$^{14}_{6}$Cは宇宙線（宇宙を飛び交っている放射線）によって生成する。宇宙線が地球に入ると，成層圏よりも上部で大気と衝突し，原子がばらばらになって，陽子や電子，中性子などになる。この中性子が$^{14}_{7}$Nに衝突すると，一時的に$^{15}_{7}$Nができ，その後，すぐに陽子が放出され，$^{14}_{6}$Cが生成する。こうしてできた$^{14}_{6}$Cは，酸素と結合して二酸化炭素CO_2となり，植物のからだに取り込まれたり，海洋に溶け込んだりする。しかし，$^{14}_{6}$Cは放射性同位体であり，一定の速度で壊変し，もとの$^{14}_{7}$Nになる。大気中で$^{14}_{7}$Nからできる$^{14}_{6}$Cの量と，$^{14}_{6}$Cが壊変してできる$^{14}_{7}$Nの量はつり合っており，^{14}Cによる年代測定は，$^{14}_{6}$Cの量が，長い期間，一定であると仮定して行われる。

$^{14}_{6}$Cは，酸素と結合してCO_2になったあとに，植物に取り込まれ，体組織をつくる。大気中に含まれるCO_2に対する$^{14}_{6}CO_2$の割合は一定であり，この割合は，植物体を構成する$^{12}_{6}$Cと$^{14}_{6}$Cの割合と同じである。しかし，植物が枯死すると，CO_2が取り込まれなくなり，壊変によって，しだいに$^{14}_{6}$Cの量は減っていく。したがって，枯死した植物の遺骸や化石に残されている$^{14}_{6}$Cの量を測定すれば，その生きていた年代を明らかにすることができる。

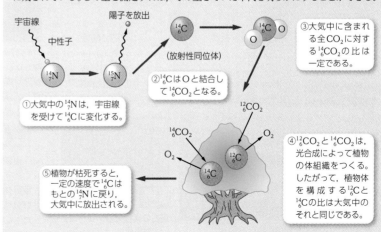

①大気中の$^{14}_{7}$Nは，宇宙線を受けて$^{14}_{6}$Cに変化する。

②$^{14}_{6}$Cは O と結合して$^{14}_{6}CO_2$となる。

③大気中に含まれる全CO_2に対する$^{14}_{6}CO_2$の比は一定である。

④$^{12}_{6}CO_2$と$^{14}_{6}CO_2$は，光合成によって植物の体組織をつくる。したがって，植物体を構成する$^{12}_{6}$Cと$^{14}_{6}$Cの比は大気中のそれと同じである。

⑤植物が枯死すると，一定の速度で$^{14}_{6}$Cはもとの$^{14}_{7}$Nに戻り，大気中に放出される。

宇宙線
中性子
陽子を放出
（放射性同位体）

第5章 移り変わる地球

豆知識 炭素14法では，1950年を基準としてそれより前の年代が推定される。これは，1950年以降に行われた核実験によって，^{14}Cの濃度が大きく変化したためである。

1 最古の岩石 基礎

現在見つかっている最古の岩石は，約40億年前に形成されたものである。
古い時代の岩石は，安定大陸（太古代と原生代の造山運動によってできた陸地）に分布する（» p.33）。

スレーブ地域（カナダ北部）

現在知られている最も古い年代を示す岩石*は，カナダ北部のスレーブ地域に分布する約39億6千万年前の**アカスタ片麻岩**である。

アカスタ片麻岩

アカスタ片麻岩の露頭

*カナダ東部のヌブアギトゥク地域で，2008年に発見された偽角閃岩を最古の岩石（約43億年前）とする説もある。

イスア地域（グリーンランド南部）

グリーンランド南部のイスア地域には，約38億年前の枕状溶岩や礫岩などの岩石が分布しており，このころすでに大陸と海洋が存在していたことの証拠となっている。ここで発見されたアミツォーク片麻岩は，約38億2千万年前という年代を示し，アカスタ片麻岩が発見されるまでは，最古の岩石として知られていた。

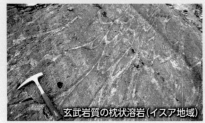

玄武岩質の枕状溶岩（イスア地域）

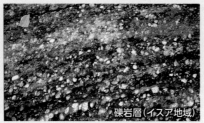

礫岩層（イスア地域）

TOPIC トピック 最古の鉱物

現在までに発見されている最古の鉱物は，西オーストラリア，イルガーン地域のナリアー岩体に含まれる約34億年前の礫岩中のジルコンである。このジルコンは，約44億年前という年代を示す。

ジルコン（$ZrSiO_4$）
30μm

2 生命の誕生 基礎

生命は約40億年前に，原始海洋の中で誕生したと考えられている。

生命誕生の場

生命誕生の場としては，海底の熱水噴出孔（» p.25）のような環境が有力である。硫化水素やメタンなどの存在下で分子量の小さい有機物（アミノ酸など）が生じ，これらからタンパク質などの大きい有機物が生まれ，やがて生命が誕生したと考えられている。現在でも，熱水噴出孔には，硫化水素などからエネルギーを得る好熱菌が生息し，古い生物群の1つとして知られている。

最古の化石

約39億年前の岩石中の炭素から，生物を構成する炭素に特徴的な組織などが見つかっている。

年 代	地 域	化石の種類
約39億年前	カナダ・ラブラドル	生物の痕跡
約38億年前	グリーンランド・イスア	生物の痕跡
約35億年前	南アフリカ・スワジランド	化学合成細菌
約35億年前	西オーストラリア・ピルバラ	化学合成細菌

浅海への進出

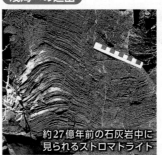

約27億年前の石灰岩中に見られるストロマトライト

10cm 現生のストロマトライト

約27億年前に，地球磁場が強まり，太陽からの宇宙線が地表に到達しにくくなったことから，生物は深海から浅海へと進出した。これらの生物の中からは，**シアノバクテリア**のような，光合成を行い酸素を放出するものが現れた。シアノバクテリアなどの生物の働きによってできた構造物を，**ストロマトライト**という。

35億年前の生物化石
5μm

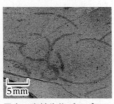

最古の真核生物グリパニア（21億年前）
5mm

+α プラス 共生説

複数の原核細胞が共生したり寄生したりすることで，真核細胞に進化したとする説を**共生説**という。真核細胞内の小器官であるミトコンドリアや葉緑体は，細胞核のDNAと異なる独自のDNAをもっており，原始的な好気性細菌や，光合成を行うシアノバクテリアが，ほかの細胞内に共生したものと考えられている。

豆知識 日本最古の鉱物は，富山県黒部市宇奈月地域の花こう岩中に含まれるジルコンで，37.5億年前という年代を示す。ジルコンは化学的に安定な鉱物で，風化作用や変質作用の影響を受けにくく，古い時代の情報を保持している。

3 縞状鉄鉱層 基礎

酸化鉄に富む層と二酸化ケイ素 SiO_2 に富む層が交互に堆積し，縞状になった地層を縞状鉄鉱層（BIF：banded iron formation）といい，全世界の鉄鉱石の90％以上を供給している。

ハマスレー縞状鉄鉱層（オーストラリア）

原始海洋の海水中には，活発な熱水活動によって多量の鉄イオンが溶存していた。この鉄イオンが，約27億年前に現れた光合成生物によってつくられた酸素で酸化されて沈殿し，縞状鉄鉱層が形成されたと考えられている。縞状鉄鉱層は，約27億〜18億年前の地層に見られ，特に約25億〜22億年前に堆積したものが多く，約18億年前以降は，ほとんど形成されなくなる。

大気中の酸素と二酸化炭素の変化

光合成生物（シアノバクテリア）の出現によって，海水中の酸素濃度が増加した。その後，海水が酸素で満たされると，酸素は大気中に放出され，大気中の酸素濃度も増加した。大気中に酸素が存在するようになったことは，陸上砕屑物が酸化されてできた赤色土壌などの存在によって知ることができる。

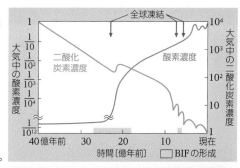

縞状鉄鉱層（断面）

4 全球凍結 基礎

氷河堆積物は，かつて低緯度であった地域からも発見されており，その時代は全世界的に氷河が発達していたと考えられている。これを全球凍結（スノーボールアース）といい，現在までに数回起きている。

全球凍結と縞状鉄鉱層

●氷河堆積物
●BIF
約6億5000万年前の氷河堆積物の分布

大陸配置は現在と異なるが，古地磁気の研究から，低緯度地域にも氷河堆積物が分布していることがわかっている。このことは，地球全体が氷河で覆われていた可能性を示す。海洋が氷で覆われると，大気からの酸素供給がなくなり，岩石の風化で生じた鉄イオンが溶存できるようになる。氷が溶けると，これが酸化されて沈殿し，縞状鉄鉱層が形成された。

ドロップストーン

オンタリオ州（カナダ）

細かい泥などの堆積物中に埋もれるように取り込まれている礫をドロップストーンという。礫を取り込んだ氷河が氷山となって沖合まで移動し，やがて氷が溶けて礫が海底に落ちることで形成されたと考えられており，氷河が存在した証拠とされている。

キャップカーボネート

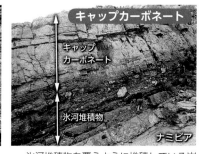
キャップカーボネート
氷河堆積物
ナミビア

氷河堆積物を覆うように堆積している炭酸塩岩層をキャップカーボネートという。炭酸塩岩は，熱帯から亜熱帯域で形成される堆積物である。氷河堆積物の直上に炭酸塩岩が見られることから，全球凍結のあと，地球が急激に温暖化したと推定される。

5 エディアカラ生物群 基礎

約6億年前の地層から扁平な大型生物の化石が多数発見されており，エディアカラ生物群とよばれる。

生物は全球凍結という過酷な環境を生きのびて，一気に大型化したが，これらの多くは，原生代末に絶滅した。

エディアカラ生物群の化石産地

エディアカラ
●エディアカラ生物群の化石産地

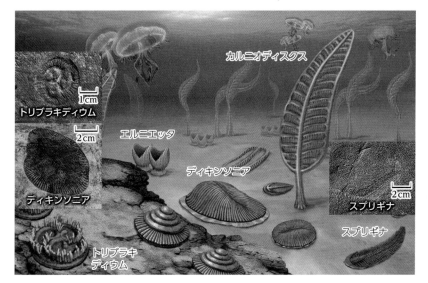
カルニオディスクス
トリブラキディウム
エルニエッタ
ディキンソニア
ディキンソニア
スプリギナ
スプリギナ
トリブラキディウム

豆知識　酸素は酸化作用が強く，有機物を分解する。そのため，誕生初期の生物にとって，酸素は有害な物質であった。呼吸は，進化によって生物が獲得した機能である。

第5章 移り変わる地球

161

11 古生代
Paleozoic

古生代の前半は温暖で，三葉虫などの海生無脊椎動物が繁栄していた。古生代後半は徐々に寒冷化し，石炭紀には，陸上植物によって大気中の二酸化炭素濃度が低下し，氷河時代が訪れた。

基礎

1 カンブリア紀爆発 基礎

カンブリア紀の地層からは，多様な生物の化石が数多く見つかっている。このように，カンブリア紀に生物が爆発的に増えた現象をカンブリア紀爆発（カンブリア爆発）という。

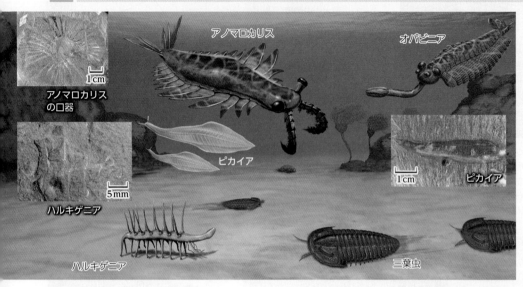

アノマロカリス
オパビニア
アノマロカリスの口器
1cm
ピカイア
1cm
ピカイア
ハルキゲニア
5mm
ハルキゲニア
三葉虫

カンブリア紀以降，化石が多く見つかるようになるのは，内骨格や外殻などの硬組織をもつ生物が出現したからである。また，眼をもつ生物が出現したことも特徴的である。これらの体の構造の変化は，運動機能や捕食能力を高め，その結果，形態や生活様式が多様化した。カンブリア紀には，現在の軟体動物や節足動物につながる生物や，脊椎動物も出現した。

この時代の化石としてよく知られているのは，カナダのバージェス頁岩中に保存されているバージェス動物群である。ほかの地域でも，同様の動物群が相次いで発見されている。

動物群の名称	場所	時代〔億年前〕
バージェス	カナダ	5.15
シリウスパセット	グリーンランド	5.3
澄江	中国	5.3

2 古生代の化石 基礎

茶色で示した時代は，その生物が特に繁栄した時代である。

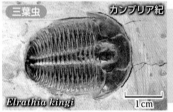
三葉虫　カンブリア紀
Elrathia kingi　1cm
カンブリア紀中期　体長が数cm程度の小型の三葉虫。

デボン紀
Phacops rana　2cm
オルドビス紀〜デボン紀　複眼が見られる。

筆石　オルドビス紀
1cm
オルドビス紀〜シルル紀　半索動物。化石の形態が筆に似ている。

ウミユリ　シルル紀
5cm
オルドビス紀〜石炭紀　ウニやヒトデのなかまで，海底に固着する。

サンゴのなかま　シルル紀
クサリサンゴ
オルドビス紀〜シルル紀　個体が一列に並び，断面が鎖に似ている。

デボン紀
1cm
ハチノスサンゴ
オルドビス紀〜デボン紀　個体が集合し，蜂の巣に似た形をしている。

ペルム紀
四放サンゴ
オルドビス紀〜ペルム紀　隔壁が4つできる。

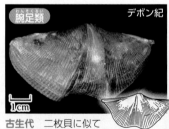
腕足類　デボン紀
1cm
古生代　二枚貝に似ているが別の分類群である。

ウミサソリ　シルル紀
1cm
オルドビス紀〜ペルム紀　節足動物。沿岸水域から汽水域に生息。

直角貝　デボン紀
1cm
オルドビス紀〜三畳紀　オウムガイのなかま。

フズリナ（紡錘虫）　ペルム紀
全長約1cm
石炭紀〜ペルム紀　有孔虫のなかま。中〜低緯度の浅海でできた石灰岩に多く含まれる。

豆知識　カナダのロッキー山脈に分布するバージェス頁岩中のカンブリア紀の化石は，1909年にチャールズ・ウォルコットによって発見された。しかし，この化石群は，彼の死後，1960年代に再調査が行われるまでは，脚光を浴びることはなかった。

46〔億年前〕	40	30	20	10	5.39 2.52	現在

5.39〔億年前〕	4.85	4.44	4.19	3.59	2.99	2.52
カンブリア紀	オルドビス紀	シルル紀	デボン紀	石炭紀	ペルム紀(二畳紀)	

3 生物の陸上進出 (基礎)

オゾン層が形成されると，陸上に到達する紫外線の量が減少した。
生物は新しい生息地を求めて陸上へと進出した。

大気中の酸素が現在の濃度にまで増加し，オゾン層が形成されたことで，生物に有害な紫外線が，地表に到達しなくなった。生物は，陸上の生活に適した体の構造(気孔や肺など)を獲得し，陸上へと進出した。

古生代の水辺(想像図)

節足動物の陸上進出

節足動物は，オルドビス紀末に陸上へと進出した。羽を獲得した昆虫類は，生息域を拡大し，繁栄した。石炭紀には，メガネウラなどの巨大トンボが生息していた。

メガネウラ
5cm

植物の陸上進出

シルル紀
復元模型
7mm

クックソニア コケ植物とシダ植物の特徴をもち，最古の陸上植物化石として知られている。

石炭紀
5cm

リンボク 高さ30mにも成長したシダ植物。ロボク，フウインボクなどとともに大森林を形成した。

ペルム紀
1cm

グロソプテリス ゴンドワナ大陸に繁殖した原始的な裸子植物。裸子植物は，シダ植物よりも乾燥に適した生殖を行う。

脊椎動物の陸上進出

魚類
ユーステノプテロン
(デボン紀)
ひれの骨が大きく，後の四肢の骨へと進化した。

ティクターリク
(デボン紀)
ユーステノプテロンよりも体の構造が両生類に近い。

両生類 イクチオステガ
(デボン紀)
四肢が発達し，水辺をはうことができた。

+α 古生代末の大量絶滅
(プラス)

ペルム紀末に，海生動物の95%，陸上動物の70%の種が絶滅するという**大量絶滅**(P/T境界絶滅)が起きた。これは，スーパープルームの上昇(図中❶)によって引き起こされたと考えられている。この仮説を支持する証拠とされるものには，洪水玄武岩(図中❷，≫p.17)，酸性凝灰岩層(図中❸)，貧酸素型灰色チャート(図中❹，❺)，黒色泥岩(図中❺)などがある。このうち，黒色泥岩は有機物に富んでいることから，有機物が酸化分解されなかった，すなわち，海洋に酸素が欠乏していたことを示している。

また，このスーパープルームの上昇は，約2.5億年前に始まった超大陸パンゲアの分裂(≫p.23)にも影響していると推測されている。

酸欠層

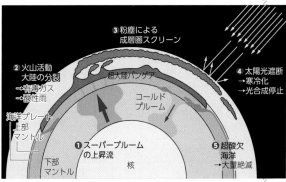

❸ 粉塵による
成層圏スクリーン

❷ 火山活動
大陸の分裂
→有毒ガス
→酸性雨

海洋プレート
上部
マントル

❶ スーパープルーム
の上昇流

下部
マントル

核

超大陸パンゲア

コールド
プルーム

❹ 太陽光遮断
→寒冷化
→光合成停止

❺ 超酸欠
海洋
→大量絶滅

豆知識 海洋中の溶存酸素量が減少する現象は，海洋貧酸素事件(anoxia)とよばれ，中生代に何回か発生していたことが知られている。古生代・中生代境界のものは2000万年間と長期間に及び，超酸素欠乏事件(superanoxia：スーパーアノキシア)と名付けられた。

163

第5章 移り変わる地球

12 中生代
Mesozoic

中生代に入ると，気候は温暖になる。特に白亜紀は全地球的に温暖で，海水準は現在よりも200mも高く，年平均気温は北半球の中緯度で7～8℃も高かった。

1 中生代の化石 基礎

アンモナイト

白亜紀

ニッポニテス

中生代 古生代にオウムガイから分かれ，進化を遂げた。

白亜紀 日本の代表的なアンモナイト。U字型に巻く殻が特徴。

ティラノサウルス 白亜紀

全長約12m

模型制作：荒木一成

イチョウ 三畳紀

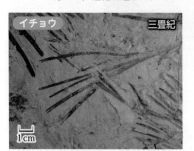

ペルム紀～中生代 裸子植物は古生代後期に出現し，中生代にかけて繁栄した。

モノチス 三畳紀

三畳紀 世界的に繁栄した二枚貝のなかま。沖合の泥岩や石灰岩に密集して産出することが多い。

トリゴニア ジュラ紀

ジュラ紀～白亜紀 三角形の厚い殻をもつ二枚貝のなかま。浅海に生息していた。

イノセラムス 白亜紀

ジュラ紀～白亜紀 二枚貝のなかまで，大きなものは1mにもなる。

レペノマムス 白亜紀

全長約55cm

肉食の哺乳類で，骨ごと恐竜を食べていたことがわかっている。

アルカエフルクトゥス 白亜紀

白亜紀には，花を咲かせ，果実をつける**被子植物**が出現した。

水温と海水準，石油の生成量の変化

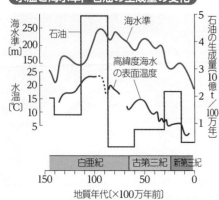

海水準 [m]
250
200
150
25
20
石油
水温 [℃]
15
10
5

石油の生成量 [10億t/100万年]
5
4
3
2
1

海水準
高緯度海水の表面温度

白亜紀　古第三紀　新第三紀
150　100　50　0
地質年代〔×100万年前〕

白亜紀は，火山活動によって二酸化炭素濃度が高くなり，その温室効果で温暖な気候が長く続いた。その結果，海水準も高くなり，浅海域が拡大した。このような環境で光合成生物をはじめとした，生物の有機物の生産量が増加した。これらが地層中に大量に蓄積され，現在の石油のもとになった。

＋α プラス 恐竜の進化

中生代は，その温暖な気候によって恐竜や翼竜，長頸竜（首長竜）などの大型ハ虫類が繁栄した。竜盤類と鳥盤類も時代を経るごとに，竜脚類，鳥脚類，周飾頭竜類などさらに多様化した。ジュラ紀末ころには，獣脚類の中で羽毛を獲得するものが現れ，鳥類に進化した。

1994年ごろ，中国遼寧省の白亜紀前期の地層から羽毛をもった小型肉食恐竜（シノサウロプテリクス）の化石と，飛翔能力のある鳥類の化石とが相次いで発見され，鳥類が獣脚類から進化したことが確実視されるようになっていった。また，1860年ごろにドイツでジュラ紀の地層から発見された始祖鳥は，現在では最古の鳥類の化石とされる。

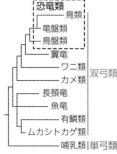

```
          ┌─ 鳥類
      ┌─竜盤類
      └─ 鳥盤類    恐竜類
      ─ 翼竜
      ─ ワニ類
      ─ カメ類    双弓類
      ─ 長頸竜
      ─ 魚竜
      ─ 有鱗類
      ─ ムカシトカゲ類
      ─ 哺乳類〔単弓類〕
```

頭蓋骨に側頭窓とよばれる穴が左右2つずつある双弓類の中で（単弓類は側頭窓が1つ），鳥盤類と竜盤類が恐竜である。体の真下に脚が伸びるという特徴をもつ。

シノサウロプテリクス

5cm

始祖鳥

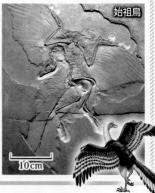

10cm

豆知識 恐竜（dinosaur）は，「恐ろしい（deinos）」「トカゲ（sauros）」という意味のギリシャ語に由来する。トカゲやワニなど，現在のハ虫類が地面をはうように歩行するのに対して，恐竜は，その骨格や足跡から直立歩行を行っていたと推定される。

2.52〔億年前〕	2.01	1.45	0.66
三畳紀（トリアス紀）	ジュラ紀	白亜紀	

2 白亜紀末の大量絶滅 [基礎]

白亜紀末に，恐竜やアンモナイトが絶滅し，中生代は終わりを迎えた。
この絶滅の引き金として，巨大隕石の衝突があった。

イリジウム含有層

世界中の白亜紀と古第三紀の地層境界で，異常に高い濃度のイリジウムを含む粘土層が見つかっている。イリジウムは，地球表層にはほとんど存在しないが，隕石には多く含まれる。そのため，このイリジウムは，中生代末に衝突した巨大隕石によってもたらされたものと考えられている。

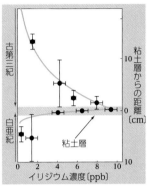

クレーターの発見

粘土層のイリジウムの量から推定される隕石の大きさは，直径約10km，形成されるクレーターの大きさは，直径約200kmに達する。1991年には，メキシコのユカタン半島の地下に，直径180kmのチクシュルーブ・クレーターが発見され，その形成年代が約6600万年前であることが判明した。クレーターからは，隕石衝突時の高圧によってできた平行な模様が特徴の衝撃石英が発見されている。

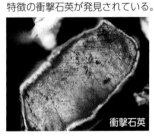
衝撃石英

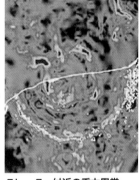
クレーター付近の重力異常
同心円状の分布から，クレーターの形がわかる。白線は海岸線。

大量絶滅の原因

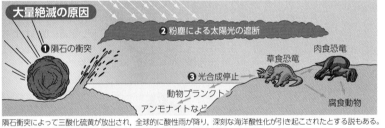

❶隕石の衝突　❷粉塵による太陽光の遮断　❸光合成停止
草食恐竜　肉食恐竜　腐食動物
動物プランクトン　アンモナイトなど

隕石衝突によって三酸化硫黄が放出され，全球的に酸性雨が降り，深刻な海洋酸性化が引き起こされたとする説もある。

TOPIC 日本の恐竜・首長竜

日本列島は地殻変動が激しく，古い時代の地層は変形や変成作用を受けている。そのため，日本における恐竜化石の産出は難しいと考えられていたが，近年，相次いで発見されている。

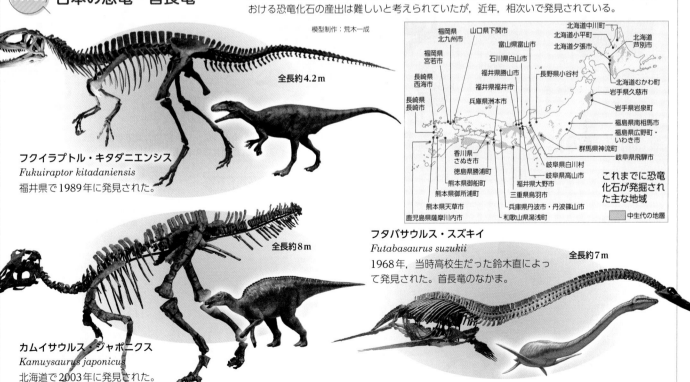

模型制作：荒木一成

全長約4.2m

フクイラプトル・キタダニエンシス
Fukuiraptor kitadaniensis
福井県で1989年に発見された。

全長約8m

カムイサウルス・ジャポニクス
Kamuysaurus japonicus
北海道で2003年に発見された。

フタバサウルス・スズキイ
Futabasaurus suzukii
1968年，当時高校生だった鈴木直によって発見された。首長竜のなかま。

全長約7m

これまでに恐竜化石が発掘された主な地域
（凡例）中生代の地層

北海道中川町／北海道小平町／北海道夕張市／北海道芦別市／北海道むかわ町／岩手県久慈市／岩手県岩泉市／福島県南相馬市／福島県広野町・いわき市／群馬県神流町／岐阜県飛騨市／長野県小谷村／石川県白山市／福井県勝山市／福井県福井市／福井県大野市／兵庫県洲本市／三重県鳥羽市／兵庫県丹波市・丹波篠山市／和歌山県湯浅町／岐阜県高山市／岐阜県白川村／福井県勝山市／香川県さぬき市／徳島県勝浦町／熊本県御船町／熊本県御所浦町／熊本県天草市／鹿児島県薩摩川内市／富山県富山市／山口県下関市／福岡県北九州市／福岡県宮若市／長崎県西海市／長崎県長崎市

豆知識 イギリスと中国の研究チームは，2010年，シノサウロプテリクスの羽毛にメラニン色素を含む細胞を発見し，羽毛の色を赤みを帯びたオレンジ色と特定した。恐竜の色は，古くから人々の関心を集めており，今後のさらなる研究が期待される。

新生代に入ると，海陸分布はほぼ現在のものに近づいた。古第三紀は比較的温暖であったが，新第三紀には徐々に寒冷化が進み，気候や地形も現在の状態に近づいて草原が出現した。

1 新生代の化石 基礎

メタセコイア

5mm

古第三紀

白亜紀後期〜第四紀　スギのなかま。アジアや北アメリカに広く分布し，生きている化石として知られている。

カヘイ石（ヌンムリテス）

古第三紀

1cm

古第三紀　有孔虫のなかま。大きいものは，直径が10cmに達する。古第三紀の示準化石。

ビカリア

新第三紀

1cm

新第三紀　熱帯や亜熱帯のマングローブ湿地帯の示相化石。

カルカロクレスの歯

新第三紀

1cm

古第三紀〜新第三紀　全世界的に生息していたサメのなかま。体長は15m以上に達する。

ブナの葉

1cm

新第三紀

新第三紀〜第四紀　新第三紀中新世の日本では，落葉広葉樹など，寒冷な気候に適応した植物相が広く分布した。

イタヤガイ

第四紀

1cm

新第三紀〜第四紀　二枚貝のなかま。広く生息している。

イネ科の植物の花粉

10μm

古第三紀〜第四紀
イネ科植物は，古第三紀に出現する。花粉は，硬い組織に覆われており，化石として保存されやすい。

ハスノハカシパンウニ

第四紀

1cm

新第三紀〜第四紀　ウニのなかま。扁平な殻をもち，底質に浅く潜って生息する。

デスモスチルス

新第三紀中新世

海生の哺乳類。柱を束ねたような形の，特徴的な歯をもっていた。

歯

全長約2m

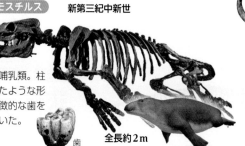

マンモス

第四紀

全長約5m

大型の哺乳類で，巨大な牙と，寒冷な気候に対応できる長い体毛をもっていた。

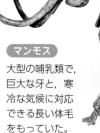

2 哺乳類の繁栄 基礎

恐竜の絶滅後，空白になった生態的地位（ニッチ）を埋めるように，哺乳類が大繁栄をとげた。新生代に入ると，現在生息しているゾウやサイなどの大型哺乳類の祖先が出現した。

哺乳類は，三畳紀に単弓類（» p.164）から進化し，新生代に繁栄する。現在，生息する哺乳類は，ヒトのように陸上生活をするもの，クジラのように水中生活をするもの，コウモリのように空を飛ぶもの，サルのように樹上生活を送るもの，ウマのように草原に暮らすものなど，多様化して，さまざまな環境に適応している。

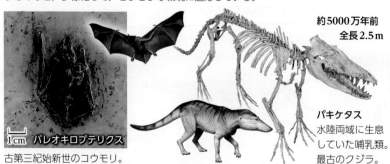

約5000万年前
全長2.5m

1cm　パレオキロプテリクス

古第三紀始新世のコウモリ。

パキケタス

水陸両域に生息していた哺乳類。最古のクジラ。

ウマの進化

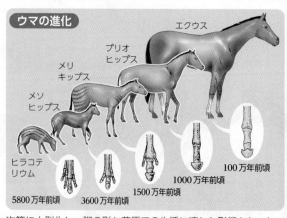

エクウス

プリオヒップス

メリキップス

メソヒップス

ヒラコテリウム

5800万年前頃　3600万年前頃　1500万年前頃　1000万年前頃　100万年前頃

次第に大型化し，脚の形も草原での生活に適した形態となった。

豆知識　カヘイ石は，古生代のフズリナや現生の星の砂と同じ底生大型有孔虫である。示準化石として時代を推定するだけでなく，化石の分布や進化系統から，堆積当時の大陸分布や古海流の復元の研究にも利用されている。

| 66〔百万年前〕 | | | 23 | | 2.6 | 0 |

古第三紀　　　　　　　　　　　　　　　　新第三紀　　第四紀

3 氷河時代 【基礎】

氷河や氷床が存在する時代を氷河時代といい，第四紀はそのまっただ中にある。

氷河時代では，寒冷な時期（**氷期**）と比較的温暖な時期（**間氷期**）がくり返している。今から約1万年前に氷期が終わり，現在は間氷期にあたる。

気温と二酸化炭素濃度の変化

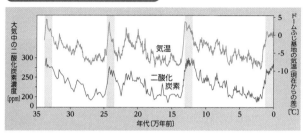

南極のドームふじ基地（≫p.193）の氷床コアから推定された，過去34万年間の気温と二酸化炭素濃度の変化である。黄色の部分は間氷期を示し，気温と二酸化炭素濃度は同様の変動を示している。過去の気温は，酸素同位対比をもとに推定される（≫p.231）。

北極海周辺の氷床分布の変化

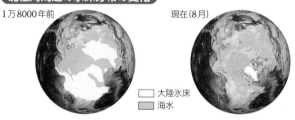

1万8000年前　　　　現在（8月）

□ 大陸氷床
■ 海水

最終氷期（1万8000年前）には，北アメリカ大陸やヨーロッパの大部分が氷床に覆われた。大陸氷床が発達している時期は海水準が低下している。

TOPIC 陸地面積の拡大と寒冷化

新生代の寒冷化は，陸地面積の拡大が関わっていると考えられている。陸地面積が増大すると，侵食や風化が進行する。風化には，大気中の二酸化炭素が関わっており（≫p.140），風化率が増加すると，大気中の二酸化炭素が多量に消費される。そのため，大気の温室効果が小さくなり，気候は寒冷化する。

下のグラフは，新生代の気候変動を示したものであり，特に，約3500万年前以降，地球の気候は寒冷化していることがわかる。これは，ヒマラヤ山脈が隆起した時代と重なっており，地球規模の変動が環境に影響を及ぼしたと推測される。

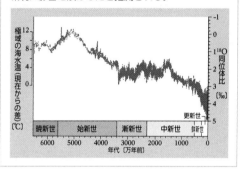

4 人類の進化 【基礎】

人類は，約700万年前にアフリカで出現したのち，世界中に広がっていった。
人類は，直立二足歩行を行うことで類人猿（チンパンジーなど）と区分される。

ホモ・サピエンスはおよそ20万年前にアフリカで誕生し，4万年前ごろにはヨーロッパやアジアへと生息域を広げた。その後，氷期に陸続きになった海峡を渡るなどして，1万年前には，世界のほぼ全域に生息域を拡大した。

現在生息している人類はホモ・サピエンスのみである。

（図中：サヘラントロプス・チャデンシス，オロリン・ツゲネンシス，アルディピテクス・カダバ，アルディピテクス・ラミダス，アウストラロピテクス・アナメンシス，ケニアントロプス・プラティオプス，アウストラロピテクス・アファレンシス，アウストラロピテクス・ガルヒ，パラントロプス・エチオピクス，パラントロプス・ボイセイ，アウストラロピテクス・アフリカヌス，ホモ・ハビリス，ホモ・エレクトス，パラントロプス・ロブストス，ホモ・フロレシエンシス，ホモ・サピエンス，ホモ・ネアンデルターレンシス）

700〔万年前〕　600　500　400　300　200　100　現在

年代〔万年前〕	人類化石	種類	特徴
700～600	サヘラントロプス・チャデンシス	―	二足歩行の可能性
370～300	アウストラロピテクス・アファレンシス	猿人	二足歩行
240～180	ホモ・ハビリス	原人	石器の使用
180～5	ホモ・エレクトス	原人	火の使用，アジアへ進出
35～3	ホモ・ネアンデルターレンシス	旧人	死者の埋葬，ヨーロッパに生息
20～現在	ホモ・サピエンス	新人	装飾品，儀式，世界へ進出

＋α ホモ・サピエンスはいつ誕生したか

ホモ・サピエンスは，およそ20万年前の地層から化石が発見されており，そのころに誕生したと考えられてきた。しかし，近年，ホモ・サピエンスとホモ・ネアンデルターレンシスの化石のDNAが分析，比較された結果，この2種は約60万年前に分かれたことが判明した。これは，ホモ・サピエンスが約60万～20万年前の間に誕生したことを示しており，今後の研究によって，誕生した時期がさらに遡る可能性がある。

豆知識 フランスの人類学者イヴ・コパンは，アフリカ大地溝帯の出現によって，アフリカ東部の環境が森林から草原に変化したため，樹上生活を送っていた類人猿が直立歩行生活を行うようになったと考えた。この仮説はイーストサイドストーリーとよばれる。

第5章　移り変わる地球

デジタル技術と古生物学

福井県立大学准教授　河部壮一郎

デジタル技術の発達は，恐竜など古生物の研究分野にも大きな影響を与えている。たとえば，物体の内部構造を非破壊的に調べることのできるX線CTスキャンは，デジタル技術の中でも最も古生物研究に用いられるようになってきている。これは，X線CTスキャンを用いることで，化石内部の構造を明らかにできるだけでなく，岩石中に埋まっていて，外見からはその全貌がわからないような化石のようすを知ることなどもできるためである。また，様々なスキャン技術を用いて，化石の形態をデジタルデータ化し，アーカイブとしてまとめることで標本へのアクセスを容易にすることができる。このようにデジタル技術を用いることによって，ますます古生物研究が発展している。

○ X線CTスキャナと化石研究

　近年では，恐竜などの古生物の研究において，化石の内部構造を観察するため，X線CTスキャナは欠かせないものになっている（図1）。約2500万年前の哺乳類偶蹄目の頭骨や，化石人類ホモ・エレクトスの頭骨を対象に，1984年に初めて化石標本を対象としたスキャン結果が発表されて以降，古生物学的研究に頻繁に用いられていくこととなった。X線CTスキャナによって，照射されたX線が物体を透過する程度，すなわち物体の密度の情報を得ることができ，その情報に基づいて物体の輪切り画像を得ることができる（図2）。そのため，外からは見えない構造を見いだすことができる。
　このように，恐竜をはじめとした化石研究において，X線CTスキャンの利用は多岐にわたる。ここからは，X線CTスキャンを用いた具体的な研究例を見ていきたい。

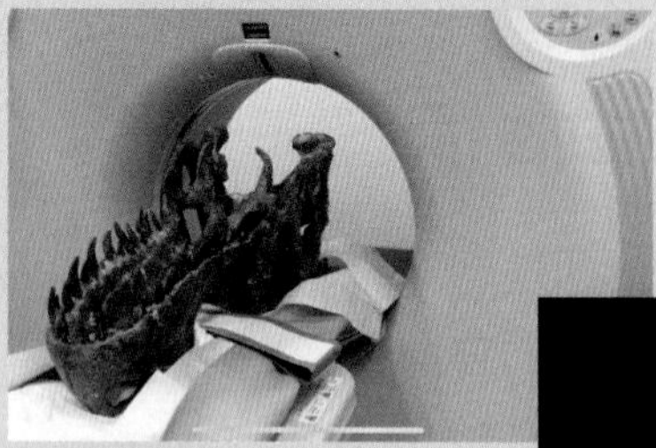

図1 アロサウルスの頭骨をCTスキャンしているようす

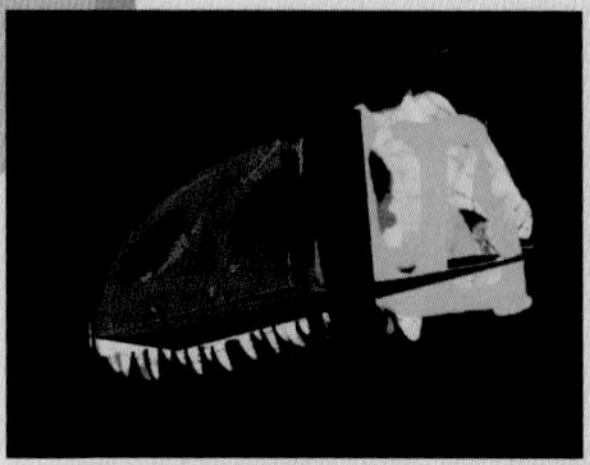

図2 CTスキャンによって得られた輪切り（断層）画像とそれに基づいて作られたCGモデル

○ 恐竜の脳や内耳の研究

　古脊椎動物においては，脳が化石として保存されることはほとんどないため，恐竜などの絶滅動物の脳を直接観察することはできない。しかし，頭蓋腔（脳が収まっている頭骨内部の空洞）や骨迷路（内耳が収まっている空洞）の容積を計測したり，型取りをしたりすることで，おおよその脳や内耳形態に関する情報を化石動物からも得ることができる場合がある。このような，空洞構造の型をエンドキャストとよぶ。
　X線CTスキャン技術が発達する以前は，化石を切断するなどして頭蓋腔を直接観察することがよくあった。また，頭蓋腔内にラバー（ゴム）などを流し込み，エンドキャストを作ることもある。あるいは，頭蓋腔にたまった堆積物がその周りを覆っていた骨から外れることで天然のエンドキャストとして見つかる場合もあり，このような標本が恐竜の神経学的研究の発展に大きく貢献してきた。
　恐竜の脳に関する最初の研究は，1871年に草食恐竜イグアノドン類の神経頭蓋について記載したものである。この研究では，イグアノドン類マンテリサウルスの頭骨を正中面*1で切り，その中に見える頭蓋腔を直接観察できるようにした標本が用いられた（図3）。このような標本によって，脳全体の形状を詳細に把握することができ，イグアノドン類の脳はワニのように直線的な形でありながら，恐竜の中では比較的大きな大脳を有していたことが明らかになった。
　しかし，このようにいつも恐竜化石を切断するわけにはいかない。そこで，非破壊的に物体の内部を観察することができるX線CTスキャンの技術が恐竜研究にも多用されることになってきたのである。X線CTスキャンを用いた恐竜の神経学的研究は2000年前後から始まったが，今では，恐竜の脳などの研究はX線CTスキャナを使うことが主流となっており，さらには日本産の恐竜でもこのような研究が行われている。

図3 マンテリサウルスの脳函正中切断標本（上）と脳エンドキャスト（下）

　恐竜の脳や内耳などの研究をする場合，保存状態のよい化石標本が必要になるが，頭骨は比較的もろい構造であることなどから，このような研究に適した標本は必ずしも多くはない。しかし，福井県から見つかった恐竜フクイベナートル（図4）では，保存状態のよい頭骨化石が見つかっており，CTスキャン技術を用いた内部構造の詳細な観察から，脳と内耳の形を把握することができた（図5）。フクイベナートルは，獣脚類という肉食恐竜に代表されるグループに属する1億2000万年前の恐竜であり，全長は2mほどで，生きていた頃には体は羽毛で覆われていた。また，肉食恐竜のなかまにも関わらず雑食性であった。2007年夏，福井県北東部に位置する勝山市の山奥で発掘された。非常に保存状態がよく，全身の約7割が見つかっている（図4）。
　脳の解析の結果，フクイベナートルの嗅球*2は非常に発達していることがわかった。嗅球が大きいことで知られるティラノサウルスと比較してもかなり大きく，フクイベナートルの嗅覚が発達していたことがここからわかる。
　内耳は，脳と共に解析されることの多い感覚器の一つである。音は空気の振動として，鼓膜から耳小骨を通り，さらに奥の内耳へ伝わる。振動は，さらに内耳下半分にあたる蝸牛管へ伝わっていき，最終的に電気信号に変換され脳に至る。内耳が収まっている骨は化石化しやすいため，恐竜などの研究では，これを解析することで聴覚に関する情報を得ることができる。一方で，内耳の上半分は平衡覚をつかさどる三半規管で占められている。三半規管は，頭部や身体の回転，速度を認知するところであることから，恐竜の生息環境や移動様式に関する推論によく用いられる。
　フクイベナートルの内耳形態はほぼ完全な状態で復元することができ，蝸牛管と三半規管の様々な計測を行うことができた。蝸牛管の長さから，その恐竜が聞くことの得意だった音域をある程度推定することが可能であるが，フクイベナートルは恐竜としては比較的広い音域を聞くことができていたことがわかった。また，三半規管の形状は，頭部の制御機構と深く関わっていることが知られていることから，その形状を解析することで恐竜の運動能力の推定に役立つ。フクイベナートルの三半規管は，恐竜の中でもよく発達していることから，頭部や頚部の制御能力が高かったことが推測された。
　これらのことをまとめると，フクイベナートルが鋭い嗅覚と聴力をいかしてすばしっこく昆虫などを追って，大きな河川沿いの植物が茂っている中を走り回っていた様子を描くことができる。

*1　身体をまん中で左右に分ける面。
*2　嗅覚情報処理に関わる脳の領域の一つ。

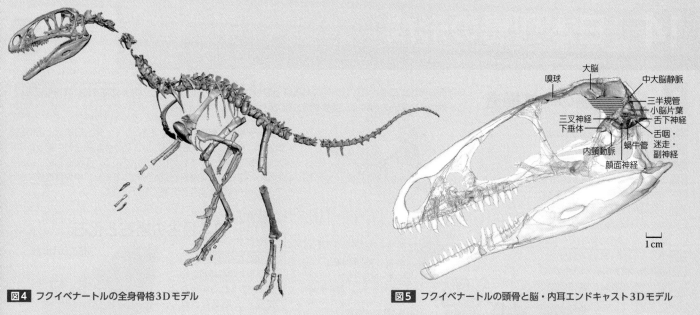

図4　フクイベナートルの全身骨格3Dモデル

図5　フクイベナートルの頭骨と脳・内耳エンドキャスト3Dモデル

嗅球　大脳　中大脳静脈　三半規管　小脳片葉　舌下神経　三叉神経　下垂体　蝸牛管　舌咽・迷走・副神経　内頸動脈　顔面神経

1 cm

○ 化石のデジタルクリーニング

　化石を研究するには，堆積物中からできるだけ綺麗に化石を取り出すクリーニング[*3]という作業が欠かせない。化石が堆積物によって多少なりとも隠れていると，その部分の形態情報を得られないからである。

　フクイベナートルと同じ場所からは，原始的な鳥類であるフクイプテリクスの化石が見つかっていた。しかし，この化石は，一般的なクリーニング作業だけでは一つ一つの骨化石を取り出すことができなかった。全身の骨の全体像がある程度見えるところまでは岩石を削ることができたものの，化石と岩石との境界の区別がつきにくい領域が増えていき，それぞれの骨を岩石中から取り出すことができなかったのである（図6）。つまり，骨の本来の三次元的な形が綺麗に保存されているにも関わらず，岩石に埋まっているところの形態情報を得られない状態であった。

　そこでX線CTスキャンを行い，デジタル上でクリーニング作業を行うことにした。これは，数千枚にも及ぶ輪切り画像に写る岩石と骨化石との境界を一つ一つ定義していき，骨の部分を画像上で抜き出していくというものである。その結果，パソコンの画面の中でそれぞれの骨を三次元的に可視化することができ，形態情報を余すことなく得ることができるようになった。これによって，詳細な解析が可能となり，系統解析によって，フクイプテリクスは，アーケオプテリクス（始祖鳥，▶p.164）に次ぐ原始的な鳥類であることが判明した。

　さらに，デジタル的に岩石から分離できた骨のデータを3Dプリンタで出力することで，全長およそ23cmの全身骨格を復元することもできた（図7）。このように，実物の骨格化石は岩石の中に埋まっているにもかかわらず，デジタル技術を用いることで，物理的にその骨格を実際に手に取ることもできるのである。

○ 広がるデジタル技術の活用とこれからの古生物研究

　ここでは詳しく触れられなかったが，3Dレーザースキャンやフォトグラメトリといった，形状の三次元デジタルデータを取得する技術も古生物研究に重宝されている。大きすぎる，重すぎる，あるいはその逆の理由で取り扱いが困難な化石標本を，このような手法によってデジタルデータ化すれば，研究や展示など，様々な場面で利用しやすくなる。こういった機器や技術の性能向上は著しいが，さらにデータ解析ソフトウェアの進歩，深層学習を用いた画像解析の精度向上によって，古生物学研究は一層促進され，古生物たちの進化や生態に関するさらなる新たな発見がされていくだろう。

図6　フクイプテリクスの産状

1 cm

*3　クリーニングを含む，研究や保存のために化石を適切な状態にする作業全般をプレパレーションという。

図7　3Dプリンタを使って作製したフクイプテリクスの骨格模型

第5章　移り変わる地球

14 日本列島の形成

Formation of the Japanese Islands

1 日本列島の地体構造

ほぼ同じ時代に形成され，類似性のある特性をもつ地層や岩石のまとまりのある地域を地体構造単元という。地体構造単元の境界は，断層や構造線で区切られていることが多い。

凡例：
- 飛騨-隠岐帯：古期大陸地塊の断片
- 肥後帯：大陸衝突帯の断片
- 黒瀬川帯：約4億年前の高圧型変成岩
- 蓮華帯：約3億年前の高圧型変成岩
- 周防帯：約2億年前の高圧型変成岩
- 三波川帯：約1億年前の高圧型変成岩
- 秋吉帯：ペルム紀付加体
- 舞鶴-超丹波帯：ペルム紀-三畳紀付加体
- 美濃-丹波帯：ジュラ紀付加体
- 領家帯：約1億年前の低圧型変成岩
- 四万十帯：白亜紀-古第三紀付加体
- その他

0   200km

- A-A'：中央構造線
- B-B'：棚倉構造線
- C-C'：糸魚川-静岡構造線

- HT：日立-竹貫帯
- MH：宮守-早池峰帯
- Gs：御斉所帯
- Nk-Os：北部北上帯-渡島帯
- Kk：神居古潭帯
- Tk：常呂帯
- Hdk：日高帯
- Sk：南部北上帯
- Nm：根室帯

地表を覆う若い火山岩や虫食い状に貫入した花こう岩などを除いた基盤岩の地体構造区分図である。凡例には，西南日本弧の地体構造単元を表示し，それに対比可能な東北日本弧の地体構造単元を同色で示し，単元名を略号で記している。このような地体構造区分図は，研究者によって異なることがあり，また時代とともに改変されるため，現段階での1つの仮説である。
（磯崎ほか（2010），磯崎（2011），西村ほか（2004），高地ほか（2011）から編図）

日本列島は，**棚倉構造線**を境界として，**東北日本弧**と**西南日本弧**に分けられる。東北日本弧には，新生代新第三紀中新世以降の火山岩類を主体とする地層が分布している。西南日本弧には，古生代～中生代の古い基盤岩類が分布しており，**中央構造線**によって，北側の**内帯**と南側の**外帯**に分けられる。

TOPIC 日本最古の岩石と化石

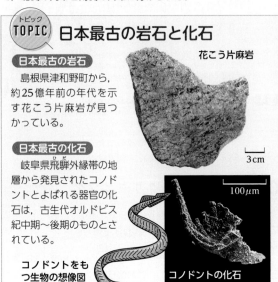

日本最古の岩石

島根県津和野町から，約25億年前の年代を示す花こう片麻岩が見つかっている。

日本最古の化石

岐阜県飛騨外縁帯の地層から発見されたコノドントとよばれる器官の化石は，古生代オルドビス紀中期～後期のものとされている。

コノドントをもつ生物の想像図

花こう片麻岩

3cm

100μm

コノドントの化石

2 付加体 基礎

プレートの収束境界では，海洋プレートを構成する岩石と陸地に由来する堆積岩とが混在し，これらが海溝の陸側斜面の底に付け加えられることを付加作用という。付加作用によって形成された地質体を付加体という。

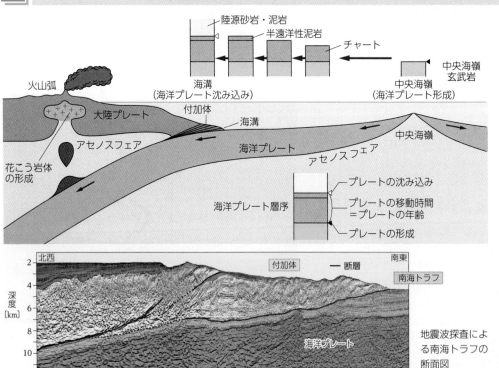

海洋プレートが沈み込む海溝周辺部では，海洋プレートに由来する半遠洋性泥岩，チャート，中央海嶺玄武岩がはぎ取られ，大陸からもたらされた陸源砂岩・泥岩と複雑に混在し，特殊な堆積岩複合体が形成される。この複合体は，プレートの沈み込みに伴い，海溝の陸側斜面の底へ次々に付け加えられ，付加体が形成される。付加体が形成されることで，地球の陸地面積は徐々に増加してきた。

付加体を調べると，海洋プレートの年齢や，プレートの運動などを推定することができる。

地震波探査による南海トラフの断面図

メランジュ

芸西メランジュ（高知県）

さまざまな岩石が混在したものをメランジュといい，付加体で特徴的に見られる。

| **豆知識** 大陸から離れた海域を遠洋という。遠洋の堆積物には，大陸起源のものがなく，海底には，微生物の遺骸（殻）などが堆積している（◎p.149）。これを軟泥という。深海では，炭酸カルシウムは溶けてしまうことが多く，軟泥には放散虫などのケイ質の殻が多く含まれる。

3 島弧の形成

日本列島は，日本海のような背弧海盆（≫p.199）によって大陸と切り離された島弧である。
日本海は，2000万〜1500万年前に形成されたことが，古地磁気の研究から明らかになっている。

　日本列島は，7億年前ころからアジア大陸の東縁で，海洋プレートの沈み込みに関連して形成されてきた。その歴史は，❶誕生（受動的大陸縁）の時代〈7〜5億年前：原生代末〜古生代初頭〉，❷成長（付加体の形成・造山運動）の時代〈5億〜2000万年前：古生代初頭〜新第三紀〉，❸島弧の時代〈2000万年前〜現在：新第三紀以降〉に区分される。下図は，約1億3000万年前以降の形成史の1つの仮説である。

海洋底	陸地	浅海〜湖
日本列島の形	● カルデラ	

①約1億3000万年前（白亜紀前期）

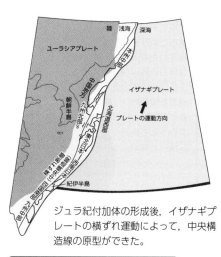

ジュラ紀付加体の形成後，イザナギプレートの横ずれ運動によって，中央構造線の原型ができた。

④約1900万年前（新第三紀前期）

伊豆・小笠原弧と九州・パラオ海嶺が分離し，四国海盆が拡大し始めた。大陸の縁では，地溝帯が拡大を続け，浅海が形成された。

⑦約1万8000年前（第四紀更新世末期）

②約7000万年前（白亜紀後期）

イザナギプレートの沈み込みによって，四万十帯の付加が始まった。陸側では三波川帯の上昇，火山活動の活発化，花こう岩の貫入が起こった。

⑤約1700万年前（新第三紀前期）

東北日本弧が反時計回りに，西南日本が時計回りに回転し，日本海が形成された。＊1500万年前ごろには，日本海の拡大は終了した。

＊このような日本列島が回転移動する「観音開き説」のほか，日本列島が平行移動する「押し出し説」，これら2つの説を合わせたものなどもある。

③約2500万年前（古第三紀末期）

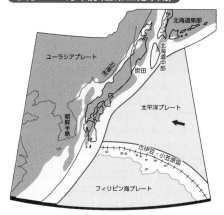

アジア大陸の縁が裂けて地溝帯となり，日本列島との間に湖や三角州が形成され始めた。

⑥約800万年前（新第三紀後期）

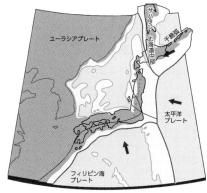

千島弧が北海道に衝突し，日高山脈を隆起させた。太平洋プレートの沈み込みによる火成活動が活発化し，東北日本弧も陸化していった。

約500万年前に，火山島であった丹沢海嶺の衝突によって，伊豆半島が形成され始めた。また，南西諸島付近に浅海が形成された。約1万8000年前の最終氷期には，海水準が低下し，日本列島と大陸は陸続きになっていた。

人物　エドムント・ナウマン　1854〜1927

ドイツの地質学者。明治政府によって日本に招かれた。ナウマンゾウは彼の名前に由来する。
　滞在した約9年間に，北海道を除く各地を調査し，初の日本列島全体の地質図を完成させた。この調査中，新潟から静岡にかかる南北地域の地質が，周囲よりも新しいことに気づき，これをフォッサマグナ（大きな溝）と名付けた。フォッサマグナは，日本海が開くときに列島が裂けて落ち込み，地下からマグマが上昇して形成されたものである。

豆知識　1960年代後半に海洋底拡大説が提示されると，海溝の堆積物に注目が集まり，これらが変形して陸側に押しつけられているらしいことが明らかになった。付加体の形成モデルは，ブルドーザーモデルとよばれる。

地質調査

地質とは，地表付近(地殻)の岩石や地層の種類，性質，構造などを意味する。
地質をいろいろな視点から調べることを**地質調査**といい，いくつかの手法がある。

地質調査の目的と手法

地質調査にはさまざまな手法があり，目的に合ったものが選択される。

最も基本的な手法は，**地表踏査**(野外調査)である。調査範囲に分布する地質や構造を把握し，地質平面図や地質断面図を作成するために行う(≫p.175)。しかし，地表踏査だけでは，地層の硬さや詳細な地質構造，地下水や空洞の分布などがわからないこともある。

たとえば，構造物を建設する場合には，このような地質情報を得る必要があり，一般に，**ボーリング調査**が行われる。ただし，ボーリング調査で得られるのは，掘削した「点」の情報でしかない。そのため，物理探査や空中写真判読，地表踏査などを組み合わせ，立体的に地下のようすを探ることが必要となる。

調査の目的
● ある地域の地質の成り立ちを調べる。
● 高層ビルや橋，トンネルなどの大規模な構造物を建設する。
● 飲料水にする地下水を探す。　● 地下資源を探す。
● 地すべりなどの災害を食い止める。

手法

空中写真判読
地形を立体的に観察し，地質の概略を予想する。

実体鏡

地表踏査
野外を歩き，地表の土砂や岩石を肉眼で観察する。

地質図　ハンマー

物理探査
地盤に振動を与えたり，電気を流したりして，地中の硬さや構成を推測する。

ボーリング調査
地下の土砂や岩石を直接採取して調べる。

宇宙における地質調査

宇宙探査においても，地質調査は重要な調査の1つである。たとえば，1960年代に始まったNASAのアポロ計画では，月に降り立った宇宙飛行士たちによって，月の地形の調査や，岩石の採取などが行われた。このときの調査結果に加え，月周回衛星ルナー・リコネサンス・オービターが収集した地形データや，月周回衛星かぐやが測定した標高データがまとめられ，詳細な月の地質図(≫p.174)が作成されている。これは，将来の有人月探査において，地下資源を探したり，構造物を建設したりするうえで重要な資料となる。

月の地質図

地質調査の例

 目的 飲料用の地下水を探す。

空中写真判読 周辺の地形を広く観察し，水が集まる地形を抽出する。

空中写真判読

2枚の空中写真を立体視して，地形，地質，植生などの情報を読み取ることを**空中写真判読**という。

空中写真判読の原理

人間の両目は互いに離れており，2つの異なる位置から見た視差が生じる。人間は，この視差によって，物体を立体的にとらえている。**立体視**は，この原理を利用したものであり，飛行機などで異なる位置から撮影された2枚の写真を合わせて見ることによって，地形などを立体的にとらえるものである。実体鏡を用いると判読しやすい。読み取った地形から，地質構造などをある程度推定できる。

立体視の方法

左目で左の写真，右目で右の写真を見る。慣れないうちは，2枚の写真の境目に画用紙を立てる。写真の中の同じ対象物に注目し，左右の風景が中央に寄って重なり合うとき，全体が立体的に見える。空中写真の立体視では，鉛直方向の立体感が非常に強調される。

航空レーザー測量

地表の凹凸をとらえる方法には，航空機に搭載したレーザー測距装置を利用した航空レーザー測量もある。レーザー光を1秒間に5万〜10万回発射し，50〜60cm間隔の精度で瞬時に測量することができる。写真は，小奈辺古墳(奈良県)の測量結果である。樹木を透過し，古墳本来の形状がよくわかる。

航空写真

赤色立体地図

読みとった地形から推定できること

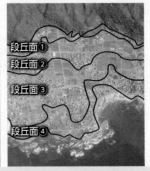
段丘面①
段丘面②
段丘面③
段丘面④

● 現在の海岸線とほぼ並行に，内陸に向かって階段状に土地が高くなっている
⇒海岸段丘の形成
● 4段の段丘面
⇒地殻変動によって4回隆起
⇒それぞれの段丘面の海側の境界線が，かつての海岸線

千葉県南房総市の空中写真(国土地理院撮影)

豆知識 日本の調査隊による電磁波レーダーを用いた地中探査によって，1987年，エジプトのギザで「クフ王第二の船」(通称「太陽の船」)が発見された。このときのレーダー探査は，地質調査に用いられる物理探査の手法を応用したものである。

地表踏査

地表面に現れた地層を直接観察したり，岩石を採取したりして，その地域の地質を詳しく調べる手法を**地表踏査**という。

地表踏査の方法

実際に野外で調査するときは，地層の見える崖（露頭 ➡ p.146）を観察する。地層は，川の侵食によって露出することが多いため，川沿いの崖や，沢の河床を調べることが多い。

地表踏査の道具

地表踏査では，岩石を採取したり，地層の連続を調べたりするため，いくつかの道具を用いる。

地形図
25000分の1
または
10000分の1

野帳
（フィールドノート）

保護メガネ

ヘルメット

クリノメーター

ルーペ

帽子

両手が自由になるリュックサック

手袋

長袖

長ズボン

じょうぶではき慣れた靴

折尺

たがね（石を割る道具）

ハンマー

地表踏査の手順

❶予備調査
文献調査，地質図・地形図の入手，調査地点の立入許可の取得，調査地点の安全確認

❷現地調査
1．地層の概要をとらえる
露頭の全体が見える位置から，地層の傾きや連続性，色，断層，褶曲などを観察する。

2．地層の詳細な調査をする
ルーペなどを使って，岩石の種類や化石の有無，地層の走向傾斜など，露頭を詳しく観察する。

3．スケッチや写真撮影
観察の記録を残すため，露頭のスケッチや写真を撮る。撮影時にはスケールを入れる。

4．標本（サンプル）の採取
岩石や化石を採取する必要があるときは，採取可能な露頭であるか確認した上で，必要最小限を採取する。採取した標本は新聞紙などに包み，標本袋に入れる。採取した日付，場所，番号なども記入し，後でわかるようにしておく。

⚠注意点
- 危険な虫や動物に注意を払う。
- 足元の安全を確認し，足を滑らせないようにする。
- 危険な場所へは近づかない。

地表踏査 実際に現地を歩き，断層や湧水のようすなどを調べる。井戸の利用について，住民への聞き取り調査も行う。 ▶

物理探査 地中に電気を流し，電気抵抗の違いを断面図に表す。地下水があれば，抵抗値が小さくなる。 ▶

ボーリング調査 以上の調査で地下水の存在が予想される場所を掘削し，地質の状況，地下水の量を調べる。また，採水し，飲み水に適しているかを検査する。 ▶

飲料用井戸の設置

物理探査

音や振動，電気，電磁波，地震波などを利用して行う調査を**物理探査**という。

音波探査

海水中で強力な音波を発し，海底および海底下からの反射をとらえることによって，海底下の地層の層序・構造を測定する。音波の振動数によって，探査深度や分解能が変化する。

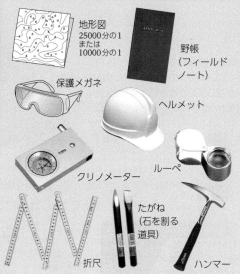

発振器

受振器

電気探査

比抵抗（電気の流れにくさ）を測定する。水は電気を流しやすいため，地下水を多く含む砂礫層では，比抵抗が低くなり，割れ目のない緻密な岩石や地層では高くなる。

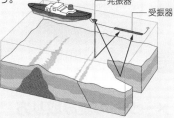

パソコン

測定器

スイッチボックス

地下水

電流

地中レーダー探査

電磁波の伝わり方によって，配管などの埋設物や空洞，亀裂の有無を調べる。電磁波を地中に向けて放射すると，地中の電気的性質が変化する部分が電磁波の反射面となり，反射波が地表に戻ってくる。

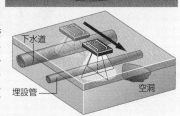

下水道

埋設管

空洞

弾性波探査

起震車やダイナマイトの発破で人工地震を発生させ，地震波の伝わり方から，地盤の状態を判断する。直接波と屈折波を受信して走時曲線（➡ p.16）を作成することによって，地質の不連続面の分布を知ることができる。

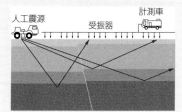

人工震源

受振器

計測車

ボーリング調査

ボーリングマシンとよばれる機械で地下の土砂や岩石を筒状に採取し，詳しく調べる手法を**ボーリング調査**という。採取された試料をボーリングコア（コア）という。

ロッド

ビット

コアチューブ

先端にはビットとよばれる刃先を付ける。硬い岩石を掘削するために，ダイヤモンドの粒が埋め込まれているものもある。数千mの地下深部まで掘削可能なボーリングマシンもある（➡ p.25）。

ボーリングコアと柱状図

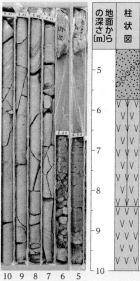

地面からの深さ[m]	柱状図	岩石区分	色調
—5		砂・礫混じり砂	褐
—6			
—7		弱風化デイサイト	淡灰
—8			
—9		デイサイト	淡灰
—10			

10 9 8 7 6 5 [m]

採取したコアを1mごとに試料箱に並べている。

観察の結果を柱状図にまとめる。

豆知識 愛知県豊田市は，2021年，人工衛星が撮影した画像データをAIに解析させることで，山間部の水道管の漏水を推定する調査を日本で初めて行った。調査期間は従来の約10分の1と大幅に短縮され，費用も削減されるため，画期的な方法として注目されている。

15 地質図❶

Geological map

» スキル p.178-179

地学

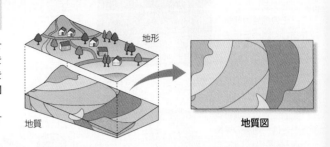

地形

地質

地質図

1 地質図

　地表は、アスファルトやコンクリート、田畑や山林の土砂などで覆われており、それらの地下には、基盤を形成する地層や岩石が分布している。この基盤となる地質を把握することが、大地の成り立ちを考えたり、地下資源の探査や構造物の建設などを行ったりする場合に重要となる。これらの地質の情報を平面図に表したものが**地質図**であり、断面図や柱状図を含むこともある。

　地層を特徴づける走向・傾斜や断層、褶曲の有無、地層の厚さなどを現地で調査することで、正確な地質図を作成できる。

2 地層の広がりと走向・傾斜

地層の層理面（地層面）と水平面との交線の方向を走向といい、走向と直交する層理面上の直線と水平面との角度を傾斜という。これらの計測は、クリノメーターを用いて行われる。

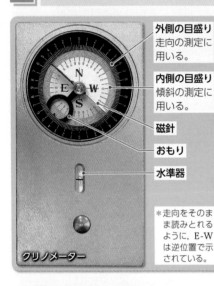

外側の目盛り
走向の測定に用いる。

内側の目盛り
傾斜の測定に用いる。

磁針

おもり

水準器

＊走向をそのまま読みとれるように、E-Wは逆位置で示されている。

クリノメーター

走向の測定

傾斜の測定

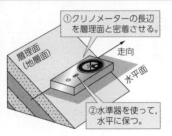

①クリノメーターの長辺を層理面に密着させる。

層理面（地層面）

走向

水平面

②水準器を使って、水平に保つ。

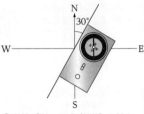

③磁針が指す目盛（外側）を読む。

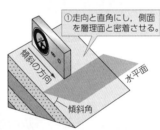

①走向と直角にし、側面を層理面に密着させる。

傾斜の方向

水平面

傾斜角

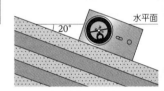

②おもりが指す目盛（内側）を読む。
③傾斜の方向を、磁針で測る。

見かけの傾斜・真の傾斜

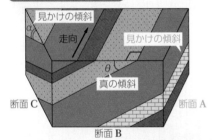

見かけの傾斜

走向

見かけの傾斜

真の傾斜

断面C　　断面A

断面B

　走向・傾斜を測るときには、地層を観察する方向に注意する。たとえば、上図のように、断面Aでは水平、断面Bでは傾斜角θ、断面Cでは傾斜角αと観察する方向によって地層の傾斜が異なって見える。

　地層の傾斜は走向に対して垂直に測る。したがって、断面Bの傾斜角θが、この地層の傾斜であり、これを**真の傾斜**という。

　断面Aのように走向に平行な断面では、本来は傾斜している地層が水平に見える。断面Cでも真の傾斜とは異なる傾斜角となる。このように走向に垂直でない傾斜を**見かけの傾斜**という。

SKILL スキル クリノメーターの読み取り方　上図を例とした場合

走向

　方位磁針の針がNとEの間を指しており、外側の目盛りは3を指している。したがって、この地層の走向は、北（N）から30°東（E）側に向かって伸びていると読み取れ、N30°Eと記載する。

＊「°」は省略される場合もある。

傾斜

地層の走向が北東とわかっており、おもりの針が内側の目盛りの2を指している。したがって、この地層の傾斜の方向は、上図より南東（SE）、傾斜の角度は20°と読み取れ、20°SEと記載する。

走向 N30°E、傾斜 20°SE の示し方

この角度が走向と対応するように描く。

30 — **走向** この場合はN30°E　この数値は省略されることがある。

20 — **傾斜** この場合は20°SE

走向がちょうど東西や南北を向く場合や、傾斜が水平、垂直な場合は、以下のように記載する。

走向
南北のとき　N－S　　　東西のとき　E－W

傾斜　水平な地層　　　垂直な地層（走向N60°E）

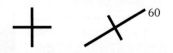

豆知識 かつて、鉱山の経営者などであった山師は、転石や露頭から鉱脈をもつ山を探したり、鉱山内部の鉱脈を推測したりしていたが、外れることも多かった。「あてずっぽう」の意味がある「山勘」、「山をはる」などは、山師の仕事の不確実さに由来している。

地表踏査 → ルートマップ / 地質柱状図 → 地質平面図 / 地質断面図

ルートマップ

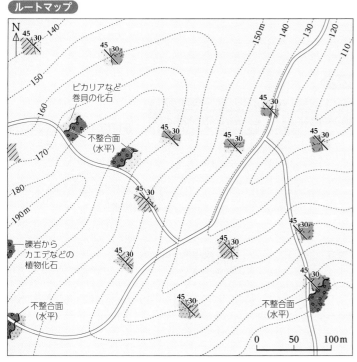

地質平面図

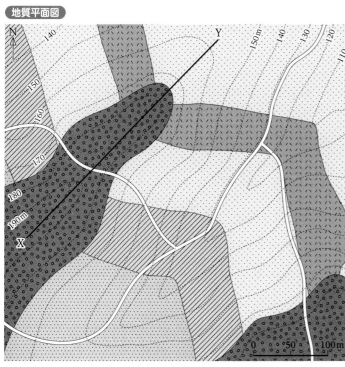

地質断面図

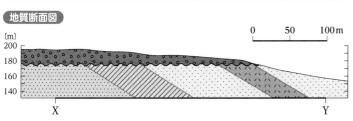

　地表踏査の結果のうち，露頭の位置，地層と岩石の種類，走向と傾斜，観察事項などを地形図上に記入したものを**ルートマップ**という。地層の境界線は，走向と傾斜にもとづいて地形図上で作図し，分布を平面図上に描いていく。こうしてできたものが**地質平面図**である。

　露頭の観察やルートマップから，地層と岩石の種類，厚さ，上下関係などを柱状に示したものを**地質柱状図**という（»p.154）。

　地下の地質構造や地層と岩石の相互関係などを示すため，地質平面図から適切な断面線に沿ってつくられるのが**地質断面図**である。地層の走向に対して直角方向の断面図を描くと，地層の実際の厚さと傾斜角が示される（左下図参照）。

地質柱状図

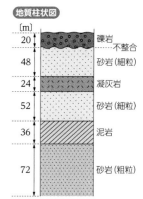

境界線のつなぎ方

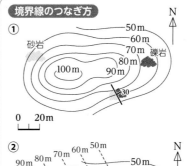

　図の砂岩と礫岩の境界は，走向がN30°Wであるため，同方向の線を引く（----）。境界の傾斜は30°NEであるため，南西ほど標高の高い位置に境界線が連続すると予想される。また，境界線は標高が10m高くなるごとに水平方向に10√3m移動するため（三平方の定理），赤破線（走向線）の間隔を10√3m分とし，平行に書く。

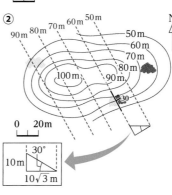

　赤破線（走向線）と等高線の交点を結ぶと，境界線が現れる（―）。

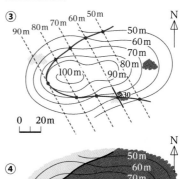

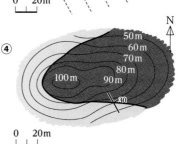

　それぞれの範囲を着色すると，地質平面図が完成する。

豆知識　地質図に関する情報は，独立行政法人産業技術総合研究所の「地質図を知るページ」（https://www.gsj.jp/geology/geomap/）から得ることができる。地質調査総合センターが発行する各種地質図をダウンロードすることも可能である。

1 境界線の読み方

地層の傾斜

地質平面図に現れる地層の境界は，地形と地層の走向・傾斜の組み合わせによって異なる。

水平層

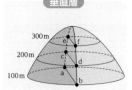
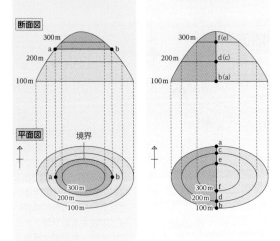

立体図 / 断面図 / 平面図

垂直層

地層の現れ方

傾斜層（地層と地表の傾斜が同じ向きで，地層の傾斜の方が緩い場合）

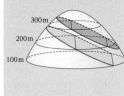
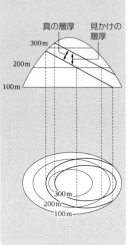

真の層厚　見かけの層厚

傾斜層（地層と地表の傾斜が同じ向きで，地層の傾斜の方が急な場合）

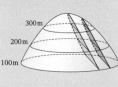
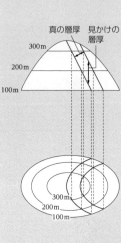

真の層厚　見かけの層厚

2層が断層を境に接する場合

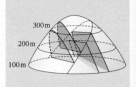
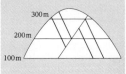
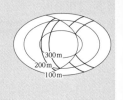

傾斜層（地層と地表の傾斜が逆向きの場合）

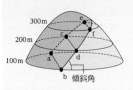
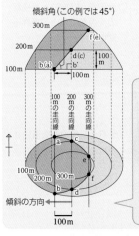

傾斜角

傾斜角（この例では45°）

100m / 200m / 300m の走向線

傾斜の方向

> 平面図では，高い方の走向線から低い方の走向線に向かう向きが，傾斜の方向である（》p.178）。
> 左図では，200mの走向線から100mの走向線に向う向きが西であることから，傾斜の方向は西と読み取れる。

不整合の場合

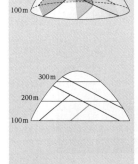
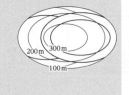

褶曲している地層（向斜）

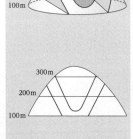
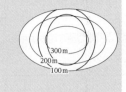

褶曲している地層（背斜）

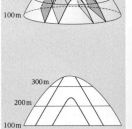
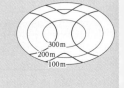

豆知識 日本最古の東北地方の地質図である予察地質図「東北部」は，ナウマン（》p.171）によって，1881年から作成されたものであり，岩手大学（旧岩手高等農林学校）で発見された。1915〜20年に同校に在籍した宮沢賢治（》p.185）も，教材として使用したといわれている。

2 地質図の例

〔新潟県上越市付近〕

1　0　1　2〔km〕

断面図（上の地質図を80%縮小したもの）

名立向斜　名立川　桑取川　難波山背斜

A　　B

500[m]　1000[m]
海水準　500[m]
海水準

1　0　1　2〔km〕

凡例

第四紀（完新世）	a 礫・砂およびシルト				
	fa 礫および砂				
	t₁ 礫・砂およびシルト				
	c₁ 崩積土および岩屑				
	c₂ 礫・砂および泥				

第四紀（完新世）
a 礫・砂およびシルト
fa 礫および砂
t₁ 礫・砂およびシルト
c₁ 崩積土および岩屑
c₂ 礫・砂および泥

〔更新世〕
c₄ 崩積土および岩屑
P 石英閃緑ひん岩－閃緑ひん岩
N 泥岩・含礫泥岩および砂岩
Ts 砂岩泥岩互層・礫岩および泥岩
Iw 凝灰質砂岩および泥岩

〔鮮新世〕
St 軽石質凝灰岩
Do 砂岩泥岩互層および泥岩
Nn 泥岩および砂岩
Kn 軽石質凝灰岩
Mi 砂岩泥岩互層・泥岩および砂岩

〔中新世〕
Yo 砂岩泥岩互層・泥岩および砂岩
Nj 砂岩泥岩互層・砂岩および含礫泥岩
Ni 砂岩泥岩互層および凝灰岩
Nh 砂岩泥岩互層・泥岩・黒色頁岩　砂岩・含礫泥岩・礫岩・凝灰岩
Ng 黒色頁岩および砂岩泥岩互層

Nf 砂岩泥岩互層・含礫泥岩および砂岩
Ne 黒色頁岩（凝灰岩を挟む）
Nd 砂岩泥岩互層および黒色頁岩
Nc 砂岩泥岩互層・砂岩・礫岩
Nb 黒色頁岩・砂岩および砂岩泥岩互層
Na 砂岩泥岩互層・砂岩および泥岩

／ 断層　／ 背斜軸　／ 向斜軸　／ 走向・傾斜　A—B 断面線

豆知識　地質図の着色に際しては，次のように配色される傾向がある。礫岩は茶色系，砂岩は黄色系，泥岩は青色または緑色系，砂岩泥岩互層は黄緑色，チャートは橙色，石灰岩は青色，花こう岩や流紋岩は桃色〜赤色，斑れい岩や玄武岩は紫色または緑色に類する色。

第5章　移り変わる地球

地質図(▶p.174,177)は，ふつう地形図の上に描かれ，地形的な高低や起伏などに対応した立体的な表現がなされている。そのため，地質図を読み取るには，地形図の等高線と地質図の境界線との関係(▶p.175,176)を立体的にとらえることが重要である。

地形図の読み方

地形図は，実際の立体的な土地の高低や起伏のようす(地形)と，土地の利用状況[*]を平面である紙の上に縮小し，図示したものである。土地の高低や起伏は，等高線で表現される。等高線は，平均海面に平行な平面と地表面との交線に相当する曲線であり，標高が記されている。地形図には，図上の長さと，これに相当する実際の水平距離とが示されており，その比が縮尺(スケール)である(図1)。

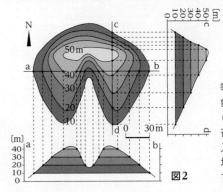

[*]土地の利用状況は，地図記号で示されるが，地質図の下図では省略されることが多い。

等高線の間を着色したり，尾根(山稜)を赤線，谷線を青線で記入したりしても，地形が連想しやすくなる。

地形断面図の作成

図1の地形断面図の作成手順を下に記し，その結果を図2に示す。作図は，図1を3～4倍に拡大コピーして行うとよい。

手順

1) 地形の特徴をよく示す断面線(a-bとc-d)を設定する。
2) 方眼紙を用意し，断面線と平行に横軸(水平距離)を取り，縦軸に標高(垂直距離)を取る。横軸と縦軸の割合を1対1(等倍)とする。
3) 断面線と各等高線との交点を，方眼紙に沿って平行におろし，縦軸の所定の標高にプロットする(点を描き入れる)。
4) プロットした点をなめらかな線で結ぶと，地形断面図が描ける。

まとめ

図2から，以下のことが読み取れる。
①等高線のでっぱっている所(凸部)は尾根(山稜)部を，へこんでいる所(凹部)は谷部をそれぞれ示す。
②等高線の間隔の狭さによって，斜面の傾斜の程度がわかる。
③等高線の間隔が狭い所は急な傾斜を，広い所は緩い傾斜をそれぞれ示す。

地質図の読み方

地質図の描き方と境界線の読み方は，p.175-176で解説している。これらのルールを利用して，次の問題を考えてみよう。

例題 右の地質図に関する次の文章を読み，下の各問いに答えよ。
A層は，砂岩泥岩互層からなり，モノチスの化石を含む。B層は，泥岩からなり，ジュラ紀の化石を産する。C層は，砂岩からなり，カヘイ石の化石を含む。A～C層は，整合関係にあり，褶曲作用を受け，西部にはN-S方向の褶曲軸がのびている。D層は，標高250m以上の高台に分布し，礫岩・砂岩からなり，一部に姶良Tn火山灰を含む。
深成岩は，A層の層理面に沿って貫入し，A層とB層の一部に接触変成作用を与えており，1億年前の放射年代が測定されている。
岩脈は，安山岩からなり，貫入面の走向・傾斜がN45°W,75°SWであり，1500万年前の放射年代が得られている。
断層は，走向NS,傾斜75°Eを示し，岩脈によって貫かれている。
以上の地層や火成岩の境界面と厚さは，場所による変化がなく一定であり，地層の逆転もないものとする。作図にあたっては，地質図を3～4倍に拡大コピーする。

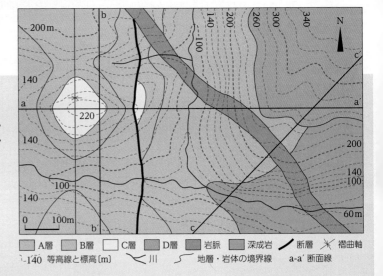

A層　B層　C層　D層　岩脈　深成岩　断層　褶曲軸
-140 等高線と標高〔m〕　川　地層・岩体の境界線　a-a′ 断面線

問1 B・C層境界面の走向・傾斜を，断層と褶曲軸に挟まれた部分(東部)と，褶曲軸の西方(西部)とで求めよ。

解説

東部のB・C層境界線と等高線との交点に黒点(●)を付ける(図3)。同じ等高線上の2つの黒点を結ぶと，N-S方向の平行線(---)2本が得られる。これらは走向方向を示し，走向線(▶p.175)とよばれる。走向線2本の標高が東から西へ200～180mへと低くなるので，傾斜の方向は西である。また，走向線間の標高差(垂直距離)hは200-180＝20mであり，水平距離dは縮尺から約35mと計算される。方眼紙に水平35，垂直20の割合の直角三角形を作図し，その傾斜角θを30°と読み取る。
西部も同じようにして求めると，走向は同じNSで，傾斜が逆の30°Eとなる。

解答 東部＝NS，30°W，西部＝NS，30°E

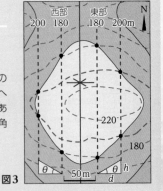

図3

豆知識 国土地理院発行の縮尺2万5000分の1地形図は，わが国の基本図である。このほかの5万分の1地形図と20万分の1地勢図を合わせて，地形図とよんでいる。これらの地形図の標高は，東京湾における平均海面を基準として，決められている。

問2 A～C層にのびる褶曲軸は，背斜軸か，向斜軸か。

解説

問1から（あるいは，境界線と等高線との関係（◎p.175，176）から），褶曲軸の東部と西部のA～C層境界面の走向が同じ方向で，傾斜が褶曲軸を挟んで互いに向き合っているので，図4のような向斜軸である。

図4

解答 向斜軸

問3 D層下底面の走向・傾斜と，D層の堆積年代を「紀と世」の単位で答えよ。

解説

D層下底面は標高250mに沿って分布しているので，走向・傾斜は水平である（◎p.175）。堆積年代は2.6～2.9万年前の始良Tn火山灰（◎p.154）を含むので，第四紀更新世である。

解答 走向・傾斜＝水平　堆積年代＝第四紀更新世

問4 D層とA層・深成岩との接触関係を答えよ。

解説

水平層のD層の下には，A層とその層理面（NS，30°W）に沿って貫入した深成岩とが分布している。これらは標高250m付近まで侵食されており，D層とは時代的に大きな違いがあると考えられるので，図5のような不整合（傾斜不整合）である。

図5

解答 不整合（傾斜不整合）

問5 断層は正断層，逆断層，横ずれ断層のいずれか。

解説

問題文に"断層は走向NS，傾斜75°Eを示し"とある。この記述がなくても，断層と等高線との交点のようすから，断層がN-Sの走向を示し，東へ高角度に傾斜することは，容易にわかる。また，断層の西側（下盤）に分布するB層やC層が，断層の東側（上盤）では標高が50mほど低い所に下がっている。これらから，図6のような正断層と考えられる。

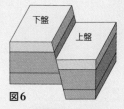

図6

解答 正断層

問6 断面線a-a′，b-b′，c-c′に沿う地質断面図を描け。

解説

まず，地形断面図の作成手順にしたがって，方眼紙に断面線a-a′に沿う地形断面図を描く。断面線a-a′と地質の境界線との交点を，方眼紙に沿って平行におろし，地形断面線上にプロットして，各交点の地質断面線を描いていく。

褶曲軸までのA～C層の境界面　走向・傾斜は，問1からいずれもNS，30°Eと考えられる。走向と断面線とが直交する場合，傾斜は真の傾斜を示す。そのため，東へ30°傾斜を描く。

褶曲軸から断層までのA～C層の境界面　走向・傾斜は，問1からいずれもNS，30°Wと考えられるので，前と同様に真の傾斜30°を西傾斜で描く。

断層　問題文で"走向NS，傾斜75°E"と記されているので，真の傾斜75°を東傾斜で描く。

断層東側のA～C層の境界面　走向・傾斜は，先の褶曲軸から断層までのA～C層と同じと考えられるので，真の傾斜30°を西傾斜で描く。

岩脈　問題文で"走向・傾斜がN45°W，75°SW"とされている。走向と断面線とが45°で交わるので，見かけの傾斜を求める必要がある。図7を用いると見かけの傾斜が簡単に求められる。図7の❶で「真の傾斜75°」と「走向と断面線とのなす角45°」とを結ぶと，「見かけの傾斜69°」が求められるので，西傾斜で描く。

D層　水平層なので，250mの水平線を描く。

A層と深成岩　D層の下に分布すると考えられるので，境界面の延長線を断面線上にプロットする。A層と深成岩の境界面は，A層の層理面に沿っているので，NS，30°Wである。真の傾斜30°を西傾斜で描く。ただし，D層中の境界線は削除する。

断面線b-b′，c-c′については，解説を省略するが，上と同じように作図してみよう。

解答

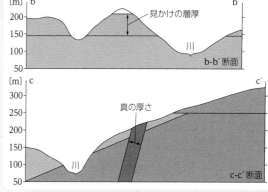

問7 B層の真の層厚を求めよ。

解説

B層境界面の走向と断面線a-a′が直交するので，問6のa-a′地質断面図のB層境界線に直交する幅が，真の層厚に相当する。その幅は，縮尺から50mと計算される。

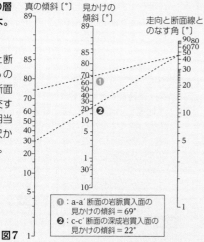

❶：a-a′断面の岩脈貫入面の
見かけの傾斜＝69°
❷：c-c′断面の深成岩貫入面の
見かけの傾斜＝22°

解答 50m　図7

問8 A層，B層，C層，D層，深成岩，岩脈，断層，褶曲軸だけでなく，問題の地質図に示されていない接触変成作用と不整合面を含めて，形成順序を古い方から新しい方へ順に並べよ。

解説

A層…モノチス化石から三畳（トリアス）紀➡**B層**…問題文からジュラ紀➡**深成岩**…放射年代の1億年前から白亜紀➡**接触変成作用**…深成岩の貫入直後であるので白亜紀➡**C層**…カヘイ石から古第三紀➡**褶曲軸**…A～C層に及んでいるので，C層後の古第三紀以降➡**断層**…褶曲したA～C層を切り，岩脈に貫かれるので，褶曲作用後（古第三紀以降）で岩脈貫入前（新第三紀以前）➡**岩脈**…断層を切っているので，断層後に貫入し，放射年代の1500万年前から新第三紀➡**D層下底**…標高250mまで侵食されたA層と深成岩を水平に覆う不整合面で，D層の最初期に相当（第四紀更新世）➡**D層**…始良Tn火山灰から，2.6～2.9万年前前後の第四紀更新世。

解答 A層→B層→深成岩→接触変成作用→C層→褶曲軸（向斜軸）
→断層（正断層）→岩脈→D層下底の不整合面→D層

豆知識　わが国の地質図は，1882（明治5）年に当時の農商務省に地質調査所が設置され，作成が開始された。これは，東京帝国大学創設（1877年）の5年後のことであった。地質調査所は，2001年に独立行政法人 産業技術総合研究所に組織変更され，現在に至っている。

第5章　移り変わる地球

Science Special ④
地質時代とチバニアン

国立極地研究所 地圏研究グループ
菅沼悠介

2020年1月，地質時代名として，はじめて日本の地名由来の名称「チバニアン期」が誕生した。地質学分野の国際組織である国際地質科学連合によって，地質時代における前期-中期更新世境界の国際境界模式層断面とポイント（Global Boundary Stratotype Section and Point: GSSP）として，房総半島中部の地層「千葉セクション」が認定され，中期更新世（約77.4万年前〜12.9万年前）が「チバニアン期」と命名された（図1）。

地質時代とは

地球の歴史を調べるためには，過去を俯瞰するための基準が必要となる。つまり，地球の歴史の「年表」や「時間の目盛り」があることによって，過去のイベントがいつ起きたものなのか，そのイベント発生の経緯や原因，ほかのイベントとの前後関係などが明らかにできる。このような地球の歴史の基準を「地質時代」とよぶ（▶ p.158）。そして，各地質時代の境界は，化石や気候変動など当時の記録が世界で最もよく保存されている地層，すなわちGSSPによって定義される。現在，地質時代は116に区分されているが，そのうち，現在までにGSSPが定められている境界は77カ所である（図2）。国際地質科学連合は，国際年代層序表として地質時代をまとめたものを公開している。ただし，地球の歴史の研究は日進月歩で進歩するため，国際年代層序表も最新の研究成果を反映して随時更新されている。

日本語版の国際年代層序表
（地質学会HP）

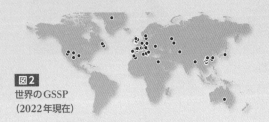

図1 更新世以降の地質時代名と年代

図2 世界のGSSP（2022年現在）

1. 連続的に海底で積もった地層であること
2. 多くの種類の化石が産出すること
3. 地磁気逆転など複数手法で比較できること
4. 国際誌に広く出版されたデータがあること
5. 露出が良く，地層の変形が少ないこと
6. アクセスが良いこと
7. 将来的な保存が保証されていること
   ➡ (天然記念物等への登録が必要)

図3 GSSPとなるための条件

GSSP の基準

GSSPを認定する上で最も重要な基準は，陸上に露出した海成層であること，そして，断層による変形や岩石の変質などが著しくなく，化石や地磁気変動の痕跡などが保存され，地層の年代が詳しく調べられていることなどである（図3）。また，GSSPの特徴として「国籍などを問わず誰でも訪れることが可能であること」，そして「研究の自由と地層の保存が確約されていること」という条件がつけられている。

一方，今回新たにGSSPが認定された前期-中期更新世境界については，元来の基準に加えて以下の条件がつけられていた。

・いちばん最近の地磁気逆転である「松山-ブルン境界」が記録されていること
・松山-ブルン境界を挟んで，氷期-間氷期-氷期と連続的な気候変動が詳しく記録されていること

これは，前期-中期更新世境界には，生物の絶滅や隕石衝突などの地球全体で同時に起こるような明瞭なイベントがないため，地球全体で起きる顕著なイベントである地磁気逆転や当時の気候変動の記録が，この地質時代境界を定めるために重要視されたためである。

チバニアンの地層と GSSP

房総半島には，「上総層群」とよばれる約240万〜45万年前頃の海底で堆積した地層が分布する（図4）。千葉セクションを中心とする千葉複合セクションは，千葉県市原市を流れる養老川沿いなどに露出する約80万〜75万年前頃の地層で（図5），上総層群の中でも国本層という地層の中にある。上総層群のように，数百万年前以降に海底で堆積した「比較的新しい」地層を陸上で観察できる場所はとても珍しい。それは，海底で堆積した地層が，地質学的には比較的短い時間で海面上に表れるまで隆起しなくてはならないためであり，上総層群のような地層が陸上にあるということは，この地域の地殻変動が非常に活発であることを示している。今回，前期-中期更新世境界のGSSPは，千葉セクションの地層中に明瞭に認められる白尾火山灰層の直下に定められた。このため，この白尾火山灰層の下面よりも上がチバニアン期の地層となる（図5）。

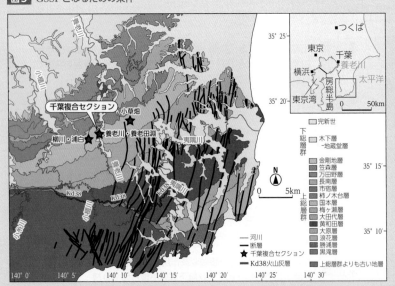

図4 房総半島中部の地質図　千葉セクションは，養老川セクションに含まれる。

白尾火山灰層〈77.4万年前〉

チバニアン期

松山-ブルン境界

カラブリアン期

白尾火山灰層

図5 千葉県市原市養老川沿いの地層「千葉セクション」(写真上)

写真提供：白尾元理

○ 地磁気逆転

地磁気逆転とは，双極子磁場のN極とS極が180度反転する現象である(**図6**)。この現象の発見には，日本人研究者の松山基範が大きな貢献をしたことが知られる(▶p.11)。地磁気逆転は，地質時代にくり返し何度もおきたことが分かっているが，いちばん最近，約77.3万年前に起きた地磁気逆転(松山-ブルン境界)の証拠が，千葉セクションの地層に残されていた。これまでの一連の研究で，この時代の地磁気変動が非常に詳しく明らかにされつつある。

図7は，地層から復元した当時の地磁気方位と，ベリリウム10濃度から復元した地磁気の強さの変動を示す。大気中では，宇宙空間からもたらされる高エネルギー粒子(銀河宇宙線)によって大気を構成する酸素や窒素の原子核が破壊され，さまざまな放射性核種が生成されている。ベリリウム10はこうした「宇宙線生成核種」の一種であり，生成後すぐに地表にもたらされ，地層にとりこまれる。銀河宇宙線は地磁

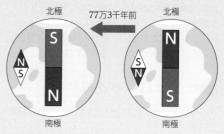

77万3千年前

北極   北極

南極   南極

図6 地磁気逆転の模式図

気によって遮蔽されるため，地層中のベリリウム10濃度が高いことは，当時の銀河宇宙線強度が強かったこと，すなわち当時の地磁気が弱かったことを示す。このような分析によって，この時の地磁気逆転では，約2000年かけて地磁気極が南極から北極へ移動したことや，地磁気逆転の約1万5千年前から地磁気の強度が弱くなり，逆転の後も約7000年間程度，その状態が続いていたことなどが明らかになった。また，白尾火山灰層に含まれるジルコンという鉱物の放射年代測定(▶p.159)によって，この白尾火山灰をもたらした火山噴火の年代，すなわち千葉セクションの地層が堆積した年代が調べられている(**図8**)。

これらの研究の進展によって，地磁気逆転の様相が明らかになりつつあるが，今後はさらに地磁気逆転の際に地球環境にどのような影響があるのか，また地磁気逆転にきっかけがあるのかなどの謎が解明されていくことが期待される。

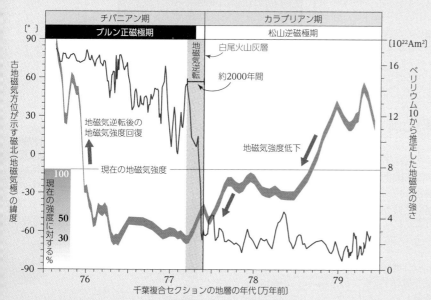

図7 千葉セクションから復元された松山-ブルン境界の地磁気変動

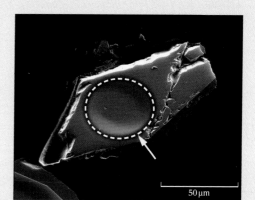

図8 ウラン-鉛年代測定に使用したジルコン粒の顕微鏡写真 年代測定ポイントを黄色の点線で示した。

181

特集5 ジオパーク
Geopark

平成新山

眉山

ジーオくん

ジーナちゃん

ジオパークとは

ジオ(geo)は地球や大地を表し，地質や地形など，地球活動の遺産を主な見所とする，自然の中の公園のことをジオパークという。

ジオパークでは，自然遺産を保全するとともに，地球科学の普及や環境教育などを行い，これらを通して地域社会の活性化を目指している。ユネスコの支援によって，2004年に世界ジオパークネットワーク(Global Geoparks Network：GGN)が設立され，日本を含む48か国，213地域(2024年3月現在)が加盟している。

ジオパークの条件

次の条件を満たした地域がジオパークとして認定される。

- 地域の地史や地質現象がよくわかる地質遺産を多数含むとともに，考古学的・生態学的・文化的な価値のある場所を含む。
- 地方自治体および公的機関・地域社会や民間団体によるしっかりした運営組織と運営・財政計画をもつ。
- ジオツーリズムなどを通じて，地域の持続可能な社会的・経済的発展を育成する。
- 博物館，自然観察路，ガイド付きツアーなどによって，地球科学や環境問題に関する教育・普及活動を行う。
- 地域の伝統と法にもとづき，地質遺産を確実に保全する。
- 世界的なネットワークの一員として，相互に情報交換を行い，ネットワークを積極的に活性化させる。

このほか，防災への取り組みも重視されるようになってきている。

日本のジオパーク

日本の地質は複雑で多様性に富んでおり，地震や火山などさまざまな現象によって，地球の活動を実感することができるため，日本の国土全体がジオパークとしての豊かな素性を備えている。日本国内では10地域が世界ジオパークネットワークに認定されている。日本ジオパーク委員会が認定した日本ジオパークには，世界ジオパークに認定された地域を含め46地域が登録されている(2024年6月現在)。

① 島原半島ジオパーク

場所：長崎県島原半島全域
特徴：約430万年前の海底噴火から始まった活発な火山活動によって形成された島原半島を中心としている。雲仙火山で有史以来起きた噴火のうち，寛政噴火と平成噴火については，詳細な記録が残されており，人々が火山噴火にどのように向きあってきたのかを学ぶことができる。

五島列島　阿蘇　おおいた姫島　島根半島・宍道湖中海
Mine秋吉台　隠岐　白山手取川
霧島　萩　恐竜渓谷ふくい勝山
桜島・錦江湾　土佐清水　四国西予
三島村・鬼界カルデラ　おおいた豊後大野　南紀熊野

② 室戸ジオパーク

場所：高知県室戸市全域
特徴：最大の特徴は付加体である。海洋プレートの沈み込みに伴う付加作用によって，大陸は成長してきた。室戸ジオパークでは，約1億年前から続く付加体の形成史や，海嶺の沈み込みに伴う海底火成活動の記録を見ることができる。また，海水準変動や100〜150年ごとに発生する地震によって形成された海岸地形を観察することもできる。

ヤッコ　カンザシ

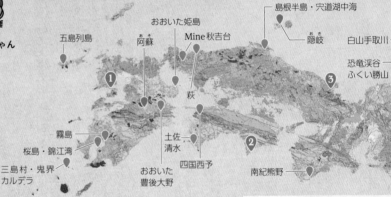

行当－黒耳海岸

室戸岬

まがり博士　キラ　ダン

③ 山陰海岸ジオパーク

場所：京都府(京丹後市)，
兵庫県(豊岡市・香美町・新温泉町)，
鳥取県(岩美町・鳥取市)
特徴：約2500万年前の日本海形成に関わる多様な火成岩や地層のほか，海水準変動や地殻変動によって形成されたリアス式海岸や砂丘をはじめとする多様な海岸地形などを観察することができる。また，約160万年前の火山活動によって形成された玄武洞(◉p.53)は発達した柱状節理とともに，地球磁場の逆転説が提唱されるきっかけとなった場所として有名である。

立岩(京都府)

鳥取砂丘(鳥取

豆知識　人々の暮らしや伝統など，地域の風土もジオパークのテーマの一部である。たとえば，室戸ジオパークでは，厳しい自然の中で修行を行い，悟りを拓いたとされる空海伝説にまつわる場所や，遍路道，捕鯨文化に関わる場所などもジオサイトの一部として紹介されている。

- 🔴 ユネスコ世界ジオパーク
- 🔵 日本ジオパーク

十勝岳
白滝
⑤
三笠
八峰白神
男鹿半島・大潟
鳥海山・飛島
ゆざわ
下北
アポイ岳
とかち鹿追
南アルプス
立山黒部
苗場山麓
佐渡
④
三陸
磐梯山
栗駒山麓
浅間山北麓
下仁田
筑波山地域
箱根
銚子
伊豆大島
秩父
伊豆半島

洞爺湖

有珠山

⑤ 洞爺湖有珠山ジオパーク

場所：北海道伊達市，豊浦町，壮瞥町，洞爺湖町

特徴：約11万年前に，巨大な噴火によってカルデラ湖（洞爺湖）ができた。また，約2万年前から，洞爺湖の南岸で噴火がくり返され，有珠山が誕生した。有珠山は約7〜8千年前の山体崩壊のあと，活動を停止していたが，1663年に噴火を再開し，2000年までに9回の噴火をくり返している。1944〜45年にかけて形成された昭和新山や，2000年噴火によって現れた火口群を観察できる西山山麓散策路などのジオサイト（地質学的な見所）がある。

糸魚川市

④ 糸魚川ジオパーク

Itoigawa Geopark

場所：新潟県糸魚川市全域

特徴：糸魚川の大地は，古生代から新生代まで，約5億年の歴史をかけて形成された。糸魚川－静岡構造線（▶p.19）やフォッサマグナ（▶p.171）など日本列島形成の歴史を知る上で重要な場所である。5億年前に誕生したヒスイ（▶p.33）から，3000年前に形成された焼山まで，幅広い年代の地質や地形が見られる。

焼山溶岩ドーム

ぬーな

ジオまる

🚩 世界のジオパーク

特にヨーロッパや中国に多数存在している。

世界のジオパークの位置

ヨーロッパのジオパーク

ヨーロッパでは，もともと地質や地形を含む自然を楽しむ習慣があり，ヨーロッパジオパークネットワークが設立されている。世界ジオパークネットワークへの加盟も多い。

▶ソブラーベ・ジオパーク（スペイン）

スペイン北部のピレネー山脈の南斜面にあり，5億年前から現在までの地質記録が残されている。古生代には，海であったため，砕屑岩が堆積した。中生代には，沈降と隆起をくり返し，8500万年前から現在まで続くアルプス－ヒマラヤ造山運動によって，山脈となった。

アニスクロ渓谷

中国のジオパーク

中国は，41の世界ジオパークがあり，ジオパーク活動に積極的に取り組んでいる国の1つである。第1回国際ユネスコ・ジオパーク会議は，2004年に中国で開催された。

▶石林世界地質公園（中国）

中国雲南省にある世界最大のカルスト地形を有するジオパーク。古生代には，陸地に近い海で，厚さ数千mに達する石灰岩が堆積した。その後，隆起した石灰岩は，地下水と地表水によってさまざまな侵食を受け，今日の景観となった。石林の形成は，2億5000万年前の古生代ペルム紀の終わりごろから始まり，現在も続いている。

豆知識 世界遺産は，主に保護を目的とするが，ジオパークは，保護と活用の両方を重視している。そのため，一般の人が近づくことができなかったり，保護のために近づくべきではないような場所は，ジオパークとはならない。

1 気候変動の要因 基礎

地球の気候に影響を与えるものとして，太陽放射や温室効果，アルベドなどがあげられる。このほかにも，さまざまな要因が指摘されており，気候との関係の解明が進められている。

太陽の活動

太陽の活動は，地球の気候を決める要因の1つである。たとえば，1645～1715年ごろは，太陽の活動が弱まっており，地球が寒冷化していたことが知られている（マウンダー極小期，▶p.107）。このような気候変動は，太陽放射の入射量の変化のほか，地球に到達する宇宙線量の変化なども要因として考えられている。

凍結したテムズ川(1683～1684)

温室効果

温室効果（▶p.72）は，二酸化炭素によるものがよく知られているが，最も影響が大きいのは水蒸気である。しかし，水蒸気は，自然変動によるものであり，制御可能な二酸化炭素の変化の方が重要となる。

温室効果ガスの働きや効果には，未解明な部分もある。

大気中の温室効果ガスの効果比較

温室効果ガス	体積比 [ppm*]	赤外線放射の強さ [W/m²]
水蒸気	0～4000	～100
二酸化炭素	400	56
メタン	1.7	1.7
オゾン	0.030	1.3
フロン(CFC-11)	0.22×10^{-3}	0.06
フロン(CFC-12)	0.38×10^{-3}	0.12

* ppmは100万分1を表す。

アイス・アルベド・フィードバック

2時間後

23時間後

南極の雪面に薄く土をまき，時間変化を観察したものである。土の部分はアルベド（▶p.71）が低く，温度が上がって雪が早く溶けるが，雪面はアルベドが高く，太陽放射を多く反射し，溶けにくい。地球でも，雪や氷で覆われた土地の面積が増えると，アルベドが高くなり，受け取る太陽放射が減少する。すると，さらに寒冷化が進み，雪や氷で覆われた土地が増える。このように，アルベドの増減で引き起こされた変動が，アルベドの変化を招き，さらに強められるしくみをアイス・アルベド・フィードバックという（▶p.191）。

2 近年の気温変化とその原因 基礎

近年の気温の上昇は，太陽放射などの自然起源の影響よりも，排出された二酸化炭素などの人為起源の影響を強く受けたものと考えられる。

世界の地上気温

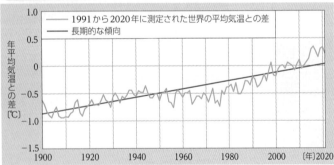

- 1991から2020年に測定された世界の平均気温との差
- 長期的な傾向

（縦軸）年平均気温との差 [℃]

年平均気温の変化は，地球全体で約0.7℃/100年と見積もられ，北半球高緯度地域における気温上昇が大きい。

日本の地上気温

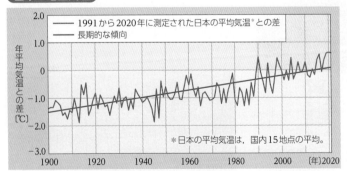

- 1991から2020年に測定された日本の平均気温*との差
- 長期的な傾向

（縦軸）年平均気温との差 [℃]

*日本の平均気温は，国内15地点の平均。

日本でも気温上昇が顕著で，長期的な年平均気温の変化では，約1.3℃/100年の気温上昇が観測されている。

大気中の二酸化炭素濃度の変化

大気中の二酸化炭素濃度は，近年急激に増加している。これは，産業革命（18～19世紀）の始まった時期と一致する。このことから，二酸化炭素が増加した主な原因は，化石燃料の燃焼であり，人為的なものと考えられている。

過去の二酸化炭素濃度は，氷床コアの研究から求められた。

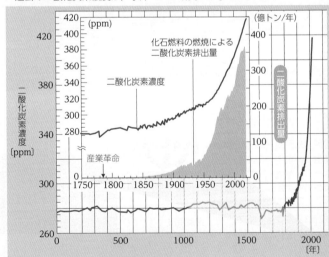

化石燃料の燃焼による二酸化炭素排出量

二酸化炭素濃度

産業革命

気温変化のそのほかの要因

気温変化に影響を与える要因には，二酸化炭素やメタンなどの温室効果ガスのほか，地表面のアルベドやエーロゾル（▶p.69）などがある。

エーロゾルは，太陽放射を散乱・吸収したり，凝結核となって雲の発生に影響を与えたりする。これらの働きを通して，気温に影響を与えると考えられている。

豆知識 雪はアルベドが大きく，太陽光を多く反射するため，スキー場では日焼けや雪目（雪で反射した強い紫外線の影響で起こる目の炎症）を起こしやすい。

3 古気候の復元 基礎

現在の地球環境を理解し，未来を予測するためには，過去の気候変動を知ることが重要である。

南極の氷床

深層掘削ドリルで掘削する / 掘削したコアを観察・保存する / 掘削された氷床コア / 南極氷床コアに見られる火山灰

南極では，雪は溶けずに積み重なっていき，やがてその重みなどで氷となる。その際，地球の大気成分や，南極に運ばれた物質(宇宙塵や火山灰，フロンなど)が取り込まれる。そのため，氷の酸素同位体比や，含まれる物質を深度ごとに調べると，過去の地球環境の変動を知ることができる。厚い南極の氷床は，過去の地球環境のタイムカプセルといえる。

氷床コアから復元された過去の気候

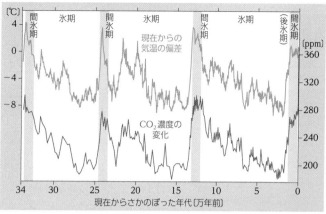

氷床コアから復元された過去34万年間の気温と二酸化炭素の濃度

グラフからは，34万年前から，氷期と間氷期がおよそ10万年の周期でくり返されてきたことがわかる。また，気候変動と大気中の二酸化炭素濃度の変化には，強い相関があることが読み取れる。このような気候変動の復元は，氷床コア以外に，樹木の年輪や，海底や湖底の堆積物などの調査からも行われている。

4 将来の温暖化予測 基礎

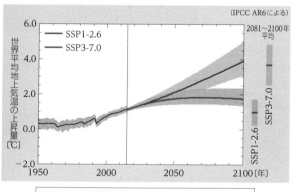

SSP1-2.6：温室効果ガスの排出量を厳しく規制した場合
SSP3-7.0：温室効果ガスの排出量を規制しない場合

IPCCは，さまざまな条件の仮定にもとづき，今後の気温上昇の予測を行っている。排出量の抑制対策をとらなかった場合，2100年には，気温の上昇が最大で5℃程度になると予測されている。ただし，これらの予測は不確定な部分も多く，研究が進められている。

TOPIC 水月湖の年縞

福井県の水月湖は，周囲を山に囲まれ，波が立ちにくい。また，直接流入する大きな河川もなく，湖水がかき混ぜられにくい。そのため，湖底付近は貧酸素状態となり，生物が生息できず，湖底はかき乱されない。このような条件が長期間維持されたことで，水月湖の湖底には，季節ごとに異なる堆積物が7万年にわたって連続して堆積しており，それが縞模様に見えることから年縞とよばれる。

水月湖の年縞は，1年間に平均0.7mmの厚さで堆積してできており，縞模様を上端から数えると，その縞をなす層が何年前のものかを知ることができる*。各層には，植物の葉や花粉の化石が含まれており，当時の気候を復元できる。ここから，気候変動のようすを年単位で明らかにする研究が行われている。

*水月湖の年縞は，極めて連続性が高く，放射性炭素年代(≫p.159)の誤差の補正にも利用される。

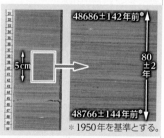

48686±142年前 / 80±2年 / 48766±144年前 / *1950年を基準とする。

ボーリングで得られたコアの一部。5cm幅中に，80年±2年の年縞が見られる。

人物 宮沢賢治 1896〜1933

宮沢賢治は，岩手県出身の詩人・童話作家である。彼は，旧制盛岡中学時代から，岩石や化石に興味を抱き，土日には採集をするために歩きまわっていた。その後，盛岡高等農林学校(現：岩手大学農学部)に進学し，地質学，鉱物学，土壌学などを学んだ。彼が，地質学への関心と深い理解をもっていたことは，その作品に，岩石や鉱物の名称をはじめとする，地質学に関する記述が数多く登場することから伺い知ることができる。

1932年に発表された「グスコーブドリの伝記」は，彼が早くから，大気中の二酸化炭素の温室効果を理解していたことが伺える作品として知られている。

〈「グスコーブドリの伝記」のあらすじ〉

主人公のブドリは，火山が噴火すれば，放出される二酸化炭素の温室効果によって，地球が温暖化し，冷害に悩む農家を助けられると考える。そして，自ら犠牲となり，人為的に火山を噴火させるのであった。

豆知識 IPCCは，"Intergovernmental Panel on Climate Change(気候変動に関する政府間パネル)"の略。地球温暖化に関する科学的・技術的・社会経済的評価を行う国連の組織であり，1988年に設立された。2021年に第6次報告書が公表された。

1 海面水位の上昇 基礎　気候の温暖化によって，海水の熱膨張や氷床の融解が起こり，世界の海面水位は上昇している。

海面は，今後さらに上昇すると予測されているが，大陸氷床の融解のようす（流れの加速）など，不確定な要素も残っている。

海面水位上昇の要因	平均上昇率〔mm／年〕（IPCC AR6による）		
	1901〜1990	1971〜2018	1993〜2018
①海洋の熱膨張	0.36	1.01	1.31
②氷河の変化*	0.58	0.44	0.55
③グリーンランド氷床の変化	0.33	0.25	0.43
④南極氷床の変化	0.00	0.14	0.25
⑤陸域の貯水量の変化	−0.15	0.15	0.31
合計	1.1	2.0	2.9
観測	1.4	2.3	3.3

*グリーンランドと南極の氷河を除く。

海面の変化

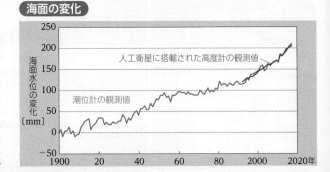

人工衛星に搭載された高度計の観測値

潮位計の観測値

2 氷河の変化 基礎

山岳氷河と積雪は，地球全体で減少しており，河川流量や水資源の変化，雪崩の増加，地盤の不安定化などを招くと考えられている。また，永久凍土の融解も観測され，森林への影響や，高緯度地域のパイプラインなどの倒壊も懸念されている。融解に伴う凍土内のメタンの放出は，気候変化にも関係すると考えられている。

写真は，アラスカのミューア氷河を，同じ場所から撮影したものである。1941年にあった氷河が，2004年には後退して溶け，湖となっている。

1941年

2004年

3 極地域の変化 基礎

北極では，平均気温が上昇傾向にあり，海氷域面積の減少が顕著で，2040年には，海氷がほぼ消失するという研究結果もある。一方，南極の海氷域面積はやや増加傾向にある。平均気温にも，温暖化の傾向は見られず，北半球と南半球とで違いがある。

北極の海氷の変化

（National Snow and Ice Data Centerによる）

1992年9月
2021年9月

海氷域面積の変化

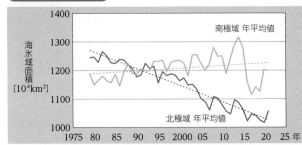

南極域 年平均値

北極域 年平均値

4 水蒸気量や降水量の変化 基礎

気候の温暖化によって，水循環（ p.190）も影響を受けており，降水量の変化や河川流量の増加，湖沼・河川の水温上昇などの報告がある。これらは，水質の悪化，水害の増加，生態系の変化など，多岐にわたる影響を与えている。

大気中の水蒸気量の変化（1988〜2004年）

（IPCC AR4による）

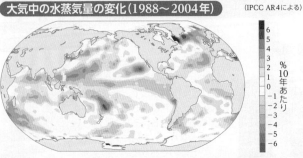

青系の色は減少，赤系の色は増加を表す。全体としては増加傾向である。

気候の変化によって降水量が増加すると，これまで被害のなかった地域でも，災害が発生する可能性が高くなる。

2015年には，台風の影響によって，多数の線状降水帯（ p.200）が発生し，関東・東北地方で記録的な大雨となった。

鬼怒川の決壊で冠水した地域（茨城県常総市）

豆知識　100年あたりの，南半球の平均気温の上昇の割合が約0.68℃にとどまっているのに対し，北半球では約0.77℃となっている。特に，北極域の気温は，世界全体の平均気温に比べて，およそ2倍の速さで上昇している。

5 ヒートアイランド現象 (基礎)

都市部の気温が周辺よりも高くなることを**ヒートアイランド現象**といい、土地利用の変化や建物、人工排熱などが原因で起こる。局所的な現象で、地球温暖化への寄与はないと考えられているが、熱帯夜の増加、熱中症や感染症の発生、生態系への影響などが懸念されている。

関東地方における30℃以上の時間数（5年間の年間平均時間数）
（環境省資料をもとに作成）

1980〜1984年

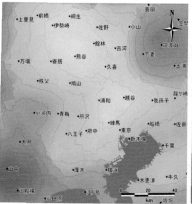

2008〜2012年

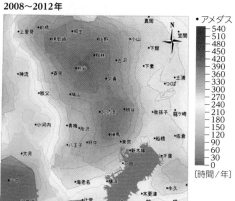

•アメダス

[時間/年]
540 / 510 / 480 / 450 / 420 / 390 / 360 / 330 / 300 / 270 / 240 / 210 / 180 / 150 / 120 / 90 / 60 / 30 / 0

ヒートアイランド現象のしくみ

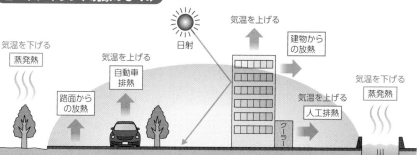

気温を下げる 蒸発熱／気温を上げる 路面からの放熱／自動車排熱／日射／気温を上げる 建物からの放熱／気温を上げる 人工排熱／クーラー／気温を下げる 蒸発熱／川

人物 眞鍋淑郎 （まなべしゅくろう） 1931〜

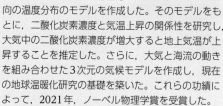

愛媛県出身の地球科学者。東京大学卒業後、渡米して気象学の研究を行った。物理法則に基づいて地球の気候をシミュレーションする気候モデル研究の先駆者である。

1960年代に大気の鉛直方向の温度分布のモデルを作成した。そのモデルをもとに、二酸化炭素濃度と気温上昇の関係性を研究し、大気中の二酸化炭素濃度が増大すると地上気温が上昇することを推定した。さらに、大気と海流の動きを組み合わせた3次元の気候モデルを作成し、現在の地球温暖化研究の基礎を築いた。これらの功績によって、2021年、ノーベル物理学賞を受賞した。

気候モデルは、現在、気候予測や天気予報などの生活に必要な情報に欠かせないものとなっている（数値予報モデル、≫p.204）。

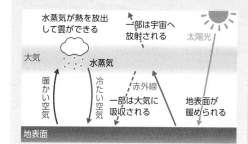

水蒸気が熱を放出して雲ができる／一部は宇宙へ放射される／太陽光／大気／水蒸気／暖かい空気／冷たい空気／赤外線／一部は大気に吸収される／地表面が暖められる／地表面

提唱された気候モデル

太陽光で地表面が暖められ、赤外線が放出される。その一部は、大気に吸収され、空気と地表面が暖められる。また、暖められた空気が上昇し、上空で水蒸気が凝縮して熱を放出し、雲がつくられる。

TOPIC SDGsの達成 ―一人一人が取り組めること

温暖化のような気候変動は、自然や人間システムに大きな影響を与え、災害を引き起こすこともある。また、地球には、気候変動に起因するものも含め、貧困や飢餓、資源の枯渇などさまざまな課題が存在している。これらの課題を解決し、持続可能な世界を実現するために、2015年の国連サミットにおいて、持続可能な開発目標（SDGs：Sustainable Development Goals）が採択された。

SDGsには17の目標があり、そのうちの目標13は、気候変動とその影響を軽減するための緊急対策への取り組みを目標としたものである。

SDGsの17の目標

SDGsの達成に向けては、各国政府をはじめ、企業や団体、個人がさまざまな取り組みを行っている。これらを参考に、私たちにできることを考えてみよう。

企業の取り組みの例（日本航空株式会社）

定期運航している航空機を利用して、温室効果ガスの観測を行っている。地上観測ではとらえられない広範囲にわたる3次元分布とその変動のデータが得られ、この情報をもとに、地球規模の炭素循環メカニズムの解明が進められている。

観測装置

観測装置を搭載した飛行機

学校の取り組みの例（武田中学校・高等学校）

「1委員会1SDGs」を掲げ、各委員会の活動とSDGsの目的を結びつけ、ペットボトルキャップや使い捨てカイロの回収などの活動に取り組んでいる。また、部活動の1つにSDGs研究会があり、研究や取組を実践することで、全校生徒のSDGs活動をリードしている。

SDGsの関連書籍を紹介した展示

豆知識　同じ気温であっても、風が吹く日は少し涼しく感じるように、私たちが感じる温度と実際の気温には差がある。その要因は風のほか、湿度や放射などであり、風鈴の音など、人間の心理に作用するものも影響する。

1 オゾン層の破壊 基礎

1970年代後半から，毎年10月ごろに，南極上空のオゾンの量が著しく少なくなる現象が見られるようになった。オゾンの少なくなった部分は，オゾン層に穴が開いたように見えることからオゾンホールとよばれている。

オゾンホールの発見

オゾンゾンデ

気象庁は，1961年，南極の昭和基地においてオゾン全量*の観測を開始した。1966年からは，オゾンゾンデを上空に飛ばし，高度によるオゾン濃度の分布も観測し始めた。1982年，世界に先駆けて，オゾンの減少傾向に気がつき，これがオゾンホールの発見につながった。1979年と2021年の2つの分布図を比較すると，オゾンホールが大きくなっていることがわかる。

昭和基地では，現在もオゾン層の監視が続けられている。

*ある地点の上空に存在するオゾンの総量。

オゾンホールの年変化

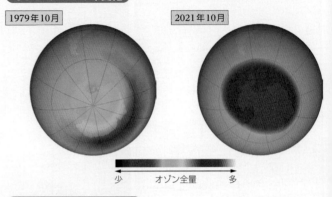

1979年10月　　2021年10月

少　オゾン全量　多

オゾン層の破壊のしくみ

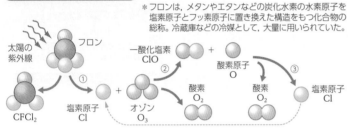

太陽の紫外線　フロン　一酸化塩素 ClO　酸素原子 O　塩素原子 Cl
CFCl₂　塩素原子 Cl　オゾン O₃　酸素 O₂　酸素 O₂

*フロンは，メタンやエタンなどの炭化水素の水素原子を塩素原子とフッ素原子に置き換えた構造をもつ化合物の総称。冷蔵庫などの冷媒として，大量に用いられていた。

①フロン*は，成層圏で紫外線を受けて分解し，塩素原子Clを放出する。
②塩素原子は，オゾンO₃を分解し，一酸化塩素ClOとなる。
③一酸化塩素は，酸素原子Oと反応して，再び塩素原子を生じる。
②と③の反応は連続して起こり，塩素原子は，オゾンを分解する触媒として作用する。塩素原子1個は，数万個のオゾン分子を分解するといわれている。

1987年には，オゾン層破壊物質の削減スケジュールなどの具体的な規制措置を定めたモントリオール議定書が採択された。これによって，フロンなどのオゾン層破壊物質の生産は減少している。

世界のオゾン全量の変化

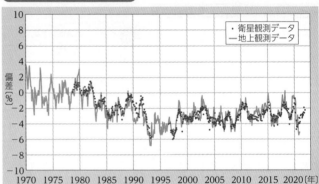

・衛星観測データ
―地上観測データ

偏差 [%]

世界のオゾン全量は，1980年代から90年代前半にかけて大きく減少したが，90年代半ば以降は，横ばいか，やや増加傾向にある。フロンの規制によるものと考えられるが，依然としてオゾン全量は少なく，今後も監視を続けていく必要がある。

オゾン層の破壊と紫外線の影響

紫外線が増加すると，人体への影響が現れると考えられる。また，人だけでなく，ほかの生物にも影響するため，生態系や農業への影響も懸念されている。

急 性	日焼け，紫外線角膜炎(雪目)，免疫機能の低下
慢 性	皮膚：シワ，シミ，良性腫瘍，前がん症，皮膚がん 目：白内障，翼状片

オゾンホールの面積の季節変化

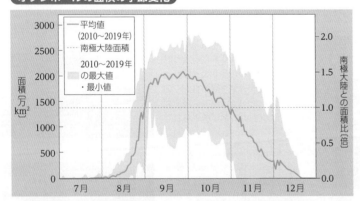

面積 [万km²]

― 平均値(2010～2019年)
‥‥‥ 南極大陸面積
2010～2019年
□ の最大値
・ 最小値

南極大陸との面積比 [倍]

冬の極域では，太陽光が届かないため，気温が−80℃程度まで低下し，水蒸気が凝結した雲(極域成層圏雲)が生じる。この雲に，フロンなどから生じた塩素原子Clが，塩素Cl₂や次亜塩素酸HClOなどとして成層圏に留まる。春になり，太陽光が届くようになると，これらは分解して塩素原子を生じ，オゾン層を破壊する。そのため，オゾンホールは，春(南半球では8月ごろ)に生じ，1～7月には観測されない。

紫外線量の変化

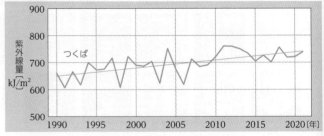

紫外線量 [kJ/m²]

つくば

日本の紫外線量は増加傾向にあるが，オゾン層の破壊との関連よりも，天候や雲量，エーロゾルの変化が影響していると考えられている。

豆知識　2011年に，北極上空のオゾンホールが南極のものに匹敵する規模で観測された。しかし，北極は南極に比べ，極渦が不安定で，冬季の下部成層圏の気温が高いため，南極ほど大規模なオゾンホールはできない。

2 酸性雨 基礎

通常の降水のpH（水素イオン指数）は，二酸化炭素CO_2が溶け込むため，約5.6と弱酸性である。これに，石油や石炭などの化石燃料の燃焼によって排出された硫黄酸化物（SO_X）や窒素酸化物（NO_X）などが硫酸や硝酸となって溶け込むと，酸性雨（pHが5.6未満）となる。

利尻 4.85
札幌 4.90
落石岬 5.15
新潟巻 4.84
佐渡関岬 4.86
八方尾根 5.20
箟岳 5.06
伊自良湖 4.84
隠岐 4.85
赤城 5.01
東京 4.97
対馬 4.94
尼崎 4.92
筑後小郡 4.82
梼原 4.93
えびの 4.87
屋久島 4.67
辺戸岬 5.06
小笠原 5.13

pH分布図（2016～2020年平均）

酸性雨は，土壌や陸水（湖沼・河川・地下水）などを酸性化し，生態系に影響を与えると懸念されている。また，大気中に排出された原因物質は，国境を越えて広がるため，国際的な協力体制も必要である。

TOPIC 黄砂とPM2.5

黄砂時の太陽

黄砂とは，東アジアの砂漠域などで風に吹き上げられた砂塵が遠方に運ばれ，降下する現象である。黄砂は，エーロゾルとして，地球の気候に影響を及ぼすほか，海洋にミネラルを運び，生態系にも関与していると考えられている。

一方，大気中を浮遊する直径2.5μm以下の粒子を微小粒子状物質（PM2.5）という。その起源は，土壌や海塩の粒子，火山灰のほか，産業活動に伴う煤煙，粉塵，排ガスなどであり，黄砂とともに，呼吸器などを害するものと懸念されている。

琵琶湖（滋賀県）

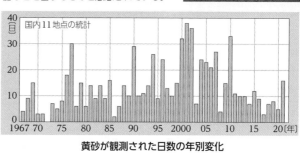
国内11地点の統計

黄砂が観測された日数の年別変化

3 砂漠化 基礎 砂漠化の原因は，気候的要因と人為的要因に分けられる。

砂漠化の原因

気候的要因
地球規模の大気循環の変化
干ばつ
乾燥化

人為的要因
過放牧，森林伐採，過耕作などの自然の許容限度を超えた人間活動

アフリカやアジアの乾燥地域では，砂漠化によって食料生産が悪化し，さらに過放牧や過耕作が進むことで，砂漠化の進行が加速する傾向にある。

砂漠化の例−アラル海の縮小−

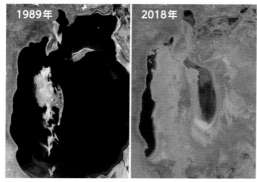
1989年　2018年

降水量の減少や水の過剰採取によって縮小し，生態系が破壊されたり，周辺住民が健康被害を受けたりしている。

+α 中緯度砂漠の成因

砂漠には，地球規模の大気循環の結果として形成されるものがある。大気循環では，緯度20°～30°付近に，熱帯で上昇した空気が下降する亜熱帯高圧帯が生じる（▶p.76）。高圧帯では，下降気流が卓越するため，雲ができにくく，降水量が少ない。これが主な要因となって形成される砂漠を中緯度砂漠といい，サハラ砂漠，カラハリ砂漠（アフリカ南部），オーストラリア内陸部の砂漠などがある。

サハラ砂漠

森林破壊

2000年

2012年

森林は，陸地の約3割を占め，多様な生物を育み，光合成によって酸素をつくり出している。

しかし，近年の人口増加に伴って，耕作地や牧草地とするための過剰な焼畑が行われている。また，薪炭材としての利用や建築資材としての木材消費量の増加などによって，大規模な森林伐採も進んでいる。自然の再生能力を上回るスピードで破壊が進むことによって，多くの森林が失われている。

アマゾンの森林開発のようす（2000年と2012年）

世界の森林面積の変化（2010～2015年）

森林が50万ha以上減少した国
森林が25万ha以上減少した国
森林が5万ha以上減少した国
森林の増減が5万ha未満の国
森林が5万ha以上増加した国
森林が25万ha以上増加した国
森林が50万ha以上増加した国

資料提供：国土地理院（国連食糧農業機関森林統計使用）

南アメリカ，アフリカ，東南アジアなどの熱帯を中心に，森林面積の減少が目立つ。

豆知識　雨は，降下する際に，さまざまな物質を溶かし込む。降り始めの雨は，大気中の汚染物質によって，pHの値が低くなる（酸性化）。長く降り続くと，大気中の汚染物質が取り除かれ，pHの値が高くなっていく。

1 水循環 基礎

地球上の水は，さまざまな場所に分布している。
それらは，状態を変えながら循環しており，物質やエネルギーの輸送に関わっている。

地球上の水の量

地球上の水 (約14億km³) は，約97.5%が海水，約2.5%が淡水である。淡水だけをみると，氷床や氷河として存在するものが約70%と最も多く，残り約30%のほとんどは地下水である。湖沼水や河川水は非常に少なく，人類が水資源として利用できる水は，地球上の水のうちのほんのわずかな量に過ぎない。

地球上の水の量
約13.86億km³

海水 97.47 %
約13.51億km³

淡水 2.53 %
約0.35億km³

＊南極大陸の地下水は含まれていない。

地下水 0.76 %＊
約0.11億km³

氷河 1.76 %
約0.24億km³

河川・湖沼など
0.01 %
約0.001億km³

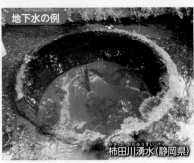

地下水の例

柿田川湧水（静岡県）

富士山麓に降った雨が三島溶岩を通り，湧き出ている。日本有数の湧出量 (120万m³/日) を誇る。

地球上の水循環

地球上の水は，太陽放射のエネルギーを原動力として循環している。水の総量は，数千年，数万年といった時間スケールでは変化しない。

図中の矢印に添えられた数値は，単位時間に移動する水の量 (水の移動速度) を表し，□内に示された貯留量は，見かけ上，常にそこに存在する水の量を表す。

↑↓ 循環量：10^3km³/年
□ 貯留量：10^3km³

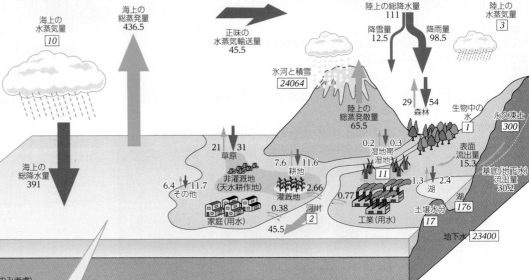

海上の水蒸気量 10

海上の総蒸発量 436.5

正味の水蒸気輸送量 45.5

陸上の総降水量 111

陸上の水蒸気量 3

降雪量 12.5　降雨量 98.5

氷河と積雪 24064

29　54

森林

生物中の水 1

永久凍土 300

陸上の総蒸発散量 65.5

21　31
草原

7.6　11.6
耕地

0.2　0.3

湿地帯 湿地 11

表面流出量 15.3

海上の総降水量 391

6.4　11.7
その他

非灌漑地（天水耕作地）
2.66
灌漑地
0.38

家庭（用水）

0.77
工業（用水）

1.3　2.4
湖　湖

基底（地下水）流出量 30.2

河川 2

45.5

土壌水分 176

17

海 1338000

地下水 23400

（南極大陸に関しては氷河のみ考慮）

陸上においては，蒸発散する水よりも降水の方が多く，海上においては，降水よりも蒸発する水の方が多い。それぞれの過剰分は，河川や風などで相互に輸送されている。

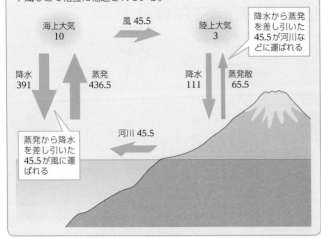

海上大気 10

風 45.5

陸上大気 3

降水から蒸発を差し引いた45.5が河川などに運ばれる

降水 391　蒸発 436.5

降水 111　蒸発散 65.5

河川 45.5

蒸発から降水を差し引いた45.5が風に運ばれる

TOPIC 地球システムと人間圏

地球は，相互に影響を及ぼし合う要素 (サブシステム) から構成された1つの大きなシステムと考えることができ，これを地球システムという。近年の人間活動は，地球システムにおいて，人間圏とよばれる新しいサブシステムを構成し，ほかのサブシステムに変化をもたらすようになってきた。

地球システムと人間圏の関わりの1つに水の利用がある。私たちは，生活の中で無造作に水を利用しているが，本来の水循環に配慮せずに利用を続けると，水質汚染や水資源の枯渇などの問題を招くことになる。水循環に起きた変化は，さらに生物圏や大気圏にも影響を及ぼしていく。

ガンジス川（インド）

工場の排水によって，川が泡立っている。

豆知識　滋賀県高島市の針江集落では，豊富に湧き出す地下水を生水とよび，飲用から炊事などの日常生活のあらゆる場面で上手に利用している。また，熊本市は，人口50万人を超える都市にも関わらず，水道水源のすべてを地下水でまかなっている。

炭素は，さまざまな物質に含まれており，地球の中で長い時間をかけて，すがたを変えながら循環している。
特に，二酸化炭素は，炭素循環における主要な物質である。

長期的な炭素循環

①火山活動によって，大気中に二酸化炭素がもたらされる（»p.51）。
②大気中の二酸化炭素は，海水と接し，炭酸水素イオンHCO_3^-として海水中に溶け込む（»p.88）。
③二酸化炭素は，降水（雨）に溶けて岩石を風化させる（»p.140）。
④風化によって溶け出したカルシウムイオンCa^{2+}は，河川などによって海へと運ばれる。
⑤カルシウムイオンは，炭酸カルシウム$CaCO_3$や有機物として生物の体の一部となり，生物の死後は
　堆積物として海底に堆積する（»p.148）。
⑥堆積物や堆積岩の一部は，プレートの沈み込みに伴って地球内部へと運ばれる。
⑦火山活動で再び二酸化炭素が大気中へ放出される。

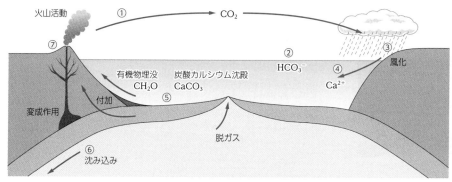

長い時間スケールで見た炭素の循環

人間の活動と炭素循環

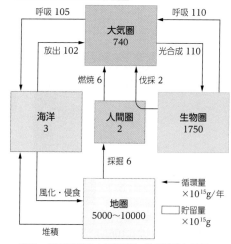

　近年，化石燃料の大量消費などの影響を受けて，
炭素循環の経路が急速に変化している。人間が排出
した二酸化炭素のゆくえもまだ十分には解明できて
いない。地球温暖化などに対応するためには，炭素
循環の正確な把握が急務である。

---

3 **地球システム** 基礎
　地球には，さまざまな役割やしくみをもつ要素（サブシステム）が存在し，それらは，互いに物質や
エネルギーをやり取りしながら大きな集合体（システム）を構成している。

地球システムのイメージ

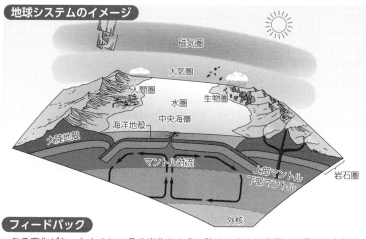

サブシステム

　サブシステムどうし
がやり取りしている物
質やエネルギーを把握
することで，システム
の全体像をつかむこと
ができる。

システム	サブシステム
地球	大気圏，水圏，岩石圏，生物圏，人間圏など
地圏	地殻，マントル，外核，内核など
人体	神経系，循環器系，呼吸器系，消化器系など

サブシステム間の関係

　地球のサブシステム間で移動する物質の流出量や流入量，蓄積量，
滞留時間を把握できれば，地球システムの全体像をとらえることがで
きる。平均滞留時間（ある領域の物質が入れ替わるまでの時間）は，以
下のように求められる。

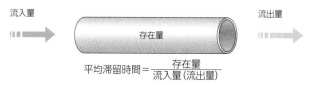

$$平均滞留時間＝\frac{存在量}{流入量（流出量）}$$

　たとえば，大気中の水の平均滞留時間を，1年＝365日として計算
すると，地球上の水循環の図（»p.190）から，$\frac{(3+10)\times365}{65.5+436.5}$＝9.5日
となる。滞留時間は，水の存在形態によって異なり，大気中の水は日
単位であるが，湖沼では年単位，地下水や海水は1000年単位となる。

　このような考え方は，水循環や炭素循環に限らず，ほかの物質循環
にも適用することができる。

> 　地球のサブシステム間では，さまざまな時空間スケール（気象
> のスケール，»p.75）で，物質やエネルギーがやり取りされる。
> また，フィードバックも複雑に作用し合っており，システムの正
> 確な把握は容易ではない。

フィードバック

　ある変化があったときに，その変化をさらに強める方向に作用する働きを(a)正の
フィードバック，その変化を弱める働きを(b)負のフィードバックという。

豆知識 物質を生産するために，どの程度の水が必要か推定したものをバーチャルウォーター（仮想水）という。たとえば，農作物を輸入すれば，輸
入元の国の水資源を間接的に消費したことになる。このような考え方は，グローバルな水問題や地球システムを考えるときに重要である。

特集6 南極観測
Antarctic exploration

超高層物理・オーロラ

コロナ状のオーロラ

昭和基地はオーロラ帯の真下にあり，絶好の観測場所である。オーロラは太陽活動と密接に関係するため（≫p.106），宇宙環境の変動を知る手がかりとなる。また，磁気圏，中高層大気の観測・研究も行われている。

カーテン状のオーロラ

南極隕石

日本は，約17000個の隕石を採集し，世界最多の隕石保有国となった。その中には，月や火星起源の隕石もあり，太陽系や惑星の成り立ちなどがわかってきた。

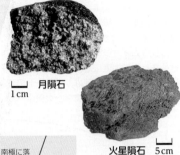
月隕石 1cm
火星隕石 5cm

隕石の集積メカニズム
南極に落ちる隕石
山脈でせきとめられた氷が昇華して隕石が残る。
氷と一緒に海に流れ出す。
氷　山脈　基盤　南極海

南極の隕石は，氷床に取り込まれ，氷床とともに移動し，山脈部に集まる。このメカニズムは，日本の観測隊によって発見された。

海洋観測

南極観測船しらせは，昭和基地周辺やその行程となる海域で海洋観測を行っている。

昭和基地に接岸した「しらせ」

海洋調査

観測から，南極海の生態系などが地球環境変動と大きく関わっていることがわかってきた。

南極大陸

面　　積：1388万km²（日本の約37倍）
日本からの距離：約14000km
平均標高：2010m　最大標高：4897m
氷の厚さ：約1860m（平均），4776m（最大）
氷　の　量：約2540万km³（地球上の氷の約90％）
平均気温：－10.5℃（昭和基地）
最低気温：－89.2℃（ロシア・ボストーク基地）

南極半島
ボストーク基地（ロシア）
南極点
ドームふじ基地
みずほ基地　あすか基地
昭和基地

雪氷

ドームふじ基地では，氷床掘削（≫p.185）以外に，氷河の流動や氷床の質量収支なども観測している。

アメリー棚氷

雪まりも

氷床が陸から押し出され，割れずに浮いている氷を棚氷という。南極氷床の面積の約1割を占めている。

雪まりもは，内陸氷床上で見られる綿状の雪の塊である。霜が，風で転がってできると考えられている。

陸上観測

陸上では，コケ植物，地衣類，小動物などが調査され，湖沼では，大規模なコケ植物の群落（コケ坊主）が見つかっている。海洋では，ペンギンやアザラシ，ナンキョクオキアミ，アイスアルジーなど，豊かな海洋生態系が調査されている。また，小型データロガー（遊泳速度などを記録できる装置）を取り付けて，動物の行動を直接調査する観測も行われている。

露岩域の湖沼に生育するコケ

アデリーペンギンの営巣地

ウェッデルアザラシ

豆知識　人類共通の財産としての貴重な南極の自然環境を守るため，1959年，南極条約が採択され，2019年現在，54か国が加盟している。領土権の主張や軍事目的の利用の禁止はもちろん，動植物のもち込みも禁止されている（犬ぞりも使用されない）。

南極は，人間活動の影響が少なく，貴重な自然環境が残されている場所である。1957年の昭和基地開設から，約半世紀にわたる日本の南極観測は，多くの成果をあげてきた。最近では，南極独特の自然現象を知ることに加え，南極を宇宙や地球の環境を知るための窓として利用する研究も増えている。

写真提供：国立極地研究所，第46次南極地域観測隊 上村剛史

✳ 大気・気象観測

定常的な気象観測をはじめ，ブリザードなどの極地特有の気象を観測している。1982年にはオゾンホールを発見した。オゾンや温室効果ガスの監視などは，地球規模の環境変化をとらえる上で重要な意味をもつ。

無人観測航空機による
エーロゾル観測

ゾンデによる高層気象観測

晴れた時

ブリザード時

ブリザード（雪嵐）時には，数m先も見えなくなる。

✳ 地質

南極大陸には，約38億年前に形成されたナピア岩体が存在し，地球初期の地殻について研究できる。また，南極は超大陸ゴンドワナの一部であり，大陸移動など，数億年前の地球の変動を記録している。化石からは，かつて，森林が広がり，恐竜などのハ虫類が存在する赤道付近に位置したことがわかっている。

昭和基地周辺の露岩

岩石の採取

昭和基地近くで採取されたもの

ルビー

サファイア

2cm

ゴンドワナの復元図
（約2億年前）

アフリカ / 南アメリカ / 昭和基地 / インド / 南極 / 北アメリカ / オーストラリア

ドームふじ基地

氷床掘削を行い，地球規模の気候・環境変動を探っている（≫p.185）。2007年には，3035mの氷床掘削に成功した。約670万年の氷期-間氷期サイクルや，気温・二酸化炭素濃度などの変動が研究されている。

南極点 +

ドームふじ基地

昭和基地

日本の南極観測の中心拠点。毎年，観測隊が越冬して研究を行う。基地での継続的なモニタリング観測のほか，寒冷地での技術，環境対策なども研究されている。

基地

GNNS観測

✳ 地球物理観測

衛星測位・GNNS・VLBI・重力などの測地，地震，海洋潮汐，電磁気など，多くの地球物理観測を行い，南極大陸や南極海の構造を探る研究が進んでいる。

✳ 地形

氷床に覆われた大陸であるが，火山も存在する。昭和基地付近には，氷河地形が露出しており，過去の氷河の分布や流動方向などを推定できる。

氷河地形

迷子石

第6章　地球の環境

豆知識　日本の極地観測では，国立極地研究所（東京都立川市）が中核的な役割を果たし，南極の昭和基地，北極のニーオルスン基地を拠点に，多くの研究・観測がなされている。国立極地研究所：https://www.nipr.ac.jp/

1 化石燃料の産状 基礎

石炭，石油，天然ガスなどは化石燃料とよばれる。これらは，地質時代に堆積した生物の遺骸が，地下深部の酸素の乏しい環境の下で，長い時間をかけて分解され，生成したものである。

化石燃料の産状

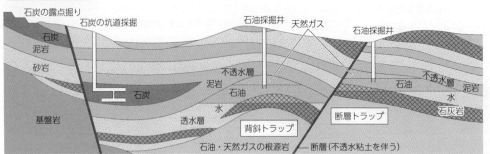

石炭は，地層として産出する。石油や天然ガスは，断層や褶曲の背斜部分に蓄えられており，この構造を**トラップ**という。トラップには，密度の小さい順に，上から天然ガス，石油，水が貯留されている。その上部は不透水層で覆われており，これを帽岩（キャップロック）という。石油や天然ガスが蓄えられているトラップは，物理探査（>> p.173）によって調査されている。

世界の主な化石燃料採掘地の分布

石油は，原生代から第四紀までのさまざまな地層から産出するが，圧倒的に多いのは，中生代白亜紀のものである。また，石炭は，デボン紀，石炭紀，ペルム紀の植物に由来することが多い（>> p.163）。日本で産出する石油は，新生代新第三紀のものであり，石炭は新生代古第三紀のものが多い。

日本の主な化石燃料採掘地の分布

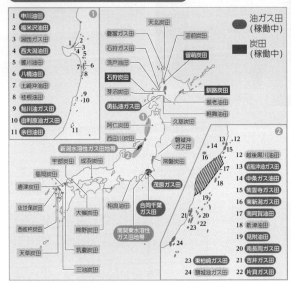

2 石炭 基礎

陸生や水生の植物が，埋没後の続成作用によって揮発性成分（H_2O，CO_2など）を失い，炭素分が増加してできた岩石を石炭という。

石炭の成因

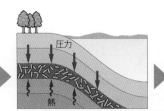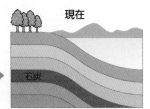

石炭は，地質時代の陸上植物が大湿地帯などに堆積・埋没し，続成作用によって，長期間，高い温度と圧力を受けることで形成された。石炭が産出する地域を炭田とよぶ。

石炭の採掘

北海道砂子炭鉱の露天掘り

石炭層が比較的浅い場合は，地表から直接掘る露天掘りが適している。

石炭の種類

無煙炭は，最も不純物が少なく，炭素の割合が90%以上である。

石炭の利用

製鉄や発電用の燃料，練炭や豆炭の原料などに利用されている。

豆知識 日本にも石炭は存在し，北海道や九州を中心に採掘されてきた。戦後，安い石炭が多く輸入されるようになったこと，石油へのエネルギー転換が進んだことなどによって，現在では，ほとんどの炭鉱が操業を停止している。

3 石油 基礎

石油は，炭化水素を主成分とする液状の混合物である。
生物の遺骸が，地球内部の高い温度と圧力によって分解され，不透水層に覆われた場所に集積・貯留したものと考えられている。

石油の成因

①有機物と土砂の堆積

地質時代に生息したプランクトンや藻類などの生物の遺骸が，泥とともに海底に堆積し，埋没する。

②ケロジェンの生成

埋没した泥は泥岩となる。この泥岩には，石油の根源物質（ケロジェン；油母）が含まれる。

③熟成・石油の生成

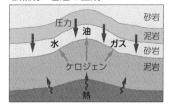

ケロジェンは，長期間，地下の高い温度と圧力の影響を受けて，液体の炭化水素に変わる。この液体が石油である。

④石油の移動・集積

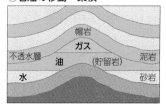

石油は，帽岩でさえぎられたトラップに移動し，砂岩や石灰岩などのあなやすき間に貯留する。

石油の採掘

掘削装置を使い，油層まで掘り進む。ドリルパイプで地下の石油を引き上げる。その後，パイプラインで輸送する。

バクー油田（アゼルバイジャン）

石油の利用

原油（新潟県産）

原油からは，沸点の違いを利用して，ナフサ，灯油，軽油などの石油製品が得られる（分留）。ナフサからは，ガソリンが得られるほか，プラスチックや合成ゴム，合成繊維などの原料がつくられる。

ナフサ　灯油　軽油　ガソリン＊
＊ガソリンは着色されている。

4 天然ガス 基礎

天然ガスは，多くの場合，石油や石炭に伴って産出する。

天然ガスは，メタンを主成分とする可燃性のガスである。石油や石炭に伴って産出するものや，地下水に溶けているものがある。一般に，天然ガスは，－162℃まで冷却して液化天然ガス（LNG; Liquefied Natural Gas）とし，体積を$\frac{1}{600}$にして輸送される。その後，気化プラントで天然ガスに戻される。

東京湾から房総半島にかけての地域には，日本最大の水溶性ガス田の，南関東ガス田がある。現在，天然ガスは，そのほとんどを輸入に頼っている。

岩船沖油ガス田（新潟県）

＋α シェールガス

シェールとは頁岩（» p.150）のことであり，シェール層に含まれている天然ガスをシェールガスという。このガスを含む岩石層は，非常に厚く，地下深くで長期間にわたって圧密作用を受け，微細な割れ目を多く生じている。シェールガスは，この割れ目に貯留されている。

近年，技術の進歩に伴って，採掘が可能となってきたが，地下水汚染が心配されるなど，安全性を確保できるかどうか課題が残されている。シェールガスは，アメリカや中国などに大量に存在しているが，日本にはほとんど存在しないと考えられている。

地域	可採埋蔵量
アルジェリア	20
ロシア	8.1
カナダ	16.2
中国	31.6
アメリカ	17.6
メキシコ	15.4
ブラジル	6.9
南アフリカ	11
オーストラリア	12.2
アルゼンチン	22.7
世界総計	214.5

［単位：兆m³］
シェールガスの可採埋蔵量（» p.199）

5 メタンハイドレート 基礎

メタンが低温・高圧の状態で水分子に取り囲まれ，氷状になったものをメタンハイドレートという。メタンハイドレートは，燃える氷として知られている。大陸周辺の海底や永久凍土地帯に産出し，日本周辺の海底直下にも広く分布している。

燃料として利用した場合，石油や石炭に比べて二酸化炭素の排出量が少ないといった特長がある。

将来のエネルギー資源の1つとして注目され，生産に関する研究が進められている。

人工のメタンハイドレート

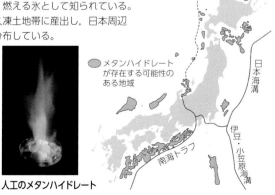
メタンハイドレートが存在する可能性のある地域

人物 中野貫一 1846～1928

明治・大正時代に「石油王」とよばれた日本人がいる。新潟県蒲原地方で，油田の開発に成功した中野貫一である。彼は，手掘りで石油の採掘を始め，明治36年，商業規模の油田開発に成功する。その後，彼の経営する中央石油は，当時の二大石油会社，日本石油と宝田石油に次ぐ産油業者にまで成長した。

石油の里公園（新潟県新潟市秋葉区）には，実際に使用された石油の採掘・精製施設が，近代化産業遺産として保存されている。

豆知識　日本国内で産出する石油はごくわずかであり，輸入の割合が99.7％である（2021年）。しかし，音波探査（» p.173）などの地質調査によって，日本近海にも石油や天然ガスが存在する可能性の高い地域があることがわかっている。

1 火力発電 基礎

火力発電所

富津火力発電所(千葉県)

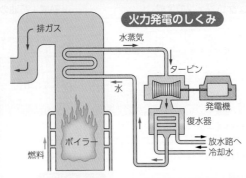
火力発電のしくみ

排ガス／水蒸気／タービン／水／発電機／復水器／燃料／ボイラー／放水路へ／冷却水

火力発電では,化石燃料(石油,石炭,天然ガスなど)をボイラー内で燃焼させ,その熱で,水を水蒸気に変え,水蒸気の力でタービンを回転させて発電する。天然ガスなどの燃焼の際に生じるガスで,タービンを回転させる方式もある。

主な課題
大量の化石燃料を使用するため,温室効果ガスである二酸化炭素を排出するという問題点がある。

2 原子力発電 基礎

放射性同位体が核分裂する際に放出される熱を用いる発電が原子力発電である。
原子力発電には,ウラン鉱石に含まれるウラン235が燃料として用いられる。

原子力発電所

女川原子力発電所(宮城県)

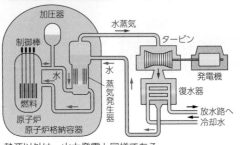
原子力発電のしくみ

加圧器／制御棒／水蒸気／タービン／水／発電機／燃料／蒸気発生器／復水器／原子炉／原子炉格納容器／放水路へ／冷却水

熱源以外は,火力発電と同様である。

原子力発電所の分布
・運転中
・停止中・廃止措置中
・建設・計画中

泊／大間／高浜／美浜／島根／大飯／敦賀／柏崎刈羽／上関／志賀／東北・東通／東京・東通／玄海／女川／川内／伊方／浜岡／福島第一／福島第二／東海
(2023年5月現在)

原子力発電所は臨海部に位置している。これは,タービンを回す水蒸気を冷却するために大量の水(冷却水)を必要とし,海水が用いられるためである。

核分裂の連鎖反応

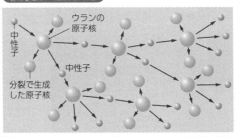

中性子／ウランの原子核／中性子／分裂で生成した原子核

^{235}Uの原子核に中性子を衝突させると,原子核が分裂し,2〜3個の中性子を放出するとともに,各種の放射線と大きなエネルギーを放出する。

主な課題

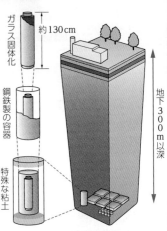
ガラス固体化／約130cm／鋼鉄製の容器／特殊な粘土／地下300m以深

地層処分のしくみ

使用ずみ核燃料などの放射性廃棄物は,安全に処分することが求められる。地下深部に埋設する地層処分に関する研究が行われているが,日本は変動帯にあり,地震による地殻変動が起きた場合にも,安全性を確保できるかどうか不透明である(⊙p.213)。

3 地熱発電 基礎

火山地帯の地下は,マグマだまりが地下数kmのところに存在するために,周囲よりも高温になっている。
この地下に存在する熱を地熱といい,これを利用した発電が地熱発電である。

地熱発電所

柳津西山地熱発電所(福島県)

地熱発電所は,火山の近くに設置され,東北地方や九州地方に多い。海外では,アメリカやフィリピン,インドネシアなどに存在する。

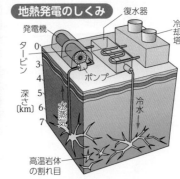
地熱発電のしくみ

発電機／復水器／冷却塔／タービン／ポンプ／深さ[km]／水蒸気／冷水／高温岩体の割れ目

地熱発電は,地下に高温の状態で貯留されている地下水(熱水)を,ボーリングによって取り出し,熱水から分離した水蒸気でタービンを回転させ,発電を行う。熱水には,硫化水素などの有害な成分も含まれており,除去する必要がある。地熱発電は,放射性廃棄物や二酸化炭素を出さない発電方式であり,エネルギー源の地熱は枯渇しない。1機あたりの発電量が多く,燃料価格の変動による影響を受けにくいといった利点もあり,開発が進められている。

主な課題
日本の火山のほとんどは国立公園になっており,地熱発電所の建設が認められていない地域がある。また,熱源調査から稼働までに長期間を要し,建設コストも高い。

豆知識 地下の温度は,地表に比べて温度変化が小さく,地下10〜15m程度で一定となるため,地中の方が,夏は涼しく,冬は暖かい。この温度差によるエネルギーを地中熱エネルギーといい,東京スカイツリーなどの大型施設の冷暖房として利用されている。

4 太陽光発電・太陽熱発電 基礎

太陽光発電

太陽電池が取り付けられた家

太陽放射のエネルギーを利用した発電の1つが**太陽光発電**である。太陽光発電には，太陽電池が用いられ，発電時に二酸化炭素が排出されない。

主な課題

太陽光は，エネルギー密度が小さく，電力を得るために，広い面積を必要とする。また，発電量が気象条件に左右される。

太陽電池のしくみ(pn型の例)

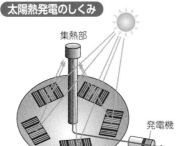

●	正孔
●	電子

太陽　太陽放射　電極　反射防止膜　n型半導体　p型半導体　電極　負荷　電流→　太陽光発電素子(太陽電池本体)

太陽電池は，n型半導体とp型半導体を接合させた構造である。光が両半導体の接合部にあたると，電子が飛び出し，n型半導体へ移動する。また，同時に生じる正孔(ホール)は，p型半導体へ移動し，起電力を生じる。

太陽熱発電

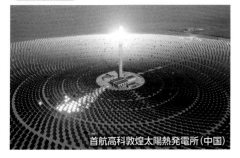

首航高科敦煌太陽熱発電所(中国)

太陽熱発電のしくみ

集熱部　発電機　タービン　送電

太陽熱発電では，太陽光をレンズや反射鏡で集めて水を熱し，水蒸気を発生させて，タービンを回転させ，発電する。

太陽熱は，ほかの物質に蓄熱することができるため，夜間やくもりのときでも発電できる。

主な課題

太陽光を集めるために，広い土地が必要となる。低緯度の乾燥地域に適しており，アメリカやスペインでは実用化されているが，湿度が高く，頻繁に天気が変化する日本には不向きな発電方式である。

5 そのほかの自然エネルギーの利用 基礎

水力発電，風力発電，波力発電などは，自然現象から得られるエネルギーを利用したものであり，自然エネルギーとよばれる。これらは発電時に二酸化炭素を排出しない。

水力発電

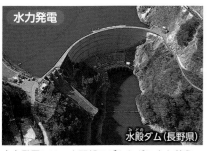

水殿ダム(長野県)

水力発電には，山間部のダムなどに水を蓄え，その水を落下させて発電する方式と，上下に2つの貯水池をつくり，電力需要の少ない夜間に上池に水をくみ上げ，昼間にその水を落下させて発電する揚水式がある。いずれも，水の位置エネルギーを利用したものである。

風力発電

苫前ウインドファーム(北海道)

風力発電では，風の運動エネルギーよって，大型の風車を回転させて発電する。常に一定の風が強く吹く場所が少ないこと，巨大な風車に渡り鳥が衝突する危険があるなどの問題点をもつが，活発な研究と技術開発が進められている。

潮力発電

ランス潮力発電所(フランス)

潮の満ち引きによる，海水面の高度差を利用する発電を**潮力発電**(潮汐発電)という。河口付近にダムを建設し，満潮時には海から川に，干潮時には川から海に水を流し，タービンを回転させて発電する。カナダのファンディ湾や，フランスのランス湾など，干満差の大きい湾で実用化が進んでいる。

波力発電

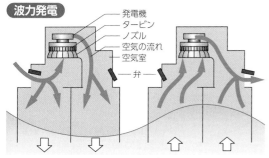

発電機　タービン　ノズル　空気の流れ　空気室　弁

上図の**波力発電**では，波の上下運動によって，筒の中の空気が圧縮と膨張をくり返すことでタービンが回転し，発電が行われる。波力発電は，航路標識灯などに利用されている。

+α 燃料電池

近年実用化された発電装置に燃料電池がある。燃料電池自動車の動力源，家庭やオフィスなどの電源として利用されている。

実用化された燃料電池自動車

水に電気を通じると，水素と酸素に分かれる(電気分解)。逆に，水素と酸素を反応させると，電気を取り出すことができる。燃料電池は，この反応を利用している。

燃料電池自動車では，タンクに入れた高圧の水素と空気中の酸素を利用する。家庭やオフィスの燃料電池は，都市ガスから水素を取り出し，その水素と空気中の酸素を用いている。燃料電池は，発電時に二酸化炭素をほとんど排出しないことから，クリーンなエネルギーとして注目されている。

豆知識　風力発電の風車に吹く風が強すぎると，機器が破損する場合がある。そのため，強風時にはブレード(羽)の回転速度を下げたり，一時停止させるといった対処が必要になる。

1 鉱物資源 基礎

有用な元素が濃集している岩石を鉱石という。鉱石が多く含まれ，経済的に採掘できる部分を鉱床という。
鉱床は，火成作用によるものと，風化や堆積の作用によるもの，変成作用によるものとに大別される。

鉱物資源の産状

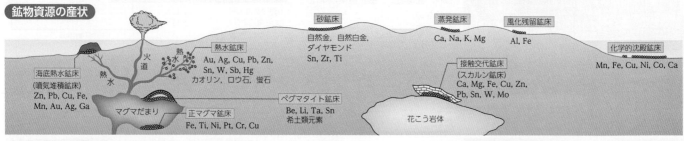

砂鉱床　自然金, 自然白金, ダイヤモンド　Sn, Zr, Ti

蒸発鉱床　Ca, Na, K, Mg

風化残留鉱床　Al, Fe

化学的沈殿鉱床　Mn, Fe, Cu, Ni, Co, Ca

熱水鉱床　Au, Ag, Cu, Pb, Zn, Sn, W, Sb, Hg　カオリン, ロウ石, 蛍石

海底熱水鉱床（噴気堆積鉱床）　Zn, Pb, Cu, Fe, Mn, Au, Ag, Ga

マグマだまり

正マグマ鉱床　Fe, Ti, Ni, Pt, Cr, Cu

ペグマタイト鉱床　Be, Li, Ta, Sn　希土類元素

接触交代鉱床（スカルン鉱床）　Ca, Mg, Fe, Cu, Zn, Pb, Sn, W, Mo

花こう岩体

鉱床の種類と鉱石

石炭や石油などの化石燃料（▶p.194-195）は，有機的堆積鉱床（風化や堆積の作用による鉱床）に相当するが，ここでは省略する。

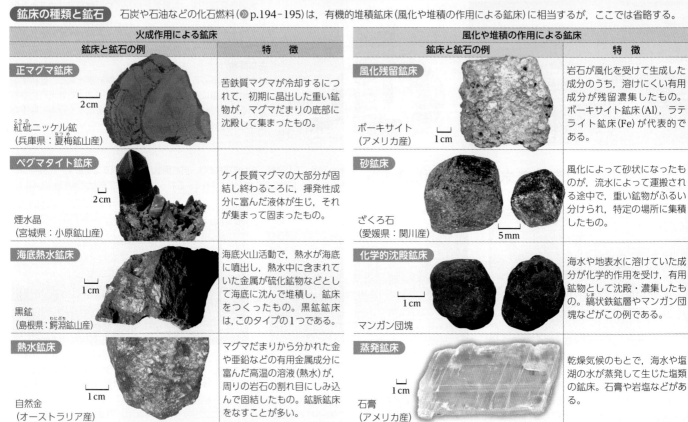

火成作用による鉱床

鉱床と鉱石の例	特　徴
正マグマ鉱床　紅砒ニッケル鉱（兵庫県：夏梅鉱山産）　2cm	苦鉄質マグマが冷却するにつれて，初期に晶出した重い鉱物が，マグマだまりの底部に沈殿して集まったもの。
ペグマタイト鉱床　煙水晶（宮城県：小原鉱山産）　2cm	ケイ長質マグマの大部分が固結し終わるころに，揮発性成分に富んだ液体が生じ，それが集まって固まったもの。
海底熱水鉱床　黒鉱（島根県：鰐淵鉱山産）　1cm	海底火山活動で，熱水が海底に噴出し，熱水中に含まれていた金属が硫化鉱物などとして海底に沈んで堆積し，鉱床をつくったもの。黒鉱鉱床は，このタイプの1つである。
熱水鉱床　自然金（オーストラリア産）　1cm	マグマだまりから分かれた金や亜鉛などの有用金属成分に富んだ高温の溶液（熱水）が，周りの岩石の割れ目にしみ込んで固結したもの。鉱脈鉱床をなすことが多い。

風化や堆積の作用による鉱床

鉱床と鉱石の例	特　徴
風化残留鉱床　ボーキサイト（アメリカ産）　1cm	岩石が風化を受けて生成した成分のうち，溶けにくい有用成分が残留濃集したもの。ボーキサイト鉱床(Al)，ラテライト鉱床(Fe)が代表的である。
砂鉱床　ざくろ石（愛媛県：関川産）　5mm	風化によって砂状になったものが，流水によって運搬される途中で，重い鉱物がふるい分けられ，特定の場所に集積したもの。
化学的沈殿鉱床　マンガン団塊　1cm	海水や地表水に溶けていた成分が化学的作用を受け，有用鉱物として沈殿・濃集したもの。縞状鉄鉱層やマンガン団塊などがこの例である。
蒸発鉱床　石膏（アメリカ産）　1cm	乾燥気候のもとで，海水や塩湖の水が蒸発して生じた塩類の鉱床。石膏や岩塩などがある。

変成作用による鉱床

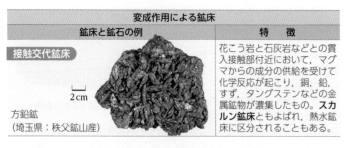

鉱床と鉱石の例	特　徴
接触交代鉱床　方鉛鉱（埼玉県：秩父鉱山産）　2cm	花こう岩と石灰岩などとの貫入接触部付近において，マグマからの成分の供給を受けて化学反応が起こり，銅，鉛，すず，タングステンなどの金属鉱物が濃集したもの。**スカルン鉱床**ともよばれ，熱水鉱床に区分されることもある。

火山活動やプレート運動などの地球規模の変動の結果，鉱床には地域的な偏りがある。日本には，北海道から東北・伊豆にかけてのグリーンタフ地域に鉱床が集中している。ここでは，金属（銅，鉛，亜鉛，金，銀など）の含有率が高い，暗灰色の鉱石（黒鉱）が産出する。

黒鉱の分布

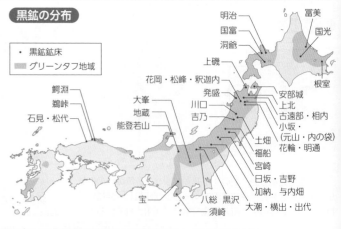

・黒鉱鉱床
グリーンタフ地域

明治　富美　国富　国光　洞爺　上磯　花岡・松峰・釈迦内　安代城　発盛　上北　川口　古遠部・相内　吉乃　小坂　(元山・内の袋)　花輪・明通　土畑　福船　宮崎　日坂・吉野　加納　与内畑　大潮・横出・出代　八総　黒沢　宝　須崎　鰐淵　鵜峠　石見・松代　大峯　地蔵　能登若山　根室

豆知識　16世紀後半から17世紀前半にかけて，日本は銀の有数の産出国であり，その産出量は世界の3分の1程度であったと推定されている。石見銀山（島根県）はこの時代の代表的な銀山で，現在では，世界遺産に登録されている。

2 レアメタル 基礎

有用な金属でありながら，供給量が少なく，希少な金属をレアメタルという。
希少な理由には，存在量が少ない，産出する地域に偏りがある，高純度の鉱石が少ない，精錬が難しいなどがある。

主なレアメタル

元素	リチウム Li	マンガン Mn	コバルト Co
代表的な鉱石			
	リチア輝石 2cm	菱マンガン鉱 1cm	輝コバルト鉱 5mm
用途の例	リチウムイオン電池	電池の電極，合金	青色の顔料，磁気材料
元素	インジウム In	アンチモン Sb	白金 Pt
代表的な鉱石			
	櫻井鉱 5mm	輝安鉱 2cm	自然白金
用途の例	液晶パネル，半導体素子	プラスチック難燃化材，合金	宝飾品，排気ガス浄化用触媒

天然に存在する約90種の元素のうち，47種がレアメタルである。このうち，スカンジウム Sc，イットリウム Y，ランタン La などの，化学的性質が似ている17種は，特にレアアースメタル（希土類金属）とよばれる。レアメタルは「産業のビタミン」ともよばれ，新素材の開発や先端技術産業には必要不可欠な資源である。

使用ずみの携帯電話
リサイクル素材だけでつくられた東京オリンピックの金メダル

	0[%]	5	10	15	20	25
銀 Ag						22.4
アンチモン Sb					19.1	
金 Au					16.4	
インジウム In					15.5	
スズ Sn			10.9			

3 海底鉱物資源 基礎

海底鉱物資源の種類

＊たとえば，日本海など島弧の裏側の海。縁海ともいう。

背弧海盆＊　メタンハイドレート　海山　大洋底　海溝　島弧　沈み込み　海洋底拡大軸

海底熱水鉱床	マンガン団塊	コバルト・リッチ・クラスト
	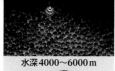	
水深700〜2000m	水深4000〜6000m	水深800〜2400m
鉱石断面	鉱石断面	鉱石断面

海底熱水鉱床
銅	1〜3%（1〜2%）
鉛	0.1〜0.3%（1〜2%）
亜鉛	30〜55%（3〜7%）
金，銀，レアメタル	

（ ）内は陸上鉱石の値
海底から噴出する熱水に含まれる金属成分が，沈殿してできたもの。

マンガン団塊
マンガン	28%（40〜50%）
銅	1%（0.5〜1%）
ニッケル	13%（0.4〜1%）
コバルト	13%（0.1%）

レアメタル
直径数cm〜十数cm，楕円体のマンガン酸化物。深海底の表層に分布する。

コバルト・リッチ・クラスト
マンガン	25%（40〜50%）
銅	1%（0.5〜1%）
ニッケル	1.3%（0.4〜1%）
コバルト	0.3%（0.1%）

レアメタル
海山の表面を皮殻状に覆う厚さ数mm〜十数cmのマンガン酸化物。

日本付近の海底資源

2024年，日本の南鳥島近海で，マンガン団塊が高密度で広範囲に分布する，開発に有望な海域が特定された。含まれるコバルトの資源量は国内消費の75年分と推定される。南鳥島近海では，これまでにも，レアメタルを含む泥やコバルト・リッチ・クラストが発見されており，排他的経済水域内のものは，日本の資源として採掘できるため，期待が寄せられている。

排他的経済水域　北方領土　500km　太平洋　尖閣諸島　沖ノ鳥島　南鳥島

海底鉱物資源の分布

■ マンガン団塊分布域　□ コバルト・リッチ・クラスト分布域　• 海底熱水鉱床

コバルト・リッチ・クラストと海底熱水鉱床の一部は，日本の排他的経済水域内にある。マンガン団塊は，ほとんどが公海上にある。現在，海底環境に影響を与えずに資源を採取する研究が行われている。

＋α プラス 地下資源の埋蔵量

鉱物資源や化石燃料などの地下資源は，無尽蔵に存在するものではなく，採掘とともに枯渇していく。そのため，地下資源の残量を知ることが必要である。その資源のすべての残量ではなく，技術的，経済的に採掘が可能な量を埋蔵量（可採埋蔵量）という。採掘技術が進歩すると，それまで採掘できなかった地下資源を採掘できるようになるため，埋蔵量が増加する。また，鉱物資源の価値が高くなった場合にも，その資源の開発や採掘が進み，埋蔵量が増加する。このように，埋蔵量は，採掘技術や地下資源の開発によって変動する。

確実に採掘できる埋蔵量（確認埋蔵量）を，年間生産量で割った値を可採年数といい，現状のままであと何年間採掘できるかを示す。石油の可採年数は，1980年代以降，40年程度を維持し，近年は増加傾向にある。これは，新たな油田の発見や開発技術の向上によって，埋蔵量が増加しているためである。

豆知識　日本のレアアースメタルの輸入は，中国に大きく依存しており，輸入が止まると，電子機器の製造などに影響を与えかねない。安定的に輸入するために，新しいルートを開拓するなど，一国依存から脱却する取り組みが進められている。

8 気象災害❶

Meteorological disaster

基礎

巻末 35 36 » ScienceSpecial⑤ p.204-205

1 気象災害の種類 基礎

気象災害には，その種類によって，発生しやすい時期や場所がある。気象災害は，複数の原因が複合して起こる場合もある。

原　因	主な気象災害
温帯低気圧や前線	強風(突風)，大雨，長雨(主に梅雨期や秋雨期)，大雪，落雷，降雹，波浪など
台風(熱帯低気圧)	強風(突風)，塩害，大雨，落雷，波浪，高潮など
冬型の気圧配置	日本海側の強風(突風)や風雪，太平洋側のおろし風，大雪，落雷，波浪など
太平洋高気圧	落雷，少雨(干ばつ・渇水)，高温(猛暑)など
移動性の高気圧	霜害，低温，霧など(主に放射冷却による冷害)
寒冷低気圧	強風(突風)，大雨，落雷，降雹，竜巻，波浪など

2 積乱雲の発達 基礎

積乱雲は，寒冷前線や台風の壁雲など，大気が不安定で対流が活発なところで発生する。発達した積乱雲は，突風や短時間強雨，竜巻，降雹などをもたらすことがある。

積乱雲

地上付近の空気塊が暖められ，上下の温度差が大きくなると，空気塊は浮力によって上昇し，不安定を解消しようとする(対流)。やがて雲が発生し，潜熱が放出されると，上昇流はより活発になる。上空に寒気が存在すると，上昇流は圏界面まで達する。積乱雲は，このような活発な対流によって生じる。

積乱雲の特徴
①成長期：激しい上昇気流が発生する。
②成熟期：激しい降水と冷たい下降流が出現する。
③減衰期：上昇気流が消滅し，降水は弱まり，雲が消散する。

雷

発達した積乱雲の内部には，激しい対流が存在し，氷晶どうしの衝突や摩擦などによって電荷が蓄積され，電位差が1cmあたり1万Vを超えると放電(雷)が始まる。放電に伴って生じた閃光が雷光(稲光)である。1回の放電量は数万～数十万A，電圧は1億～10億Vに達する。

多くの放電は雲の内部で起こるが(雲間放電)，一部は，地上との間で起こる(対地放電)。これが落雷である。放電経路の温度は3万℃に達する。

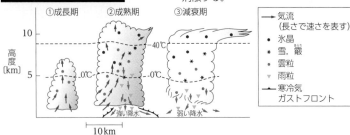

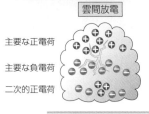

マルチセル

積乱雲は，単独で出現することもあるが，複数が同時に出現することが多い。複数の積乱雲の集まりを**マルチセル**という。マルチセルには，積乱雲が団塊状に集まったものと，線状に並んだものがある。

団塊状に集まったマルチセルは，上昇流と下降流の生じる場所が分かれていないため，積乱雲が成熟期となって下降流が生じると，やがて衰弱する。寿命は数十分～1時間程度と短い。夏の夕立は，このような積乱雲によって引き起こされる。

一方，線状に並んだマルチセルでは，上昇流と下降流の生じる場所が分かれているため，上昇流によって積乱雲が次々と生まれる。線状降水帯を形成し，雷雨が長時間に及ぶことがある。

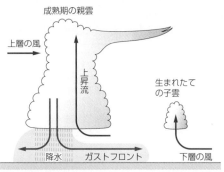

成熟した積乱雲(親雲)のガストフロントによって上昇流がつくられ(» p.201)，新しい積乱雲(子雲)が生まれる。このように，積乱雲は次々と世代交代していく。

スーパーセル

単一の上昇流と下降流によってつくられる巨大な積乱雲を**スーパーセル**という。大きさは10～40kmで，寿命は数時間にも及ぶ。最大の特徴は，全体が回転していることである。大量の降雹，激しい雨，ダウンバースト，ときに竜巻を伴う。

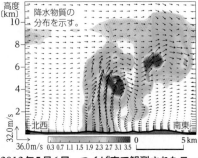

2012年5月6日，つくば市で観測されたスーパーセルと推定される積乱雲の鉛直断面図

線状降水帯

積乱雲が発生しやすい状況が継続すると，積乱雲が帯状に連なった降水帯ができる。これを**線状降水帯**という。線状降水帯が形成されると，長時間にわたって大雨が降り，甚大な被害をもたらすことがある。

線状降水帯による災害の例
平成26(2014)年8月豪雨，平成27(2015)年9月関東・東北豪雨，平成29(2017)年7月九州北部豪雨，令和2(2020)年7月豪雨など。

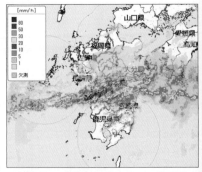

令和2年7月豪雨(2020年7月4日3時)

豆知識　ゴロゴロという雷独特の音は，放電に伴って空気の温度が急激に上昇し，膨張することによって生じた衝撃波がもとになっている。

3 | 強風や突風をもたらす現象 基礎

竜巻

成熟期の積乱雲の内部には，上昇流と下降流が共存している。この気流の乱れの中から小規模の渦が発生し，上昇流と結びついて成長したものが**竜巻**である。竜巻特有のろうと状の雲は，吸い込まれた空気が急激な断熱膨張をした結果，水蒸気が凝結して生じたものである。

竜巻の直径は，小さいもので10m程度，多くは100～600m程度であるが，アメリカでは1600mを超えるものも観測されている。竜巻の規模は，日本版改良藤田スケールを用いて表す（≫人物）。

竜巻（2012年5月，新潟県新潟市）

ダウンバースト

積乱雲が成熟期に達し，降水を伴うようになると，雲の内部に強い下降流が生じる。この下降流が地面にぶつかると，水平に広がる突風となる。これが**ダウンバースト**である。

ガストフロント

突風（ガスト）の先端が周囲の空気と衝突する線が**ガストフロント**である。ガストフロントが通過すると，突風や強雨，急激な気温低下が起こることがある。

これらの発生は予測が難しく，航空機事故の原因となることがあるため，主要な空港では，ドップラーレーダーを設置して，常時監視している。

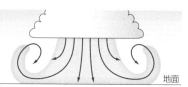
地面にぶつかった下降流は，水平に広がる突風（ダウンバースト）となって吹き出す。

ガストフロントは，積乱雲が消滅したあとも遠方まで伝わることがある。

日本版改良藤田スケール（JEFスケール）
＊3秒平均

階級	風速[m/s]＊	建物の被害
JEF0	25～38	飛散物による窓ガラスの損壊
JEF1	39～52	屋根ふき材の浮き上がり，剥離
JEF2	53～66	木造住宅の壁の損傷（ゆがみ，ひび割れなど）
JEF3	67～80	木造住宅で，上部構造が著しく変形，倒壊
JEF4	81～94	工場や倉庫などの屋根ふき材が剥離，脱落
JEF5	95～	鉄骨造の建物で，上部構造が著しく変形，倒壊

竜巻の被害

竜巻が発生すると，強風で窓ガラスが割れたり，ときには建物が倒壊したりする。その被害地域は，竜巻の経路に沿って線上に分布する。

2021年5月1日，竜巻の可能性が高い突風が発生し，静岡県牧之原市などで，屋根が飛んだり，電柱や樹木が折れるなどの被害が出た。

- 竜巻の経路
▨ 被害を受ける範囲

被害のようす（2021年5月，静岡県牧之原市）

4 | 急速に発達する低気圧
冬から春にかけて，台風並みの低気圧が発生することがある。

2021年2月15～16日にかけて，本州を挟んで位置する2つの低気圧が合体し，急速に発達して，勢力が非常に大きい低気圧となった。16日には中心気圧が946hPaに達し，24時間で50hPaと急激に低下した。このため，道東根室や釧路，網走では，観測開始以来の最低気圧を観測した。また，強風の影響で，停電や電柱の倒壊，屋根がはがれるなどの被害が発生した。

＊日本付近で24時間に18hPa以上の気圧低下を伴う低気圧を爆弾低気圧とよぶこともある。

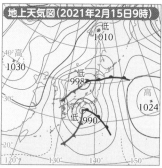
地上天気図（2021年2月15日9時）

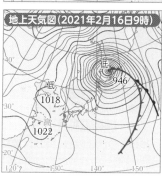
地上天気図（2021年2月16日9時）

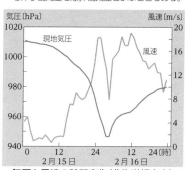
気圧と風速の時間変化（北海道根室市）

人物 藤田哲也 1920～1998

福岡県出身の気象学者。台風の研究によって東京大学で学位を取得後，渡米した。当時，アメリカでは，毎年竜巻による甚大な被害が出ていたにも関わらず，竜巻の規模を表す基準がなかった。そのため，アメリカ国立暴風雨予報センターのピアソンとともに，建物の被害の程度などから竜巻の最大風速を推定する方法を考案し，1971年，Fujita-Pearson Tornado Scale（Fスケール）として提唱した。日本では，2016年から日本版改良藤田スケールが用いられている。

TOPIC 気象災害から身を守る

雷　①建物や自動車の中へ避難する。
　　②木や電柱から4m以上離れる（木の下で雨宿りしない）。
　　③身を低くして雷雲が通り過ぎるのを待つ（小さくしゃがみ込む，うつ伏せになるなど）。

竜巻　①頑丈な建物の中へ避難する（プレハブの建物は危険）。
　　②屋内でも窓や壁から離れ，部屋の中央へ移動する。
　　③屋外では，物陰やくぼみに身を伏せる。

豪雨　①増水の可能性があるため，すぐに河川や水路から離れる。
　　②地下街や地下を通る道路も水が流れ込むため，離れる。

豆知識　2000年5月24日，茨城県南部と千葉県北部で大規模な突風と降雹が起きた。茨城県取手市では最大瞬間風速31.2mを記録し，小中学校の窓ガラス約1500枚が割れるなどの被害があった。この突風の原因はダウンバーストであったと考えられている。

1 台風による災害 基礎

台風がもたらす強風，大雨，落雷，波浪，高潮などは，災害の原因となる。台風からの暖かく湿った風が梅雨前線や秋雨前線に吹き込んで，前線の活動が活発になり，大雨になることもある

台風による風・予想進路

台風予報では，通常6時間ごとに予想進路や位置，強さの予測が示される。台風の中心が予報円に入る確率は70％である。

台風周辺の地上の風は左回り(反時計回り)に吹いている。そのため，台風の進行方向に向かって右側では，台風本来の風に台風が進む速さが加わり，より強い風が吹く(危険半円)。一方，左側では，台風の移動方向が進行方向と逆になるため，風が弱くなる(可航半円)。

暴風域や強風域を示す範囲も，右側の半円の方が大きい場合が多い。

進行方向／可航半円／予報円／25m/s以上の暴風域／危険半円／暴風警戒域／15m/s以上の強風域

台風予報円

大雨による被害

10/13／10/12

台風19号の進路

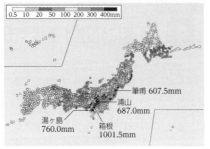

0.5 10 20 50 100 200 300 400mm

筆甫 607.5mm／浦山 687.0mm／湯ヶ島 760.0mm／箱根 1001.5mm

降水量分布図
(2019年10月10日0時～10月13日24時)

阿武隈川

阿武隈川の氾濫で水没した市街地
(福島県郡山市)

浸水被害を受けた車両基地と北陸新幹線
(長野県長野市)

2019年の台風19号(令和元年東日本台風)は，大型で強い勢力を保ったまま伊豆半島に上陸した。台風本体の雨雲や台風周辺の湿った空気の影響で，総降水量が神奈川県箱根で1000mm，東日本を中心に500mmを超える記録的な大雨となった。これによって，広範囲で河川の氾濫が相次いだほか，土砂災害や浸水が発生した。

また，電気・水道・道路・鉄道施設などのライフラインへの被害，航空機や鉄道の運休などの交通障害も発生し，甚大な被害となった。

暴風による被害

2019年の台風15号は，伊豆諸島に接近したのち，強い勢力のまま，千葉市付近に上陸した。千葉市では，最大風速35.9mを観測するなど，6地点で最大風速30m以上の猛烈な風が観測された。この暴風の影響で，千葉県では電柱の倒壊や倒木が相次ぎ，約93万戸で停電が発生した。

強風で折れた鉄塔(千葉県君津市)

高潮・高波

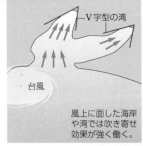

台風／気圧低／気圧高／吸い上げ効果／風／吹き寄せ効果／護岸など／通常の潮位

台風や発達した低気圧が接近すると，海水面が高くなり，海水が堤防を越えて，後背地が浸水することがある。これを高潮という。高潮は，次のような原因で発生する。

①気圧が低下することによって，海面が吸い上げられて上昇する(吸い上げ効果)。1hPaの気圧低下でおよそ1cm上昇する。

②強い風が海岸に向かって吹くことによって海面が上昇する(吹き寄せ効果)。特に，風上に向かって開いたV字形の湾のように，奥ほど狭まる地形では，吹き寄せ効果の影響が大きくなる。

高潮が満潮に重なると海水面はさらに高くなる。台風の進行方向に向かって右側に開いた湾では，高潮の被害を受けやすい。

V字型の湾／台風

風上に面した海岸や湾では吹き寄せ効果が強く働く。

塩害

台風などによって強い海風が吹くと，波しぶきとなった海水が内陸まで飛ばされ，樹木や農作物が被害を受けることがある。これを塩害という。

2004年の台風16号と18号は，兵庫県南部に強い海風をもたらした。写真は，南六甲山の森林が受けた塩害のようすである。被害の前年(上)は緑に覆われているが，被害を受けたあと(下)は，森林が褐色に変色している。

被害前(2003年10月)

被害後(2004年10月)

+α プラス 注意報・警報・特別警報 巻末 37

気象庁は，大雨や強風などによって災害が起こるおそれのあるときに**注意報**，重大な災害が起こるおそれのあるときに**警報**，さらに重大な災害が起こるおそれが著しく大きいときに**特別警報**を発表し，注意や警戒をよびかける。これらは，関係行政機関，都道府県や市町村へ伝達後，地域住民へ伝えられ，防災活動などに利用される。気象に関する警報には，大雨，洪水，暴風，暴風雪，大雪，波浪，高潮などがある。また，地震や火山の噴火，津波などについても警報が発表される。これらの警報は，災害のおそれがなくなったときに解除される。

警報の基準は地域によって異なる。たとえば大雪警報では，札幌市で「降雪の深さが12時間で40cm」であるのに対して，東京都心部では「降雪の深さが12時間で10cm」である。

豆知識　東京都の河川整備計画などでは，大雨の際の雨量として，1時間あたり50mmを想定して整備が進められている。この想定を超える大雨はめったにないが，整備された都市部に住んでいても，気象災害に巻き込まれる可能性があることは理解しておきたい。

2 集中豪雨 基礎

短時間のうちに，狭い範囲に集中して降る大雨を集中豪雨という。日本の大雨による災害の多くは集中豪雨によるものである。

集中豪雨は，活発な積乱雲が持続的に発生・発達する次のような気象条件がそろったときに発生しやすい。

- 日本付近に前線が停滞している（特に梅雨の終わりごろ）。
- 台風が日本に接近したり，上陸したりしている。
- 大気の不安定な状態が続き，積乱雲が次々と発生している。

集中豪雨の際には，次のような現象が見られる。最新の気象情報に注意して，危険を感じた場合はすみやかに避難する。

- 河川の急な増水や氾濫
- 地すべりやがけ崩れ（》p.206）
- 家屋の浸水や道路の冠水
- 都市部における地下街や地下室への水の流入

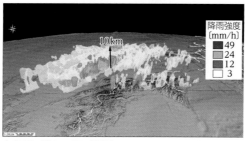
寒冷前線の通過による大雨で冠水した道路（2010年10月，千葉県茂原市）

TOPIC ゲリラ豪雨

ゲリラ豪雨とは，突然発生する予測困難な大雨のことで，主に民間気象会社やマスコミで用いられている。

一方，気象庁では，急に強く降り，短時間に，狭い範囲に数十mm程度の雨量をもたらす雨のことを局地的大雨とよんでいる。

気象庁の観測から，近年，こうした大雨の発生回数が増加傾向にあることが明らかになっている。

茨城県つくば市付近で発生した局地的な大雨（2013年9月3日）

平成30年7月豪雨

2018年6月28日から7月8日にかけて，日本付近に梅雨前線が停滞し，そこへ高温多湿な空気が供給され続けたため，広い範囲で大雨になった。特に西日本では7月の平年値の2〜4倍となる大雨が降り，1府10県に大雨の特別警報が発表された。各地で河川の氾濫による洪水や，がけ崩れ，土石流（》p.206）が発生し，特に広島県，岡山県，愛媛県では，甚大な被害が出た。

前線上には次々と線状降水帯（》p.200）が形成され，1時間降水量が100mmを超えるところもあった。

降雨強度 [mm/h]
- 49
- 24
- 12
- 3

10km

広島県に激しい雨が観測された7月6日20時における雨雲の三次元構造

3 雪による災害 基礎

大雪が降ると雪による災害が発生することがある。

雪による災害には，交通機関などへの影響，雪圧による家屋の倒壊，着雪による災害（雪の重みで送電線が切れる，船舶の重心が高くなって転覆するなど）や雪崩の発生などがある。

特に，山陰から北陸，東北にかけての日本海側は豪雪地帯として知られ，山間部だけでなく，平野部でも大雪が降ることがある。

赤：全域が指定
黄：一部が指定

豪雪地帯の指定地域

大雪によって動けなくなった車両（福井県）

2021年1月，発達した低気圧と強い冬型の気圧配置によって，日本海側を中心に広い範囲で大雪や暴風となり，大きな被害が生じた。

4 冷害と少雨 基礎

東北地方のやませや，放射冷却による遅霜など，冷害で農作物に被害が出ることがある。

やませ

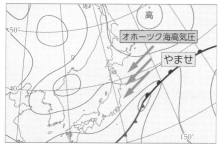

高
オホーツク海高気圧
やませ

2019年7月8日の最高気温

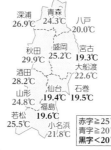

深浦 26.9℃
青森 24.3℃
八戸 20.0℃
秋田 29.9℃
盛岡 25.2℃
宮古 19.3℃
酒田 28.2℃
大船渡 22.6℃
山形 24.8℃
仙台 19.4℃
石巻 19.5℃
福島 19.6℃
若松 25.5℃
小名浜 21.8℃

赤字≧25℃
青字≧20℃
黒字＜20℃

遅霜

春先に移動性の高気圧に広く覆われると，昼間は穏やかな晴天となるが，夜は放射冷却によって気温が低下し，季節はずれの霜が降りることがある。これを遅霜という。遅霜は農作物に甚大な被害をもたらすことがある。

遅霜によって変色した茶畑（静岡県）

少雨による渇水

渇水した矢木沢ダム（1994年8月）

1994（平成6）年は，日本各地で少雨傾向となり，梅雨の時期になっても降水量は平年の半分以下であった。この傾向は夏になっても続き，記録的な少雨・渇水となった。この渇水によって，利根川水系では，最大30％，60日間の取水制限が行われた。写真は利根川最上流部にある矢木沢ダム（群馬県）である。湖水の減少によって，ダム湖の底が現れている。

春から夏にかけて，東北地方の太平洋側では，冷たく湿った北東の風が吹くことがあり，これをやませという。やませは，オホーツク海高気圧の勢力が強い年に発生しやすいといわれている。高気圧から吹き出す気流は寒冷であるが，太平洋上を吹く間に水蒸気の供給を受け，冷湿な気団に変質する。やませが吹くと，沿岸部を中心に気温が下がり，雲や霧が発生しやすくなる。特に，稲の開花時期に低温と日照不足が続くと，不作や凶作に結びつくことがある。やませは下層に限られ，脊梁山脈を越えることはないため，日本海側は晴天になる。

豆知識　2011年度は全国的に大雪に見舞われ，新潟県が支出した県管理道路の除雪費用は125億円に達した。これは，過去10年間の平均の約2倍に相当する金額である。大雪は，市民生活に影響を及ぼすだけでなく，自治体の財政にも大きな負担となっている。

局地的大雨と集中豪雨の予測

気象庁 気象研究所 研究官 荒木健太郎

日本では，毎年のようにどこかで水害が発生しており，そのたびに，テレビなどのメディアでは，悲惨な被災地のようすが報道されている。水害の形態は，大規模な土砂災害や河川の氾濫だけでなく，道路の冠水や浸水など多岐に渡るが，水害を引き起こす大雨は，全国どこでも発生する可能性がある。大雨は，積乱雲によってもたらされるが，積乱雲が組織化するかどうかで「局地的大雨」になるのか「集中豪雨」になるのかが変わってくる。しかし，その正確な予測はまだ十分ではなく，課題が多い。ここでは，局地的大雨と集中豪雨の高精度予測のための研究について紹介する。

図1 局地的大雨のようす 2015年6月23日に茨城県つくば市で撮影。

○ 局地的大雨と集中豪雨

　近年，「ゲリラ豪雨」という言葉をよく聞くようになったが，正確な定義があるわけではない。過去には「観測することが難しい大雨」として用いられていたが，レーダー観測の技術が発達したことによって，「予測の難しい大雨」という意味合いに変わってきた。最近では，ただの通り雨でも「ゲリラ豪雨」とよばれることがあるが，その現象の実態は「局地的大雨」に相当する。

　「局地的大雨」は，急に強く降り，数十分の短時間に狭い範囲に数十mm程度の雨量をもたらす雨のことである（**図1**）。一方，「集中豪雨」は，同じような場所で数時間にわたり強く降り，100mmから数百mmの雨量をもたらす雨である。局地的大雨は，単一もしくはマルチセルなどの積乱雲によって発生することが多く，集中豪雨は，線状降水帯などの積乱雲が組織化した降水システムによってもたらされることがある（≫p.200）。集中豪雨が発生すると，大規模な土砂災害や河川の氾濫などがもたらされるが，局地的大雨も，道路の冠水や浸水などの都市型の水害を引き起こす。

　これらの現象を監視・予測する技術の研究開発は，防災上，非常に重要であるが，正確な予測には課題が残っている。これらの現象の予測や天気予報の作成には「数値予報モデル」が用いられており，現在わかっている大気の力学・熱力学，雲や放射などの物理法則の方程式をもとに，スーパーコンピュータで将来の大気や雲を予測している。ここでは，地上から上空までの三次元空間を格子状に区分して，それぞれの格子で詳細な大気の運動方程式を解いている。その出発点は，観測データをもとに，「データ同化」とよばれる技術を用いて作成した，最も現実に近いと思われる大気の三次元構造である。気象庁では，地球全体を計算する全球モデル，日本付近の領域を計算するメソモデルや局地モデルで天気予報などを行っており，それぞれ水平方向の空間分解能は20km，5km，2kmである。局地的大雨や集中豪雨の正確な予測が難しいのは，これらを引き起こす積乱雲の時空間スケールが小さく，現在の数値予報モデルでは解像できないことや，現象の発生要因がそもそも観測・予測できないこと，数値予報モデル内の物理法則が不十分なことなどが要因であることが多い。

○ 局地的大雨の予測研究

　局地的大雨を発生前に正確に予測することは，非常に難しい。積乱雲が発達するには，大気下層で水蒸気量が多く，地上と上空の気温差が大きいなどの，いわゆる「大気の状態が不安定」なだけでは不十分であり，大気下層の空気が何らかの理由で持ち上げられ，自発的に上昇できるようになる必要がある。このとき，下層空気を持ち上げるメカニズムはさまざまであるが，たとえば，関東甲信地方では，日中に内陸で気温が上がって形成される小低気圧に海風が吹き込み，山地斜面で持ち上げられて積乱雲が発達することがある。また，東京湾沿いなどに形成される海風前線や海風どうしの収束などの，局地的な前線（局地前線）が要因となることもある。さらに，すでに発達している積乱雲から発生したガストフロントに加え（≫p.201），ガストフロントどうしやガストフロントとほかの局地前線が衝突したり重なったりすることでも積乱雲が発達することがある。

　2009年8月9日には，千葉県千葉市で3時間積算雨量が150mmを超える局地的大雨が発生し，低地の浸水などの被害が発生した。この事例で積乱雲を発達させる要因となった下層空気の持ち上げメカニズムは，気象庁アメダスでは捉えられていなかった。しかし，アメダスと環境省大気汚染物質広域監視システム「そらまめ君」を組み合わせた高密度な地上気象観測データで確認すると，積乱雲が発達する1時間半以上前から，東京湾沿いの海風前線，茨城沖からの冷たい北東風と太平洋からの南東風が収束した局地前線が千葉市付近で交差し，積乱雲を発達させていた（**図2**）。そもそも，この局地的大雨は，地上気象観測データを同化しない数値予報では全く予測できていなかったが，アメダスのデータを同化した予報では一部の大雨を再現でき，高密度な地上データを同化すると，実際にかなり近い局地的大雨を再現できた（**図3**）。これは，下層空気を持ち上げる局地前線と，その維持に必要な下層収束と気温，水蒸気分布の詳細を数値予報の出発点に含められたからである。近年では，このように新しい観測データを同化する技術開発によって，局地的大雨の高精度予測研究が進められている。

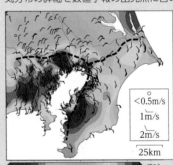

<0.5m/s
1m/s
2m/s
25km

24 25 26 27 28 29 30 31 32 [℃]

図2 局地的大雨が発生する前の地上環境場 2009年8月9日12時の地上気温と風。破線は，風が収束している局地前線を表す。アメダスに加えて「そらまめ君」による観測データを使用した。

解析雨量	データ同化なし	アメダス 気温・風を同化	高密度地上気象観測 気温・湿度・風を同化

100km　　　100km　　　100km

1 10 20 30 50 100 150 [mm／3時間]

図3 局地的大雨の観測結果と数値予報の結果の比較 2008年8月9日18時までの3時間積算雨量。レーダーと地上観測によって解析された雨量（解析雨量）と，データ同化しない場合，アメダスの気温・風をデータ同化した場合，アメダスと「そらまめ君」による高密度地上気象観測の気温・湿度・風をデータ同化した場合の数値予報による雨量を示している。

⚫ 集中豪雨の予測研究

集中豪雨は，局地的大雨に比べて持続時間が長く，かつ総雨量も大きくなることが多いため，甚大な水害を発生させることがある。このような集中豪雨は，積乱雲が組織化した線状降水帯や，台風接近時に台風中心の近傍で地形によって積乱雲が発達したり，降水が強化されることなどでもたらされる。平成29年7月九州北部豪雨は，線状降水帯による集中豪雨の典型例であったが，平成27年9月関東・東北豪雨では，多数の線状降水帯が近接して発生し，集中豪雨をもたらしたとされている。なお，平成30年7月豪雨では，停滞する梅雨前線に向かって，極めて多量の水蒸気が流入し続けたことで，広範囲で豪雨となった。この豪雨は，広範囲のため，集中豪雨とはいいがたいが，局地的には線状降水帯も発生し，大雨にも寄与していた地域があるといわれている。

関東・東北豪雨の事例で，集中豪雨の予測可能性について議論しよう。この事例では，日本海に台風第18号から変わった低気圧，太平洋上に台風第17号が存在する状況で，関東地方や東北地方にこれらの低気圧に伴う大気下層の温かく湿った空気による南東から南寄りの風が持続し，多数の線状降水帯が発生した。集中豪雨となった期間を含む2015年9月10日12時までの24時間積算雨量は，栃木県の一部で600mmを超えており，積算雨量の大きい領域が南北にのびていた（図4）。一方，9日0時から計算した気象庁メソモデルの予測結果による同じ期間の予測でも，観測に近い雨量分布が1日以上前から予測できていた。しかし，積算雨量の値を見ると，最大値は500mm程度と過小であり，栃木県よりも南の地域で雨量を過大に予測していた。

このように，気圧配置そのものが集中豪雨の発生に重要な事例では，ある程度は豪雨の発生を事前に予測できることがあるが，それでも量的に正確な予測には課題がある。一方，時空間スケールがより小さい線状降水帯による集中豪雨は，発生前に全く予測できないこともある。そのため，集中豪雨の発生に何が重要であるかを調べ，正確に予測するための数値予報モデルの改良や，データ同化に利用する観測データの高度化などの研究が進められている。

⚫ 実態解明の研究から高精度予測へ

局地的大雨や集中豪雨の高精度予測のためには，これらを引き起こす積乱雲が，どのような大気の状態で，どのような下層空気の持ち上げメカニズムによって発達するのか，実態を解明する研究がまずは必要である。特に，局地的大雨については，天気図に現れるような前線などの下層空気の持ち上げメカニズムがなくても，局地前線などで発生することがあるため，それらを監視・予測することが重要となる。一方，積乱雲の源となる水蒸気についても，大気中での時空間変動が大きく，緻密な観測が求められている。

地上から上空までの水蒸気を観測する手法としては，ラジオゾンデを用いた高層気象観測が最も正確であるが（◎p.83），たとえば関東では，つくば（館野）で1日2回観測が行われているのみであり，積乱雲の寿命である30分〜1時間に対して，観測頻度が圧倒的に不足している。また，GNSS（◎p.29）を用いた水蒸気観測も行われているが，この手法では，5分ごとにデータが得られるものの，地上から上空までを積算した水蒸気量しか得られない。積乱雲の発生には，高さごとの水蒸気の情報が非常に重要であるため，高頻度・高精度に水蒸気量の高度分布を観測する技術開発が行われている。

水蒸気の高度分布は，水蒸気ライダー（レーザーを用いた観測機器）のほか，地上マイクロ波放射計という観測機器を用いて研究が進められている（図5）。前者は，雲があると，それよりも上空はレーザーが届かなくなるため観測できないが，後者は，大気・雲が発する電磁波を受信するため，雲があっても観測が継続できるという利点がある。地上マイクロ波放射計は，数十秒から数分間隔で大気や雲の電磁波（放射）を観測しており，その観測結果を数値予報モデルの結果と組み合わせてデータ同化することで，上空の気温や水蒸気量の高度分布を高頻度・高精度に求めることができる。

そこで，夏季晴天日の午後に，中部山地で局地的に発達する積乱雲に何が重要なのかを調べるため，東京都奥多摩町で地上マイクロ波放射計による観測を3夏季行った（図6）。これまで，午後に大気の状態が不安定化することは指摘されていたが，地上マイクロ波放射計を用いた解析によって，高度約1.5km以下の大気下層で気温が上がるとともに，海風による水蒸気の流入が起こり，大気が不安定化していることが明らかになってきた。このように，新たな観測機器などによって，現象の実態を解明し，その上で高精度予測のための技術開発を進める必要がある。

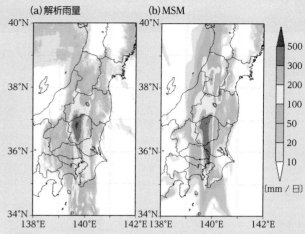

図4 平成27年9月関東・東北豪雨時の観測と予測 2015年9月10日12時までの24時間積算雨量。左（a）は解析雨量，右（b）は9日0時から計算した気象庁メソモデル（MSM）による降水量予測結果。

図5 水蒸気を観測する新しい観測機器（地上マイクロ波放射計） 大気や雲が発する電磁波（マイクロ波）を受信し，上空の気温や水蒸気量などを観測する。微弱な電磁波を受信するため，受信機を覆う部分はやわらかい特殊な素材からなるが，カラスがつついて破れるのを防ぐため，棒を立てて釣り糸を張って対策をしている。

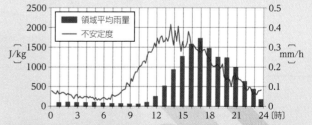

図6 夏に中部山地で発達する積乱雲による雨量と大気の不安定度の関係 東京都奥多摩町で2015〜2017年の3夏季，地上マイクロ波放射計を用いて，晴れた日の午後に，中部山地で発達する積乱雲の発生前環境場を観測した。中部山地を含む領域では，12時ごろから積乱雲が発達し，降水量のピークは17時に現れる。この観測データをもとに，大気の状態を推定したところ，朝から昼にかけて，急激に不安定化していることがわかった。

10 ▶ 土砂災害と防災

Sediment disaster and prevention

基礎

1 土砂災害 基礎

山地や崖などの斜面を構成する岩石や土砂などが，重力によって下方に移動することで生じる災害を土砂災害（斜面災害）という。

土砂災害は，発生形態によって，がけ崩れ，土石流，地すべりに区分される。日本の国土の70％は山地から構成されている。それらは，温暖な気候条件による風化，断層による破砕帯，火山噴気や温泉による変質などが加わることで，土砂災害の発生しやすい脆弱な地形・地質条件となっている。土砂災害の発生件数は，地震災害や火山災害に比べてはるかに多く，全国各地で発生している。

土砂災害の原因

自然的要因

大規模な地震による揺れ，台風による豪雨，前線性の集中豪雨，春先の融雪水，火山噴火など。

人為的要因

道路建設，宅地造成などに伴う斜面上部への加重，斜面末端部の大規模な掘削など。

土砂災害の発生件数 （2011〜2020年）

- 100件未満
- 100件以上
- 300件以上
- 500件以上
- 700件以上

（がけ崩れ，土石流，地すべりの合計）

表層崩壊と深層崩壊

がけ崩れのような斜面が崩壊する現象のうち，表層土が表層土と地盤の境界に沿って滑落し，崩壊することを表層崩壊という。また，すべり面が表層崩壊よりも深部で発生し，深層の地盤まで崩壊することを深層崩壊という。これらは，崩壊の形態を示す言葉として用いられる。

表層崩壊

表層土

深層崩壊

地盤

2 がけ崩れ 基礎

がけ崩れは，急な斜面に大量の雨水や雪解け水が浸透し，土砂や岩盤が突然崩壊する現象である。斜面の岩盤が一瞬にして崩れ落ちるため，崩壊に遭遇した場合，逃れることは困難である。急傾斜地の崩壊ともいう。

豊浜トンネル岩盤崩落事故（北海道）
1996年2月10日，国道のトンネル坑口付近において岩盤が，高さ70m，最大幅50m，最大厚さ13mにわたって崩落した。

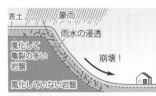

急斜面をつくる岩盤は，表面を土（表土）に覆われており，表土のすぐ下の岩盤は風化によって亀裂が多くなっている。これらの隙間に大量の雨水が流れ込むと，表土と風化層がゆるみ，崩壊する。

豪雨に伴うがけ崩れ（長崎県）
2016年6月28日，梅雨前線に伴う大雨によって，住宅地でがけ崩れが発生した。

3 土石流 基礎

水と混ざり合った土砂や岩石が，一気に下流へと流れていく現象を土石流という。一般に，豪雨が原因で起こるが，地震などで崩れた土砂や岩石が川に流れ込んでせきとめたあとで決壊したり，火山噴火時の火山灰に雨水が混ざったりして発生する場合もある。

針原川土石流災害（鹿児島県）
1997年7月10日，連続雨量400.5mmの豪雨によって，河川上流部で深層崩壊が発生し，15万m³の土石が流出した。

がけ崩れの多発

河川水と土砂が混ざり，一気に流下

地震に伴う土石流（熊本県）
熊本地震（2016年）の揺れによって上流で崩壊した土砂が，山王谷川を土石流となって流下し，下流の農耕地で両岸に氾濫・堆積した。

豆知識 水は凍結時に体積が約10％増加する。このとき，周囲には約$1.5×10^6$Paの圧力が加わる。北海道豊浜トンネルの岩盤崩落は，長期にわたって，亀裂沿いの浸透水が凝固と融解をくり返し，徐々に亀裂を大きくしたことが原因の1つと考えられている。

4 地すべり 基礎

　山地，丘陵における傾斜地の一部で，大量の土砂や岩石がすべりながら移動する現象を**地すべり**という。地すべりは移動する土塊（移動土塊）と移動しない土塊（不動土塊）との間に，すべり面とよばれる境界をもつことが多い。一般に，がけ崩れよりも規模が大きく移動速度は遅い。強雨時にわずかに移動する程度のものも少なくないが，近年，集中豪雨によって，極めて移動速度の速い地すべりも各地で発生している。

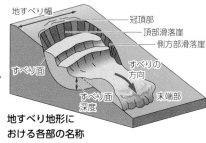

地すべり地形における各部の名称

すべり面のしくみ

　豪雨時には，大量の雨水が移動土塊内とすべり面付近に流入する。これに伴って，すべり面に働く間隙水圧（浮力）が大きくなり，移動土塊が動き出す。

河道閉塞

　河川沿いで大規模な地すべりが発生すると，川の流れをせき止めて湖を形成することがある。これらのせき止め湖は，天然ダムや土砂ダムとよばれる。写真は，2004年に発生した新潟県中越地震の被害である。

河道閉塞によって水没した集落（新潟県山古志）

荒砥沢地すべり
- 延長：約1300m
- 幅：約800m
- 最大落差：約150m
- 推定移動土砂量：約7000万m³

2008年に発生した岩手・宮城内陸地震（M7.2，最大震度6強）によって，過去の地すべり地形の一部が再び滑動した。移動した範囲が極めて大きく，土塊上の樹木は倒れずに地震前のまま移動している。移動土塊は下流の荒砥沢ダムに達し，津波を発生させた。

厚真町幌内（北海道）

北海道胆振東部地震（2018年）によって，厚真町で表層崩壊が多発した。

5 土砂災害の予測 基礎

　土砂災害が発生する可能性のある地域では，土砂災害防止法などの法令にもとづき，ハザードマップ（≫ p.218）などによる注意がよびかけられている。
　地すべりなどの斜面崩壊には，次のような兆候が見られる。

> 冠頂部や末端部にできた開口亀裂（クラック），斜面からの突然の湧水，小規模な落石，大木の根が切れる大きな音，地中から湧き上がる腐った土のにおい，河川水や井戸水の濁り，山鳴りなど。

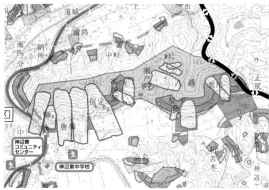

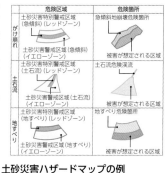

	危険区域	危険箇所
がけ崩れ	土砂災害特別警戒区域（急傾斜）（レッドゾーン）	急傾斜地崩壊危険箇所
	土砂災害警戒区域（急傾斜）（イエローゾーン）	被害が想定される区域
土石流	土砂災害特別警戒区域（土石流）（レッドゾーン）	土石流危険渓流
	土砂災害警戒区域（土石流）（イエローゾーン）	被害が想定される区域
地すべり	土砂災害特別警戒区域（地すべり）（レッドゾーン）	地すべり危険箇所
	土砂災害警戒区域（地すべり）（イエローゾーン）	被害が想定される区域

土砂災害ハザードマップの例
（広島県福山市）

TOPIC 土砂災害の対策工

グラウンドアンカー工

　一度動いた斜面を止めるため，鋼鉄製の棒（グラウンドアンカー）を不動土塊まで差し込んで固定し，不動土塊とコンクリート枠で移動土塊を挟み込んで固定する対策工が施される。

砂防ダムは，土石流などの発生時に，土砂や岩石をためて流出を予防する効果がある。ダムが満杯（満砂状態）になっても，ダム間の勾配が緩くなっているため，土砂や岩石の流出を抑制する。また，砂防ダムによって河道を堆砂させることで，河川沿いの斜面に分布する移動土塊の末端を押さえることもできる。

砂防ダム

白井堰堤（徳島県）

豆知識 グラウンドアンカー工が施された斜面では，金属棒の腐食が進み，破断することによって，金属棒が100m以上も飛ばされることがある。そのため，最近では計測用のゲージが設置され，適正な力が加わっているか観測されるようになっている。

1 地震災害の種類 基礎

地震によって発生する災害にはさまざまなものがある。発生時だけではなく、揺れがおさまったあとに、津波や火災が発生することもある。

災害の種類	顕著であった地震(震災)の例
土砂災害(◎p.206)	2008年 岩手・宮城内陸地震，2018年 北海道胆振東部地震
地盤の液状化	1964年 新潟地震
建造物の倒壊	1995年 兵庫県南部地震(阪神・淡路大震災)，1948年 福井地震，2016年 熊本地震，2024年 能登半島地震
ライフラインの断絶	1978年 宮城県沖地震
津波	2011年 東北地方太平洋沖地震(東日本大震災)，1993年 北海道南西沖地震
火災	1923年 関東地震(関東大震災)

2 地割れ 基礎

強い地震動によって地表に生じた割れ目を地割れという。

通常は不規則な亀裂で、埋め立て地や盛土など軟弱な地盤や傾斜地に形成されやすい。山地では、地割れによって落石やがけ崩れなどが発生し、地形が変わることもある。

道路の地割れ(熊本県，熊本地震)

➕α プラス 地盤

建造物などを建てる土台となる地面のことを地盤という。一般に、地盤は、古い時代の地層ほど硬く安定しており、新しい時代のものほど軟らかい。特に、約1万年前以降に堆積した地層(沖積層)は軟弱であるが、日本の主要都市は、この沖積層の上に発達していることが多い。そのため、都市の直下で地震が発生すると、液状化や建造物の倒壊などの被害が大きくなる。

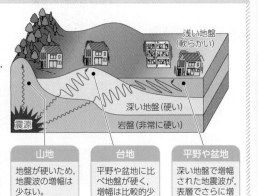

浅い地盤(軟らかい)／深い地盤(硬い)／岩盤(非常に硬い)／震源

山地	台地	平野や盆地
地盤が硬いため、地震波の増幅は少ない。	平野や盆地に比べ地盤が硬く、増幅は比較的少ない。	深い地盤で増幅された地震波が、表層でさらに増幅される。

地盤の種類による地震波の増幅の違い

3 地盤の液状化 基礎

水を多量に含む砂は、地震動によって砂粒子間の結合がゆるみ、流動化する。この現象を液状化(液状化現象)という。

液状化のしくみ

液状化は、①震度5弱以上の揺れ、②軟らかい砂層、③地下水位が浅いといった条件がそろうと起こりやすい。

1) 地震前
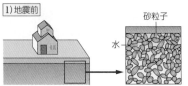
砂粒子／水

砂粒子が積み重ってできた構造のすき間を水が埋めて、安定な状態を保っている。

2) 地震時
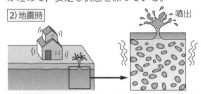
噴出

強い地震動を受けると、砂粒子間の構造が崩れ、砂粒子が水の中に浮いたような状態となり、流動する。

3) 地震後
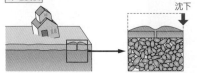
沈下

砂粒子のすき間がつまって、水が分離し、上部へ移動する。そのため、地盤が沈下する。

液状化による被害

液状化が発生すると、アパートなどの建造物が傾く一方、土管やマンホールなど、地中に埋めてあるものが地面に浮き上がる。液状化は、海岸沿いだけでなく、沼などを埋め立てた内陸で発生することもある。また、液状化に伴って、地面の裂け目から砂混じりの水が噴き出すことがある(噴砂)。

傾いた道路標識や波打つ道路(石川県，能登半島地震)

浮き上がったマンホール(千葉県，東北地方太平洋沖地震)

新潟地震 *M7.5* 1964年6月16日

新潟県北部の沖合を震源域とする日本海東縁部の地震である。地盤の液状化による建物の倒壊や側方流動(水平方向の地盤変位)の被害、ガソリンタンクの爆発・炎上などの被害が生じた。

この地震によって、液状化の被害が広く知られるようになった。

液状化によるアパートの倒壊

豆知識　過去に液状化が起きた場所の地名を調べると、川・池・沼・谷地・瀬・須・砂などの漢字が使われていることが多い。このような地名をもとに、液状化の危険性を予想することができるかもしれない。

地震動によって起こる災害に，家屋や塀，橋，道路の高架などの倒壊がある。
兵庫県南部地震では，建造物の倒壊による犠牲者が最も多かった。

地震動と共振

建造物には，その構造や高さなどによって，最も振動しやすい周期（固有周期）がある。地震動によって，この周期の振動が建造物に加わると，**共振**が起こり，大きく揺れる。

地震動による木造家屋の倒壊

周期による被害の違い

地震動には，さまざまな周期の波が含まれ（▶p.36），どの周期の地震動が大きく現れるかは，震源からの距離や地盤に左右される。そのため，場所ごとに地盤の特性を知ることも，防災対策上，重要である。兵庫県南部地震では，東北地方太平洋沖地震に比べて，1〜2秒前後の長い周期が強く現れた。この周期の地震動は，木造家屋への影響が大きく，被害の拡大につながった。

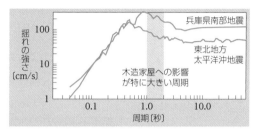

長周期地震動

高層ビル，石油タンク，長大橋などの建造物は，大地震に伴って発生する数十秒の周期の地震動（**長周期地震動**）によって共振し，大きな揺れを生じることがある。長周期地震動は，減衰しにくく，数百km離れたところまで伝わる。特に，軟らかい地盤が堆積した平野や盆地では，揺れが増幅され，継続時間が長くなる傾向がある。

兵庫県南部地震（阪神・淡路大震災） *M*7.3 1995年1月17日

六甲・淡路島断層帯の活動による都市直下型の内陸地殻内地震である。気象庁が初めて震度7と判定した。
建造物の倒壊や火災，液状化などの被害が発生し，特に，「震災の帯」とよばれる幅1〜2kmの狭い帯状の地域に被害が集中した。建造物の倒壊による死者が全体の約70％を占める。倒壊した建造物の多くは古く，新耐震基準＊で設計されたものは，ほとんど倒壊しなかった。
＊1981年に改正された建築基準法で定められた設計基準。

震災の帯

横倒しになった高速道路

地震時の室内のようす（再現）

1階が押しつぶされた木造住宅と火災

福井地震

*M*7.1 1948年6月28日

福井地震断層（根尾谷断層（▶p.40）の延長方向に存在）の活動によって，戦後の復興期に起きた地震である。建造物の被害が特に多く，全壊率60％，倒壊率80％に達した。地震後には，大雨による水害も発生し，複合災害の一例となっている。
気象庁が震度7を設定するきっかけとなった地震でもある。

福井市内の崩壊寸前のビル

5 **ライフラインの断絶** 基礎

市民生活の基盤となる電気，ガス，上下水道，電話，交通，通信などの都市生活を支えるシステムをライフラインと総称する。地震でライフラインが断絶すると，地震後の救助や救援活動に支障をもたらしたり，被災者の健康や生命に危険をもたらしたりする場合がある。

宮城県沖地震（1978年）の地震動によって崩れたガスタンク

福島県沖で発生した地震で脱線した東北新幹線（2022年）

豆知識 建築基準法などによって定められる建築物の耐震基準は，災害後，大幅に改正されることが多い。「新耐震基準」は，宮城県沖地震後の1981年に改正されたものであり，現行の耐震基準は，兵庫県南部地震後の2000年に，「新耐震基準」をさらに改正したものである。

1 津波 基礎
地震の発生に伴い，海底が大きく変動すると津波が発生する。

津波

海底下で大きな地震が発生すると，断層運動によって，海底が隆起または沈降する（»p.39）。これに伴って海面が上下動し，大きな波となって四方八方に伝播するものを**津波**という。津波は，地震以外にも，火山噴火や沿岸の山体崩壊，海底地すべりなどによって発生することもある（»p.217）。

> 震央が海にある地震。
> 震源が海底から浅いところにある地震。
> マグニチュードが大きい地震。

→ 大きな津波が発生する場合がある。

津波と波浪の違い

津波 波長数km〜数百km

海底から海面までの海水全体が押し寄せる

巨大な水の壁となり，長時間にわたって力が加わるため，陸上のものを破壊しながら内陸まで一気に浸水する。

波浪 波長数m〜数百m

海面付近の海水だけが押し寄せる

津波と高さが同じであっても，波長が短いため，1つ1つの波によって加わる力が小さく，沿岸で砕け散る。

津波の波長は，波浪（»p.96）に比べると数km〜数百kmと非常に長く，沖合では津波を感じにくい。

津波の速度と高さ

津波の速度vは，重力加速度をg，水深をhとして，次のように示される。

$$v=\sqrt{gh}$$

水深5000mの大洋底を津波が進む場合，221m/s＝797km/hと，ジェット機並の速度となる。津波は，水深が浅くなると急に波高が高くなり，あとから追いついた波が重なってさらに高くなる。

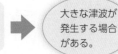

800km/h 270km/h 100km/h

津波

波が高くなる

5000m 500m 100m

断層の動き
海水の隆起

797km/h 252km/h 113km/h
津波の速度

地形による津波の増幅

津波は，1波，2波，3波と，数十分以上の長い時間を空けて，くり返し襲来する。地形などによって共振を起こすことで，1波よりも，あとの波の方が高い場合もある。また，1波が押し波のときもあれば，引き波のときもある。

湾の形だけに注目した場合，津波の波高は，袋型，直線海岸，U字型，V字型の順に高くなる。

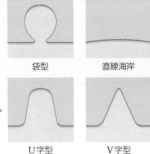

袋型　直線海岸
U字型　V字型

東北地方太平洋沖地震（東日本大震災）　M9.0　2011年3月11日

三陸沖を震源とするプレート境界地震。M9.0，最大震度7の日本観測史上最大の地震である。東北地方から関東地方にかけての太平洋沿岸を巨大な津波が襲い，未曾有の被害が発生した。津波は10mを超える高さとなり，その遡上高（陸地の斜面を駆け上がった高さ）は，最大で約40mに達した。

矢印は，津波による漂着物（津波の高さ7.6m）　津波の痕跡（岩手県宮古市）

矢印は，津波観測施設が被害を受けたため，データを入手できない期間があり，後続の波でさらに高くなった可能性があることを示す。

0.2m≦ 0.7m≦ 2.5m≦

高さ（m）

震源

120°E 130°E 140°E 150°E 20°N 30°N 40°N

東北地方太平洋沖地震の津波の高さ

北海道南西沖地震　M7.8　1993年7月12日

日本海東縁部の地震である。震源域に近かった北海道の奥尻島では，地震発生後4〜5分で津波が押し寄せ，甚大な被害がでた。

奥尻島南端の青苗地区

防波堤に乗り上げた漁船

人物 濱口梧陵 1820〜1885

和歌山県有田郡広川町出身で，醤油醸造業を営む濱口儀兵衛家の第7代目当主。事業家・政治家でもあった。

安政元年11月5日（1854年12月24日）夜に発生した，安政南海地震に伴う津波から村人を避難させるため，稲むら（藁の山）に火を放ち，火事だと思わせることで，安全な場所へよび寄せたといわれている。のちに，これを題材として小泉八雲が『A Living God』を著した。昭和12年には，国定教科書に「稲むらの火」として掲載された。

豆知識　津とは，船着き場や渡し場のことで，港を意味する。港は，岬などで囲まれた湾の奥にあることが多く，古くから，港の奥ほど大きくなる波を津波とよんでいた。また，津波は，英語でもtsunami（ツナミ）とよばれる。

2 火災 (基礎)

地震動や液状化によって倒壊した建造物や，津波で漂流したがれきから火災が発生することがある。

日本には木造家屋が多い。そのため，地震によって，家屋が密集する市街地で出火するとまたたく間に延焼し，大きな被害を生じる。火災旋風*が発生し，被害が大きくなることもある。　*火災で発生する炎や高温の空気を含むつむじ風。

山火事による火災旋風（アメリカ）

関東地震（関東大震災） M7.9 1923年9月1日

相模トラフを震源とするプレート境界地震（海溝型地震）である。震源断層が陸地の下にあり，直下型の面も備えている。建造物が全壊したことによる死者も多かったが，火災による死者が約90％と圧倒的に多い。

火災で発生した煙（東京都）

焼け野原となった日本橋（東京都）

- ● 火元（出火および飛火）
- ▲ 多数死者を出した場所
- 焼失した範囲

人口密集地である東京の下町を中心に火災が発生した。地震の発生が正午前であったため，昼食の準備で火を使っていたことや，ちょうど関東地方は台風の余波で風が強かったことなどが原因で火災が大きく広がった。これによって，火災は約46時間続き，市域の約40％が焼失した。特に，火災旋風が発生した被服廠跡では，約4万人が犠牲となった。

PROGRESS 津波堆積物

津波堆積物とは

巨大な津波が沿岸部を襲った場合，その大きなエネルギーによって，海底や海岸の一部が削り取られ，それらが別の場所に運搬され再堆積する。これを**津波堆積物**とよび，その分布や年代を調べることによって，過去に襲来した巨大津波の浸水域や発生間隔を知ることができる。

貞観地震の津波

平安時代に編さんされた「日本三代実録」には，貞観11年5月26日（西暦869年7月9日）に以下のような記録がある。『陸奥國地大震動。流光如晝隠映。（中略）去海数十百里。浩々不辨其涯俟涘。原野衢路。惣爲滄溟。乗船不遑。登山難及。溺死者千許。資産苗稼。殆無孑遺焉。』これは，陸奥の国*で大きな地面の揺れが発生し，その後の津波によって約1000名の溺死者が出たことを示している。この津波は，発生したときの元号から，貞観津波とよばれている。

貞観地震は，津波堆積物の調査やシミュレーションから，長さ200km，幅100km程度の断層が動いたM8以上の規模のプレート境界地震と推定されている。また，津波は，当時の海岸線から3〜4kmも内陸に浸水するほど巨大であったことがわかっている。

このように，津波堆積物から過去の浸水域を明らかにし，震源断層の位置や地震の規模を推定することで，将来の津波浸水予測が可能になり，防災対策に生かすことが期待されている。

*現在の青森県，岩手県，宮城県，福島県にあたる。

津波堆積物の形成

①津波前

②津波襲来
海岸付近の土砂を侵食して巻き込む。

③内陸への浸水
津波の浸水によって，土砂が内陸の奥まで運ばれる。

④津波後
津波が引いたあとに土砂が残され，津波堆積物となる。

津波堆積物

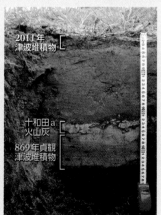

- 2011年津波堆積物
- 十和田a火山灰
- 869年貞観津波堆積物

- 869年貞観地震の断層モデルから推定される津波浸水域
- 2011年東北地方太平洋沖地震における津波浸水域
- 石巻市
- 東松島市
- 左の写真の位置
- 西暦869年頃のおおよその海岸線
- ● 869年貞観地震の津波堆積物検出地点
- ● 869年貞観地震の可能性がある津波堆積物検出地点

石巻平野における貞観地震と，東北地方太平洋沖地震における津波浸水域の比較

- ← 津波後の地表面
- 泥層
- 砂層
- ← 津波前の地表面

東北地方太平洋沖地震の津波で形成された津波堆積物（海岸から約1km内陸の宮城県山元町）

豆知識　「津波てんでんこ」とは，大船渡市三陸町綾里の津波災害史研究者，山下文男が訴え続けた言葉である。「てんでんこ」は「てんでばらばらに」の意味であり，津波の際は，「人にかまわず，急いで早く高台に逃げろ」ということである。

第6章　地球の環境

211

1 地震予測 基礎

過去の地震を調べることで，今後起こる地震の場所や時期，規模を予測する試みがなされているが，これらの正確な予測は非常に難しい。

長期的な予測

プレート境界地震は，古文書や被災者の供養碑などから，ほぼ同じ地域で，同程度の規模の地震がくり返し起こっていることがわかる。その代表的なものに南海地震があり，過去に9回発生していることがわかっている。また，考古遺跡に見られる液状化や，津波堆積物の研究を通して，地震発生史に新しい情報が加えられている。

内陸地殻内地震（≫p.39）は，くり返しの間隔が短いものでも1000年程度である。歴史資料以外にも，トレンチ調査を用いて発生年代やずれの量を推定している。また，活断層の長さから，マグニチュードが推定されている。

南海トラフ沿いの地震の歴史

日本付近で起きるプレート境界地震の主な発生状況

短期的な予測

大地震が発生する可能性があるものの，長期間大きな地震が発生していない地域を地震の**空白域**という。北海道では，千島海溝に沿って，*M*8クラスの地震が過去にくり返し発生している。矢印の地域では，1952年以降，大地震が発生しておらず，地震の空白域として，近いうちに*M*8クラスの地震が起こると予想されていた。その後，予想されたとおり，*M*8.0の十勝沖地震（2003年）が発生した。

このほか，日常的に発生する地震の数が，ある地域で一時的に低下したのち，その地域で大地震が発生するという現象が見られる場合も，地震の空白域とよばれることがある。また，地震に先立つ異常現象などの観測も行われている。

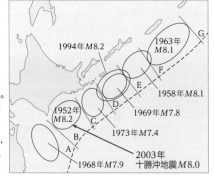

強震動予測

地震の強い揺れ（強震動）に対して対策をとるために，どのような揺れになるのか，事前に予測することを強震動予測という。強震動は震源で発生し，地球内部を伝播し，地表を揺らす。一般に，震源から遠くなるほど揺れは小さくなるが，地震波が地球内部の硬い地盤から軟らかい地盤に伝わると，揺れが大きくなる（増幅）。地震波が伝わってくる地下の構造の情報や増幅する割合を考慮して強震動を予測し，被害想定を行っている。

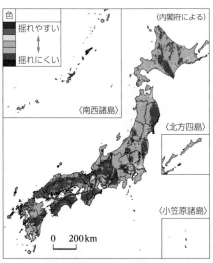

色	
■	揺れやすい
↕	
□	揺れにくい

（内閣府による）

〈南西諸島〉
〈北方四島〉
〈小笠原諸島〉

地震の揺れやすさ全国マップ

◆PROGRESS 連動型地震

1707年10月28日に発生した宝永地震（*M*8.6）では，東海・東南海地震と南海地震が同時に発生した。死者約2万人，倒壊家屋約6万戸，土佐を中心に大津波が襲来し，大きな被害をもたらした。地震が発生する領域はいくつかに分かれるが，宝永地震のように，それらが次々に連続して断層運動を起こすものを**連動型地震**という。宝永地震が発生した地域では，フィリピン海プレートの沈み込みによって，周期的にプレート境界地震が発生しており，再び連動型地震が発生すると考えられている。シミュレーションによれば，10mを超える津波が10分前後で陸へ到達する。

東北地方太平洋沖地震（2011年）は，岩手県から茨城県までの，長さ480km，幅150kmの断層が連続して破壊された連動型地震であった。

	地表震度
■	7
■	6強
□	6弱
■	5強
■	5弱
□	4
□	3以下

南海トラフ
連動して発生した場合の震源域

豆知識 チリ地震（2010年）のように地球の反対側で起きた地震の津波は，到達予測時刻が予測よりも数十分程度遅れる。これは，地球の弾性，海水の圧縮性，重力場の変化の影響を考慮していないためで，これらを考慮すれば予測の精度があがると考えられている。

2 建造物の対策 基礎

建造物の地震対策には，変形しにくく地震の揺れに耐える耐震構造，揺れを伝わりにくくする免震構造，揺れを吸収して，柱や梁などの損傷を抑える制震(制振)構造がある。

耐震構造

強い地震の揺れに耐え，倒壊しないようにした建造物の構造を**耐震構造**という。右の写真では，建造物を筋交いで補強している。

地震の揺れが直接建造物に伝わるため，壁や家具などの損傷は大きくなる。

耐震構造の建造物

ピロティ構造

1階部分に壁がなく，吹き抜けや駐車場になっている建造物の構造をピロティ構造という。東北地方太平洋沖地震では，津波で多くの建造物が流失したが，津波が低かったところでは，ピロティ構造の建造物の多くで被害が軽減された。しかし，地震の揺れには弱く，兵庫県南部地震では，ピロティ構造の建造物が倒壊する例が見られた。

ピロティ構造の建造物

免震構造

建造物と地盤との間に，軟らかく，変形するもの(免震層)を設置し，地震の揺れを伝わりにくくする構造を**免震構造**という。免震構造の建造物であっても，長周期地震動の影響を受ける場合がある。

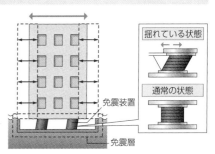
揺れている状態 / 通常の状態 / 免震装置 / 免震層

TOPIC 実大三次元震動破壊実験施設(E–ディフェンス)

E–ディフェンスは，震動台に実物大の建造物(ビルや木造家屋など)を載せ，前後・左右・上下の三次元に動かして，兵庫県南部地震クラスの揺れを再現し，どのような被害が発生するのかを実験する施設である。実験によって，揺れのようすや構造物の損傷，崩壊の過程を詳細に検討・解明できる。これらの結果をもとに，より地震に強い建造物の研究が進められている。

補強なし　補強あり

3 そのほかの対策 基礎

道路橋の耐震対策

兵庫県南部地震では，強い揺れによって，道路橋などに甚大な被害が発生した。この経験をもとに，耐震設計基準の見直しや，古い基準で設計されている既設の道路橋に耐震補強が施されている。

道路橋の落橋被害

落橋を防止するために，隣接する桁をケーブルで連結している。

ライフライン対策

共同溝 / ガス　水道　電話　電気

耐震性の優れた共同溝(ライフラインを車道の下に収納する施設)の整備を進めて，電気・水道・ガス・通信網の確保を図ったり，無電柱化によって，電柱の倒壊による道路閉塞を防ぐ対策がとられている。

液状化危険度分布予測図(ハザードマップ)

下図は，中央構造線沿いに$M8$の地震が発生した場合の，和歌山市における液状化を予測した地図である。このように，地震や地盤，地下構造を考慮し，危険度の高い地域を予測し，対策に活かしている。

凡例(液状化危険度)
- 極めて低い(液状化面積率0％)
- 低い(液状化面積率2％程度)
- 高い(液状化面積率5％程度)
- 極めて高い(液状化面積率18％程度)

4 緊急地震速報 基礎

地震の発生直後，震源に近い地震計でとらえたP波の観測データを解析し，震源や地震の規模(マグニチュード)を直ちに推定する。これにもとづいて，各地におけるS波(主要動)の到達時刻や震度を予測し，可能な限り素早く知らせる地震動の予報および警報を**緊急地震速報**という。ただし，震源が近い直下型地震の場合は，緊急地震速報もS波の到達に間に合わない。

気象庁では，従来の方法と，より高い精度で予測できるPLUM法(各地で観測された揺れの強さから，付近の震度を直接予想する方法)を組み合わせて発表している。

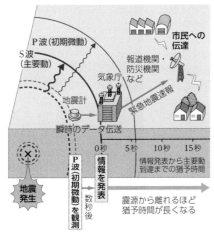
P波(初期微動) / S波(主要動) / 気象庁 / 地震計 / 瞬時のデータ伝送 / 市民への伝達 / 報道機関・防災機関など / 緊急地震速報 / P波(初期微動)を観測 / 情報を発表 / 0秒 5秒 10秒 15秒 / 情報発表から主要動到達までの猶予時間 / 地震発生 / 数秒後 / 震源から離れるほど猶予時間が長くなる

+α 地震の被害予測と防災対策 プラス

2011年3月11日に発生した，東北地方太平洋沖地震に伴う津波によって，絶対に安全といわれていた原子力発電所が大きな被害を受けた。福島第一原子力発電所では，放射性物質が大気中へ拡散し，付近の住民は，長期にわたって避難を余儀なくされることとなった。

この震災を機に，より大きな津波が起こり得ることを想定して，被害予測や防災対策を見直すことになった。

福島第一原子力発電所

豆知識　緊急地震速報のチャイム音には，次のことが考慮されている。(1)注意を喚起する，(2)すぐに行動したくなる，(3)既存の警報音やチャイム音とも異なる，(4)極度に不快でも快適でもなく，あまり明るくも暗くもない，(5)できるだけ多くの聴覚障害者に聴こえる

14 火山災害❶ 基礎
Volcanic disaster

1 火山の噴火と災害 基礎

火山は，噴火によってさまざまな災害を引き起こす。

火山の噴火による災害は多く，都市や地域全体が壊滅したこともある。人間が火山の噴火を制御することはできないが，災害を知り，危険性を認識することによって，被害を最小限に抑えることができる。

火山災害を引き起こす要因

溶岩流，噴石（火山灰以外の火山砕屑物），火山灰，火山ガスなどの火山噴出物（≫p.50），それに伴う火砕流（火砕サージ）や火山泥流（ラハール），土石流（≫p.206）など。
火山体そのものが崩壊する山体崩壊や岩なだれ，それに伴う津波，洪水など。
地下のマグマ活動や噴火活動で発生する火山性地震，地盤変形，空振，水蒸気爆発など。

これらのうちのいくつかは，噴火時でなくても発生する場合がある。

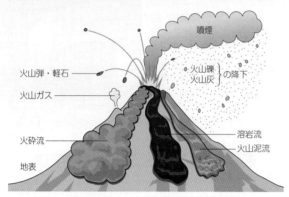

火山弾・軽石
火山ガス
火砕流
地表
噴煙
火山礫・火山灰 の降下
溶岩流
火山泥流

火山災害のテーマ（≫p.214-219）で取り上げた活火山
年は，最近の噴火記録（2024年現在）

有珠山（≫p.216-218）2000-2001
十勝岳（≫p.217）2004
浅間山（≫p.219）2019
御嶽山（≫p.216, 219）2014
磐梯山（≫p.217）1888
雲仙岳（≫p.215, 217）1990-1996
草津白根山（≫p.216）2018
伊豆大島（≫p.214, 218）1990
富士山（≫p.218）1708-1709？
三宅島（≫p.214, 216）2013
口永良部島（≫p.215）2020
霧島山（新燃岳）（≫p.217）2018
桜島（≫p.216-219）2024

2 溶岩流 基礎

地下のマグマが，液体のままで噴出し，地表を流れ下る現象を**溶岩流**という。流下速度は，地形や溶岩の温度，粘性によって異なり，時速60kmに達する場合もあるが，ゆっくりな場合には，徒歩による避難も可能である。溶岩流は高温のため，その流路では，建造物や道路，農耕地，森林，集落などを焼失，埋没させる。

溶岩流の表面と底面は，急冷されてすぐに固結するが，流動性に富む粘性の低い溶岩では，その固結した殻を突き破ってマグマが流出する。溶岩流は，これをくり返して前進する。

溶岩流の先端（ハワイ）

溶岩流で埋没した道路（ハワイ）

伊豆大島

三原山の溶岩流

三原山（2008年）

1986年の伊豆大島三原山の大噴火では，山頂火口での噴火に加え，カルデラ外の斜面でも割れ目噴火が発生し，溶岩流が町へ流れ下った。これによって，全島民約1万人が島外へと避難した。
2008年の時点で，溶岩の部分にはまだ植生がほとんどなく，溶岩流の流路がはっきりとわかる。

溶岩流に飲み込まれる小学校（三宅島）

三宅島で1983年に起こった噴火では，集落が溶岩流に飲み込まれた。現在でも，溶岩で埋没した小学校が残されている。

豆知識 鹿児島県の桜島は，かつては名前のとおり島であった。1914（大正3）年の噴火で発生した溶岩流によって，桜島と大隅半島との間の海峡が埋まり，陸続きとなった。

高温の水蒸気や空気，火山灰や火山岩塊などの火山砕屑物が混合し，急速に山体を流下する現象を**火砕流**という。火砕流は，さまざまな大きさの固体が気体と一体となり，粘性の低い状態で，重力によって流れ下る。時速数十〜百kmを超え，温度は数百℃にも達し，まき込まれると脱出は困難である。大規模な場合は，地形の起伏に関わらず，広範囲に広がり，埋没，破壊，焼失などの大きな被害をもたらす。

また，ガスが多く，含まれる砕屑物の粒径が小さいものは**火砕サージ**とよばれ，火砕流に比べて密度が小さく，到達範囲が広い。

雲仙普賢岳の火砕流

雲仙普賢岳の火砕流跡（白い部分）

1991年6月3日，雲仙普賢岳で発生した火砕流は，比較的規模が小さかったものの，43名の死者を出した。その中には，世界的に有名な火山学者，クラフト夫妻も含まれていた。

火砕流の発生

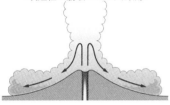
<噴煙柱の崩壊による火砕流>

<溶岩ドームの崩壊による火砕流>

火山砕屑物と火山ガスの混合物は，空気よりも密度が大きく，噴出速度が十分でないと，噴き上がっても浮力を得られず，失速して落下し，山体を広く覆う火砕流となる。

溶岩ドームの崩壊で，解放された火山ガスが溶岩ドームの破片と一体となり，高速で流下し，火砕流となる。比較的小規模なものが多く，流下方向は地形などに影響されやすい。

噴煙柱の崩壊（鹿児島県）

2015年5月29日，口永良部島の新岳の噴火に伴い，火砕流が発生した。火砕流は島の北西から南西の海岸まで達した。

TOPIC ポンペイ

イタリアのポンペイは，火砕流によって失われた古代都市である。西暦79年8月，ポンペイから北西約10kmにあるベスビオ山が大噴火を起こした。その火砕流は，一瞬にしてポンペイを約5mの深さに埋もれさせた。その後，18世紀に遺跡の発掘が始まり，19世紀半ばには，有機物が分解されて形成された火砕流堆積物の空洞に石膏を流し込む手法で，火砕流に飲み込まれた瞬間のポンペイ市民のようすが復元された。

ポンペイ市民の石膏像

ベスビオ山とポンペイの遺跡

PROGRESS 超巨大噴火

大量のマグマが短時間で一気に噴出する超巨大噴火は，マグマが抜けた空洞によって巨大なカルデラができることから，カルデラ噴火とよばれる（≫p.49）。特に大規模な噴火は，破局噴火ともよばれる。

超巨大噴火は，日本では平均すると1万年に1回程度の割合で発生している。最も近年のものは7300年前の鬼界カルデラによる噴火で，九州地方の縄文文化を壊滅させたとされている。現在も火山活動が活発な桜島を囲む姶良カルデラでは2万9000年前〜2万6000年前に，阿蘇カルデラでは9万年前に発生した。これらの噴火で発生した火山灰は広域テフラとして，かぎ層となっている（≫p.154）。

アメリカのイエローストーンは，210万年前，130万年前，64万年前に最大規模の噴火を起こしており，現在でも地下のマグマだまりに大量のマグマが貯留されていることがわかっている。そのため，近い将来，超巨大噴火を起こす可能性が最も高い火山として不安視されている。

● 火山
― カルデラの範囲

火山前線
雲仙岳
阿蘇カルデラ
加久藤カルデラ
姶良カルデラ
桜島
阿多カルデラ
鬼界カルデラ
口永良部島

第6章 地球の環境

豆知識 火砕流堆積物は，さまざまな大きさの噴出物が混在し，降下した火山砕屑物よりも粒径が不ぞろいな特徴がある。また，高温で堆積するため，炭化した木片を含むこともある。堆積すると平坦な地形をつくる。九州のシラス台地も火砕流堆積物によるものである。

1 火山砕屑物 基礎

火山砕屑物（≫p.50）は，その種類によって，到達範囲や被害の特徴が異なる。粒径が大きい噴石（火山岩塊や火山弾など）は，風の影響をほとんど受けずに火口周辺に飛散し，破壊力が極めて大きい。

火口から離れるほど，到達する火山砕屑物の粒径は小さくなるが，噴火の規模や気象条件によって，火山灰の到達範囲が非常に遠方にまで及ぶこともある。

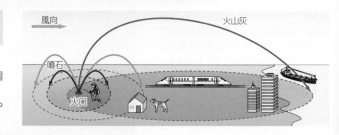

噴石 大小の岩石が噴き上げられ，建造物の破壊などをもたらす。激しい爆発では，10cmの火山弾が火口から数km先まで飛ばされることもある。

草津白根山の噴火による噴石で窓が割れたロープウェイのゴンドラ（群馬県）

噴石や火山灰で覆われた御嶽山の頂上付近（長野県）

有珠山噴火時の火山弾で穴があいた建物（北海道）

福徳岡ノ場噴火時の軽石が流れ込んだ港（沖縄県）

火山灰 火山灰は，細かくて軽いため，空高く舞い上がり，広い範囲に被害をもたらす。

ジェット機のエンジンに吸い込まれると損傷の原因となるほか，積もった重みで家屋が倒壊したりする。また，健康や農作物に悪影響を与えることもある。

降灰による農作物の被害（鹿児島県）

桜島の噴火に伴う降灰（鹿児島市内）

2 火山ガス 基礎

火山ガス（≫p.51）は，噴火が起こらなくても噴気孔から噴出することがある。主成分は水蒸気であるが，人体に有毒な成分を含み，死亡事故も発生している。二酸化炭素，二酸化硫黄，硫化水素などは空気に比べて重いため，窪地や谷地形などの低い場所にたまりやすく，注意が必要である。

三宅島では，2000年の噴火に伴う二酸化硫黄の大量放出によって，約4年半の全島避難となった。

火山ガスで立ち枯れた木（三宅島）

＋α プラス 気温の低下

1991年6月，フィリピンのピナツボ山で大噴火が発生し，噴煙が34kmの高さにまで達した。噴火後の1991年半ばから1993年の半ばにかけて，地球全体の地表付近の平均気温が約0.5℃低下した。これは，噴火によって成層圏にもたらされた大量の二酸化硫黄が，大気中で酸化されて，硫酸エーロゾルとなり，地表に到達する太陽放射をさえぎったためである。このように，大噴火によって寒冷化する現象を「火山の冬」という。

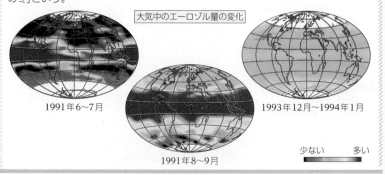
大気中のエーロゾル量の変化
1991年6～7月
1991年8～9月
1993年12月～1994年1月
少ない　多い

豆知識 噴火の規模を噴出物の量で区分した指標を，火山爆発指数（VEI：Volcanic Explosive Index）という。VEIは0から8に区分され，1大きいと噴出物の量は10倍になる。4（0.1～1km³）で大規模な噴火とされ，7～8が破局噴火とされる。1991年のピナツボ山の噴火はVEI6だった。

③ 火山泥流 _{基礎}

火山灰などの噴出物が，水と一体となって流下する現象を，火山泥流(ラハール)といい，時速数十kmに達する。谷沿いに遠方まで到達し，建造物や農耕地に大きな被害をもたらすことがある。

　火山泥流は，噴火に伴う融雪や，火砕流の河川への流入のほか，未固結の火山堆積物が豪雨で流されることなどで発生する。1926年5月には，北海道の十勝岳で融雪による火山泥流が発生し，大きな被害をもたらした。

　有珠山では，1978年10月に発生した火山泥流で大きな被害が出たことから，対策としてダムや流路がつくられた。2000年の噴火時に発生した火山泥流では，流路によって被害は減らせたが，あふれ出した泥流による被害も出たことから，その後さらに砂防施設が建設されることになった。

有珠山噴火に伴う火山泥流の被害(北海道)

■ 火山泥流の流れた範囲
― 流路
噴火口
左の写真の撮影方向

④ 山体崩壊・岩なだれ _{基礎}

噴火の衝撃で山体が崩壊すると，岩なだれ(岩屑なだれ)となって流下する。岩なだれが海や湖に達すると，津波を発生させることがある(▶p.210)。

眉山と九十九島(長崎県)

　長崎県の島原では，1792年，雲仙岳の眉山で発生した山体崩壊によって，岩なだれが有明海に流れ込み，発生した津波が対岸の肥後(現在の熊本県)を襲った。有史以来，日本最大の火山災害となり，「島原大変肥後迷惑」とよばれている。島原市の沖にある九十九島は，岩なだれの堆積物(流れ山)による島々である。

　山体崩壊に伴う津波は，2018年のアナククラカタウ島(インドネシア)の噴火でも発生している。

磐梯山と五色沼(福島県)

　福島県の磐梯山では，1888年の大噴火で山体の北半分が崩壊した。山頂は165mほど低くなり，直径約2kmのカルデラが形成された。崩壊に伴って発生した岩なだれは，北方へ流下し，多数の犠牲者を出した。このとき発生した流れ山によって，河川がせき止められ，桧原湖や五色沼など，裏磐梯の湖沼群が形成された。

1980年5月17日

1980年9月10日
セントヘレンズ山(アメリカ)

　アメリカのセントヘレンズ山では，1980年に大規模な山体崩壊が発生した。しかし，周辺への避難勧告が行われており，人的被害は小さく抑えられた。

⑤ 火山噴火に伴う諸現象 _{基礎}

地盤の変形

有珠山火口付近の正断層群(北海道)

マグマの動きによって地盤が膨張し，表面に引張力が働いたことで，正断層群が形成され，道路が破壊された。

空振

新燃岳の噴火に伴う空振で割れた窓ガラス(鹿児島県)

火山の噴火に伴って，空気の振動が発生し，これが大気中を伝わったものを空振という。強い空振では，窓ガラスの破損などの被害が発生するため，山頂に面した方向では特に注意が必要である。低周波のため，人間の耳には聞こえないが，空振計(マイクロフォンの一種，▶p.218)が主な火山の周辺に設置され，観測が行われている。

TOPIC トピック 火山雷

　被害をもたらす現象ではないが，火山噴出物どうしの摩擦で雷が発生する場合があり，これを火山雷という。

桜島の噴火に伴う火山雷(鹿児島県)

第6章 地球の環境

豆知識　東京都の伊豆鳥島では，1902年の噴火時に発生した岩なだれによって全島民125名が亡くなった。その後，再び人が居住し，気象観測所も設置されたが，度々の噴火で全島民が島外へ避難することになり，現在では無人島となっている。

1 噴火予測と危険評価 基礎

火山噴火の活動を予測し，火山災害に備えるため，気象庁をはじめ，各大学や自治体，防災機関などが火山の観測を行っている。特に注意すべき50火山（》p.45）については，地震計，傾斜計，GNSS，空振計，遠望カメラなどによって24時間体制で監視が行われ，そのほかの火山についても，現地観測で活動状況がチェックされている。

噴火警戒レベル 巻末37

火山は，特に異常が認められ，火口周辺や居住地域に影響が及ぶ噴火の発生が予想された場合，気象庁が噴火警報などの防災情報を発信する。

警報・予報	対象範囲	レベルとキーワード		火山活動の状況
噴火警報（居住地域）略称 噴火警報	居住地域およびそれより火口側	レベル5	避難	居住地域に重大な被害を及ぼす噴火が発生，あるいは切迫している状態にある。
		レベル4	高齢者等避難	居住地域に重大な被害を及ぼす噴火が発生すると予想される（可能性が高まってきている）。
噴火警報（火口周辺）略称 火口周辺警報	火口から居住地域近くまで	レベル3	入山規制	居住地域の近くまで重大な影響を及ぼす（この範囲に入った場合には生命に危険が及ぶ）噴火が発生，あるいは発生すると予想される。
	火口周辺	レベル2	火口周辺規制	火口周辺に影響を及ぼす（この範囲に入った場合には生命に危険が及ぶ）噴火が発生，あるいは発生すると予想される。
噴火予報	火口内など	レベル1	活火山であることに留意	火山活動は静穏。火山活動の状態によって，火口内で火山灰の噴出などが見られる（この範囲に入った場合には生命に危険が及ぶ）。

ハザードマップ

各自治体が，それぞれの火山で起こる可能性のある噴火を想定し，火山周辺の住民の避難場所や避難経路を書き込んで作成した地図をハザードマップ（防災マップ）という。

有珠山ハザードマップ

0　　　　5　　　　10Km

融雪型泥流・降雨型泥流（土石流）

火砕流・噴石・降灰

噴火速報

気象庁は2015年8月から，常時観測している火山を対象に，噴火の発生を知らせる速報を発表している。気象庁のホームページ，テレビやラジオ，携帯端末などで知ることができる。

2 火山性地震 基礎

火山体周辺で発生する地震は火山性地震と総称され，連続した振動は火山性微動とよばれる。

火山性地震や火山性微動は，山体内の岩盤の連続的な破壊や，流体（マグマやガスなど）の振動によって発生する。火山性地震には，火山活動に伴う岩石の破壊や断層運動で発生する高周波地震（通常の地震と同様の周期の地震）と，周期の長い低周波地震，噴火に伴う爆発地震がある。

一般に，しばらく活動していなかった火山では，まず地下の深いところで地震が発生し，震源が次第に上昇する。やがて，山体内でも地震が発生し始め，その地震が連続的になり，火山性微動となると，ほぼ間違いなく噴火が起こる。

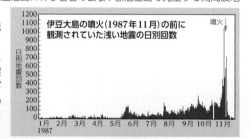

伊豆大島の噴火（1987年11月）の前に観測されていた浅い地震の日別回数

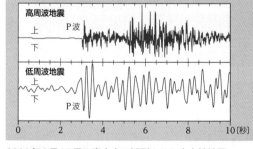

2001年2月17日に富士山で観測された火山性地震

高周波地震は，通常の地震と同様に5〜20Hz程度が卓越するが，低周波地震は1〜2Hzであることが多い。低周波地震は，マグマなどの流体に関係すると考えられている。

地震計と空振計

地震計による観測は，噴火予測だけでなく，噴火発生や規模を検知するためにも利用される。空振は，天候によらず観測が可能なため，空振計の記録も，噴火の発生をいち早く知るために利用される。

地震計

空振計

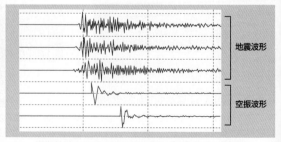

爆発的噴火に伴う火山性地震と空振の波形（桜島）

豆知識　有珠山では，2000年，噴火の前兆が観測されたことから，約9500名の周辺住民がハザードマップにもとづいてほぼ1日で避難を終え，その直後に噴火が始まった。これは，噴火前に周辺住民の全員が避難することができた初めての成功例である。

3 火山性の地殻変動 _{基礎}

噴火の前には，マグマの上昇によって土地が膨れ上がり，傾斜変化や土地の伸縮が起こることがある。このような地殻変動の連続観測には，傾斜計や伸縮計などが用いられる。

傾斜計

地面の傾斜変化を測定する。離れた水槽の間を水管でつなぎ，両端の水位の差から地面の傾斜変化を求めるもの（水管傾斜計），鉛直振り子の位置変化から傾斜を求めるものなどがある。

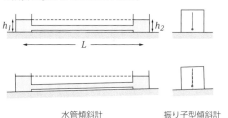

水管傾斜計　　　　　振り子型傾斜計

伸縮計

地面の伸縮を測定する。装置の片方を地面に固定し，もう一方の端の地面との変位を測定するものや，レーザー干渉計を用いて，数十〜数百mの距離を連続的に測定するものがある。

傾斜計で観測された傾斜変化

南北成分：
噴火前に北側が上がった

南北成分で北，東西成分で東が上がる向き

東西成分：
噴火前に西側が上がった

1μrad*

11:30　11:40　11:50　12:00

噴火発生

＊1km先の地面が1mm縦に動いたときの角度

2014年9月の御嶽山噴火時には，山頂の南東3kmにある田の原観測点で，噴火の約7分前から，北西の山頂側が上がる傾斜変化が観測された。これは，噴火前に高圧の水蒸気やガスが火口へ向かって割れ目内を上昇したことによると考えられている。

御嶽山
田の原
5km

GNSS

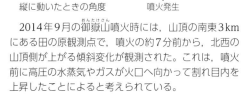

地殻変動の連続観測には，GNSS（》p.29）も用いられている。火山体の適当な場所にアンテナを設置し，アンテナ間の距離や傾斜が求められる。

観測点間の距離 2cm
噴火

2002　2003　2004　2005　2006　2007　2008〔年〕

御嶽山噴火（2007年）に先立ちGPSで観測された距離

4 そのほかの火山観測 _{基礎}

火山は，一般に磁鉄鉱などの磁性鉱物を含む岩石からなり，磁気を帯びている。この磁気は，高温のマグマが貫入して，熱せられると減少し，冷やされると増加することから，火山では磁気の変化も観測されている。そのほかに，高感度カメラによる遠望観測や，赤外熱映像装置による火口周辺の熱観測，火山ガスの観測，噴出物の調査，航空機からの観測調査などが行われている。

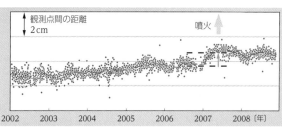

桜島

衛星に近づく　　衛星から遠ざかる
−11.9cm　　　＋11.9cm

照射方向　飛行方向
N
0　　　　10km

阿蘇山（草千里）　2021/10/

高感度遠望カメラがとらえた2021年の阿蘇山（熊本県）の噴火
噴火のようすがリアルタイムの映像で伝送されるようになっている。

高感度遠望カメラ

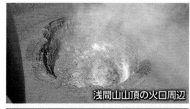

浅間山山頂の火口周辺

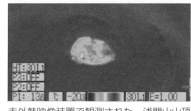

赤外熱映像装置で観測された，浅間山山頂の火口周辺。色の違いは地表面温度の違いを示す。

常時観測が行われている火山では，JAXAの衛星だいち2号で，地表の変動が定期的に観測されている。

だいち2号は，衛星から発射し，地表で反射した電波を観測する（干渉SAR 》p.29）。これを同じ位置でくり返すことで，波長のずれから地表の変動を知ることができる。夜間や雲があっても観測できる。

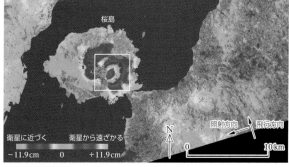

2015年8月16日 と2015年1月4日に得られたデータを元に地表の変化を表した画像（上）とその鳥瞰図（下）

白枠の範囲では，1月から8月の間に最大16cm程度の衛星方向に近づく変位が確認できた。

豆知識 日本で最初の火山観測所は，大森房吉（》p.41）と長野県立長野測候所（現在の気象庁長野測候所）の協力のもと，1911年に浅間山の西側山腹で観測業務を開始した。世界最古の火山観測所は，1845年にイタリアのベスビオ火山に創設されたものである。

Science Special ❻
陸海統合地震津波火山観測網「MOWLAS」

防災科学技術研究所　地震津波火山ネットワークセンター長　青井真

日本は，地震や火山などの自然現象によって，古くから多くの災害がもたらされており，最重要課題の1つである防災研究の発展は，観測技術がその鍵を握っている。特に，地震災害の分野では，1995年の兵庫県南部地震を契機に，全国的な地震観測網が整備された。さらに，2011年の東北地方太平洋沖地震に伴い，甚大な被害が出た津波の観測についても，整備や研究が進められている。また，火山の分野においても，新たな観測技術が開発され，めざましい研究成果を生み出している。防災科学技術研究所は，これら全国の陸域から海域までを網羅する「陸海統合地震津波火山観測網（MOWLAS：Monitoring of Waves on Land and Seafloor）」を運用している。

○ 陸域の観測網

地震動の記録は，地震の理解や防災のために重要であるが，揺れの強さや周期の範囲は極めて広い。そのため，防災科学技術研究所（防災科研）＊では，観測の目的ごとに異なる3種類の地震計を用い，1800以上の観測地点で日本全国をほぼ均質に覆う基盤的地震観測網を整備し，運用している。これは，高感度地震観測網，広帯域地震観測網，強震観測網で構成され（図1），いずれも世界で類をみない高密度な観測体制である。観測データは，気象庁にリアルタイムで伝送され，緊急地震速報や震度情報に利用されるほか，すべてのデータが公開され，国内外の地震調査研究に利用されている。

＊National Research Institute for Earth Science and Disaster Resilience（NIED）

図1　地震計の種類

高感度地震観測網　　Hi-net : High Sensitivity Seismograph Network Japan

長谷（長野県）

地震計の種類　高感度地震計：人体に感じないほどの微弱な揺れも検知できる。
設置間隔　約20km　　設置数　約800か所
設置場所　深さ100m以上の井戸の底：自動車や工場などの人為的な振動（ノイズ）が障害となるため。
　観測データを用いた自動的震源決定処理によって，地震活動状況がモニタリングされている。また，緊急地震速報や津波警報などにも利用されている。

強震観測網　　K-NET : Kyoshin Network，KiK-net : Kiban Kyoshin Network

相去（岩手県）

地震計の種類　強震計：被害をもたらすほどの強い地震動を正確にとらえる。
設置間隔　約20km　　設置数　K-NET：約1000か所　KiK-net：約700か所
設置場所　地表（K-NET），地表と地下（KiK-net）
　観測データは，日本列島の地震被害のリスク評価や，耐震設計などの工学的研究に役立てられる。震度を計算する機能が付加されており，震度計としても用いられる。

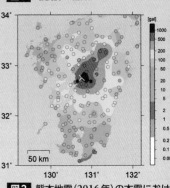

図2　熊本地震（2016年）の本震における地表での最大加速度

広帯域地震観測網　　F-net : Full Range Seismograph Network of Japan

大鰐（青森県）

地震計の種類　広帯域地震計：速い揺れからゆっくりした揺れまで計測できる。
設置間隔　約100km　　設置数　73か所
設置場所　奥行き数十mのトンネルの奥：温度や気圧の変化に影響されやすいため。
　震源における断層運動の詳細な時間進展や地球内部構造の研究に用いられる。体に感じる揺れが小さくても巨大な津波を起こすような地震を的確に検知できる。

坑内の広帯域地震計

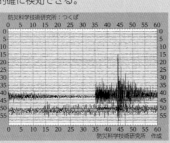

図3　東北地方太平洋沖地震（2011年）の連続波形　連続波計は，1時間分を1つの画像で表したもので，波形は上から順に1分ごとに示している。横軸は秒，縦軸は分目盛りである。分目盛りが振幅のスケールにもなっており，1目盛りが1000nm/sである。

基盤的火山観測網
V-net : The Fundamental Volcano Observation Network

駒ヶ岳（北海道）

観測機器の種類
高感度地震計・傾斜計：火山性微動をとらえる。
広帯域地震計：噴火の状態を理解する。
GNSS：マグマの蓄積状況を把握する。
設置数　55か所　設置場所　16火山

- Hi-net/KiK-net
- Hi-net
- K-NET
- F-net
- V-net
- S-net
- DONET

MOWLAS
Monitoring of Waves on Land and Seafloor

図4　陸海統合地震津波火山観測網（MOWLAS）の観測点

○ 海域の観測網

　近年，沈み込み帯などの海域における地震や津波の観測を目的とした多点高密度な海底観測網が構築されている。海域で観測することによって，地震や津波をより近い場所で観測でき，より早くその発生を検知することが可能となる。その代表例がS-netとDONETである。合計約200か所で観測を行うこれらの観測網は，ケーブル式海底地震津波観測網として世界最大規模を誇っている。地震や津波の早期検知と，緊急地震速報や津波警報の早期発信に役立っている。

日本海溝海底地震津波観測網
S-net : Seafloor observation network for earthquakes and tsunamis along the Japan Trench

　東北地方太平洋沖地震の震源域を含む，北海道沖から千葉県沖の海底に，150か所の観測点をもつ。各観測点には，地震計と津波計が設置されており，すべての観測点は光海底ケーブルでつながれ（図5），プレート境界地震（海溝型地震）などの海域で発生する地震や直後の津波を検知することができる（図6）。

　このシステムによって，海域で発生する地震は，これまでよりも最大30秒程度早く検知することが可能となる。また，津波については，これまでよりも最大20分程度早く沖合で検知し，津波の高さを実測することが可能となる。

図5 S-netの観測装置

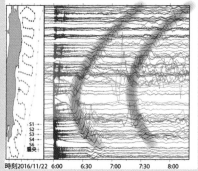

図6 2016年11月22日に福島県沖で発生した地震に伴う津波の波形　第一波および後続波の大まかな到来を太灰色線で示す。

時刻2016/11/22　6:00　6:30　7:00　7:30　8:00
S1 S2 S3 S4 S5 S6 震央

地震・津波観測監視システム
DONET : Dense Oceanfloor Network system for Earthquakes and Tsunamis

　南海トラフ地震の想定震源域の東半分にあたる熊野灘から紀伊水道沖の海底に，51か所の観測点をもつ。各観測点には，強震計，広帯域地震計，水圧計，微差圧計，精密温度計などが設置され，S-netと同様に，すべての観測点がケーブルでつながれている（図7）。南海トラフで発生する巨大地震と津波の早期検知や，長期間の地殻変動モニタリングによる地震発生メカニズムの解明に役立てられている。

図7 DONETの拡張分岐装置　ケーブルと観測装置を海中で接続したり分離したりする，コンセントのような役割をもつ装置。

　一方，想定震源域の西半分（高知県沖から日向灘）には，現在，南海トラフ海底地震津波観測網（N-net）という新しい観測網の構築が進められており，2024年7月からは試験運用が開始されている。

○ 観測データの防災への利活用

　研究者による研究だけでなく，防災という観点でも観測データは利活用されている。MOWLASの観測データはリアルタイムで気象庁にも伝送され，緊急地震速報（» p.213）や津波警報などに活用されている。また，地震が発生して約1分半後にはテレビで発表される全国各地の震度も，気象庁や防災科研，都道府県などの震度データが一元化され，全国どこで地震が起きても直後に震度情報が発表できるしくみができている。いわば今の命を守る情報と言える。このほか，高層ビルの耐震設計や地震・津波ハザード評価にも，観測データが貢献している。

地震データの鉄道事業者による活用

　海域の観測網の構築によって，海域で発生した地震を震源近くで観測することができるようになった。そのメリットのひとつは，地震発生後に地震波が海から陸へ伝播してくる時間を猶予時間として活用できることである。たとえば，2016年8月20日に発生した三陸沖の地震動を，S-netは陸域の観測網よりも約22秒早くとらえることができた。シミュレーションによると，場所によっては，最大30秒近く時間を短縮できる可能性がある。気象庁による緊急地震速報だけでなく，鉄道各社などの民間企業とも共有し，最大20〜30秒の猶予時間を活用して，新幹線を少しでも早く緊急停止させることなどにも貢献している（図8）。

図8 新幹線の送電停止のしくみ

強震モニタ

　MOWLASによってリアルタイムで災害の様相を把握することは，適切な災害対応につながる。観測されたデータはデータセンターに集約されるとともに，ウェブサイトなどで広く公開・発信され，誰でもアクセスができる。たとえば，強震モニタでは，日本列島の現在の揺れが可視化されている（図9）。

図9 東北地方太平洋沖地震のときの強震モニタの画面

火山噴火予知と火山防災への活用

　V-netの観測データは，電話回線や衛星通信を利用して常時連続的に防災科研に送られ，地震の検出や震源の決定などの処理を行っている（図10）。さらに，防災のための情報として公開されるとともに，火山噴火予知研究のデータベースとして利用されている。また，気象庁でも火山監視に活用されている。

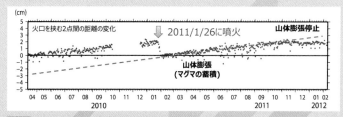

図10 2011年霧島山新燃岳噴火に関する観測成果

豆知識　防災科研の地震観測網や火山観測網によって記録されたデータ，その処理結果，観測点の地質情報などは，防災科研のウェブサイトで公開されている（https://www.bosai.go.jp/）。

特集7 天体写真の撮り方 📷

How to take an astrophotography

天体写真の種類
天体写真には，対象や撮影の方法によって，さまざまな種類のものがある。

★ 対象による分類

対象	撮影のポイント
太陽	明るすぎるため，減光する。
月・惑星	望遠鏡を使って拡大し，短時間露出する。
星座・流星	広範囲を撮影するため，望遠鏡は不要である。
星雲・星団・連星	望遠レンズや望遠鏡を使用し，長時間露出する。
星と風景・人物	月明かりやライトを利用して照らす。

★ 撮影方法による分類

対象	撮影のポイント
固定撮影	レンズがついたカメラを三脚に固定して撮影する。
ガイド撮影	カメラを望遠鏡や赤道儀にのせて星を追いかける。
直接焦点撮影	接眼レンズをはずした望遠鏡にカメラボディを直接つける。
間接焦点撮影	接眼レンズをつけた望遠鏡にカメラボディをつける。
コリメート法	レンズがついたカメラで望遠鏡をのぞくようにして撮る。

簡易な撮影方法

コリメート法
カメラで望遠鏡をのぞく方法。携帯電話のカメラでも撮影できる。

用意するもの　望遠鏡（双眼鏡），携帯電話（デジタルカメラ）

手順　①望遠鏡（双眼鏡）に対象を導入する。
　　　②ピントを合わせて対象を中心に入れる。
　　　③カメラのレンズと接眼レンズを合わせる。
　　　④画像を確認しつつ撮影する。

注意　接眼レンズとカメラのレンズが平行で，かつ中心を一致させないときれいに撮影できない。また，ピント（フォーカス）をオートにすると，カメラが勝手にピントを変えてしまうため，マニュアルにして固定する（遠くのものにピントを合わせ，オートを切る）。

月や惑星は明るく，露出時間が短いため，手でもって撮影することができる。

コリメート法で撮影した月

固定撮影
カメラと三脚だけで撮影する方法。少ない道具で撮影できる。

用意するもの　カメラと三脚

手順　①カメラを三脚につける。
　　　②ピントを無限大に合わせる。
　　　③撮影する対象に向けて固定する。
　　　④露出時間，感度，F値を決める。
　　　⑤レリーズで露出を開始する。

注意　シャッタースピードにB（バルブ）があり，長時間露出できるカメラを使用する。コンパクトデジタルカメラでも，感度を上げれば30秒程度で写るため，30秒まで露出できるものであれば使用できる。手ぶれしないように，レリーズ（カメラから離れた位置からシャッターを押せるようにする道具）を使うか，セルフタイマーを利用してカメラに触れずに露出する。

タイマーレリーズは露出時間を設定でき，1分以上露出するときに便利である。また，時間間隔と枚数を設定するとインターバル撮影ができるため，星の動きを速めた動画などの微速度撮影ができる。雲の消長や花の開花などの撮影にも利用できる。

ISO感度を800以上に高く設定したり，明るい（F値が小さい）レンズを使えば，露出時間を10秒程度に抑えられ，星がほぼ点に写る。月明かりやストロボなどを使って，地上の風景と一緒に撮影すると，記念写真にもなる。

皆既月食とスカイツリー
（2011年12月）

比較明合成
複数の画像を合成する方法のひとつ。

短時間の露出で撮影すると，星はほぼ点として写る。しかし，短時間の露出でも，連続して撮影した複数の画像を合成すると，長時間露出したもののように，星が線状にみえる画像が得られる。このとき，パソコンの画像処理ソフトなどを用いて，比較明合成（複数の画像の同じ部分の明るさを比較し，最も明るい部分を選んで合成する方法）を行うと鮮明な画像が作成できる。最近では，撮影時にカメラ内で比較明合成できる機種もある。

巻末資料

1 地学で使用する数学の基礎知識

1. 分数の計算

● 分数の加法・減法 ($b, d \neq 0$)

$$\frac{a}{b} + \frac{c}{d} = \frac{ad+bc}{bd} \qquad \frac{a}{b} - \frac{c}{d} = \frac{ad-bc}{bd}$$

● 分数の乗法 ($b, d \neq 0$)

$$\frac{a}{b} \times \frac{c}{d} = \frac{ac}{bd}$$

3. 指数法則 ($a > 0$, $b > 0$, m, n は自然数)

$$a^0 = 1, \quad a^{-n} = \frac{1}{a^n}, \quad a^{\frac{1}{2}} = \sqrt{a} \qquad a^m \times a^n = a^{m+n}$$

$$\left(\frac{a}{b}\right)^n = \frac{a^n}{b^n} \qquad\qquad a^m \div a^n = \frac{a^m}{a^n} = a^{m-n}$$

2. 平方根の公式 ($a > 0$, $b > 0$, $k > 0$)

$$(\sqrt{a})^2 = a \qquad\qquad \sqrt{a}\sqrt{b} = \sqrt{ab}$$

$$\frac{\sqrt{a}}{\sqrt{b}} = \sqrt{\frac{a}{b}} \qquad \sqrt{k^2 a} = k\sqrt{a}$$

4. 対数法則 ($R > 0$, $M > 0$, $N > 0$, p, r は実数)

$$M = 10^p \Leftrightarrow \log_{10} M = p \qquad\qquad \log_{10} 1 = 0, \ \log_{10} 10 = 1$$

$$\log_{10} MN = \log_{10} M + \log_{10} N \qquad\qquad \log_{10} \frac{M}{N} = \log_{10} M - \log_{10} N$$

$$\log_{10} M^r = r\log_{10} M$$

5. 三角比

下図のような直角三角形 ABC において，次の式が定義される。

$$\sin\theta = \frac{a}{c} \qquad \cos\theta = \frac{b}{c} \qquad \tan\theta = \frac{a}{b}$$

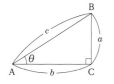

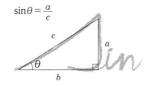

$$\sin\theta = \frac{a}{c}$$

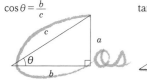

$$\cos\theta = \frac{b}{c}$$

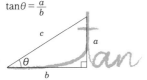

$$\tan\theta = \frac{a}{b}$$

よく用いる三角比の値

角	0°	30°	45°	60°	90°
sin	0	$\frac{1}{2}$	$\frac{1}{\sqrt{2}}$	$\frac{\sqrt{3}}{2}$	1
cos	1	$\frac{\sqrt{3}}{2}$	$\frac{1}{\sqrt{2}}$	$\frac{1}{2}$	0
tan	0	$\frac{1}{\sqrt{3}}$	1	$\sqrt{3}$	—*

* $\tan 90°$ は定義されない。

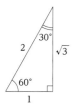

■三角関数表

角	sin	cos	tan	角	sin	cos	tan
0°	0.0000	1.0000	0.0000	45°	0.7071	0.7071	1.0000
1°	0.0175	0.9998	0.0175	46°	0.7193	0.6947	1.0355
2°	0.0349	0.9994	0.0349	47°	0.7314	0.6820	1.0724
3°	0.0523	0.9986	0.0524	48°	0.7431	0.6691	1.1106
4°	0.0698	0.9976	0.0699	49°	0.7547	0.6561	1.1504
5°	0.0872	0.9962	0.0875	50°	0.7660	0.6428	1.1918
6°	0.1045	0.9945	0.1051	51°	0.7771	0.6293	1.2349
7°	0.1219	0.9925	0.1228	52°	0.7880	0.6157	1.2799
8°	0.1392	0.9903	0.1405	53°	0.7986	0.6018	1.3270
9°	0.1564	0.9877	0.1584	54°	0.8090	0.5878	1.3764
10°	0.1736	0.9848	0.1763	55°	0.8192	0.5736	1.4281
11°	0.1908	0.9816	0.1944	56°	0.8290	0.5592	1.4826
12°	0.2079	0.9781	0.2126	57°	0.8387	0.5446	1.5399
13°	0.2250	0.9744	0.2309	58°	0.8480	0.5299	1.6003
14°	0.2419	0.9703	0.2493	59°	0.8572	0.5150	1.6643
15°	0.2588	0.9659	0.2679	60°	0.8660	0.5000	1.7321
16°	0.2756	0.9613	0.2867	61°	0.8746	0.4848	1.8040
17°	0.2924	0.9563	0.3057	62°	0.8829	0.4695	1.8807
18°	0.3090	0.9511	0.3249	63°	0.8910	0.4540	1.9626
19°	0.3256	0.9455	0.3443	64°	0.8988	0.4384	2.0503
20°	0.3420	0.9397	0.3640	65°	0.9063	0.4226	2.1445
21°	0.3584	0.9336	0.3839	66°	0.9135	0.4067	2.2460
22°	0.3746	0.9272	0.4040	67°	0.9205	0.3907	2.3559
23°	0.3907	0.9205	0.4245	68°	0.9272	0.3746	2.4751
24°	0.4067	0.9135	0.4452	69°	0.9336	0.3584	2.6051
25°	0.4226	0.9063	0.4663	70°	0.9397	0.3420	2.7475
26°	0.4384	0.8988	0.4877	71°	0.9455	0.3256	2.9042
27°	0.4540	0.8910	0.5095	72°	0.9511	0.3090	3.0777
28°	0.4695	0.8829	0.5317	73°	0.9563	0.2924	3.2709
29°	0.4848	0.8746	0.5543	74°	0.9613	0.2756	3.4874
30°	0.5000	0.8660	0.5774	75°	0.9659	0.2588	3.7321
31°	0.5150	0.8572	0.6009	76°	0.9703	0.2419	4.0108
32°	0.5299	0.8480	0.6249	77°	0.9744	0.2250	4.3315
33°	0.5446	0.8387	0.6494	78°	0.9781	0.2079	4.7046
34°	0.5592	0.8290	0.6745	79°	0.9816	0.1908	5.1446
35°	0.5736	0.8192	0.7002	80°	0.9848	0.1736	5.6713
36°	0.5878	0.8090	0.7265	81°	0.9877	0.1564	6.3138
37°	0.6018	0.7986	0.7536	82°	0.9903	0.1392	7.1154
38°	0.6157	0.7880	0.7813	83°	0.9925	0.1219	8.1443
39°	0.6293	0.7771	0.8098	84°	0.9945	0.1045	9.5144
40°	0.6428	0.7660	0.8391	85°	0.9962	0.0872	11.4301
41°	0.6561	0.7547	0.8693	86°	0.9976	0.0698	14.3007
42°	0.6691	0.7431	0.9004	87°	0.9986	0.0523	19.0811
43°	0.6820	0.7314	0.9325	88°	0.9994	0.0349	28.6363
44°	0.6947	0.7193	0.9657	89°	0.9998	0.0175	57.2900
45°	0.7071	0.7071	1.0000	90°	1.0000	0.0000	——

❷ 国際単位系（SI）

物理学，化学，地学，土木学，気象学などさまざまな分野で使用されている単位を，国際的に統一する目的で国際単位系（SI）が導入された。SIは，右の7つの基本単位で構成されている。
また，SI単位の10の整数乗倍を表すために，SI接頭語が使用される。

物理量	量の記号	SI単位の名称		SI単位の記号
長　さ	l	メートル	metre	m
質　量	m	キログラム	kilogram	kg
時　間	t	秒	second	s
電　流	I	アンペア	ampere	A
熱力学温度	T	ケルビン	kelvin	K
物質量	n	モル	mole	mol
光　度	Iv	カンデラ	candela	cd

倍　数	10^{12}	10^9	10^6	10^3	10^2	10	10^{-1}	10^{-2}	10^{-3}	10^{-6}	10^{-9}	10^{-12}
接頭語	テラ	ギガ	メガ	キロ	ヘクト	デカ	デシ	センチ	ミリ	マイクロ	ナノ	ピコ
記　号	T	G	M	k	h	da	d	c	m	μ	n	p

❸ 地学で用いる単位とその換算

＊は（　）内の用途に限定して使用される。　＊＊は使用されない。　（「理科年表」などによる）

量	単　位	単位記号	SI単位による表し方		SI以外の単位とその換算	
長　さ	メートル	m			＊オングストローム（Å）（光学・結晶学） ＊＊ミクロン（μ） 天文単位（astronomical unit, au） パーセク（parsec, pc） 光年（light year） ＊海里（海面に係る長さ）	$1\,Å=0.1\,nm$ μmを用いる。 $1\,au=1.49597870\times10^{11}\,m$ $1\,pc=3.0857\times10^{16}\,m=1$天文単位の距離を見こむ角が1秒となる距離 1光年$=9.46\times10^{15}\,m$ 1海里$=1852\,m$
面　積	平方メートル	m²			＊アール（are, a） ＊ヘクタール（hectare, ha）｝（土地面積）	$1\,a=100\,m^2$ $1\,ha=10^4\,m^2=1\,hm^2$
体　積	立方メートル	m³			リットル（litre, L）	$1\,L=1\,dm^3=10^{-3}\,m^3$
質　量	キログラム	kg			トン（tonne, t） ＊カラット（carat, car）（宝石の質量）	$1\,t=1000\,kg$ $1\,car=0.2\,g$
時　間	秒	s			分（minute, min） 時（hour, h） 日（day, d）	$1\,min=60\,s$ $1\,h=60\,min=3600\,s$ $1\,d=24\,h=86400\,s$
周波数	ヘルツ（hertz）	Hz	s^{-1}			
速　度	メートル／秒	m/s			＊ノット（knot（international）船舶	$1\,knot=1$海里／時$=1.852\,km/h$
加速度	メートル／（秒）²	m/s²			＊ガル（gal, Gal）（測地学および地球物理学） 重力加速度は通常gで表す。標準のgの値$=9.80665\,m/s^2$（定義，1901年国際度量衡総会）	$1\,Gal=1\,cm/s^2=10^{-2}\,m/s^2$
力	ニュートン（newton）	N	J/m	$m\cdot kg\cdot s^{-2}$	＊ダイン（dyne, dyn） ＊＊重力キログラム（kilogram・force, kgf）	$dyn=1\,g\cdot cm/s^2=10^{-5}\,N$ $1\,kgf=9.80665\,N$
圧　力	パスカル（pascal）	Pa	N/m²	$m^{-1}\cdot kg\cdot s^{-2}$	バール（bar, bar） 標準大気圧（standard atmosphere, atm） ＊＊トル（torr, torr）	$1\,bar=10^6\,dyn/cm^2=10^5\,N/m^2=10^5\,Pa$ $1\,atm=760\,mmHg$（定義）$=101325\,Pa$ $1\,torr=$水銀柱ミリメートル（mmHg）$=133.322\,Pa$
エネルギー 仕事，熱量	ジュール（joule）	J	N・m	$m^2\cdot kg\cdot s^{-2}$	＊＊エルグ（erg, erg） ＊カロリー（calorie, cal）（栄養学）	$1\,erg=1\,dyn\cdot cm=10^{-7}\,J$ $1\,cal=4.18605\,J=1/860\,W\cdot h$
仕事率，電力	ワット（watt）	W	J/s	$m^2\cdot kg\cdot s^{-3}$		
温　度	ケルビン	K			セルシウス温度（℃）　セルシウス温度θはケルビン温度Tによってθ/℃$=T/K-273.15$と定義される。	
平面角	ラジアン	rad			度（degree, °） 分（minute, ′） 秒（second, ″）	$1°=1$直角の$1/90=\pi/180\,rad$ $1'=1/60$度$=\pi/10800\,rad$ $1''=1/60$分$=\pi/648000\,rad$
粘　度	パスカル・秒	Pa・s	$m^{-1}\cdot kg\cdot s^{-1}$		ポアズ（poise, P）	$1\,P=1\,dyn\cdot s/cm^2=0.1\,Pa\cdot s$
磁　束	ウェーバー（weber）	Wb	V・s	$m^2\cdot kg\cdot s^{-2}\cdot A^{-1}$		
磁束密度	テスラ（tesla）	T	T	$kg\cdot s^{-2}\cdot A^{-1}$	＊＊ガウス（gauss, G）	$1\,G=10^{-4}\,T$

❹ ギリシャ文字

大文字	小文字	発　音	大文字	小文字	発　音	大文字	小文字	発　音
A	α	アルファ	I	ι	イオタ	P	ρ	ロ　ー
B	β	ベータ	K	κ	カッパ	Σ	σ	シグマ
Γ	γ	ガンマ	Λ	λ	ラムダ	T	τ	タ　ウ
Δ	δ	デルタ	M	μ	ミュー	Y	υ	ウプシロン
E	ε	イプシロン	N	ν	ニュー	Φ	ϕ	ファイ
Z	ζ	ツェータ	Ξ	ξ	グザイ	X	χ	カ　イ
H	η	イータ	O	o	オミクロン	Ψ	ψ	プサイ
Θ	θ	シータ	Π	π	パ　イ	Ω	ω	オメガ

5 電磁波の波長領域

可視光線の見える範囲や色の領域には個人差がある。

波長〔m〕	10^4	10^2	1	10^{-2}	10^{-4}	10^{-6}	10^{-8}	10^{-10}
周波数〔Hz〕		10^6	10^8	10^{10}	10^{12}	10^{14}	10^{16}	10^{18}	10^{20}

名称	長波	中波	短波	超短波	極超短波	センチ波	ミリ波	サブミリ波	赤外線	可視光線	紫外線	X線	γ線

マイクロ波

電　波

可視光線: 0.76（μm）　0.64　0.59　0.55　0.49　0.43　0.40

赤	橙	黄	緑	青	紫

| 用途例 | 船の無線 | 国内ラジオ放送 | 長距離ラジオ放送 | 船舶無線 | テレビ放送 | 携帯電話 | 電話中継・電子レンジ | 衛星放送・レーダー | 赤外線写真 | 乾燥・熱源 | 光通信 | 光学機器 | 殺菌 | X線写真・材料検査 | 医療 | 材料検査・医療 |

6 元素の周期表

周期＼族	1	2	3	4	5	6	7	8	9	10	11	12	13	14	15	16	17	18
1	1 H 水素 1.008																	2 He ヘリウム 4.003
2	3 Li リチウム 6.94	4 Be ベリリウム 9.012											5 B ホウ素 10.81	6 C 炭素 12.01	7 N 窒素 14.01	8 O 酸素 16.00	9 F フッ素 19.00	10 Ne ネオン 20.18
3	11 Na ナトリウム 22.99	12 Mg マグネシウム 24.31											13 Al アルミニウム 26.98	14 Si ケイ素 28.09	15 P リン 30.97	16 S 硫黄 32.07	17 Cl 塩素 35.45	18 Ar アルゴン 39.95
4	19 K カリウム 39.10	20 Ca カルシウム 40.08	21 Sc スカンジウム 44.96	22 Ti チタン 47.87	23 V バナジウム 50.94	24 Cr クロム 52.00	25 Mn マンガン 54.94	26 Fe 鉄 55.85	27 Co コバルト 58.93	28 Ni ニッケル 58.69	29 Cu 銅 63.55	30 Zn 亜鉛 65.38	31 Ga ガリウム 69.72	32 Ge ゲルマニウム 72.63	33 As ヒ素 74.92	34 Se セレン 78.97	35 Br 臭素 79.90	36 Kr クリプトン 83.80
5	37 Rb ルビジウム 85.47	38 Sr ストロンチウム 87.62	39 Y イットリウム 88.91	40 Zr ジルコニウム 91.22	41 Nb ニオブ 92.91	42 Mo モリブデン 95.95	43 Tc テクネチウム —	44 Ru ルテニウム 101.1	45 Rh ロジウム 102.9	46 Pd パラジウム 106.4	47 Ag 銀 107.9	48 Cd カドミウム 112.4	49 In インジウム 114.8	50 Sn スズ 118.7	51 Sb アンチモン 121.8	52 Te テルル 127.6	53 I ヨウ素 126.9	54 Xe キセノン 131.3
6	55 Cs セシウム 132.9	56 Ba バリウム 137.3	57〜71 ランタノイド	72 Hf ハフニウム 178.5	73 Ta タンタル 180.9	74 W タングステン 183.8	75 Re レニウム 186.2	76 Os オスミウム 190.2	77 Ir イリジウム 192.2	78 Pt 白金 195.1	79 Au 金 197.0	80 Hg 水銀 200.6	81 Tl タリウム 204.4	82 Pb 鉛 207.2	83 Bi ビスマス 209.0	84 Po ポロニウム —	85 At アスタチン —	86 Rn ラドン —
7	87 Fr フランシウム —	88 Ra ラジウム —	89〜103 アクチノイド	104 Rf ラザホージウム	105 Db ドブニウム	106 Sg シーボーギウム	107 Bh ボーリウム	108 Hs ハッシウム	109 Mt マイトネリウム	110 Ds ダームスタチウム	111 Rg レントゲニウム	112 Cn コペルニシウム	113 Nh ニホニウム	114 Fl フレロビウム	115 Mc モスコビウム	116 Lv リバモリウム	117 Ts テネシン	118 Og オガネソン

凡例：

原子番号 3 Li 元素記号
元素名 リチウム
原子量 6.94
（赤字のものはレアメタル）

非金属元素
金属元素

57〜71 ランタノイド	57 La ランタン 138.9	58 Ce セリウム 140.1	59 Pr プラセオジム 140.9	60 Nd ネオジム 144.2	61 Pm プロメチウム —	62 Sm サマリウム 150.4	63 Eu ユウロピウム 152.0	64 Gd ガドリニウム 157.3	65 Tb テルビウム 158.9	66 Dy ジスプロシウム 162.5	67 Ho ホルミウム 164.9	68 Er エルビウム 167.3	69 Tm ツリウム 168.9	70 Yb イッテルビウム 173.0	71 Lu ルテチウム 175.0
89〜103 アクチノイド	89 Ac アクチニウム —	90 Th トリウム 232.0	91 Pa プロトアクチニウム 231.0	92 U ウラン 238.0	93 Np ネプツニウム —	94 Pu プルトニウム —	95 Am アメリシウム —	96 Cm キュリウム —	97 Bk バークリウム —	98 Cf カリホルニウム —	99 Es アインスタイニウム —	100 Fm フェルミウム —	101 Md メンデレビウム —	102 No ノーベリウム —	103 Lr ローレンシウム —

＊原子量の基準は $^{12}C=12$ とする（1960年IUPAP，1961年IUPAC）。
＊＊本表の4桁の原子量はIUPACの最新の原子量をもとに，日本化学会原子量専門委員会で作成されたものである。ただし，元素の原子量が確定できないものは—で示した。
＊＊＊104番以降の元素については詳しくわかっていない。

7 地球の主な定数

赤道半径	$a=6378.137\,km$	
極半径	$b=6356.752\,km$	GRS80 （測地基準系） (1980)による
偏平率	$\dfrac{a-b}{a}=\dfrac{1}{298.257222101}$	
赤道全周	40075.040 km	
子午線全周	40007.880 km	
質量	$5.972 \times 10^{27}\,g$	
	平均密度	$5.52\,g/cm^3$
	大陸地殻の密度	$2.7\,g/cm^3$

8 アイソスタシーの計算

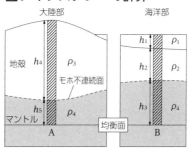

ρ_1：海水の密度
ρ_2：海洋地殻の密度
ρ_3：大陸地殻の密度
ρ_4：上部のマントルの密度
h_1：海の深さ
h_2：海洋地殻の厚さ
h_3：海洋部のモホ面から均衡面までの深さ
h_4：大陸地殻の厚さ
h_5：大陸部のモホ面から均衡面までの深さ

A，Bでの荷重は等しく，$\rho_3 h_4 + \rho_4 h_5 = \rho_1 h_1 + \rho_2 h_2 + \rho_4 h_3$ が成り立つ。

225

9 主な鉱物の分類

●鉱物の多くは固溶体であるため，密度の値にいくらかの幅がある。●Mの記号がついた鉱物は，モース硬度（» p.61）の基準鉱物を示す。
●鉱物の硬度は，一般に結晶軸の方向による差が小さいが，藍晶石は例外的に異方性が大きいため，二硬石の別名をもつ。

分類	鉱物名	色	光沢	密度〔g/cm³〕	硬度	へき開	屈折率	産状	用途
元素鉱物	ダイヤモンド	無色	金剛	3.51	M10	完全	2.42	キンバーライト，砂鉱床	宝石，研磨材
	石墨	銀黒	金属	2.15～2.25	1～2	完全	-	変成岩，脈状	炉材，潤滑材，電極，鉛筆の芯
	硫黄	淡黄・濃褐	樹脂，脂肪	2.04	2	不明瞭	1.96～2.25	噴気孔，温泉	硫酸の原料
硫化鉱物	辰砂	深紅・褐赤	金剛，金属	8.1	2～2.5	完全	2.91～3.27	火成岩，脈状，温泉沈殿物	水銀の原料
	方鉛鉱	鉛灰	金属	7.5～7.6	2.5	完全	3.91	多くの鉱脈，接触交代鉱床	鉛の原料
	黄鉄鉱	真ちゅう黄	金属	4.95～5.03	6～6.5	不明瞭	-	ほとんどの鉱床，火成岩，変成岩	硫酸の原料
	輝安鉱	鉛灰	金属	4.63	2	完全	3.19～4.30	熱水鉱床	アンチモンの原料
	黄銅鉱	真ちゅう黄	金属	4.1～4.3	3.5～4	不明瞭	-	ほとんどの鉱床	銅の原料
	閃亜鉛鉱	褐・黒	樹脂，金属	4.1	3.5～4	完全	2.37	接触交代鉱床，鉱脈，黒鉱鉱床	亜鉛の原料
酸化鉱物	赤鉄鉱	鉄黒	金属	5.2	5～6	なし	2.94～3.22	多くの鉱脈，火成岩，変成岩	鉄の原料，装飾品
	磁鉄鉱	鉄黒	金属	5.20	5.5～6.5	なし	2.42	接触交代鉱床，砂鉱床，火成岩，変成岩	鉄の原料
	クロム鉄鉱	鉄黒	金属	5.09	5.5	なし	2.16	かんらん岩，蛇紋岩，砂鉱床	クロムの原料
	コランダム（鋼玉）	青・赤など	金剛	3.98～4.02	M9	なし	1.76～1.77	火成岩，変成岩，砂鉱床	宝石，研磨材
ケイ酸塩鉱物 火成岩の造岩鉱物 無色鉱物	石英	無色・白	ガラス	2.65	M7	なし	1.54～1.55	火成岩，変成岩，堆積岩，鉱床	ガラスの原料，装飾品
	斜長石	無色・白・灰	ガラス	2.6～2.8	6～6.5	完全	1.53～1.59	火成岩，変成岩，堆積岩	
	カリ長石（正長石）	無色・白・桃	ガラス	2.6	M6	完全	1.52～1.54	花こう岩，流紋岩，片麻岩	窯業原料
有色鉱物	かんらん石	オリーブ・褐	ガラス	3.2～4.4	6.5～7	不明瞭	1.64～1.88	かんらん岩，玄武岩，斑れい岩，隕石	耐火物
	輝石	淡緑・黒	ガラス	3.0～4.0	5～6.5	完全	1.66～1.76	火成岩，変成岩	宝石
	角閃石	濃緑・濃褐	ガラス	2.9～3.6	5～6	完全	1.61～1.73	火成岩，変成岩	
	黒雲母	暗褐・暗緑	ガラス，真珠	2.7～3.3	2.5～3	完全	1.57～1.70	変成岩，火成岩	
	白雲母	無色・淡褐・淡緑	ガラス，真珠	2.8～2.9	2.5～3	完全	1.55～1.62	変成岩，花こう岩	絶縁材料
	藍晶石	青・白・緑	ガラス	3.53～3.65	4～7	完全	1.71～1.73	変成岩	
	珪線石	無色・黄・褐	ガラス	3.23～3.27	6.5～7.5	完全	1.65～1.68	変成岩	
	紅柱石	桃・白・黄	ガラス	3.13～3.16	6.5～7.5	完全	1.63～1.66	変成岩，花こう岩	
	トパーズ（黄玉）	無色・白	ガラス	3.49～3.57	M8	完全	1.61～1.64	花こう岩，流紋岩	宝石
	ザクロ石	赤・褐・緑	ガラス	3.6～4.3	6～7.5	なし	1.71～1.89	変成岩，火成岩，接触交代鉱床	宝石，研磨材
	滑石（タルク）	白・淡緑	油脂	2.58～2.83	M1	完全	1.54～1.60	変成岩，蛇紋岩	窯業原料，薬品充てん剤
	菫青石	青	ガラス	2.53～2.78	7	不明瞭	1.52～1.58	変成岩，花こう岩	
炭酸塩鉱物	あられ石	無色・白	ガラス，真珠	2.94～2.95	3.5～4	不明瞭	1.53～1.69	接触交代鉱床，貝殻	
	方解石	無色・白	ガラス	2.72	M3	完全	1.49～1.66	多くの鉱床，変成岩，火成岩，堆積岩	石灰，セメントの原料，融剤，石材
硫酸塩鉱物	石膏	無色・白	亜ガラス	2.30～2.37	M2	完全	1.52～1.53	化学的沈殿鉱床	建築材，セメントの原料
リン酸塩鉱物	燐灰石	緑・白	ガラス	3.1～3.35	M5	不明瞭	1.63～1.67	火成岩，変成岩	リンの原料
ハロゲン化鉱物	蛍石	黄・緑・紫	ガラス	3.18	M4	完全	1.43～1.44	多くの鉱床	フッ素の原料，製鉄融剤
	岩塩	無色	ガラス	2.16～2.17	2.5	完全	1.54	化学的沈殿鉱床	食塩，塩素の原料

10 日本の主な火山灰層（広域テフラ）

テフラ名（符号）	給源火山	年代（千年前）
白頭山苫小牧火山灰（B-Tm）	白頭山カルデラ	1
鬼界アカホヤ火山灰（K-Ah）	鬼界カルデラ	7.3
幸屋火砕流堆積物（K-Ky）		
鬱陵（ウルルン）隠岐火山灰（U-Oki）	鬱陵島火山	10.7
姶良Tn火山灰（AT）		
入戸火砕流堆積物（A-Ito）	姶良カルデラ	26～29
大隅降下軽石（A-Os）		
支笏火砕流堆積物（Spfl）	支笏カルデラ	
支笏第1降下軽石（Spfa-1）		42～44
赤城鹿沼軽石（Ag-KP）	赤城山	＞45
大山倉吉軽石（DKP）	大山	＞55
箱根東京軽石（HK-TP）	箱根カルデラ	60～65
阿蘇4火山灰（Aso-4）	阿蘇カルデラ	85～90
御岳第1軽石（On-Pm1）	御嶽山	100
洞爺火山灰（Toya）		
洞爺火砕流堆積物（Toya-pfl）	洞爺カルデラ	112～115
屈斜路羽幌火山灰（Kc-Hb）		
屈斜路4火砕流堆積物（Kc-4）	屈斜路カルデラ	115～120

p.154左下図の火山灰層を年代順に並べ，資料を追加して示す。ここでの火山灰層は広域テフラを指し，給源火山から広範囲にわたって分布する火山灰だけでなく，軽石や火砕流堆積物なども含む。テフラ名では，火山灰や軽石などの降下火山砕屑物（火砕物）と火砕流堆積物に分けて示す。姶良カルデラの26～29（×千年）前の噴火を例にとると，初め大隅降下軽石（A-Os）が噴出し，あとになって入戸火砕流堆積物（A-Ito）と姶良Tn火山灰（AT）とが同時に噴出した。ATは，A-Itoの上部を占めていた火山灰が，風で空中を飛んだものと考えられている。

日本には，このほかにも多くの広域テフラが見いだされ，かぎ層として利用されている。

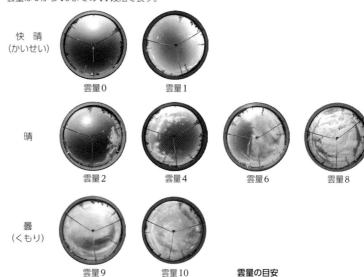

⑪気象用語と天気図記号

①気象庁が天気予報などで用いる予報用語(2011年3月現在)

■月日や時刻を表す用語

平年(値)	平均的な気候状態を表すときの用語。気象庁では30年間の平均値を用い,西暦年の1位の数字が1になる10年ごとに更新している。
数 日	4〜5日程度の期間。
しばらく	2〜3日以上で1週間以内の期間を指し,状況によって過去の期間をいう場合と未来の期間をいう場合がある。

◇1日の時間細分用語

未 明	午前0時から午前3時ごろまで。
明け方	午前3時ごろから午前6時ごろまで。
朝	午前6時ごろから午前9時ごろまで。
昼 前	午前9時ごろから12時ごろまで。
昼過ぎ	12時ごろから15時ごろまで。
夕 方	15時ごろから18時ごろまで。
夜のはじめごろ	18時ごろから21時ごろまで。
夜	18時ごろから翌日の午前6時ごろまで。
夜遅く	21時ごろから24時ごろまで。
日 中	午前9時から18時ごろまで。予報で「明日(今日)日中の最高気温」と用いるときは9時から18時。

■時間経過などを表す用語

一 時	現象が連続的[*1]に起こり,その現象の発現期間の合計時間が予報期間の1/4未満のとき。
時 々	現象が断続的[*2]に起こり,その現象の発現期間の合計時間が予報期間の1/2未満のとき。
の ち	予報期間内の前とあとで現象が異なるとき,その変化を表すときに用いる。(可能な限り用いず,具体的な時間帯を示す)
次第に	ある現象が(順を追って)だんだんと変わるときに用いる。
はじめ(のうち)	予報期間の初めの1/4ないし1/3くらい。(今日,明日,明後日に対する予報では,朝の9時くらいまで)

*1 連続的:現象の切れ間がおよそ1時間未満　*2 断続的:現象の切れ間がおよそ1時間以上

■気温に関連する用語

冬 日	日最低気温が0度未満の日。
真冬日	日最高気温が0度未満の日。
夏 日	日最高気温が25度以上の日。
真夏日	日最高気温が30度以上の日。
猛暑日	日最高気温が35度以上の日。
熱帯夜	夜間の最低気温が25度以上のこと。

■風の強さに関連する用語

風 速	10分間平均風速を指し,毎秒○.○m,または○.○m/sと表す。
瞬間風速	風速計の測定値(0.25秒間隔)を3秒間平均した値(測定値12個の平均値)。

■そのほかの用語

異常気象	その地点,季節として出現度数が小さく平常的には現れない現象または状態。統計的には30年に1回以下の出現率の現象とすることが多い。

■雲量

雲に覆われた部分の全天に対する見かけ上の割合を雲量という。
雲量は0から10までの11段階で表す。

快晴(かいせい)　雲量0　雲量1

晴　雲量2　雲量4　雲量6　雲量8

曇(くもり)　雲量9　雲量10　雲量の目安

気象庁では,雨や雪などの現象がない場合には,雲量をもとに天気を決めている。観測時の雲量が,1以下の場合快晴,2から8までを晴,9以上を曇とする。ただし,9以上の場合で,巻雲,巻積雲,巻層雲が主体の場合は薄曇とする。

②天気図記号

記号	意味	記号	意味	記号	意味
○	快晴	●キ	霧雨	△	あられ
①	晴	●	雨	▲	ひょう
◎	曇	●ッ	雨強し	⊟	雷
⊗	煙霧	● =	にわか雨	⊟	雷強し
⑤	ちり煙霧	⊛	みぞれ	⊗	天気不明
⊕	砂じんあらし	✳	雪	▲▲ 寒冷前線
⊕	地ふぶき	✳ッ	雪強し	●● 温暖前線
◉	霧または氷霧	✳ =	にわか雪	▲●▲ 停滞前線 / ▲●▲ 閉塞前線

風向 → 風力　15　02 気圧　気温　天気

風速[m/s]	0.3未満	0.3以上	1.6以上	3.4以上	5.5以上	8.0以上	10.8以上	13.9以上	17.2以上	20.8以上	24.5以上	28.5以上	32.7以上
記号													
風力	0	1	2	3	4	5	6	7	8	9	10	11	12

*は地上10mにおける相当風速を示す。

⑫天文に関する主な定数

シュテファン-ボルツマンの定数　$\sigma = 5.67037 \times 10^{-8}$ W/m²·K⁴

プランクの定数　$h = 6.6260700 \times 10^{-34}$ J·s

光の速度(真空中)　$c = 2.99792458 \times 10^{8}$ m/s

万有引力の定数　$G = 6.67428 \times 10^{-11}$ N·m²/kg²

太陽年 = 365.2422日　　**恒星年** = 365.2564日

朔望月 = 29日12時44分02.890秒

恒星月 = 27日07時43分11.424秒

36525日間の黄経の一般歳差(2000)　$p = 5029''.0966$

黄道の平均傾斜角(2000)　$\varepsilon = 23°26'21.406''$

1平均太陽日 = 1.00273791 平均恒星日 = 24時03分56.5554秒(平均恒星時)

1平均恒星日 = 0.99726957 平均太陽日 = 23時56分04.0905秒(平均太陽時)

太陽の平均赤道地平視差 = $8''.794148$

1天文単位 = $1.49597871 \times 10^{11}$ m = 1.5812845×10^{-5} 光年

1光年 = $9.460528348 \times 10^{15}$ m = 63239.726天文単位

1パーセク = 3.0856776×10^{16} m = 206264.806天文単位 = 3.26光年

⑬主な銀河群

銀河群名	視直径	後退速度[km/s]	距離[万光年]
ちょうこくしつ	25°×20°	245	700
M81	40×20	220	1200
りょうけんⅠ	28×14	361	1600
NGC5128	30×—	315	1400
M101	23×16	511	2200
M66	7×4	615	2700
りょうけん座Ⅱ	22×12	687	3000
かみのけⅠ	11×5	1031	4500
くじらⅠ	12×9	1350	5900

(「理科年表」による)

⑭主な銀河団

銀河団名	等級	銀河数	後退速度[km/s]	距離[億光年]
おとめ座	9.4	45	1169	0.59
ろ座	10.3	—	1379	0.63
ポンプ座	13.4	1	2608	1.2
ケンタウルス座	13.2	33	3298	1.5
うみへび座Ⅰ	12.7	50	3418	1.6
くじゃく座Ⅱ	14.7	8	4167	1.9
かに座	13.4	—	4797	2.2
ペルセウス座	12.5	88	5486	2.5
かみのけ座	13.5	106	6955	3.2
ヘルクレス座	13.8	87	11122	5.1
かんむり座	15.6	109	21615	9.6

(「理科年表」による)

15 主な銀河

（「理科年表」による）

銀河名	星座	型	等級	視直径	距離〔万光年〕
NGC224, M31（アンドロメダ銀河）	アンドロメダ	SAb	4.4	180'×63'	250
小マゼラン雲	きょしちょう	SBmp	2.8	280×160	20
大マゼラン雲	かじきテーブルさん	SBm	0.6	650×550	16
NGC598, M33	さんかく	SAcd	6.3	62×39	296
NGC1068, M77	くじら	SAb	9.5	7×6	5140
NGC1300	エリダヌス	SBbc	11.4	6×4	6130
NGC3031, M81	おおぐま	SAab	7.8	26×14	1180
NGC3034, M82	おおぐま	I0	9.3	11×5	1150
NGC4486, M87	おとめ	E0-1p	9.6	7×7	5390
NGC4549, M104	おとめ	SAa	9.3	9×4	3680
NGC4649, M60	おとめ	E2	9.8	7×6	5670
NGC5128（ケンタウルスA）	ケンタウルス	S0p	8.0	18×14	1190
NGC5194, M51	りょうけん	SAbcp	9.0	11×8	2800
NGC5236, M83	うみへび	SABc	8.2	11×10	1520

16 主な散開星団

（「理科年表」などによる）

星団名	星座	赤経	赤緯	視直径	距離〔光年〕	星数
h Per	ペルセウス	2ʰ19ᵐ0	+57°07'	29'	7170	200
χ Per	ペルセウス	2 22.4	+57 07	29	7500	150
M45（プレアデス）	おうし	3 47.0	+24 07	109	410	100
ヒアデス	おうし	4 26.9	+15 52	329	160	100
M35	ふたご	6 8.9	+24 20	28	2970	500
M44（プレセペ）	かに	8 40.0	+19 59	95	590	50
かみのけ	かみのけ	12 25.1	+26 06	275	280	80

17 主な球状星団

（「理科年表」などによる）

星団名	星座	赤経	赤緯	視直径	距離〔万光年〕	スペクトル型
ω Cen	ケンタウルス	13ʰ26ᵐ8	−47°29'	23'.0	1.7	F5
M3	りょうけん	13 42.2	+28 23	9.8	3.4	F6
M4	さそり	16 23.6	−26 32	14.0	0.72	F8
M13	ヘルクレス	16 41.7	+36 28	10.0	2.5	F6
M71	や	19 53.8	+18 47	6.1	1.3	G1
M2	みずがめ	21 33.5	− 0 49	8.2	3.8	F4

18 主な恒星（2000年における天文測定位置）

（「理科年表」などによる）

恒星			赤経（α）	赤緯（δ）	スペクトル型	色	実視等級（m）	絶対等級（M）	有効温度〔K〕	距離〔光年〕
おおいぬ座	α	シリウス	6ʰ45ᵐ1	−16°43'	A1	白	−1.4	1.5	10400	8.6
りゅうこつ座	α	カノープス	6 24.0	−52 42	F0	淡黄	−0.7	−5.6	7500	309
ケンタウルス座	α		14 39.6	−60 50	G2, K1	黄	−0.01	4.4	—	4.3
うしかい座	α	アルクトゥールス	14 15.7	+19 11	K1	橙	0.0	−0.3	4200	37
こと座	α	ベガ	18 36.9	+38 47	A0	白	0.0	0.6	9500	25
ぎょしゃ座	α	カペラ	5 16.7	+46 0	G5, G0	黄	0.1	−0.5	5000	43
オリオン座	β	リゲル	5 14.5	− 8 12	B8	青白	0.1	−7.0	12000	863
こいぬ座	α	プロキオン	7 39.3	+ 5 14	F5	淡黄	0.4	2.7	6450	11
オリオン座	α	ベテルギウス	5 55.2	+ 7 24	M1	赤	0.5	−5.5	3600	498
エリダヌス座	α	アケルナー	1 37.7	−57 14	B3	青白	0.5	−2.7	15000	139
ケンタウルス座	β		14 3.8	−60 22	B1	青白	0.6	−5.5	26000	392
わし座	α	アルタイル	19 50.8	+ 8 52	A7	白	0.8	2.2	8250	17
おうし座	α	アルデバラン	4 35.9	+16 31	K5	橙	0.9	−0.7	3900	67
みなみじゅうじ座	α	アクルックス	12 26.6	−63 6	B0, B1	青白	0.8	−4.2	21000	322
さそり座	α	アンタレス	16 29.4	−26 26	M1, B4	赤	1.0	−5.1	3500	554
おとめ座	α	スピカ	13 25.2	−11 10	B1, B2	青白	1.0	−3.4	24000	250
ふたご座	β	ポルックス	7 45.3	+28 2	K0	橙	1.1	1.0	4900	34
みなみのうお座	α	フォーマルハウト	22 57.7	−29 37	A3	白	1.2	1.8	9300	25
はくちょう座	α	デネブ	20 41.4	+45 17	A2	白	1.3	−6.9	9000	1412
みなみじゅうじ座	β	ベクルックス	12 47.7	−59 41	B0	青白	1.2	−3.7	28000	279
しし座	α	レグルス	10 8.4	+11 58	B7	青白	1.4	−0.6	13000	79

19 恒星の物理量

（「理科年表」による）

スペクトル型（主系列）	有効温度〔K〕	質量〔太陽=1〕	半径〔太陽=1〕	実視絶対等級
O5	45000	40	20	−5.5
B0	29000	15	8	−4
B5	15000	6	4	−1
A0	9600	3	2.5	+0.5
A5	8300	2.0	1.7	+1.8
F0	7200	1.7	1.4	+2.4
F5	6600	1.3	1.2	+3.2
G0	6000	1.1	1.0	+4.4
G5	5600	0.9	0.9	+5.1
K0	5300	0.8	0.8	+5.9
K5	4400	0.7	0.7	+7.2
M0	3900	0.5	0.6	+8.7
M5	3300	0.2	0.3	+12

20 恒星の進化（Herbigによる）

質量〔太陽=1〕	収縮期の年数		主系列星としてのスペクトル	主系列星としての寿命	
	年	〔太陽=1〕		年	〔太陽=1〕
20	約3×10⁴	0.0006	B0	約1×10⁷	0.001
10	約1.2×10⁵	0.0024	B1	約4×10⁷	0.004
5	約6×10⁵	0.012	B5	約2×10⁸	0.02
3	約2×10⁶	0.04	A0	約5×10⁸	0.05
2	約8×10⁶	0.16	A8	約2×10⁹	0.2
1	約5×10⁷	1.00	G2	約1×10¹⁰	1.0
0.8	約8.5×10⁷	1.7	G7	約2×10¹⁰	2
0.6	約2×10⁸	4.0	K5	約7×10¹⁰	7
0.4	約3×10⁸	6.0	K9	約2×10¹¹	20
0.3	約5×10⁸	10	M2	約4×10¹¹	40
0.2	約1×10⁹	20	M5	約1×10¹²	100

21 太陽および惑星

	軌道長半径〔天文単位〕	離心率	太陽からの平均距離〔×10^8km〕	軌道平均速度〔km/s〕	対恒星平均周期〔ユリウス年〕	会合周期〔日〕	太陽から受ける輻射量〔地球＝1〕	視半径（地球から平均最近距離にて）	赤道半径〔km〕
太 陽	—	—	—	—	—	—	—	15′59″.64	695700
水 星	0.3871	0.2056	0.579	47.36	0.2409	115.9	6.67	5.49	2439
金 星	0.7233	0.0068	1.082	35.02	0.6152	583.9	1.91	30.16	6052
地 球	1.0000	0.0167	1.496	29.78	1.0000	—	1.00	—	6378
火 星	1.5237	0.0934	2.279	24.08	1.8809	779.9	0.43	8.94	3396
木 星	5.2026	0.0485	7.783	13.06	11.862	398.9	0.037	23.46	71492
土 星	9.5549	0.0555	14.294	9.65	29.457	378.1	0.011	9.71	60268
天王星	19.2184	0.0464	28.750	6.81	84.021	369.7	0.0027	1.93	25559
海王星	30.1104	0.0095	45.044	5.44	164.770	367.5	0.0011	1.17	24764
冥王星＊	39.836	0.252	59.064	4.72	248	366.7	0.0007	0.04	1189
月＊	—	—	—	—	—	—	1.00	15 32.28	1737

	体 積〔地球＝1〕	衛星数＊＊	質 量〔地球＝1〕	平均密度〔g/cm³〕	赤道重力〔地球＝1〕	脱出速度〔km/s〕	偏平率	自転周期〔日〕	赤道傾斜角〔°〕	アルベド（反射率）	極大光度〔等〕
太 陽	1302000	—	332946	1.41	28.04	617.7	0	25.38	7.25	—	−26.8
水 星	0.056	0	0.05527	5.43	0.38	4.25	0	58.65	0.03	0.08	−2.5
金 星	0.857	0	0.8150	5.24	0.91	10.36	0	243.02	177.36	0.76	−4.9
地 球	1.000	1	1.0000	5.51	1.00	11.18	0.0034	0.9973	23.44	0.30	—
火 星	0.151	2	0.1074	3.93	0.38	5.02	0.0059	1.0260	25.19	0.25	−3.0
木 星	1321	95	317.83	1.33	2.37	59.53	0.065	0.414	3.12	0.34	−2.9
土 星	764	149(146)	95.16	0.69	0.93	35.48	0.098	0.444	26.73	0.34	−0.6
天王星	63	28	14.54	1.27	0.89	21.29	0.023	0.718	97.77	0.30	5.4
海王星	58	16	17.15	1.64	1.11	23.50	0.017	0.665	28.35	0.29	7.7
冥王星＊	0.0066	5	0.0021	1.85	0.06	1.26	0	6.4	120.00	～0.6	13.7
月＊	0.0203	—	0.012300	3.34	0.17	2.38	3軸不等	27.3217	6.70	0.11	−12.9

（「理科年表」などによる）

22 主な衛星

	番 号	衛星名	発見年	等級	軌道長半径＊	公転周期〔日〕	離心率	軌道傾斜・基準面〔°〕		半 径〔km〕	質 量（惑星に対して）
火 星	I	フォボス	1877	11	2.76	0.3189	0.0151	1.08	火星の赤道	13×11×9	1.66×10⁻⁸
	II	ダイモス	1877	12	6.91	1.2624	0.0002	1.79		8×6×5	0.23×10⁻⁸
木 星	I	イ オ	1610	5	5.90	1.7691	0.0041	0.04	木星の赤道	1821	4.70×10⁻⁵
	II	エウロパ	1610	5	9.39	3.5512	0.0094	0.47		1561	2.53×10⁻⁵
	III	ガニメデ	1610	5	14.97	7.1546	0.0013	0.18		2631	7.80×10⁻⁵
	IV	カリスト	1610	6	26.33	16.6890	0.0074	0.19		2410	5.67×10⁻⁵
土 星	I	ミマス	1789	13	3.08	0.9424	0.0196	1.57	土星の赤道	199	6.60×10⁻⁸
	II	エンケラドス	1789	12	3.95	1.3702	0.0048	0.003		252	1.90×10⁻⁷
	III	テチス	1684	10	4.89	1.8878	0.0001	1.09		531	1.09×10⁻⁶
	IV	ディオーネ	1684	10	6.26	2.7369	0.0022	0.03		561	1.93×10⁻⁶
	V	レ ア	1672	10	8.75	4.5175	0.0002	0.33		763	4.06×10⁻⁶
	VI	タイタン	1655	8	20.27	15.9454	0.0288	0.31		2575	2.37×10⁻⁴
	VII	ハイペリオン	1848	14	24.90	21.2767	0.1035	0.62		180×133×103	0.98×10⁻⁸
	VIII	イアペタス	1671	11	59.08	79.3311	0.0293	8.3	土星の軌道と赤道の中間	735	3.18×10⁻⁶
天王星	I	アリエル	1851	13	7.47	2.5204	0.0012	0.04	天王星の赤道	579	14.9×10⁻⁶
	II	ウンブリエル	1851	14	10.41	4.1442	0.0039	0.13		585	14.1×10⁻⁶
	III	ティタニア	1787	13	17.07	8.7059	0.0011	0.08		789	39.4×10⁻⁶
	IV	オベロン	1787	13	22.83	13.4632	0.0014	0.07		761	33.2×10⁻⁶
	V	ミランダ	1948	15	5.08	1.4135	0.0013	4.34		236	0.8×10⁻⁶
海王星	I	トリトン	1846	13	14.33	5.8769	0.0000	156.87	海王星の赤道	1353	2.09×10⁻⁴
	II	ネレイド	1949	20	222.7	360.13	0.7507	7.1	海王星の軌道	170	3.01×10⁻⁷

（「理科年表」による）

㉓日本で見られる日食(近年)

日 付	種 類
2030. 6. 1	金 環
2035. 9. 2	皆 既

㉔日本で見られる月食(近年)

日 付	種 類
2025. 3.14	部 分
2025. 9. 8	皆 既
2026. 3. 3	皆 既
2028. 7. 7	部 分
2029. 1. 1	皆 既
2029.12.21	部 分
2030. 6.16	部 分
2032. 4.26	皆 既
2032.10.19	皆 既

㉕惑星大気の化学組成

*水素の量を1としたときの物質量の比　**変化する　(「理科年表」による)

物質名		金星〔体積%〕	地球〔体積%〕	火星〔体積%〕	木星〔体積%〕	土星〔体積%〕	天王星〔体積%〕	海王星〔体積%〕
水 素	H_2				90	96	82.5	80
ヘリウム	He	1.2×10^{-3}	5.2×10^{-4}		10	3.25	15.2	19
ネオン	Ne	7×10^{-4}	1.8×10^{-3}	2.5×10^{-4}				
アルゴン	Ar	7×10^{-3}	9.3×10^{-1}	1.6				
窒 素	N_2	3.5	78	2.7				
酸 素	O_2		21	1.3×10^{-1}				
二酸化炭素	CO_2	96.5	3.9×10^{-2}**	95.3				
二酸化硫黄	SO_2	1.5×10^{-2}						
水	H_2O	2×10^{-1}	$0\sim4$**	2.1×10^{-2}**	4×10^{-4}			
一酸化炭素	CO	1.7×10^{-3}	1.2×10^{-5}	8×10^{-2}	$\sim10^{-7}$			$\sim10^{-6}$
オゾン	O_3		$-$**	3×10^{-6}				
メタン	CH_4				3×10^{-1}	4.5×10^{-1}	2.3	1.5
アンモニア	NH_3				2.6×10^{-2}	1.25×10^{-2}		3×10^{-4}
アセチレン	C_2H_2				1.0×10^{-5}	3×10^{-5}	2×10^{-2}	10^{-4}
エタン	C_2H_6				5.8×10^{-4}	7.0×10^{-4}		1.5×10^{-4}
リン化水素	PH_3				$\sim10^{-4}$	$\sim10^{-4}$		

㉖主な小惑星

(「理科年表」による)

小惑星	直径〔km〕	平均密度〔g/cm³〕	軌道長半径〔天文単位〕	離心率	軌道傾斜角〔°〕	衝における平均等級	発見〔年〕	探査をした探査機
イトカワ	0.535×0.294×0.209	1.9	1.324	0.280	1.6	17.1	1998	はやぶさ
リュウグウ	1.004×1.004×0.875	1.2	1.191	0.191	5.9	16.2	1999	はやぶさ2
エロス	38×15×14	2.7	1.458	0.223	10.9	9.5	1898	NEAR
ケレス	939	2.2	2.766	0.078	10.6	7.0	1801	ドーン
ベスタ	573×557×446	3.5	2.362	0.088	7.1	5.8	1807	ドーン
イダ	59.8×25.4×18.6	2.6	2.862	0.043	1.1	13.6	1884	ガリレオ
マチルダ	66×48×46	1.3	2.649	0.263	6.7	13.6	1885	NEAR
ガスプラ	18.2×10.5×8.9	—	2.209	0.174	4.1	13.7	1916	ガリレオ

㉗主な系外惑星

(「理科年表」による)

惑星名	質量〔木星=1〕	軌道長半径〔au〕	周期〔日〕	距離〔pc〕
Gliese 581b	0.05	0.041	5.4	6
ペガスス座51番星b	0.47	0.05	4.2	15
かに座55番星b	0.82	0.12	14.7	13
HD 20782b	1.9	1.4	592	36
エリダヌス座ε星b	1.55	3.4	2.502	3
プロキシマb	0.004	0.049	11.2	1.3
Kepler-11b	0.014	0.091	10.3	—

㉘主な周期彗星

(「理科年表」などによる)

彗 星	公転周期〔年〕	近日点距離〔天文単位〕	離心率	発見〔年〕
エンケ	3.3	0.330	0.847	1786
テンペル第1	5.58	1.542	0.509	1867
ジャコビニ・ツイナー	6.6	1.014	0.711	1900
クレモラ	11.0	1.794	0.638	1965
テンペル・タットル	33.2	0.976	0.906	1366
ハレー	75.3	0.586	0.967	1682
スウィフト・タットル	133.3	0.960	0.963	1862

㉙主な流星群

(「理科年表」による)

流星群名	出現期間	極大	放射点 α	放射点 δ	出現数	母天体
しぶんぎ座	12/28-1/12	1/4頃	230°	49°	多	——
こ と座	4/19-4/25	4/22頃	271	34	中	1861 I
みずがめ座η	4/19-5/30	5/6頃	338	−1	多	ハレー
みずがめ座δ	7/12-8/23	7/30頃	340	−16	中	——
ペルセウス座	7/17-8/24	8/13頃	48	58	多	スウィフト・タットル
りゅう座	10/6-10/10	10/8頃	262	54	中	ジャコビニ・ツイナー
おうし座南	9/10-11/20	10/10頃	32	9	少	エンケ
オリオン座	10/2-11/7	10/21頃	95	16	中	ハレー
おうし座北	10/20-12/10	11/12頃	58	22	少	エンケ
し し座	11/6-11/30	11/18頃	152	22	中	テンペル・タットル
ふたご座	12/4-12/20	12/14頃	112	33	多	ファエトン

㉚世界の主な天文観測衛星

(「理科年表」などによる)

名称	打上年	国	備考
IRAS(アイラス)	1983	米	赤外線
COBE(コービー)	1989	米・蘭・英	赤外〜電波
ハッブル宇宙望遠鏡	1990	米	口径2.4m望遠鏡
SOHO(ソーホー)	1995	米	太陽
チャンドラ	1999	米	X線
WMAP	2001	米	マイクロ波
スピッツァー	2003	米	赤外線
ケプラー	2009	米	太陽系外の惑星
Planck(プランク)	2009	欧	マイクロ波
SDO	2010	米	太陽
TESS(テス)	2018	米	太陽系外惑星の探査
ジェームズ・ウェッブ宇宙望遠鏡	2021	米・欧・加	赤外線

31 世界の主な太陽系探査機 （「理科年表」などによる）

名称	打上年	国	備考
アポロ11号	1969	米	有人月着陸
パイオニア11号	1973	米	木星・土星フライバイ
バイキング1号・2号	1975	米	火星周回・着陸
ボイジャー2号	1977	米	木星・土星・天王星・海王星フライバイ
ベネラ13号	1981	露	金星周回・着陸
マゼラン	1989	米	金星周回
カッシーニ	1997	米	土星周回
マーズ・エクスプレス	2003	欧・露	火星周回
ロゼッタ	2004	欧	彗星ランデブー
メッセンジャー	2004	米	水星周回
ニュー・ホライズンズ	2006	米	冥王星フライバイ
嫦娥1号	2007	中	月周回
ジュノー	2011	米	木星探査
マーズ・サイエンス・ラボラトリー	2011	米	火星着陸
オシリス・レックス	2016	米	小惑星サンプルリターン
ベピコロンボ	2018	欧・日	水星探査（日本のみおと共同探査）
チャンドラヤーン2号	2019	印	月周回
マーズ2020	2020	米	火星探査
ホープ	2020	UAE	火星周回

名称	打上年	国	備考
ルーシー	2021	米	小惑星探査
ダート	2021	米	小惑星軌道変更実験
チャンドラヤーン3号	2023	印	月着陸（南極付近）
嫦娥6号	2024	中	月（裏側）サンプルリターン

32 日本の主な天文観測衛星・太陽系探査機 （「理科年表」による）

名称	打上年	運用期間	備考
ようこう	1991	-2001	X線・γ線における太陽コロナおよびフレアの観測
はるか	1997	-2005	スペースVLBI，電波によるクエーサーや宇宙ジェットの観測
はやぶさ	2003	-2010	小惑星探査，S型小惑星の表面物質を採取し地球に帰還
ひので	2006	運用中	太陽表面磁場・速度場とX線コロナの観測
かぐや	2007	-2009	月の起源と進化，将来の月探査のための技術開発
あかつき	2010	運用中	赤外線・可視光線・紫外線による金星大気や表面の観測
ひさき	2013	運用中	極端紫外線による惑星などの観測
はやぶさ2	2014	運用中	小惑星探査，C型小惑星の表面物質を採取し地球に投下
みお	2018	運用中	国際探査計画，水星の磁場や磁気圏の解明
SLIM	2023	-2024	小型探査機による月面へのピンポイント着陸
XRISM	2023	運用中	X線分光撮像，宇宙の高温プラズマの観測

33 酸素同位体を利用した古環境の推定

　地質時代の気候を推定する方法に，有孔虫化石の殻に含まれる酸素の同位体（▶p.159）を用いるものがある。

■酸素同位体

　同位体は，陽子や電子の数は同じであるが，中性子の数が異なるため，質量数の異なる原子のことである。たとえば，酸素原子 O には，質量数の異なる3つの同位体があり，^{16}O が最も多く存在する。そのため，水分子 H_2O にも $H_2^{16}O$，$H_2^{17}O$，$H_2^{18}O$ の3種類があり，^{16}O を含む $H_2^{16}O$ が最も多く存在する。

　自然界に存在する酸素の同位体の割合（$^{18}O/^{16}O$）*はほぼ一定であるが，気温や水温によって，わずかに変化することが知られている。

■酸素同位体比の変化

　^{16}O を含む水分子と ^{18}O を含む水分子は，それぞれ「軽い水分子」，「重い水分子」とよばれ，軽い水分子の方が，重い水分子よりも蒸発しやすく，凝結しにくい。

　海面から蒸発した水は，雨となって地表に降る。この水が，河川となって海に戻れば，海水の酸素同位体の割合は変化しない。しかし，水が陸にとどまると，酸素同位体の割合が変化する。

　このような，水が陸にとどまる原因の1つに，大陸氷床がある。寒冷な時期には，雨ではなく雪が降る。降り積もった雪の上に，さらに新しい雪が降り積もり，やがて大陸氷床が発達する。大陸氷床が発達すると，海で蒸発した水は陸上に氷床として固定され，海に戻らない。すなわち，蒸発しやすい軽い水が海水から取り除かれ，大陸氷床として陸にとどまり，海水中には重い水が取り残されることになる。このようにして，寒冷な時期には，海水の酸素同位体の割合（$^{18}O/^{16}O$）が大きくなる。

　有孔虫は，海水に溶けている炭酸イオン CO_3^{2-} を取り込んで，炭酸カルシウム $CaCO_3$ の殻をつくる。炭酸イオン CO_3^{2-} には酸素原子 O が含まれており，炭酸イオンの酸素同位体の割合は，海水の酸素同位体の割合を反映する。さらに，有孔虫の殻に取り込まれる酸素同位体の割合は，緯度や深度による水温の違いによっても変化する。したがって，有孔虫殻に含まれる酸素同位体の割合を調べることによって，海水の酸素同位体の割合や海水温を知ることができる。

■酸素同位体比

　海水や有孔虫の殻に含まれる酸素同位体の割合の変化は非常にわずかである。そこで，相互に比較しやすくするため，基準となる標準物質を定め，標準物質に対してどの程度異なるかという偏差（‰）で表す。この偏差を酸素同位体比といい，次の式で与えられ，δ（デルタ）を使って示される。

$$酸素同位体比 = \delta^{18}O = \frac{(^{18}O/^{16}O)\,試料 - (^{18}O/^{16}O)\,標準物質}{(^{18}O/^{16}O)\,標準物質} \times 1000$$

有孔虫の酸素同位体比は，過去の水温や氷床の大きさなどの指標となっている。

酸素の同位体

元素記号	$^{16}_{8}O$	$^{17}_{8}O$	$^{18}_{8}O$
原子番号	8	8	8
陽子の数	8	8	8
電子の数	8	8	8
中性子の数	8	9	10
質量数	16	17	18
存在比	99.76	0.04	0.20

＊ ^{17}O は，^{16}O や ^{18}O と比較して非常に少なく，酸素同位体比を扱う場合は，^{16}O に対する ^{18}O の割合（$^{18}O/^{16}O$）を用いる。

水の循環と酸素同位体比

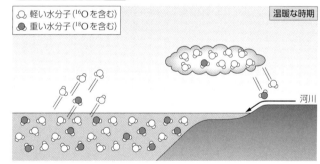

☁ 軽い水分子（^{16}O を含む）
☁ 重い水分子（^{18}O を含む）

温暖な時期

河川

海面から蒸発した水は，雨となって地表に降り，河川水として再び海に戻る。

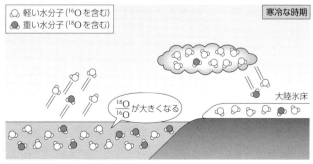

☁ 軽い水分子（^{16}O を含む）
☁ 重い水分子（^{18}O を含む）

寒冷な時期

$\frac{^{18}O}{^{16}O}$ が大きくなる

大陸氷床

寒冷な時期には，海面から蒸発した水が，大陸氷床として陸にとどまり，海に戻らないため，海水から軽い水分子が取り除かれることになる。そのため，温暖な時期よりも $^{18}O/^{16}O$ は大きな値になる。

34 日本と世界の気候

①観測点は，高緯度から低緯度の順に配列してある。日本の観測点の緯度および標高は2020年12月31日現在である。

②月別平年気温の▲印は，7月に極大となっていることをあらわし，名瀬で28.8℃，那覇で29.0℃となっている。
日本ではほとんどの地点が8月に極大となっているが，外国の場合はほとんど7月に極大となっているのがわかる。

日本 （1991〜2020年平均値）

地名	緯度(北緯)	標高[m]	日最高気温の月別平年値[℃] 1月	8月	月別平年気温[℃] 1月	8月	日最低気温の月別平年値[℃] 1月	8月	年平均気温[℃]	月別平年相対湿度[%] 1月	8月	月別平年降水量[mm] 1月	8月	年間降水量[mm]
稚 内	45 24.9	2.8	−2.4	22.3	−4.3	19.5	−6.4	17.2	7.0	72	84	84.6	123.1	1109.2
旭 川	43 45.4	119.8	−3.3	26.6	−7.0	21.2	−11.7	16.9	7.2	82	79	66.9	152.9	1104.4
根 室	43 19.8	25.2	−0.9	20.9	−3.4	17.4	−6.5	14.8	6.6	71	89	30.6	132.3	1040.4
札 幌	43 3.6	17.4	−0.4	26.4	−3.2	22.3	−6.4	19.1	9.2	69	75	108.4	126.8	1146.1
函 館	41 49.0	35.0	0.9	25.9	−2.4	22.1	−6.0	18.9	9.4	73	81	77.4	156.5	1188.0
青 森	40 49.3	2.8	1.8	27.8	−0.9	23.5	−3.5	20.0	10.7	78	78	139.9	142.0	1350.7
宮 古	39 38.8	42.5	5.2	26.3	0.5	22.1	−3.5	19.2	10.8	60	87	63.4	177.9	1370.9
秋 田	39 43.0	6.3	3.1	29.2	0.4	25.0	−2.1	21.6	12.1	74	76	118.9	184.6	1741.6
仙 台	38 15.7	38.9	5.6	28.2	2.0	24.4	−1.3	21.6	12.8	66	81	42.3	157.8	1276.7
山 形	38 15.3	152.5	3.3	30.5	−0.1	25.0	−3.1	20.9	12.1	81	75	87.8	153.0	1206.7
相 川	38 1.7	5.5	6.5	29.3	4.0	26.0	1.3	22.9	14.1	69	77	131.1	137.5	1572.5
金 沢	36 35.3	5.7	7.1	31.3	4.0	27.3	1.2	24.1	15.0	74	72	256.0	179.3	2401.5
水 戸	36 22.8	29.0	9.2	30.0	3.3	25.6	−1.8	22.2	14.1	63	81	54.5	116.9	1367.7
東 京	35 41.5	25.2	9.8	31.3	5.4	26.9	1.2	23.5	15.8	51	74	59.7	154.7	1598.2
松 江	35 27.4	16.9	8.3	31.6	4.6	27.1	1.5	23.8	15.2	76	77	153.3	129.6	1791.9
名古屋	35 10.0	51.1	9.3	33.2	4.8	28.2	1.1	24.7	16.2	64	69	50.8	139.5	1578.9
京 都	35 0.8	40.8	9.1	33.7	4.8	28.5	1.5	24.7	16.2	67	66	53.3	153.8	1522.9
静 岡	34 58.5	14.1	11.7	31.3	6.9	27.4	2.1	24.2	16.9	57	76	79.6	186.5	2327.3
大 阪	34 40.9	23.0	9.7	33.7	6.2	29.0	3.0	25.8	17.1	61	66	47.0	113.0	1338.3
広 島	34 23.9	3.6	9.9	32.8	5.4	28.5	2.0	25.1	16.5	66	69	46.2	131.4	1572.2
福 岡	33 34.9	2.5	10.2	32.5	6.9	28.4	3.9	25.4	17.3	63	72	74.4	210.0	1686.9
潮 岬	33 27.0	67.5	11.4	29.8	8.3	26.9	5.2	24.8	17.5	58	84	97.7	260.3	2654.3
長 崎	32 44.0	26.9	10.7	31.9	7.2	28.1	4.0	25.3	17.4	66	76	63.1	217.9	1894.7
清 水	32 43.3	31.0	12.4	30.4	8.9	27.7	5.5	25.6	18.4	58	82	98.6	231.5	2563.9
鹿児島	31 33.3	3.9	13.1	32.7	8.7	28.8	4.9	26.0	18.8	66	74	78.3	224.3	2434.7
名 瀬	28 22.7	2.8	17.7	32.0	15.0	▲28.5	12.2	26.0	21.8	68	78	184.1	294.4	2935.7
那 覇	26 12.4	28.1	19.8	31.8	17.3	▲29.0	14.9	26.8	23.3	66	78	101.6	240.0	2161.0
昭和基地	69(S) 0.3	29.1	1.8	−15.2	−0.8	−18.8	−3.7	−22.8	−10.5	70	68	—	—	—

世界 （気温および降水量は1991〜2020年平均値，湿度は1961〜1990年平均値による）

地名	国名(地域)	緯度(北緯)	標高[m]	月別平年気温[℃] 1月	8月	年平均気温[℃]	月別平年相対湿度[%] 1月	8月	年平均湿度[%]	月別平年降水量[mm] 1月	8月	年間降水量[mm]
オイミャコン	ロシア	63 15	740	−45.6	▲10.9	−14.9	75	72	73	6.4	39.2	218.5
アンカレッジ	アメリカ	61 09	52	−8.3	▲14.2	3.2	73	75	71	19.8	77.4	425.2
サンクトペテルブルク	ロシア	59 58	3	−4.9	▲17.4	6.3	87	78	79	46.4	86.4	668.1
ストックホルム	スウェーデン	59 21	44	−0.9	▲17.8	8.0	—	—	—	38.5	60.8	529.0
モスクワ	ロシア	55 50	147	−6.2	▲17.6	6.3	80	74	74	53.2	78.3	713.0
ベルリン	ドイツ	52 28	48	1.2	▲19.7	10.4	89	69	75	49.3	58.1	570.2
イルクーツク	ロシア	52 16	467	−17.6	▲16.5	1.4	91	80	75	14.6	96.5	471.8
ロンドン(ヒースロー)	イギリス	51 28	24	5.7	▲18.7	11.8	—	—	—	59.7	57.7	633.4
ウィーン	オーストリア	48 14	198	0.8	▲20.9	11.0	79	68	72	42.1	66.0	672.0
ウランバートル	モンゴル	47 55	1729	−21.4	▲16.8	0.3	—	—	—	1.8	66.2	277.7
シアトル	アメリカ	47 27	130	5.7	19.3	11.7	78	68	73	146.8	24.6	1003.3
チューリッヒ	スイス	47 22	555	1.0	▲18.6	9.8	—	—	—	62.9	119.1	1104.9
リヨン	フランス	45 43	200	4.0	▲22.1	12.9	—	—	—	—	—	—
モントリオール	カナダ	45 28	35	−10.0	▲20.1	6.6	73	73	71	100.1	76.8	945.9
ウラジオストク	ロシア	43 07	187	−11.9	20.0	5.1	61	90	73	11.4	176.0	855.9
ローマ	イタリア	41 48	129	7.7	25.6	16.0	—	—	—	—	—	—
ニューヨーク	アメリカ	40 46	7	1.2	▲25.2	13.5	61	67	63	82.7	111.9	1148.8
マドリード	スペイン	40 24	667	6.5	▲25.7	15.4	—	—	—	31.5	10.1	422.8
ペキン	中 国	39 56	32	−2.8	▲26.0	13.3	44	81	60	2.1	114.1	530.8
デンバー	アメリカ	39 46	1611	−0.2	▲22.3	10.5	55	49	52	11.5	52.0	397.9
ワシントンD.C.	アメリカ	38 51	5	2.8	▲26.0	14.9	62	69	64	73.4	82.6	1060.9
アテネ	ギリシャ	37 44	28	10.1	29.0	18.9	69	48	61	52.2	2.6	375.9
サンフランシスコ	アメリカ	37 37	6	10.7	18.2	14.7	78	75	74	98.8	1.0	499.8
ソウル	韓 国	37 34	86	−1.9	26.1	12.9	64	79	69	16.4	348.3	1417.8
ラスベガス	アメリカ	36 05	662	9.5	▲33.0	21.0	45	26	30	14.1	8.0	103.3
テヘラン	イラン	35 41	1204	4.9	▲30.3	18.3	65	24	40	29.7	0.6	243.8
プサン	韓 国	35 06	70	3.6	26.1	15.0	51	81	67	34.3	266.5	1574.3
カブール	アフガニスタン	34 33	1791	0.2	▲26.0	14.4	—	—	—	6.5	79.6	539.0
シーアン	中 国	34 18	398	0.5	▲25.4	14.5	66	73	71	6.5	79.6	539.0
ラバト	モロッコ	34 02	74	11.9	23.0	17.5	—	—	—	84.7	0.8	523.7
ロサンゼルス	アメリカ	33 56	38	14.4	21.4	17.6	63	77	71	73.0	0.2	314.5
ダマスカス	シリア	33 25	608	6.5	▲27.6	17.6	—	—	—	35.4	0.0	189.5
シャンハイ	中 国	31 25	9	5.0	▲28.5	17.2	—	—	—	67.5	215.5	1211.9
ニューデリー	インド	28 35	211	13.9	30.4	25.3	63	73	54	20.0	226.1	782.2
アスワン	エジプト	23 57	201	16.3	35.1	27.1	40	21	26.2	0.2	0.0	3.6
キャンベラ	オーストラリア	35(S)18	575	21.4	7.3	13.6	58	72	68	57.7	42.8	584.8

*統計期間の異なるものも含まれる。　（「理科年表」による）

35 日本の気象記録

要　素	記録	年月日	場　所
最高気温(気象官署)	41.1℃	2018 7.23 2020 8.17	熊谷(埼玉) 浜松(静岡)
最低気温(気象官署)	−41.0℃	1902 1.25	旭川(北海道)
最低海面気圧(陸上)	907.3hPa	1977 9.9	沖永良部島(鹿児島) 台風9号
最低海面気圧(海上)	870hPa	1979 10.12	沖ノ鳥島南南東(17N, 138E) 台風20号
最高海面気圧(陸上)	1044.0hPa	1913 11.30	旭川(北海道)
最大風速(平地)	69.8m/s (WSW)	1965 9.10	室戸岬(高知) 台風23号
最大風速(山岳)	72.5m/s (WSW)	1942 4.5	富士山頂　低気圧
最大瞬間風速(平地)	85.3m/s (NE)	1966 9.5	宮古島(沖縄) 台風18号
最大瞬間風速(山岳)	91.0m/s (SSW)	1966 9.25	富士山頂 台風26号

要　素	記録	年月日	場　所
最大10分間降水量 (気象官署)	55.0mm	2021 11.2	不古内(北海道)
最大1時間降水量(部外)	187.0mm	1982 7.23	長与(長崎)　前線
最大日降水量(部外)	1317mm	2004 8.1	海川(徳島) 台風10号
最大日降水量(観測所)	922.5mm	2019 10.12	箱根(神奈川)
最多月降水量(観測所)	3514mm	1938 8	大台ヶ原山(奈良)
最大無水継続日数	92日	1917 11.3〜 1918 2.2	大分(大分)
最多年降水量(観測所)	8511mm	1993 1〜12	えびの(宮崎)
最少年降水量(気象官署)	535mm	1984 1〜12	紋別(北海道)
最大日降雪の深さ(JR)	210cm	1946 1.17	関山(新潟)
最深積雪 (気象官署観測所)	750cm	1945 2.26	真川(富山)
最深積雪(山岳)	1182cm	1927 2.14	伊吹山(滋賀)

(2022年8月現在)

36 日本の主な気象災害

死者・不明：死者・行方不明，不明：行方不明，負傷：負傷者，住家：住家の全・半壊(焼)・一部破損，浸水：住家の床上・床下浸水(棟)，耕地：耕地流出・埋没・冠水(ha)，船舶：船舶沈没・流出・破損(隻)，被害：農・林・水産業被害の合計(億円)

種　目	年月日	被害地域	主な被害
室戸台風	1934.9.20〜21	九州〜東北(特に大阪)	死者2,702，不明334，負傷14,994，住家92,740，浸水401,157，船舶27,594
枕崎台風	1945.9.17〜18	西日本(特に広島)	死者2,473，不明1,283，負傷2,452，住家89,839，浸水273,888，耕地128,403
カスリーン台風	1947.7.14〜15	東海以北	死者1,077，不明853，負傷1,547，住家9,298，浸水384,743，耕地12,927
アイオン台風	1948.9.15〜17	四国〜東北(特に岩手)	死者512，不明326，負傷1,956，住家18,017，浸水120,035，耕地113,427，船舶435
デラ台風	1949.6.20〜23	九州〜東北(特に愛媛)	死者252，不明216，負傷367，住家5,398，浸水57,553，耕地80,300，船舶4,242
ジェーン台風	1950.9.2〜4	四国以北(特に大阪)	死者336，不明172，負傷10,930，住家56,131，浸水166,605，耕地85,018，船舶2,752
ルース台風	1951.10.13〜15	全国(特に山口)	死者572，不明371，負傷2,644，住家221,118，浸水138,273，耕地128,517，船舶9,596
大雨(前線)	1953.6.25〜29	九州〜中国(特に熊本)	死者748，不明265，負傷2,720，住家34,655，浸水454,643，耕地269,813，船舶618
南紀豪雨	1953.7.16〜24	全　国	死者713，不明411，負傷5,819，住家10,889，浸水86,479，耕地98,046，船舶112
洞爺丸台風	1954.9.25〜27	全　国	死者1,361，不明400，負傷1,601，住家207,542，浸水103,533，耕地82,963，船舶5,581，大火
諫早豪雨	1957.7.25〜28	九州(特に長崎)	死者856，不明136，負傷3,860，住家6,811，浸水72,565，耕地43,566，船舶222
狩野川台風	1958.9.26〜28	近畿以北(特に静岡)	死者888，不明381，負傷1,138，住家16,743，浸水521,715，耕地89,236，船舶260
宮古島台風	1959.9.15〜18	全国(関東を除く)	死者47，不明52，負傷509，住家16,632，浸水14,360，耕地3,566，船舶778
伊勢湾台風	1959.9.26〜27	全国(九州を除く)	死者4,697，不明401，負傷38,921，船舶7,576，住家833,965，浸水363,611，耕地210,859
昭和36年梅雨前線豪雨	1961.6.24〜7.10	全国(北海道を除く)	死者302，不明55，負傷1,320，住家8,464，浸水414,362，耕地340,449，船舶21
第2室戸台風	1961.9.15〜17	全国(特に近畿)	死者194，不明8，負傷4,972，住家499,444，浸水384,120，耕地82,850，船舶2,540
昭和38年1月豪雪	1963.1月	全　国	死者228，不明3，負傷356，住家6,005，浸水7,028
昭和39年7月山陰北陸豪雨	1964.7.17〜19	山陰〜北陸(特に島根)	死者123，不明5，負傷291，住家2,048，浸水67,517，耕地46,042，船舶15
第2宮古島台風	1966.9.5	宮古・石垣島	負傷41，住家7,765，浸水30，船舶56
昭和42年7月豪雨	1967.7.7〜10	九州北部〜関東	死者365，不明6，負傷618，住家3,756，浸水301,445，耕地44,444，船舶5
昭和47年7月豪雨	1972.7.3〜13	全　国	死者410，不明32，負傷534，住家4,339，浸水194,691，耕地84,794，船舶2
昭和57年7月豪雨	1982.7.10〜26	関東以西	死者337，不明8，負傷661，住家851，浸水52,165，耕地15,354，船舶30，被害474
昭和58年7月豪雨	1983.7.20〜27	九州〜東北	死者・不明117，負傷166，住家3,669，浸水17,141，耕地7,796，被害1,302
平成5年8月豪雨	1993.7.31〜8.7	西日本(特に九州南部)	死者74，不明5，負傷154，住家824，浸水21,987，被害746
台風23号	2004.10.17〜21	東北〜沖縄	死者・不明99，負傷704，住家19,235，浸水54,850，耕地12,329，船舶494，被害934
平成18年豪雪	2005.12月〜3月	北海道〜四国	死者・不明152，負傷2,136，住家4,713，浸水113，被害17
平成18年7月豪雨(前線)	2006.7.15〜24	九州〜東北	死者・不明30，負傷46，住家1,708，浸水6,996，耕地562，船舶50，被害151
平成21年7月中国・九州北部豪雨	2009.7.19〜26	九州〜関東	死者・不明39，負傷34，住家378，浸水11,541，耕地590，被害102
酷暑・大雨	2010.6〜9月	全　国	死者・不明271，負傷20,998，被害495
平成23年7月新潟・福島豪雨	2011.7.27〜30	新潟・福島を中心	死者・不明6，負傷13，住家1,107，浸水9,025
台風12号	2011.8.30〜9.5	四国〜北海道	死者・不明98，負傷113，住家4,008，浸水22,094
平成24年九州北部豪雨	2012.7.11〜14	九州北部を中心	死者・不明32，負傷27，住家2,176，浸水12,606
平成26年8月豪雨	2014.7.30〜8.26	全国(特に広島)	死者・不明91，負傷167，住家4,817，浸水16,517
平成27年9月関東・東北豪雨，台風18号	2015.9.7〜11	四国〜東北	死者・不明20，負傷82，住家7,555，浸水15,782
梅雨前線・台風3号・平成29年7月九州北部豪雨	2017.6.7〜7.27	全　国	死者・不明44，負傷39，住家1,578，浸水4,525，被害1,124
平成30年7月豪雨	2018.6.28〜7.8	全国(特に西日本)	死者・不明271，負傷484，住家22,491，浸水28,619，耕地21,168，船舶86
令和元年房総半島台風	2019.9.8〜9	関東	死者9，負傷160，住家93,096，浸水276，耕地14,912，船舶452
令和元年東日本台風	2019.10.11〜13	東日本(特に関東)	死者・不明107，負傷384，住家70,652，浸水31,021，耕地22,955，船舶303
令和2年7月豪雨	2020.7.3〜31	西日本〜東日本，東北	死者・不明86，負傷80，住家9,723，浸水6,825，耕地13,146，船舶206(2022年7月28日現在)

(「理科年表」などによる)

37 防災に関する用語

ここでは，気象庁が発表する気象に関する注意報，警報，特別警報をあげている。このほかに，地震動や津波，火山の噴火に関するものもある。

注意報	大雨や強風などによって災害が起こるおそれのあるときに注意をよびかけて行う予報。
	大雨，洪水，強風，風雪，大雪，波浪，高潮，雷，融雪，濃霧，乾燥，なだれ，低温，霜，着氷，着雪（16種類）
警報	重大な災害が起こるおそれのあるときに警戒をよびかけて行う予報。
	大雨，洪水，暴風，暴風雪，大雪，波浪，高潮（7種類）
特別警報	数十年に一度しかないような重大な災害の危険性が著しく高まっているときに発表し，最大限の警戒をよびかける。
	大雨，暴風，暴風雪，大雪，波浪，高潮（6種類）

高齢者等避難	危険予想地域の高齢者等に対しては避難を，一般の住民に対しては，避難のための準備と事態の周知を行う必要がある場合に区市町村長から発せられる。
避難指示	災害が発生したり予想される場合に，災害対策基本法にもとづき，市町村長が居住者などに対して地域外へ立ち退くよう勧告したり，指示をだすこと。
警戒区域 *	災害が発生したり予想される場合に，住民などの生命や身体への危険を防止するため，一般市民の立ち入りが制限・禁止される地域。災害対策基本法などにもとづき，市町村長や都道府県知事などが設定し，住民は区域外への退去を命じられる。

＊避難指示には強制力がなく罰則規定はないが，警戒区域に権限なく立ち入った場合は，罰則が科せられる。

38 日本付近で起きた主な地震

（波）とあるのは，津波の発生した地震を示す。（「理科年表」などによる）

西暦	日付（時間），地域，地震名，M（マグニチュード）
1872	3/14 石見・出雲「浜田地震」M7.1（波）
1877	5/10 太平洋沿岸，チリ沖，津波の波高は釜石で3m。
1881	10/25 北海道 M7.0
1891	10/28 岐阜県西部「濃尾地震」M8.0
1893	6/4 色丹島沖 M7¾（波）
1894	3/22 根室沖 M7.9（波），6/20 東京都東部「東京地震」M7.0，10/22 山形県北西部「庄内地震」M7.0
1895	1/18 茨城県南部 M7.2
1896	6/15 三陸沖「明治三陸地震」M8.2，8/31 秋田県東部「陸羽地震」M7.2
1897	2/20 宮城県沖「宮城県沖地震」M7.4，8/5 宮城県沖 M7.7（波）
1898	4/23 宮城県沖 M7.2（波）
1899	3/7 三重県南部 M7.0，11/25 宮崎県沖（03h43m）M7.1，（03h55m）M6.9
1900	5/12 宮城県北部 M7.0，11/5 三宅島付近 M6.6
1901	8/9 青森県東方沖 M7.2（波）
1902	1/30 青森県東部 M7.0
1905	6/2 安芸灘「芸予地震」M7¼
1909	3/13 房総半島沖（08h19m）M6.7，（23h29m）M7.5，8/14 滋賀県東部「江濃（姉川）地震」M6.8，11/10 宮崎県西部 M7.6
1910	7/24 胆振西部 M5.1（7.5時間後有珠山爆発）
1911	6/15 奄美大島付近「喜界島地震」M8.0
1913	6/29 鹿児島県西部 M5.7，翌日再震 M5.9
1914	1/12 鹿児島県中部「桜島地震」M7.1（波），3/15 秋田県南部「仙北地震」M7.1，3/28 秋田県南部 M6.1
1915	3/18 十勝沖 M7.0
1918	9/8 ウルップ島沖 M8.0（波），11/11 長野県北部「大町地震」（02h59m）M6.1，（16h04m）M6.5
1921	12/8 茨城県南部「龍ヶ崎地震」M7.0
1922	4/26 千葉県西岸「浦賀水道地震」M6.8，12/8 橘湾「島原（千々石沖）地震」（01h50m）M6.9，（11h02m）M6.5
1923	9/1 神奈川県「関東地震」・「関東大震災」M7.9（波）〔死・不明10万5千余〕
1924	1/15 神奈川県西部「丹沢地震」M7.3
1925	5/23 兵庫県北部「但馬地震」M6.8
1927	3/7 京都府北部「北丹後地震」M7.3，10/27 新潟県中部「関原地震」M5.2
1930	11/26 伊豆半島中部「北伊豆地震」M7.3
1931	9/21 埼玉県北部「西埼玉地震」M6.9，11/2 日向灘 M7.1（波）
1933	3/3 三陸沖「昭和三陸地震（三陸沖地震）」M8.1（波）
1936	2/21 奈良県北部「河内大和地震」M6.4，11/3 宮城県沖「宮城県沖地震」M7.4（波）
1938	5/23 茨城県沖 M7.0，5/29 弟子屈付近「屈斜路湖地震」M6.1，6/10 宮古島北方沖 M7.2，11/5 福島県沖「福島県沖地震」M7.5（波）
1939	5/1 男鹿半島付近「男鹿地震」M6.8，2分後 M6.7（波）
1940	8/2 積丹半島沖「積丹半島沖地震」M7.5（波）
1941	11/19 日向灘 M7.2（波）
1943	3/4 鳥取県東部 M6.2，3/5 鳥取県東部 M6.2，8/12 福島県会津地方「田島地震」M6.2，9/10 鳥取県東部「鳥取地震」M7.2
1944	12/7 紀伊半島南東沖「東南海地震」M7.9（波）
1945	1/13 三河湾「三河地震」M6.8（波）
1946	12/21 紀伊半島沖「南海地震」M8.0（波）
1948	6/28 福井県嶺北地方「福井地震」M7.1

西暦	日付（時間），地域，地震名，M（マグニチュード）
1949	12/26 栃木県北部「今市地震」（08h17m）M6.2，（08h25m）M6.4
1952	3/4 十勝沖「十勝沖地震」M8.2（波），3/7 石川県西方沖「大聖寺沖地震」M6.5，7/18 奈良県北部「吉野地震」M6.7
1953	11/26 房総半島南東沖「房総沖地震」M7.4（波）
1955	10/19 秋田県沿岸北部「二ツ井地震」M5.9
1958	11/7 択捉島付近 M8.1
1959	1/31 弟子屈付近「弟子屈地震」（05h38m）M6.3，（07h16m）M6.1
1960	5/23 チリ沖「チリ地震津波」M9.5
1961	2/27 日向灘 M7.0（波），8/12 釧路沖 M7.2，8/19 石川県加賀地方「北美濃地震」M7.0
1962	4/23 十勝沖 M7.1，4/30 宮城県北部「宮城県北部地震」M6.5
1963	3/27 福井県沖「越前岬沖地震」M6.9，10/13 択捉島付近 M8.1（波）
1964	5/7 秋田県沖 M6.9（波），6/16 新潟県沖「新潟地震」M7.5（波）
1965	4/20 静岡県中部「1965年静岡地震」M6.1，8/3 松代付近「松代群発地震」M5.4（最大），Mの総計 M6.4に相当
1968	2/21 えびの付近「えびの地震」M6.1，2時間前 M5.7，翌日 M5.6，4/1 日向灘「1968年日向灘地震」M7.5（波），5/16 青森県東方沖「1968年十勝沖地震」M7.9（波）
1973	6/17 根室半島南東沖「1973年6月17日根室半島沖地震」M7.4（波），6/24 上記の余震 M7.1（波）
1974	5/9 伊豆半島南方沖「1974年伊豆半島沖地震」M6.9（波）
1978	1/14 伊豆大島近海「1978年伊豆大島近海地震」M7.0（波），6/12 宮城県沖「1978年宮城県沖地震」M7.4
1982	3/21 浦河沖「昭和57年浦河沖地震」M7.1（波）
1983	5/26 秋田県沖「昭和58年日本海中部地震」M7.7（波）
1984	9/14 長野県南部「昭和59年長野県西部地震」M6.8
1987	3/18 日向灘 M6.6，12/17 千葉県東方沖 M6.7
1993	1/15 釧路沖「平成5年釧路沖地震」M7.5，7/12 北海道南西沖「平成5年北海道南西沖地震」M7.8（波）
1994	10/4 北海道東方沖「平成6年北海道東方沖地震」M8.2（波），12/28 三陸沖「平成6年三陸はるか沖地震」M7.6（波）
1995	1/17 淡路島付近「平成7年兵庫県南部地震」・「阪神・淡路大震災」M7.3〔死6434，不明3〕
2000	6/26 三宅島近海・新島近海　三宅島の噴火に伴う群発地震 M6.5（最大），10/6 鳥取県西部「平成12年鳥取県西部地震」M7.3
2001	3/24 安芸灘「平成13年芸予地震」M6.7
2003	5/26 宮城県沖 M7.1，7/26 宮城県北部 M6.4，9/26 十勝沖「平成15年十勝沖地震」M8.0（波）
2004	10/23 新潟県中越地方「平成16年新潟県中越地震」M6.8，11/29 釧路沖 M7.1（波），12/6 根室半島東南沖 M6.9
2005	3/20 福岡県西方沖 M7.0，8/16 宮城県沖 M7.2
2007	3/25 能登半島沖「平成19年能登半島地震」M6.9，7/16 新潟県上中越沖「平成19年新潟県中越沖地震」M6.8（波）
2008	6/14 岩手県内陸南部「平成20年岩手・宮城内陸地震」M7.2
2011	3/11 三陸沖「平成23年東北地方太平洋沖地震」・「東日本大震災」M9.0（波）〔死19729，不明2559（2020年3月現在）〕
2016	4/14・16 熊本県熊本地方など「平成28年熊本地震」M7.3（最大）
2018	9/6 北海道胆振地方中東部「平成30年北海道胆振東部地震」M6.7
2024	1/1 石川県能登地方「令和6年能登半島地震」M7.6（波），8/8 日向灘 M7.1（波）

39 日本と世界の活火山とその噴火記録

①火山の構成：Cカルデラ，T大規模な火砕流など，S成層火山，L溶岩流，D溶岩ドーム，P火砕丘，Maマール
②主要岩石：b玄武岩，a安山岩，dデイサイト，r流紋岩
③噴火形式（発生しやすい噴火現象）：○山頂噴火，∽山腹噴火，↑普通の火山爆発，↑水蒸気爆発，⇒溶岩流，→火砕流，→火山泥流，
⌒溶岩ドーム，▼溶岩湖，⏦海底噴火，⏝湖底噴火，∽噴火津波

日本

（「理科年表」などによる）

火山名	所在地	標高〔m〕	構成	主要岩石	噴火形式	主な噴火記録
雌阿寒岳	釧路	1499	S	b, a, d	○ ↑	1955～60，1962，1964～66，1988，1996，1998，2006，2008。
十勝岳	上川，十勝	2077	S, D	b, a, d, r	○ ∽ ↑ → →	1857より1962まで多数，1926に死者・行方不明144，1985，1988～1989，2004。
樽前山	石狩，胆振	1041	S, D	a	○ ↑ ⌒	1667より1979まで多数，1981。
有珠山	胆振	733	S, D	b, a, d, r	○ ∽ ↑ ⌒ → →	1663より1978まで多数。1822に1村落全滅し死者50～103。1945に昭和新山生成。2000～2001。
吾妻山	福島，山形	1949	S, P	a, d	○ ↑ ↑	1331，1711，1893～95，1950，1952？，1977。
磐梯山	福島	1816	C, S	a, d	↑ →	806，1888諸村落埋没死者461，湖生成。
那須岳	栃木，福島	1915	S, D	b, a, d	○ ↑ →	1408より1963まで数回。1410死者180余。
草津白根山	群馬	2171	T, S, P, Ma	a, d	○ ↑ ⌒ →	1805，1882より1983まで多数。2018に本白根山の噴火。
浅間山	群馬，長野	2568	C, S, D	a, d, r	○ ↑ → ⇒	685より1990まで多数，2003，2004，2008，2009，2015，2019。1596に死者多数。1783に死者1151，鬼押出し生成。1911に空振で大被害。
焼岳	岐阜，長野	2455	D		○ ∽ ↑ ↑	630より1963まで多数。
御嶽山	岐阜，長野	3067	S	b, a, d, r	↑ ↑	1979山頂で水蒸気噴火，火山灰降下。1991，2007。2014に死者・行方不明63。
富士山	静岡，山梨	3776	S, P	b, a	○ ∽ ↑ ⇒	781より1707まで多数。1707に降灰によって大被害。
伊豆大島	東京	758	C, S, P	b, a	○ ∽ ↑ ⇒ ↑	5～8世紀より1990まで多数。1986全住民島外へ避難。
三宅島（雄山）	東京	775	C, S, P	b, a	○ ∽ ↑ ⇒ ⏦	1085より1983まで多数。1643村落全滅。1983家屋埋没約400。2000～2005全住民島外へ避難。2008，2009，2010，2013。
阿蘇山	熊本	1592	S, T-C	b, a, d, r	○ ↑ ∽	553（日本最古の噴火記録）より2016まで多数。1958に死者12，山林耕地荒廃，1979に死者3。
雲仙岳	長崎	1483	S, D	b, a, d	○ ∽ ↑ ↑ ⇒ → ⌒ ⌒	1663，1792。1792に溶岩流など，強震，山崩れ，津波によって死者約15000，有史以来日本最大被害。1990～96（↑ ∽ ⇒，溶岩ドーム形成，火砕流多発，死者・行方不明44，家屋焼失，山林耕地被害）。
						有史以後の噴火はすべて普賢岳
霧島山	鹿児島，宮崎	1700	S	b, a, d	○ ↑ ↑ ⌒ → →	742から2018まで多数，1235死者多数。2008～新燃岳の小規模噴火。
桜島	鹿児島	1117	S	a, d	○ ∽ ↑ ↑ ⇒ → → ∽ ⏦	708？から2021まで多数，1914大隅半島とつながる，諸村落埋没焼失，死者58。2006～昭和火口の活動が活発化。

世界

火山名	所在地	標高〔m〕	噴火形式	最近噴火年	噴火記録
ピナツボ	ルソン島（フィリピン）	1486	○ ∽ ↑ ↑ → → ⌒ ⌒	1992	1991年，600年ぶりの大噴火。多くの火砕流，土石流。山頂部陥没，噴煙は20 km以上の高さに達した。
クラカタウ島	インドネシア	813	○ ∽ ↑ ↑ ⏦ → ⇒ → ⌒ ∽	2023	1883大爆発で火山島消滅，死者36000。
スメル	インドネシア	3657	○ ∽ ↑ ↑ → → ⌒	2024	ジャワ島最高峰，ほぼ連続的に噴火中。2000火山研究者2名死亡。
タンボラ	インドネシア	2850	○ ↑ ⇒ → ⌒	1967	1815世界最大噴火，山体破壊，噴出物総量150 km³，死者92000。
コトパクシ	エクアドル	5911	○ ∽ ↑ ↑ → → ⌒	2015	世界最高の活火山。1532以来20世紀中ごろまで頻繁に噴火。
ネバドデルルイス	コロンビア	5279	○ ∽ ↑ ↑ →	2016	1595火砕流・泥流，1985火砕流・泥流，死者24000。
ペレー	西インド諸島	1394	○ ↑ ↑ ⌒ → ⌒ ∽	1932	1902死者28000＋1000（20世紀世界最多）。
エルチチョン	メキシコ	1150	○ ∽ ↑ ↑ → ⌒	1982	無名の小火山であったが，1982年3～5月大噴火。
セントヘレンズ	アメリカ	2549	○ ∽ ↑ ↑ ⇒ → → ⌒	2008	1980大爆発，山崩れで山頂欠除。2004溶岩ドーム成長開始，2008年成長停止。
カトマイ	アメリカ	2047	○ ↑ ↑	1931	1912大噴火，噴出物総量21 km³。
マウナロア	ハワイ島	4170	○ ∽ ↑ ⇒ ⏦ ∽	2022	しきりに噴火，大規模な割れ目噴火が多く，溶岩噴泉が「火のカーテン」をなす。溶岩流での惨害を出す。
キラウエア	ハワイ島	1222	○ ∽ ⇒ ↑ ↑ ▼ ⏦ ∽	2024	1963～67アイスランド南方の30 kmに誕生。
ベスビオ	イタリア	1281	○ ∽ ↑ ↑ → ⌒	1973	1631死者18000，ヨーロッパ最高の活火山。
ストロンボリ島	イタリア	924	○ ↑ → ⇒ ⌒ ∽	2024	過去24世紀にわたりほぼ連続的に噴火。ストロンボリ式噴火。
エトナ	イタリア	3295	○ ∽ ↑ ↑ ⇒ → ∽	2024	1169死者15000，1669死者10000。
スルツェイ島	アイスランド	174	⏦ ○ ∽ ↑ ↑ ⇒ → ▼	1967	1963～67アイスランド南方の30 kmに誕生。

写真提供・編集協力 （五十音順／アルファベット順・敬称略）

相田吉昭
青森県河川砂防課
秋田県にかほ市役所
朝日新聞社
アジア航測株式会社
足寄動物化石博物館
熱尾茂樹（埼玉県立草加高等学校）
荒木健太郎
有馬眞
池下章裕
石川勝也（開成中学・高等学校）
石川県柳田星の観察館「満天星」
石渡明
糸魚川ジオパーク協議会
伊藤忠敬記念館
入片俊明
いわき市石炭・化石博物館
WEATHER WISE誌／藤田哲也博士記念会
上野龍之
上野雄一郎
上村剛史
氏家恒太郎
有珠火山防災会議協議会
江島雅彦
NPO法人 土砂災害防止広報センター
MH21-S研究開発コンソーシアム
大木本美通
大阪市立自然史博物館
大澤雅仁（芝中学校・芝高等学校）
大谷栄治
男鹿市
岡田篤正
奥松島縄文村歴史資料館
陰山聡
笠岡市立カブトガニ博物館
加藤一孝
神奈川県生命の星・地球博物館
株式会社 JERA
株式会社 砂子組
株式会社 トプコン
株式会社 パスコ
株式会社 ミツウロコ
蒲郡市生命の海科学館
川崎地質株式会社
川村信人
環境省 九州地方環境事務所
気象庁
共同通信社
清川昌一
霧島ジオパーク
キロクマ！

曹田邦夫
工藤洋
ケニス株式会社
公益財団法人 JAL財団
公益社団法人 中越防災安全推進機構
纒纏一起
神戸大学付属図書館震災文庫
国際航業株式会社
国土交通省
国土交通省 道路局
国土交通省東北地方整備局
国土地理院
国立科学博物館
国立極地研究所
国立研究開発法人 宇宙航空研究開発機構
国立研究開発法人 海洋研究開発機構
国立研究開発法人 産業技術総合研究所
地質調査総合センター
国立研究開発法人 産業技術総合研究所
地質標本館
国立研究開発法人 情報通信研究機構
国立研究開発法人 防災科学技術研究所
国立研究開発法人 防災科学技術研究所
E-ディフェンス
国立大学法人 山口大学
国立天文台
国立天文台／栗田諭美（岡山天文博物館）
国立天文台太陽観測所
国立天文台4次元デジタル宇宙プ
ロジェクト
小畑大樹（千葉県立幕張総合高等学校）
小宮剛
小山真人
財団法人 中野那美術館
佐藤友華子（横浜市立南高等学校）
山陰海岸ジオパーク推進協議会事務局
時事通信フォト
島原市
島原半島ジオパーク協議会
白井裕章
白見元理
菅沼悠介
杉田律子（科学警察研究所）
鈴木紀毅
石油資源開発株式会社（JAPEX）
高木秀雄
高松地方気象台
武田中学校・高等学校
竹本修三
田近英一

田中裕一郎
田原本町教育委員会
塚越哲
束田和弘
対馬市商工会 美津島支所
津和野町教育委員会
出野卓也（大阪教育大学）
東海大学
東京航空地方気象台 新潟空港出張所
東京大学地震研究所
東京大学大学院理学系研究科
東京電力リニューアブルパワー
東北区水産研究所（桑田晃）
東北学院大学術博物館
東北電力株式会社
洞爺湖有珠山ジオパーク
徳島県立博物館
徳橋秀一
独立行政法人 石油天然ガス・金属
鉱物資源機構
鳥羽水族館
富山市科学博物館
トヨタ自動車
内閣府
中川毅
中田高
中村文哉
名古屋市科学館
なよろ市立天文台
新潟県津南町役場
日本近代文学館
日本測地学会
野村律夫
萩野恭子
萩原瑞穂（埼玉県立川口工業高等学校）
服部雅人
宍倉正展
パリ・サーヴェイ株式会社
PPS通信社
広川町教育委員会
フォッサマグナミュージアム
福井県立恐竜博物館
福井市立郷土歴史博物館
福山市
古澤亜紀（茨城県立日立第一高等学校）
北淡震災記念公園
北海道大学（坂本研究室）
毎日新聞社
松崎奈海
松濤誠之（学習院高等科）
三笠ジオパーク

三宅弘恵
室戸ジオパーク推進協議会
安原健雄（麻布中学・高等学校）
柳沢幸夫
矢部淳
山口県立山口博物館
山口地学会
山田直樹（海城中学校・高等学校）
山梨宝石博物館
山野誠
夕張市石炭博物館
ユニフォトプレス
吉岡薫
苔北町
若狭町
和歌山市
渡辺満久

aflo
ALMA（ESO／NAOJ／NRAO），
ESO／Exeter／Kraus et al.
artefactory
ESA
ESA and the Planck Collaboration
ESO
ESO／Igor Chekalin
ESO／M. Kornmesser
ESO／Y. Beletsky
gettyimages
GLOBAL SOLAR ATLAS
Lamont-Doherty Earth Observatory
and the estate of Marie Tharp
MBRSC
NASA Earth Observatory
NASA Ozone Watch
NASA's Scientific Visualization Studio
National Park Servis
NOAA Okeanos Explorer Program,
Gulf of Mexico 2012 Expedition
NOIRLab／NSF／AURA
Paul Byrne (Washington University)
photolibrary
pixta
The Caltech Archives
the Earth Science and Remote
Sensing Unit, NASA Johnson
Space Center
The National Snow and Ice Data Center
University of Michigan Special
Collections Library
USGS

Yale Peabody Museum of Natural History
NASA
2MASS／UMass／IPAC-Caltech／
NASA／NSF
C. Burrows (STScI & ESA), the
WFPC 2 Investigation Definition
Team, and NASA
F. Paresce, R. Jedrzejewski (STScI),
NASA／ESA
JSC／NASA
Mark McCaughrean (Max-Planck-
Institute for Astronomy), C.
Robert O'Dell (Rice University),
and NASA
NASA and The Hubble Heritage
Team (STScI／AURA)
NASA, CXC, Q.D. Wang (University
of Massachusetts, Amherst), and
STScI
NASA, ESA, and A. Riess (STScI／
JHU) and the SH0ES team
NASA, ESA, and G. Canalizo
(University of California,
Riverside)
NASA, ESA, CSA, STScI
NASA, ESA, CXC, JPL-Caltech, J.
Hester and A. Loll (Arizona State
Univ.), R. Gehrz (Univ. Minn.),
and STScI
NASA, ESA, J. Hester and A. Loll
(Arizona State University)
NASA, ESA, L. Sromovsky and P.
Fry (University of Wisconsin), H.
Hammel (Space Science Institute),
and K. Rages (SETI Institute)
NASA, ESA, Q.D. Wang (University
of Massachusetts, Amherst), and
STScI
NASA, ESA, S. Beckwith (STScI),
and The Hubble Heritage Team
(STScI／AURA)
NASA, ESA, SSC, CXC, and STScI
NASA, JPL-Caltech, E. Churchwell
(University of Wisconsin), SSC,
and STScI
NASA, ESA, H. Weaver (JHU／APL),
A. Stern (SwRI), and the HST
Pluto Companion Search Team
NASA／Alberto Bertolin
NASA／CXC／NGST
NASA／CXC／SAO
NASA／Goddard／Lunar

Reconnaissance Orbiter
NASA／Goddard／University of
Arizona
NASA／GSFC
NASA／GSFC／Arizona State
University
NASA／Johns Hopkins University
Applied Physics Laboratory／
Carnegie Institution of
Washington
NASA／Johns Hopkins University
Applied Physics Laboratory／
Southwest Research Institute
NASA／JPL
NASA／JPL-Caltech
NASA／JPL-Caltech／ASU
NASA／JPL-Caltech／ASU／MSSS
NASA／JPL-Caltech／MSSS
NASA／JPL-Caltech／R. Hurt (IPAC)
NASA／JPL-Caltech／Space Science
Institute
NASA／JPL-Caltech／SwRI／MSSS
NASA／JPL-Caltech／SwRI／UVS／
STScI／MODIS／WIC／IMAGE／
Uliège
NASA／JPL-Caltech／UCLA／MPS／
DLR／IDA
NASA／JPL-Caltech／University of
Arizona
NASA／JPL-Caltech／University of
Arizona／Texas A&M University
NASA／JPL-Caltech／Steve Golden
NASA／JPL／Cornell University
NASA／JPL／DLR
NASA／JPL／JHUAPL
NASA／JPL／MSSS
NASA／JPL／Space Science Institute
NASA／JPL／University of Arizona／
University of Idaho
NASA／JPL／USGS
NASA／MSFC
NASA／Scott Kelly
NASA／SDO and the AIA, EVE, and
HMI science teams.
NASA／WMAP Science Team
NASA World View
SOHO (ESA & NASA)
The Hubble Heritage Team (AURA／
STScI／NASA／ESA)

p.153／アンモナイトの縫合線　撮影：菊池美紀
p.203／ゲリラ豪雨　出典：『雲の中では何が起こっているのか』（荒木健太郎，ベレ出版，2014）
p.203／雨雲の三次元構造　気象庁および国土交通省提供のレーダデータを用いて防災科学技術
研究所が三次元分布を作成
巻末資料ほか　出典：『理科年表2022』（国立天文台編，丸善出版，2021）

国土地理院提供の図版
p.7／日本付近のジオイド高　出典：「日本のジオイド2011（ver2.1）」
p.211／津波浸水域の比較　出典：5万分の1地形図「石巻」「松島」

国立研究開発法人 産業技術総合研究所 地質調査総合センター提供の画像・図版一覧
p.9／
日本列島のブーゲー異常　出典：数値地質図P-2「日本重力CD-ROM 第2版」重力異常図*
関東地方のブーゲー異常　出典：重力データベース（https://gbank.gsj.jp/gravdb/）
p.12-13／日本の地下増温率・日本付近の地殻熱流量
出典：数値地質図P-5「日本列島及びその周辺域の地温勾配及び地殻熱流量データベース」*
p.146／砂岩泥岩互層（千葉県君津市）
出典：『地質ニュース』2004年3月号
p.177／地質図
出典：5万分の1地質図幅「高田西部」*

p.182-183／日本地質図
出典：20万分の1日本シームレス地質図
（https://gbank.gsj.jp/seamless/）

＊クリエイティブ・コモンズ・ライセンス表示 [- 改変禁止] 2.1
（http://creativecommons.org/licenses/by[-nd]／2.1／jp／）

国立研究開発法人 産業技術総合研究所 地質標本館提供の画像一覧
[ ]カッコ内は登録番号

p.32／藍晶石[GSJ M40480]
p.60／自然硫黄[GSJ M12684]，自然金[GSJ M14585]，輝安鉱[三菱鉱物コレクション（No.
049）]，岩塩[GSJ M15369]，磁鉄鉱[GSJ M00294]，滑石[GSJ M15208]，トパーズ（黄
玉）[GSJ M12405]，石膏[GSJ M15302]，アクアマリン[GSJ M36354]
p.154／カブトガニの化石（メソリムルス・ウォルチイ）[GSJ F15794]
p.162／腕足類（キルトスピリファー・エレガンス）[GSJ F17250]，直角貝（ゲイソノセラス
の一種）[GSJ F17184-15]，フズリナ（ヤベイナ・グロボーサ）[GSJ F03550]
p.164／トリゴニア（トリゴニア・コスタータ）[GSJ F17133]
p.166／カルカロクレスの歯[GSJ F01673]，ハスノハカシパンウニ[GSJ F16405]
p.198／紅砒ニッケル鉱[GSJ M00413]，方鉛鉱[GSJ M09299]
p.199／リチア輝石[GSJ M40568]，菱マンガン鉱[GSJ M40315]

The content of this publication has not been approved by the United Nations and
does not reflect the views of the United Nations or its officials.

● デザイン・レイアウト・図版制作　　株式会社アート工房

■ 表紙の写真
・スタッドラギル渓谷（アイスランド）
・NGC3324（イータカリーナ星雲）

星図
2000年分点

四季の星座

春の星座 北斗七星からアルクトゥールス，スピカをたどる線を春の大曲線という。この2つの星にしし座のデネボラ（しし座の左端の星）を結ぶと春の大三角ができる。この付近には銀河系外の銀河が多く集まっている。

夏の星座 ベガ，アルタイル，デネブを結んでできる夏の大三角からいて座にかけて，天の川が明るく流れている。いて座付近は銀河系の中心方向にあたり，星雲や星団が集中している。

秋の星座 ペガスス，アンドロメダ，ペルセウスなどギリシア神話で有名な星座がそろっている。アンドロメダ座のM31は，肉眼で見ることのできる数少ない銀河である。

冬の星座 明るい星が多く，7つの1等星が輝いている。そのうちのベテルギウス，シリウス，プロキオンを結ぶと，冬の大三角ができる。オリオン座の散光星雲M42は，肉眼で見ることができる。

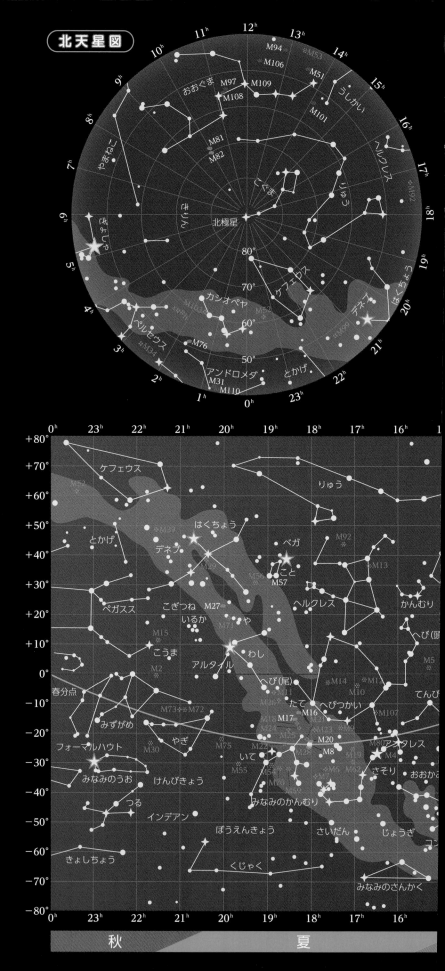

北天星図

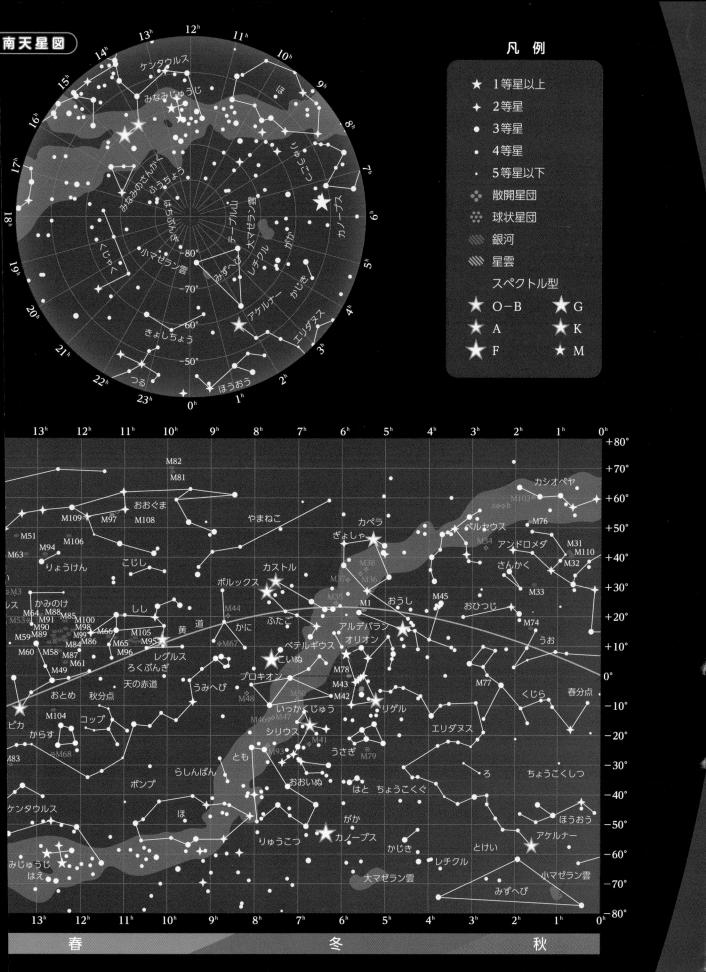